U0238966

彩图1　云南临沧市凤庆县香竹箐古茶树

彩图2　茶祖炎帝神农氏

彩图3　蒙山仙茶园

彩图4　蒙山古蒙泉

彩图5　阶梯茶园

彩图6　日本茶祖荣西像

彩图7　藏族酥油茶

彩图8　傣族竹筒烤茶

彩图9　哈尼族瓦罐烤茶

彩图10　蒙古族奶茶茶具

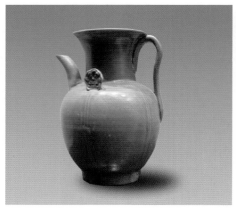

彩图11　水　注

彩图12　兔毫盏

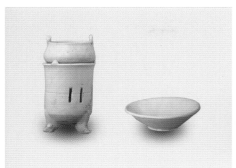

彩图13　茶鍑和茶碗

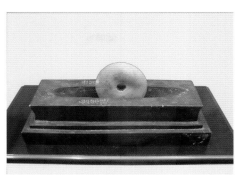

彩图14　茶　碾

彩图15　茶托盏

彩图16　时大彬僧帽壶

彩图17　陈鸣远东陵瓜壶

彩图18　黄玉麟仿供春壶

彩图19　清康熙宜兴胎画珐琅
五彩四季花卉方壶

彩图21　清乾隆
青花三清诗茶碗

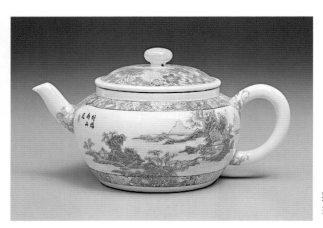

彩图20　清雍正珐琅
彩蓝料山水画茶壶

茶业通史

第二版

陈 椽 编著

中国农业出版社

前　言

　　我国是茶树原产地，茶叶生产历史悠久。在传说中"神农"时期（约公元前二三千年），我国劳动人民就已发现野生茶树，并用茶作为解毒药物。《诗经》里（约公元前 11 世纪）就提到栽培茶树。周武王伐纣时（公元前 1135）就有茶叶作贡品的记载，茶树已栽培在园中。到了春秋时代（公元前 770—前 476）茶叶生产有了发展，茶叶已用作祭品和蔬菜。战国时代（公元前 475—前 221）茶叶生产继续发展，西汉（公元前 206—公元 8）时茶叶就成为主要商品。西晋（265—317）时寺庙栽培的茶树就有采制为贡茶的。南北朝（420—589）时佛教盛行，山中寺庙林立，无寺不种茶，各寺各庙都出产名茶。没有茶叶生产的大发展，就没有所谓名茶。到了唐代，茶区扩大到全国，茶叶成为人们喜爱的饮料。茶叶生产的发展，是我国劳动人民数千年与自然做斗争的成果。但是，古今中外有一些人不顾事实，否认茶就是茶。朱熹注释《孟子》说：槚不是茶，而是梓。有的说我国用茶是汉代开始，有的说是晋代开始，甚至有人说是唐代开始，企图缩短我国茶叶生产的历史。最近，更有人从中外史料中取其所需，断章取义地研究茶的起源。如加拿大安大略格尔福（Guelph Ontario）大学地理系腓特烈·付韩（Frederick Fu Hung）1974年在斯里兰卡《茶叶季刊》发表《茶始用于何时》的论文，误解《僮约》中的"武阳买茶"。说什么中国用茶是在公元1世纪开始的，1世纪前的茶，都不是茶。甚至提出陆羽《茶经》记载也犯有同样弊病。这些不切事实的论断已流行多年（从汉朝开始就有人说茶不是茶），现在已到分清是非的时候了，这是编写《茶业通史》动机之一。

我国是茶树原产地，已为17世纪瑞典植物分类学家林奈（Carl Von Linné）所肯定，也是各国植物学家共同的主张，没有任何异议。到了19世纪20年代，英国侵略军在中印边界发现野生阿萨姆土种茶树，硬说印度是茶树原产地。有些公正学者（包括英国学者）仍旧主张中国是茶树原产地。但是，也有如英国少数学者，为推销印度茶叶，肆意宣传茶树原产地是印度。日本、美国也有些学者随声附和，致使茶树原产地的争论，100多年来没有定论，现在应该分清是非了，这是编写《茶业通史》动机之二。

我国茶业历史资料极其丰富，据东晋常璩《华阳国志》记载，商末就出现茶业文献，以后茶业文献越来越多。唐代陆羽《茶经》问世后，茶业专著连续出现。到了明代，茶业书籍已达100余部，零碎文献则不可胜数，对促进我国政治经济文化的发展，起了一定的历史作用。

1941年，日本东方文化研究室出版佐伯富编《宋代茶法研究资料》，16开本，共1 212页。外国人对我国茶业研究极为重视。但是，我们对祖国丰富的宝贵遗产却未见有系统整理，致使有些人取其所需，大做文章，贬低我国茶业科学水平。为了澄清是非，必须发掘整理我国茶叶生产发展史料，这是编写《茶业通史》动机之三。

这本《茶业通史》汇总古今中外茶业大事，使它尽量起到《茶业辞源》的作用，因此对中外古今（截至20世纪50年代为止）茶业史迹，不得不穷尽手头资料，但以节录原文为主，以便读者查阅考证。关于新中国成立后的茶业发展详细情况，如时间许可，拟另编《新中国茶业史》。

编写茶业历史不可背离历史唯物主义的观点。任何事物都不是孤立的，而是与其他事物互相联系的。有些事例，如有必要重复，还得重复，否则，就容易割断历史，影响论述某些重要问题的系统性和连贯性。

研究历史，要避免"以今论古"的非历史的错误倾向，万万不可用现在的观点去主观臆断历史事实。事物都有两重性，要一分为二。如"贡茶"是封建统治阶级对广大劳动人民的残酷剥削和压榨。但在一定历史条件下，对推动制茶技术革新起了一定的作用。否认这一点，就不是历史唯物主义。

讨论历史问题，必须摆事实讲道理。要引证历史事实，必须四至：一至何时；二至何地；三至何人；四至何事。为此费了大量时间去翻阅历史资料。但不是说这方面的问题已经完全解决。

我国云南是茶的故乡，远古行程，测议纷乱。初习茶学，就向往史篇，有志于"三言两语"，聚沙成塔。编写有系统的茶史的尝试是从 1959 年开始的。当时《安徽日报》编辑部约写安徽茶话，就把多年来看书的点滴笔记，整理写成安徽茶话 11 讲，该报以《安徽茶经》连载发表。后由安徽人民出版社收集出版单行本，得到好评，对我鼓励很大，于是更加注意收集古代茶话。这本《通史》就是 40 多年来拾零累积的分题茶史。

由于编写时间紧迫，掌握资料不全，水平不高，肯定有许多错误和缺点，恳请读者指正，以便再版时修正。

陈 椽

1977 年 10 月 15 日于安徽农学院

1982 年 12 月 30 日补充修改

目　录

前言

第一章　茶的起源 ……………………………………… 1

第一节　传说与记事 …………………………………… 1

一、古时传说 ………………………………………… 1

二、古书记事 ………………………………………… 3

第二节　从荼就是茶说起 ……………………………… 4

一、同物异名 ………………………………………… 4

二、茶字争论 ………………………………………… 5

三、荼字多解 ………………………………………… 7

四、茶的多名 ………………………………………… 9

五、槚不是梓 ………………………………………… 15

第三节　茶字来源及传播 ……………………………… 16

一、从荼到茶 ………………………………………… 16

二、茶的世界读音 …………………………………… 18

三、最早用茶字的国家 ……………………………… 20

第二章　茶叶生产的演变 ……………………………… 22

第一节　我国是茶树原产地 …………………………… 22

一、野生大茶树不断发现 …………………………… 22

二、茶树原产地的异议 ……………………………… 26

三、自然条件有利于茶树形成和发展 ……………… 28

　　　四、茶树的近缘植物 ·························· 30

　　　五、茶树的原种 ······························ 30

　　　六、茶树的分布 ······························ 34

　　　七、茶业的悠久历史 ·························· 36

　　　八、茶树原产地研究动态 ······················ 38

　　第二节　皋芦种是茶树原种 ···················· 39

　　　一、历代不断记载皋芦种 ······················ 40

　　　二、杂交育种有规律出现皋芦种 ·················· 42

　　第三节　茶树分布与茶区形成 ·················· 44

　　　一、唐前茶区的形成 ·························· 44

　　　二、唐代茶区的分布 ·························· 48

　　　三、唐后茶区的扩大 ·························· 53

　第三章　中国历代茶叶产量变化 ················ 55

　　第一节　唐代茶叶产量 ······················ 55

　　　一、唐代茶叶生产的大发展 ···················· 55

　　　二、从茶税和贡茶看茶叶产量 ·················· 56

　　第二节　宋代茶叶产量 ······················ 57

　　　一、宋代茶叶有了更大发展 ···················· 58

　　　二、从北宋榷茶买茶看茶叶产量 ·················· 58

　　　三、从南宋买茶易马看茶叶产量 ·················· 62

　　第三节　元明茶叶产量 ······················ 67

　　　一、从元代"引税"看茶叶产量 ·················· 68

　　　二、明代茶叶的发展 ·························· 69

　　　三、从明代"榷茶引税"看茶叶产量 ·············· 69

　　第四节　清代茶叶产量 ······················ 70

　　　一、资本主义萌芽与茶业发展 ·················· 70

　　　二、从茶叶外销看茶叶产量 ···················· 71

第四章　茶业技术的发展与传播 ……… 73

第一节　中国茶叶生产技术的发展 ……… 73

一、茶叶生产技术的形成与发展 ……… 73

二、采茶与制茶的技术联系 ……… 77

三、制茶技术的发展 ……… 80

第二节　茶叶生产技术的传播 ……… 86

一、日本茶业的开始时期 ……… 87

二、印度尼西亚茶业的开始时期 ……… 88

三、印度茶业的开始时期 ……… 88

四、斯里兰卡茶业的开始时期 ……… 90

五、苏联茶业的开始时期 ……… 91

第三节　各国种茶概况 ……… 93

一、早期推广种茶的国家 ……… 94

二、近代产茶的国家 ……… 103

三、茶叶自产自销的国家 ……… 106

四、试种茶树的国家 ……… 113

五、茶叶生产发展的因素 ……… 118

第五章　中外茶学 ……… 124

第一节　我国早期的茶业文献 ……… 124

一、战国—汉—三国 ……… 124

二、晋—南北朝—隋 ……… 126

第二节　我国历代的茶业著作 ……… 130

一、唐宋茶业著作 ……… 131

二、明清茶业著作 ……… 143

第三节　我国历代茶书目录 ……… 152

一、宋明茶书目录 ……… 152

二、清代茶书目录 ……… 160

三、失传的茶书目录 ························· 163

第四节　国外茶业文献提要 ················· 166

　一、18 世纪以前的茶业文献 ············· 167

　二、20 世纪以前的茶业著作 ············· 169

　三、20 世纪 60 年代以前的茶业著作 ······· 172

第六章　制茶的发展 ······················· 181

第一节　制茶发展的历史条件 ··············· 181

　一、唐前的历史条件 ··················· 181

　二、唐宋的历史条件 ··················· 182

　三、明清的历史条件 ··················· 184

第二节　制茶技术的发展 ··················· 184

　一、晒干与生煮羹饮 ··················· 185

　二、制造饼茶碾末泡饮 ················· 186

　三、蒸青制绿茶 ······················· 186

　四、蒸青团茶发展到炒青散茶 ··········· 188

　五、从绿茶发展到 6 大茶类 ············· 192

　六、毛茶加工发展再加工茶类 ··········· 199

　七、制茶技术发展受到阻碍 ············· 205

　八、古今中外都有白茶树 ··············· 205

第三节　制茶机械的发展 ··················· 209

　一、最早的制茶机器 ··················· 210

　二、使用烘干机 ······················· 212

　三、使用揉茶机 ······················· 218

　四、使用萎凋机 ······················· 224

　五、日本蒸青绿茶使用的机器 ··········· 226

　六、炒青绿茶使用的机器 ··············· 230

　七、毛茶加工使用的机器 ··············· 232

第七章　茶类与制茶化学 ·················· 238

　第一节　茶类的发展与划分 ·············· 238

　　一、茶类起源与划分 ·················· 238

　　二、历代茶叶分类梗概 ················ 239

　　三、近代制茶分类系统 ················ 241

　第二节　历代名茶 ···················· 249

　　一、历代茶叶命名 ···················· 250

　　二、李肇《唐国史补》的名茶 ·········· 251

　　三、宋代名茶 ······················ 252

　　四、马端临《文献通考》所记载的名茶 ·· 253

　　五、明代名茶 ······················ 254

　　六、清代名茶 ······················ 259

　第三节　制茶化学的发展 ················ 264

　　一、茶叶化学研究内容 ················ 264

　　二、最早的制茶化学分析 ·············· 265

　　三、红茶"发酵"机制的争论 ·········· 268

　　四、从"单宁"到儿茶酚 ·············· 270

　　五、从多酚类化合物到黄酮类 ·········· 272

第八章　饮茶的发展 ···················· 275

　第一节　国内饮茶的发展 ················ 275

　　一、饮茶从无到有 ···················· 276

　　二、饮茶从有到普遍化 ················ 277

　　三、饮茶从普遍化到生活必需品 ········ 279

　第二节　国外饮茶的发展 ················ 280

　　一、我国邻近国家饮茶历史的推考 ······ 280

　　二、欧洲国家开始饮茶 ················ 281

　　三、美洲国家开始饮茶 ················ 282

四、饮茶历史的发展与消费量 ……………………………… 282

第三节 国内饮茶的方式方法 ……………………………… 283

一、秦汉时代烹饮饼茶的方法 ……………………………… 283

二、唐代烹饮蒸青团茶的方法 ……………………………… 284

三、宋以后泡茶方法 ………………………………………… 286

四、我国边区少数民族饮茶方法 …………………………… 289

五、昔人谈论饮茶方法 ……………………………………… 291

六、现在的泡饮方法 ………………………………………… 293

第四节 国外饮茶的方式方法 ……………………………… 294

一、日本"茶道" …………………………………………… 295

二、亚洲其他国家和地区的饮茶方法 ……………………… 297

三、荷兰饮茶的发展及其方法 ……………………………… 299

四、英国饮茶的发展及其方法 ……………………………… 300

五、欧洲其他国家饮茶风俗 ………………………………… 304

六、美洲国家饮茶风俗 ……………………………………… 306

七、大洋洲的饮茶国家 ……………………………………… 308

八、非洲的饮茶国家 ………………………………………… 310

九、大力发展茶叶生产，扩大茶叶贸易 …………………… 310

第五节 饮茶用具的发展 …………………………………… 311

一、我国茶具的发展 ………………………………………… 311

二、国外茶具的发展 ………………………………………… 318

第九章 茶与医药 …………………………………………… 323

第一节 茶药起源于《神农本草》 ………………………… 323

一、《本草》起源 …………………………………………… 323

二、《神农本草》是何时的著作 …………………………… 326

三、现存有关《神农本草（经）》书录 …………………… 330

四、由《神农本草》增广为《神农本草经》 ……………… 332

第二节 茶叶药用的发展 …………………………………… 334

　　一、茶叶在中医史的地位 …………………………………… 334

　　二、历史上有关饮茶与卫生的评论 ………………………… 339

　　三、饮茶的神话和故事 …………………………………… 345

　　四、国外饮茶故事 ………………………………………… 347

第十章　茶与文化 …………………………………………… 349

　第一节　茶与佛教 ………………………………………… 349

　　一、佛教的兴盛与饮茶的传播 …………………………… 349

　　二、兴建佛寺与茶叶生产 ………………………………… 350

　　三、佛教推广饮茶 ………………………………………… 354

　　四、佛教饮茶故事 ………………………………………… 355

　　五、饮茶风俗随佛教传往国外 …………………………… 356

　第二节　茶与文学艺术 …………………………………… 357

　　一、茶与古文学 …………………………………………… 357

　　二、茶学与文学互相促进 ………………………………… 363

　　三、茶学兴盛 ……………………………………………… 365

　　四、饮茶与品水文学 ……………………………………… 368

　　五、国外茶业文学 ………………………………………… 372

　　六、茶与艺术 ……………………………………………… 378

第十一章　茶叶生产发展与茶业政策 …………………… 383

　第一节　榷茶 ……………………………………………… 383

　　一、宋代榷茶 ……………………………………………… 383

　　二、元代榷茶 ……………………………………………… 386

　　三、明代榷茶 ……………………………………………… 387

　第二节　"以茶治边" ……………………………………… 389

　　一、宋代的茶马政策 ……………………………………… 390

　　二、明代的茶马政策 ……………………………………… 392

　　三、清代的茶马政策 ……………………………………… 396

四、榷茶苛政破坏民族团结 ·············· 397

第三节　历代茶法 ························· 399

一、宋代茶法 ··························· 399

二、元代茶法 ··························· 405

三、明代茶法 ··························· 406

四、清代茶法 ··························· 408

第四节　茶业法律 ························· 411

一、唐宋茶业法律 ······················ 411

二、元明茶业法律 ······················ 413

第五节　人民的反抗与斗争 ·············· 415

一、茶业农商的反抗 ···················· 416

二、茶业工人的斗争 ···················· 417

第六节　英俄把茶叶作为推行侵略政策的武器 ·········· 418

一、英国向西藏运销印度茶，推行侵略扩张政策 ·········· 418

二、从茶业政策看沙俄对我国的侵略活动 ·········· 419

第十二章　茶业经济政策 ················· 422

第一节　茶业经济与国计民生 ············ 422

一、沙俄对蒙古茶业经济的侵略 ·········· 422

二、宋明两代榷茶易马充实军备 ·········· 423

三、茶货交易补充国用 ·················· 424

四、我国西北地区砖茶代替货币 ·········· 426

第二节　贡茶 ····························· 426

一、贡茶的起源 ························ 427

二、宋代以前的贡茶 ···················· 427

三、宋代贡茶 ·························· 430

四、宋代以后的贡茶 ···················· 437

第三节　茶税 ····························· 441

一、唐代茶税 ·························· 442

二、宋代茶税 ································· 443

三、元代茶税 ································· 444

四、明代茶税 ································· 445

五、清代茶税 ································· 446

六、茶税与贪官污吏 ···················· 447

七、英国茶税 ································· 448

第十三章　国内茶叶贸易 ················· 449

第一节　茶叶贸易的开始和发展 ·············· 449

一、茶叶贸易的开始时期 ··············· 449

二、茶叶贸易初期概况 ·················· 450

三、茶叶贸易的发展 ···················· 451

四、重点销区与茶类 ···················· 457

五、国内茶叶消费量估计 ··············· 459

第二节　西北茶市的兴衰 ················ 462

一、开辟西北茶市 ······················· 463

二、历代运销西北的茶叶产地 ········· 469

三、西北茶叶市场的变迁 ··············· 470

四、历代西北茶叶销量概算 ············ 471

第十四章　茶叶对外贸易 ················· 475

第一节　茶叶开始对外贸易 ·············· 475

一、初期对外贸易 ······················· 475

二、侨销推进外销 ······················· 476

三、侨销地区与茶类 ···················· 477

第二节　旧中国茶叶对外贸易畸形发展 ······· 478

一、荷兰最先运华茶入欧洲 ············ 478

二、英国垄断华茶外销 ·················· 480

三、帝俄侵略与茶叶贸易 ··············· 483

四、资本主义侵入刺激华茶输出 ································· 486

五、中国沦为半封建半殖民地社会 ························· 489

第三节 茶叶对外贸易的衰落 ································· 490

一、美日勾结抵制华茶外销 ································· 490

二、中国茶叶对外贸易逐渐衰落 ························· 492

第四节 帝国主义扼杀华茶外销 ························· 495

一、日本千方百计侵占华茶市场 ························· 495

二、美国抵制华茶进口 ································· 502

三、英国阻碍华茶外销 ································· 504

第十五章 中国茶业今昔 ································· 506

第一节 旧中国茶业破产 ································· 506

一、各级市场的剥削 ································· 506

二、苛捐杂税的剥削 ································· 509

三、重重剥削使茶业破产 ································· 509

第二节 新中国茶业兴旺 ································· 510

一、恢复和发展国内外茶叶市场 ························· 510

二、加强组织领导,发展茶叶生产 ························· 512

三、茶业技术全面革新 ································· 514

四、茶业机具的研制 ································· 517

五、茶叶贸易欣欣向荣 ································· 521

六、茶叶生产必须现代化 ································· 523

再版后记 ································· 524

第一章　茶的起源

第一节　传说与记事

历代古书，茶事记载，用字不同，因此，对茶的起源，就有不同的见解。这个问题，无论古今中外都是就字论字，未深入研究，所以没有定论。写茶业历史，这个问题不先解决，就难以下笔。

为茶写史，论证茶的起源，必须对有关史料进行归纳整理，加以系统分析，才能得出符合史实的结论。

一、古时传说

茶的起源，有传说，也有神话，传说当然比神话可靠，特别是记载在史书上的传说更为可靠。上古时代还没有文字，当然也没有书籍，很多事都是口传下来的，到有了文字才记载为书籍。我国战国时代第一部药物学专著《神农本草》就把口传的茶的起源记载下来（图 1-1、1-2、1-3）。

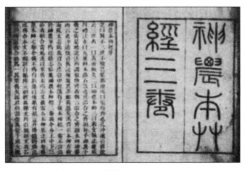

图 1-1

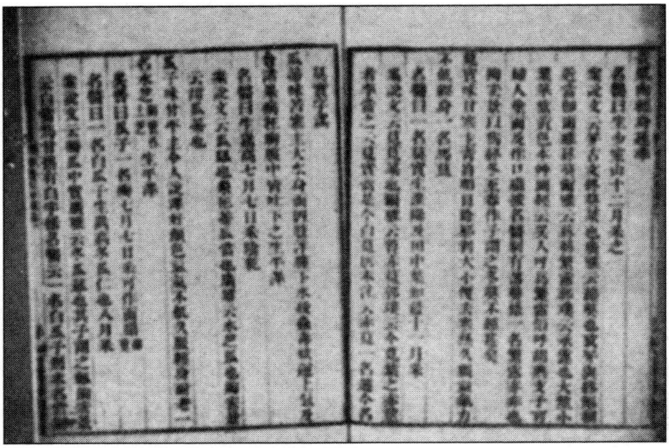

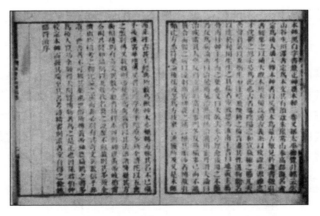

图 1-2

图 1-3

　　原文是这样说的："神农尝百草，一日遇七十二毒，得茶而解之。"这段记载有两种不同的传说：一种传说，神农为人民治病，亲尝试探各种草木治病的功效，在煮水时，偶然有茶叶由枝头飘入锅内，因此发现茶叶可作治病的饮料。另一种传说，神农尝试草木治病的功效，尝到金绿色滚山珠中毒，死在茶树下，茶树上面的水流入口中，因而得救。不论哪种传说，都说茶树是神农时期发现的。

二、古书记事

根据《神农本草》记载，茶能解毒，不仅经过历代医药家的证实，而且现在也用为解毒剂。茶可以解毒，必然被视为珍品。到了周代极重岁时祭祀，就作为祭品。

《尔雅·释木》：" 槚，苦荼也。" 又《礼记·地官》记载 " 掌荼 " 和 " 聚荼 " 以供丧事之用。从而可知 3 000 年前茶叶就扩大用途而为祭品，更可证实我国茶叶生产在周代以前就已开始，距今有 4 000 多年的历史了。当时语言不同而有不同的名称。《尔雅》说槚、苦荼两者同是一种植物。

到了春秋时代（公元前 770—前 476），茶的作用有所发展，仍视为祭祀珍品或作食品。晏婴《晏子春秋》说："婴相（公元前 514 年左右）齐景公（公元前 547—前 489）时，食脱粟之食，炙三弋五卵茗菜耳。" 这段记事，可以说明公元前 6 世纪，茶叶已发展到既是祭品，又是菜食了。茶叶因用途、因地区、因语言等不同，或茶树生长的形态不同，而各有不同的名称。有的叫 " 茶 "，有的叫 " 茗菜 "，有的叫 " 苦荼 "，等等。

槚、荼、茗三个字虽不同，其实一也。《魏王花木志》说："嫩叶谓之茗。"

到了西汉宣帝神爵三年（公元前 59），王褒《僮约》前段说 " 烹鳖烹荼 "，后段说 " 武阳买荼 "。由此可知，西汉时茶叶生产已从原产地云南传到四川西北部，而且产量也不会少，所以才能投入市场。到王褒时候，茶叶已是士大夫们生活必需品了。所以王褒《僮约》写家僮每天既要在家烹茶，又要外出到武阳买茶。茶叶在当时是一种重要商品。

茶从发现到成为士大夫日常饮料，是经过很长过程的。由祭品而菜食，而药用，直到成为饮料。茶的起源比《僮约》写作年代要早2 000多年，所以距今至少也有4 000多年的历史。

第二节　从茶就是茶说起

我国是茶树原产地，茶叶生产有悠久的历史。宋代杨伯喦撰《臆乘》："茶之所产，《六经》载之详矣。"但是却有人否认这一历史事实。号称世界茶业著作"权威"的威廉·乌克斯（William H. Ukers）在《茶业全书》①中说："中国人对茶的起源和利用为饮料及食品的历史，追忆往古，也无肯定。"他断定茶的起源"最早见于中国古代可靠史料的，约在公元350年间（指郭璞《尔雅注》：'树小如栀子，冬生叶'）。"并说："茶字直至公元7世纪始有确定的意义"，"唐代（618—907）以前，一般习用'荼'字为茶的假借名词。荼的原义为蓟（音计），荼、茶两字，字形相似，在字源上有密切关系，易于引起茶字来源于荼字的联想。古代作家用的荼字是否另指其他灌木，目前实难判断，因而要从古代文献中探求茶的最初历史，确非易事。"从而故意贬低我国茶树起源和茶叶生产的悠久历史。只要实事求是地论证荼就是茶这一历史事实，就不难看出茶的起源确实在远古的中国。

一、同物异名

茶树原属野生植物，随着时间的推移，经过自然的或人工的选择和传播，逐步从局部地区扩大到辽阔地域。茶叶生产，从个别的原产地逐渐发展到全国各地。饮茶风气，由少数人逐渐扩展到广大群众，茶叶成为人民喜爱的饮料。对茶树的认识，也由少数人的肤浅理解逐渐变为多数人的深刻体会。

茶叶从发现到饮用，是个漫长的历史过程。其间广大群众对茶树的印象，自有不同的概念，有各种不同的命名，这是一定历

---

①　开明书店1949年。

史发展阶段所出现的必然情况。

茶树因自然条件和栽培管理的不同，树型有灌木、有乔木。原产是半乔木（即我国南方的皋芦种），向西南迁移为乔木；向乐南迁移为灌木。早先少数人发现野生的是灌木，误认为草本；发觉可作药用，誉与嘉谷相同，所以荼字从"禾"。最早鲜叶作为菜羹，未曾加工而味苦，故有时也叫苦菜（只从生煮味苦意义而言）。这个异名是可以理解的。

二、荼字争论

1893 年，在北京俄国公使馆工作的著名植物学家布勒雪尼杜（Emil Bretschneidor，1833—1901）说："《世说》的荼就是茶。"但是古今中外还有些人持类似乌克斯的错误观点，否认荼就是茶。如汉魏间孙炎《尔雅·音注》："荼是秽草。"1896 年，在中国的教会医生多格逊（John Dudgson）所著《中国的饮料》一书也学孙炎说荼不是茶。

日本矢野田一《中国饮茶考》："荼音涂，乃表示苦菜时代的读音，在含有茶的意义时，应读'丈加'反或'宅加'反。四川边地人民早知有茶，并以'丈加'反切音呼之，及至汉魏以前，某时代传入中国，故借用荼字以代表茶。"这里值得注意，四川边地人民早知印度有茶，以"丈加"反切音呼之，至汉魏以前，印度茶传入中国，借用荼字以代茶。这种说法是贬低我国茶叶生产的光辉历史。

矢野又说："《诗经》上所有荼字与茶无关。《周礼·地官》'掌荼'、'聚荼'为供丧事之荼，乃茅莠秽草之类，并不是茶。"这与"春秋时代仍视为祭祀珍品或作食品"的记载，是大相违背的。茅莠秽草是不可能作为珍贵的祭品，也不可能作菜食的。矢野在这里故意歪曲了历史。

苦菜不是茶，是叶如苦苣而细，味苦可食的菜蔬。梁陶弘景《名医别录》亦以荼作苦菜。颜师古《匡谬正俗·苦菜篇》引

《神农本草经》：苦菜名荼草，治疗疾病功效极多。陶弘景当作苦菜；苦菜岂有此效乎。茗是树，苦菜是草。

宋邢昺《尔雅疏》："荼味苦，为可食之菜。"宋章樵甚至说，王褒《僮约》中"烹荼尽具"，"武阳买茶"，前荼字是言苦菜，后荼字是指茶。这就助长了外国人的歪曲宣传，说我国茶叶生产历史要从西汉开始，我国茶树是从印度或日本传入的，企图贬低我国是茶树原产地的地位。日人加藤繁《中国经济史考证》（商务印书馆 1973 年版）："茶的原产地，据说是印度阿萨姆（Assam）。从阿萨姆到缅甸、云南、四川一带，自古就有野生茶树。"其实，英国侵略军勃鲁士（Robert Bruce）少校在公元 1823 年到阿萨姆发现野生茶树，比我国迟 4 000 多年。加藤繁凭借道听途说的"材料"来研究中国经济史，不根据真实史料考证，这不能说是严肃的治学态度。

难道《僮约》中，同一荼字，有可能既是草本，又是木本吗？正因为章樵注解的错误，《僮约》才可能流传为历史上有代表性的茶史文献。

武阳在四川乐山地区彭山双江镇，是著名茶区之一。王褒写《僮约》时茶叶已成为士大夫生活必需品了。历史可作见证，荼就是茶。

晋郭璞解释《尔雅·释木》："荼、苦荼；早采曰荼，晚采曰茗，一曰荈。"明确阐述采茶因早晚不同，而有不同的名称，并说明茶是常绿矮小的树木。可见《尔雅》中的荼字，除指茶树外，无其他解释。

宋寇宗奭《本草衍义》："苦荼即今之茶也。"

明代杨慎《丹铅杂录》："茶即古荼，音涂。"但是明李时珍《本草纲目》把荼放入可茹草本之菜部，并说："苦寒无毒，为性冷，人所厌恶，但有驱逐五脏之邪气，镇定神经，强壮精神，使人忍饥寒，防衰老诸效能。"前段是指苦菜，但书是指茶叶，两者混为一谈，造成后人很多误解。

明末清初，顾炎武《日知录》解释荼字，引述前人所有似是而非的议论，否定荼就是茶。《康熙字典》解释说："惟荼槚之荼，即今之茶。"于是荼是不是茶，引起近代一些人的怀疑，议论纷纷。

三、荼字多解

人们发现新事物，凭各人对事物的直观认识而借用相似的名称，因而名同义异，一字异音或同音数解，数字同音或异音同解。这种情况在历代古书中是常见的，荼字是其中之一。

"荼"在古代是个多义词，并不专指茶。据《湖南茶叶》1978年增刊王威廉说：荼义符是草，音符是余，从余形声字早在甲骨文中就有发现。由"余"所演变的字很多，荼是其中之一。荼是从"余"得音。

《神农本草·木部》说："茗，苦荼味甘微寒。"《神农本草·草部》说："苦荼，一名荼，一名选（选近"余"的古音），一名游冬（游即"余"的语音）。"表明荼有木本、草本区别。因此引起后人误解所有荼字都不是指茶。如从语音来解释，所谓草本的荼、选、游冬都是指灌木的茶树。

荼蔎两字，义音相同，在《尔雅》、《诗经》数见，后人释义不同。郭璞按《尔雅·释木》："槚、苦荼。注解：树小如栀子，冬生叶，可煮作羹饮。今呼早采为荼，晚采为茗，一曰荈。"很明确说是茶。《尔雅注》又引《诗经》："谁谓荼苦，其甘如荠。"说明不是荠菜或苦菜而是指茶。

当然，如上所述，荼是一个借用字，不是专以名茶，也是史实。而辨别古书记载，必须依据当时情形而断定所指为何物。

宋王楙《野客丛书》："世谓古之荼即今之茶，不知荼有数种，非一端也。诗曰谁谓荼苦，其甘如荠者乃苦菜之荼，如今苦苣荬之类。《周礼》掌荼，《毛诗》有女如荼者，乃苦苕之荼也，正萑之属。惟荼槚之荼，乃今之茶也，世莫知辩。"

宋王应麟《困学纪闻》："荼有三，苦菜、茅莠、陆草也。"《易纬通卦验》说是苦菜、茅莠、蔈荂茶、蒤虎丈、蒤委叶。魏王肃《说诗》："蒤，陆秽草。"都是按《尔雅·释草》的荼是苦菜注解的。

明杨慎《丹铅杂录》引宋末魏了翁之说："茶即古荼字也。《周诗》纪荼苦，《春秋》书齐荼，《汉志》书荼陵。颜师古、陆德明虽已转入茶音，而未易字文也。至陆羽《茶经》、卢仝《茶歌》、赵赞《茶禁》以后，遂以荼为茶。"

明徐光启《农政全书》："六经中无茶，荼即茶也。《毛诗》云谁谓荼苦，其甘如荠，以其苦而味甘也。"

综上所述，荼除指茶外，还指苦菜、茅莠、蔈荂茶、蒤虎丈、蒤委叶、神名、荆茶等。

1. **苦菜** 《困学纪闻》引《诗经》："谁谓荼苦，苦菜也。"《易纬通卦验》："苦菜生于寒秋，经冬历春乃成，《月令》孟夏苦菜、茅莠是也。叶如苦苣而细，断之有白汁，花黄似菊，堪食，但苦耳。"《日知录》："今以《诗经》考之，《国风·邶》之荼苦，七月之采荼，縣之堇荼，皆苦菜之荼也。又借而为荼毒之荼，桑柔、汤诰，皆苦菜之荼也。《诗经》弗忍荼毒，荼苦菜毒。"

2. **茅莠** 《困学纪闻》引《诗经》："有女如荼，茅莠也。"《日知录》："《夏小正》取荼莠。"《周礼·地官》掌荼。《仪礼·既夕礼》：茵著用荼实绥泽焉。《诗经》鸱鸮捋荼。《左传》荼蓷莠也。唐孔颖达《正义》谓乱之莠穗，茅乱之莠，其物相类，故皆不名荼也。茅莠之荼也，以其白也，而象之出其东门，有女如荼。《国语》吴王夫差，万人为方，陈白常白旗素甲白羽之矰，望之如荼。《考工记》望而眂之，欲其荼白，亦茅莠之荼也。

3. **蔈荂茶** 《尔雅》："即芍也。"《尔雅疏》按《周礼》掌荼；《诗经》有女如荼，茅莠也，蔈也，荂也。

4. **蒤虎丈** 《尔雅注》："似红草而粗大，有细刺，可以染赤。"《尔雅疏》："蒤一名虎丈。"陶弘景《本草注》："田野甚多，

壮如大马，蓼茎斑而叶圆是也。"《考工记》："虎丈之蔯，不见于
《诗经》和《礼记》。"

5. **蔯委叶**　《尔雅注》引《诗经》以薅茶蓼。《尔雅疏》：
"蔯一名委叶。"《考工记》："良耜之蓼蔯，委叶之蔯。"王肃《说
诗》："蔯，陆秽草，然则蔯者，原田芜秽之草，非苦菜也。今诗
本袜作薅，二字皆从涂。"

6. **神名**　汉应劭《风俗通义》："上古之时，有神茶郁垒，
昆弟二人，性能通鬼。"

7. **荆荼**　亦读如舒，与舒通。司马迁《史记》："荆舒亦作
荆荼。"

上述荼字解释都不是茶。据《神农本草》记录，发现野生茶
树远在氏族社会，茶可知是最先名"荼"，其他是后来发现的野
生草菜，类似茶树，也借用荼字。鲜茶叶味苦，为可食蔬菜，就
称苦荼、苦菜，因而与其他苦菜混淆。荼音涂，与荼同音的，也
名为蔯。正如鲍尔（Samuel Ball：《Cultivation and manufacture
of Tea in China》）早在 1848 年就已指出那样："依照古代习惯及
传说，多数药用植物及茶叶的发现，都归功于神农氏，所以推定
茶叶起源于神农时代，当不是凭空的判断。"

到了中唐，饮茶已很普遍，广大群众对茶的认识显著提高，
茶是木本植物，就把"禾"改为"木"，使文字与实物相符合。
茶为专用字，避免与荼字混淆。

四、茶的多名

一物数名，其例不少。或名外形，或名内质；方言不同，取
名也不同。祖国草药的发现和发明，来自劳动人民。绝大多数中
草药都有异名，有的还非常之多。如贯众，即贯来、渠母、贯
中、伯芹、药藻、扁符、黄钟等。茶叶是一种中草药，也不
例外。

汉以前，《尔雅》名槚、苦荼；《晏子春秋》名茗菜；《神农

本草》名荼茗；《桐君录》名瓜芦；《神农食经》名荼茗。

汉时，司马相如《凡将篇》名荈诧；扬雄《方言》名蔎；许慎《说文解字》名茶、苦茶；华佗《食论》名苦荼；《吴志·韦曜传》名荼荈。

魏时，吴普《本草》名苦菜、荼草；张揖《广雅》名茗、游冬、苦菜；北魏杨衒之《洛阳伽蓝记》称茶为水厄。

晋时，郭璞《尔雅注》名荼、荈；张载《登成都白菟楼诗》名芳茶；陶弘景《名医别录》名荼茗、苦荼；唐房乔等《晋书》名荼果；陶潜《续搜神记》名荼饮。

南朝刘宋（420—479），山谦之《吴兴记》名御荈。刘义庆《世说新语》名茗、荈；刘敬叔《异苑》名荼茗。

唐时，李勣（本姓徐，唐太宗赐姓李）、苏恭《本草》（图1-4）名苦荼、茶、游冬；温庭筠《采茶录》名水厄；虞世南引晋裴渊《南海记》名皋芦；皮日休写诗，亦名皋芦。

茶为什么有这样多别名呢？因为茶不是哪一个人在某时、某地发现的，而是许多人在不同地区和不同时期相继发现的，也就产生了各

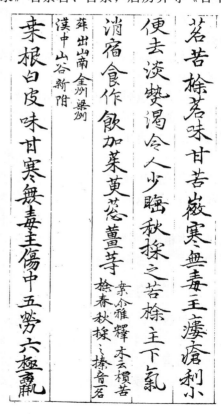

图1-4

地区和各个时期的异名。加以茶树品种繁多，各地自然条件不同，外形差异很大，就更难免有各种不同的异名。

陆羽生于唐玄宗开元二十一年（733），卒于德宗贞元二十年（804）（图1-5）他总结劳动人民的经验，于公元758年前后写出世界第一部《茶经》3卷（图1-6《茶经》上，图1-7《茶经》中，图1-8《茶经》下）。唐皮日休为之序（图1-9）。宋陈师道也作序（图1-10）。在《一之源》总结唐以前茶的不同异名，去其含义不同，择其通称，归纳其名说："一曰茶，二曰槚，三曰蔎，四曰茗，五曰荈。"我国中草药叙述的方法，是有一定程序的。按药物的名称、别名、性味、产地、生长情况、外部形态、采集时间、加

图1-5

图1-6

图1-7

图 1-8

图 1-9

工情况、药物畏恶等程序来编写，既有系统，又合乎科学。陆羽《茶经》也同药物记述相同。他说："其味甘，槚也；不甘而苦，荈也；啜苦咽甘，茶也。一本说，其味苦而不甘，槚也；甘而不苦，荈也。"槚与荈都是迟采的老叶，都有苦味。如制工好，味甘不苦，因此有相反的体会。

图 1-10

1. **荼字** 首见于《诗经》："采荼薪樗，食我农夫。"薪是烧柴，荼薪就不是荼草，可以说明不是野生茅草，而是农夫种的荼薪。《神农本草》："荼生益州，三月三日采。"益州是最早茶区之一。三月三日正是采春茶的时候。《神农食经》："荼茗久服，令人有力悦志。"

有人说《诗经》中所有荼字没有一字是指茶。若是如此，为何《尔雅》注解荼为茶，《神农本草》和《僮约》都说荼就是茶?! 这岂不是推翻了历代茶的史实吗?!

西汉司马相如（公元前179—前117）的《凡将篇》、王褒的《僮约》（公元前59）、扬雄的《方言》（公元前18）相离时间不长，作者又都是成都一带人，而对家乡盛产的茶叶的名称却不一致，可见茶名的混乱到何等程度，据此谁也不应该说荼不是指茶。所以对《诗经》中的荼字的解释，要尊重历史的联系，而不要割断历史，武断认为没有一个荼字指茶。

《汉书·地理志》西汉的荼陵，包括酃县。古称荼乡，有荼山（景阳山）、荼水（洣水）。相传神农氏葬于荼乡。现在酃县还有炎帝陵。这与神农氏发现野生茶树吻合。

《仪礼·既夕礼》有"礼茵著，用荼实绥泽焉"。这里的荼就是茶。周朝重礼，婚丧祭祀都以茶为礼，这些风俗习惯至今在某些地方还有残存。现在以茶待客也是古代流传下来的礼节。

荼字代茶最早最多，历代屡见不少。如苦荼、荼茗、荼荈、荼槚、茗荼等异名，例不胜举。现在贵州苗岭茶区的少数民族（布依）叫茶为"巴涂"，可译作"苦荼"。

2. **槚字** 始见于《尔雅》："槚，苦荼"；南北朝刘宋王微《杂诗》："收领今就槚。"槚是形容树型美观，是名茶树，茗是名茶饮。《唐正韵》说"槚，苦荼，不见于《诗经》、《周礼》"是不正确的。苦荼是味苦的片面概念。陆羽说："其味甘，槚也。"茶加入姜可治痢疾，流传至今证明有效。

槚的上古音读若 gu，就是苦荼的合音。随着时代和地方发生一系列的音变，如皋芦、瓜芦、高芦、果罗、过罗和物罗等词。这一音变原来自苦荼。是指乔木型的苦荼，以区别灌木型的茶。我们提出皋芦种是茶树原种，就是以此为科学的根据。

3. **蔎字** 《方言》："蜀西南人谓茶曰蔎。"蔎与茶的转韵音相近，又与"选"的声近，选就是蔎的声近字。四川西南部邻近云南原产地，饮茶叫蔎是该地的俗语，不见于其他史书。陆羽认为有代表性，所以列为茶的别名之三。这是我们提出云南是茶树原产地的根据。

4. **茗字** 首见于《晏子春秋》。《魏王花木志》："嫩叶谓之茗。"《桐君录》："西阳（今河南光山）、武昌、庐江、晋陵（今江苏武进）好茗，皆东人作清茗，茗有饽饮之宜人。"陆羽《茶经》引宋张淏《云谷杂记》苔菜作茗菜，后人都改苔菜为茗菜。东汉许慎《说文》："茗，荼芽也。"《汉书·食货志》也称茶为茗。陆羽引《荼陵图经》："荼陵者，所谓陵谷生茶茗焉。"

《尔雅注》："早取为荼，晚取为茗，或一曰荈，蜀人名之苦荼。"从采摘时间不同而分清荼与茗的区别。与《魏王花木志》恰恰相反，今茶芽为茗。宋寇宗奭《本草衍义》："晋温峤上表，贡茶千斤，茗三百斤。是知秦人取蜀而后始知有茗饮之事。"以后除茗字沿用代茶外，其他代茶字都罕见了。

据《茶叶全书》说，茗是云南茶的土音，暹罗语的"Miag"是云南土音茗的转变。茶的统称，茗是指嫩叶。到了唐代茶、茗并称，在意义上没有明显的区别。从此也可证明茶树原产地是在云南。

5. **荈字** 首见于《凡将篇》的荈诧二字；次见于《吴志》密赐茶荈以代酒。《尔雅注》："一曰荈，蜀人名之苦荼。"晋左思有"心为茶荈剧，吹嘘对鼎䥶"的诗句。孙楚有"姜桂茶荈出巴蜀"的诗句。杜毓写过《荈赋》。山谦之《吴兴记》说"乌程县西二十里有温山出御荈。"唐皮日休《茶坞》诗有"种荈已成园，载葭宁记亩"，宋王令诗有"灵荈封题寄辇门"等句。

荈与选音相近，荈茗近形，东汉起荈开始为茗所渐渐代替。迟采为荈；陆羽辨别茶味说："不甘而苦，荈也；一本云，甘而不苦，荈也。"前后两句都与槚相反，可见荈与槚差异不大，都是迟采老叶。陆羽说，荈不甘而苦，不如槚味甘也，也是脱离制茶实际的片面理论。

陆羽《茶经》中曾提及，但没有列为茶的别名的，还有《凡将篇》的"诧"字及历代记载的茶树皋芦原种。水厄也是南北朝时代表茶的。此外，在19世纪初期，武夷小种红茶畅销国外，称誉全球，故外人亦有以"武夷"代茶名者。除皋芦原种下章专论外，现将诧、水厄、武夷约述如下。

6. **诧字** 《尚书·顾命篇》"王三宿、三祭、三诧"，就是周成王诵的遗嘱，死后三祭三茶的活动。到了西周设掌茶之官，时聚茶以供丧事之用。由此可见，茶叶用于祭祀，由来已久。西周时代，《山海经·南山经》上的"祝茶"或"桂茶"是祭神的茶。祭祀上用茶叶的风俗，一直流传到新中国成立前的大多数地区。

司马相如的《凡将篇》提到19味中草药，其中一味是荈诧。诧、茶二字是相通的；诧是茶的一个古正字，诧就是茶；荈诧就是荈茶。

7. **水厄** 唐温庭筠《采茶录》："王濛好茶，人至辄饮之，士大夫甚以为苦，每欲候濛，必云：'今日有水厄。'"北魏杨衒之《洛阳伽蓝记》载：梁萧正德降魏，"元义欲为之设茗，先问：'卿于水厄有多少。'"又载：魏彭城王勰谓刘镐曰："卿不慕王侯八珍，好苍头水厄。"

南北朝时，水厄成为茶的代用语，但陆羽《茶经》未曾提及，因而后人也未注意。

8. **武夷** 1711 年英国亚力山大·波普（Alexander Pope）所作的《额发的凌辱》一诗中，称茶为武夷（Bohea）。1725 年爱德华·扬（Edward Young）所作的《声誉女神的爱》中，描写一美女喝茶，同样以武夷代茶名。茶以地名简称，我国古今都有，如天池、松萝、龙井等。

五、槚不是梓

《孟子·告子章句上》："今有场师，舍其梧槚，养其樲棘，则为贱场师焉。"

宋朱熹（1130—1200）《集注》："梧，桐也。槚，梓也。皆美材也。樲棘，小枣，非美材也。"李炳英选注《孟子文选》[①]说："梧即梧桐，槚即梓树。樲即酸枣树，棘即荆棘。前二者价

———————————

① 北京人民出版社，1957 年。

值较大，后者价值较小，场师舍大养小，故曰贱场师。"

《尔雅》早已说过："槚，苦荼。"西晋郭璞《尔雅注》："树小如栀子，冬生叶，可煮作羹饮。"《尔雅》、《经典释文》以《释诂》一篇为周公所作，其他或说是孔子所增，子夏所足，叔孙通所益，梁文所补。东汉郑玄说是孔子门人所作，以释六艺之言，后人说是始于周公，成于孔门，增益于汉儒。不论周公、孔子比孟轲早几百年，孔子门人子夏也比孟轲早得多。孟轲所说槚，当然是指《尔雅》的槚，苦荼也，并不是指梓。梓不如茶贵重。

东汉郑玄，宋邢昺《尔雅疏》，清郝懿行《尔雅注疏》、邵晋涵《尔雅正义》都没有与郭璞《尔雅注》的相反注释，可见郭璞注释是正确的，朱熹、李炳英注解是错误的。

孟轲宗孔子之学，共称为孔孟之道。所说的槚应该是《尔雅》中的槚。孟子生于以茶为治病良药的战国，当然知道槚是贵重药物之一，所以说舍其梧槚，则为贱场师也。

另据王威廉考证，皋芦等字音是源于槚的古音（gu），而不是槚的今音（jiɑ）。所以，"槚，苦荼"和皋芦所指的实际上是同一种乔木的大叶苦荼类型。

这样详细地占有材料并从中引出正确的结论，那么就可以看出我国茶叶生产的历史已有4 000多年了。

第三节　茶字来源及传播

荼字是从荼字转化而来的。荼字很早就有了。唐初，陆德明、颜师古改音未改字。到了中唐，荼茶两字分明，就音字同改，涂音改为茶音，"禾"改为"木"。唐朝以后还可看到荼字，但字义明确，荼就是茶。

一、从荼到茶

神农时代，劳动人民发现野生茶树可解毒。誉与嘉谷比拟，借用荼字，荼字从"禾"代表草本植物。荼字首见于《六经》。西周初期著作《诗经》的《豳风·七月》说："采荼薪樗，食我农夫。"就这两句诗，可看出西周已认识荼是木本。

《尔雅》进一步明确其概念说：槚，苦荼也。槚是嘉木，义同嘉谷。苦荼改为槚，是说明荼是木本，不是草本。

西汉时，饮茶已很普遍，茶叶为主要商品之一。但因时因地不同，就有不同的方言，茶名不统一。东汉华佗说：苦荼久食，益意思。这更明确了茶与其他的荼草不同。

西晋郭璞《尔雅注》说明茶树的性状，把不同的荼名统一，归纳为因采摘时期不同而异。陆德明《经典释文》和《诸经音读》就把荼字读音改为去掉一划的茶字读音了。

颜师古（581—645）著《匡谬正俗》8篇。改音未改字。在《汉书·王子侯表》上的茶陵节侯䜣之荼字，注音为"涂"；而在《汉书·地理志》上的长沙国茶陵之荼字注音为"丈加"反。有人认为在汉代时已有荼、茶两字。但后人考证《王子侯表》上的茶陵，即《地理志》的茶陵。同一地名，无不同音之理，且颜师古注不止两音，有"弋奢"反，又有"丈加"反、"食邪"反等各音，于是议论纷纷，无从定论。

颜师古未掌握茶叶生产的历史资料，脱离实际，以字论字，只反映各地茶的不同语音，未能说明荼字改音的来龙去脉，因而引起这场争论，直至今日还有不良影响。

茶字首见于苏恭的《本草》。《唐本草》是唐高宗李治永徽中（650—655）李勣等修编，显庆中（656—661）苏恭、长孙无忌等22人重加详注。自后茶的记事不再写荼字，而都是写茶字。

据明太祖"实录编纂官"杨士奇记载，在7世纪时，荼方转为茶。唐代宗李豫（762—779年在位）前至德宗李适（780—805年在位）年间，所有写在唐碑上的茶字都写为荼字，如荼药、荼晏、荼毗、荼椀等。天宝九年（750）圣善寺沙门某写灵运禅师碑上的荼椀，建中二年（781）徐浩写不空和尚碑的荼毗，贞元二十一年（805）吴通微写楚金禅师碑上的茶毗等，都是写的茶字。这些例子都是代宗前、德宗年间的唐碑。至文宗李昂（827—840 年在位）、武宗李炎（841—846 年在位）、宣宗李忱（847—859 年在位）时所立的唐碑上，茶字都变为茶字。如会昌元年（841）柳公权玄秘塔碑，大中九年（855）裴休写峰慧禅师及令狐楚撰文郑纲写的百岩太师怀晖碑的茶毗，都是改变的显著明证。变的原由则受陆羽《茶经》、卢仝《茶歌》的影响。中唐以后，所有茶字意义的茶字都变为茶字。同时废除所有别名代名，统一为茶字。除茗字至今偶然沿用外，其他所有代用字都早已不用。

茶的别名容易与茶以外的草本植物混淆，分析中唐以前的记载，要依当时所说的事情实质而断定其所指何物，不能以字论字。

二、茶的世界读音

世界各国，古不产茶。最先饮用的茶叶，都是先后直接或间接从我国去的。各国语言中与茶相等的字都是我国茶字的译音。483—493 年（南朝齐武帝萧颐永明年间），土耳其商队首先来我国华北边疆交易，购买茶叶转售阿拉伯人。阿拉伯人最先称茶叶为"Chah"或"Sax"，到现在都有相似的字。如阿拉伯语"Shai"，土耳其语"Chay"都译自广东省的"Chay（茶叶）"。以后我国茶叶逐渐分散转售，欧洲各国都有华茶市场，虽数量不多，但都有茶的观念。

我国商人正式经营茶叶出口贸易，最先是广东人，其次是厦门人。因此，各国茶字的译音都由广东语和厦门语演变而来，可分为两大系统。此外，俄语的茶字译音，是俄国商队来故都（今北京）运茶，从北京的普通话演变的。

1. 从广东语译音的　广东茶字的发音"cha"，读如"查"音。1516 年葡萄牙人最先来广东交易，首先采用"cha"字音。

之后，这个"cha"转变为十几国的语音。如阿拉伯语"Shai"
（读如 Shi），意大利语"Cia"（现已废用），西班牙语"Cha"
（现已不用），土耳其语"Char"，乌图语"Cha"，波斯语
"Cha"，英国军队俚语"Chah"，印地语"Cha"，越南语
"Tsa"，保加利亚语"Chi"，日语"Cha"，俄语"Chai"等。惟
日、俄与华中通商较早，则已改为我国茶的国音。

2. 从厦门语译音的 厦门茶字的发音是"te"，即"tɑi"，
读音如"退"。厦门人最先运茶叶至爪哇万丹，首先售给荷兰人。
荷兰人由厦门音"tɑi"用拉丁文译成"Thee"。欧洲各国除葡萄
牙外，初时都依赖荷兰供给茶叶，因此，茶字译音都是由厦门语
音转变而来的。

英语"Tea"原来发音是"Tay"，后变为"Tee"，都是由荷
文"Thee"转变而成。据英国东印度公司的记载，1664 年茶的
拼缀是"Thea"，后来变为"Tey"。这个字是新创立的，仅应用
于"Thea sinensis（L）Sims"的植物。虽然有时也代表其他植
物，但那是暂时的借用字。如巴拉圭茶（Ilex paraguayensis），
Jasmin 茶（Psoralea glandulosa），新泽西茶（Ceanotnus ameri-
canus）等。

在《圣经》或莎士比亚的文章里以及 17 世纪末叶以前出版
的书刊里，都没有"Tey"。1650—1659 年，英国的有关记述茶
叶的文献中，就有"Tee"字，发音为"Tay"。1660 年开始拼
成"Tea"，但直至 18 世纪中叶，发音仍为"Tay"。

按照《雅可布逊（Hobson-Jacbson）字典》，"Tea"发音的
改变应在 1720—1750 年，因其后曾在摩尔（Thomas Moore）诗
中见之。在 1745 年出版的席勒《Zedier 辞典》中，写作"Tee"
或"Tea"，发音为"Tiy"，与现在的发音近似。

其他各国的茶字，也如英语由厦门语演变而成。如拉丁语
Thea，法语 Thé，新贺语 Thay，塔木耳语 Tey，拉脱维亚语
Teza，马来语 Teh 或 Te，芬兰语 Tee，朝鲜语 Ta，世界语 Teo 等。

德语和犹太语同是 Thee。意大利语、瑞典语、丹麦语、匈牙利语、捷克语、西班牙语和挪威语同是 Te。

主要外国语茶字来源系统表

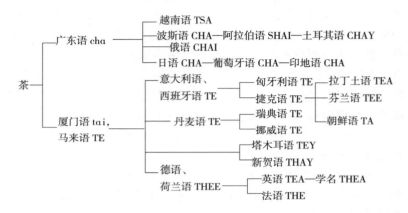

三、最早用茶字的国家

世界各国与我国茶叶发生关系，既有迟早不同，创立茶字亦有先后之分。1516 年葡萄牙与我国建立贸易关系，华茶陆续出口，世界各国亦依买茶的先后创立茶字。最早记载茶字的文献，在历史上可稽考者，有日本 1191 年，意大利威尼斯 1559 年，葡萄牙 1590 年，俄国 1507 年，意大利罗马 1588 年，伊朗 1597 年，荷兰 1598 年，瑞典 1623 年，德国 1633 年，法国 1648 年。

各国最早记载茶的文献，在历史上可查考者摘录于后。

1191 年（宋光宗绍熙二年），日僧长永齐著《种茶法》，为日本茶书的始祖。

1559 年（明世宗嘉靖三十八年），威尼斯作家拉摩晓（Giambaftiata Ramusio）著《中国茶摘记》为欧洲茶书的开始。

1560 年，葡萄牙神父柯鲁兹（Gasperda Gruz）著《中国茶饮录》为葡萄牙第一本茶著。

1567 年，俄国彼得洛夫和雅里谢夫介绍茶树新闻入俄，为俄国茶事记载的开始。

1588 年，罗马神父乔万尼·马费（Giovanni Maffei）用拉丁文著《印度史》中，有茶的叙述。并且引用了阿美达（Ameida）神父的《茶叶摘记》。

1597 年，伊朗巴亨（Jahann Bauhin）著《植物学》述及种茶概要。

1596 年，荷兰林楚登（Jan Hugo Van Linschooten）用拉丁文著《航海与旅行（Voyage and Travels）》内记载有茶的事实。该书于 1598 年译成英文。当时英国称茶为 Chaa。

1623 年，瑞士博物学家巴亨（Gaspard Bauhin）在《山茶植物（Theatri Botanici）》中，有茶的记载。

1635 年（明末崇祯八年），德医鲍利（Simon Pauli）著文抨击过量饮茶与吸烟。

1648 年（清世祖顺治五年），巴黎名医巴丹（Gui Patin）诋茶为新的不良饮料。

1679 年，彭得科（Cornelis Bontekoe）医师为荷兰东印度公司著《咖啡·茶·可可》一书，译成各国文字，风行欧洲。

第二章　茶叶生产的演变

第一节　我国是茶树原产地

我国茶叶生产历史悠久。世界上各个产茶国家不是直接就是间接从我国引进茶苗茶种，有些国家数次派人来我国学习栽茶制茶方法，然后逐渐发展起本国茶业。因此，多数学者都认为中国是茶树原产地。

一、野生大茶树不断发现

我国最早发现茶树。瑞典著名植物分类学家林奈所定的茶树学名"Thea sinensis"，意即"中国茶树"，定名根据的标本也得自我国。

19 世纪初，英国侵入印度，开发东北部茶区。1823 年侵入印度的英军勃鲁士（R. Bruce）少校在中印边界萨地亚（Sadiya）山 中 发 现 类 似 野 生 状 态 的 大 茶 树。1824 年 其 兄 勃 鲁 士（C. A. Bruce）在赛比萨加（Sibsagar）也发现了类似野生大茶树。因此，有些外国人就怀疑说，茶树原产地不是中国。

我国发现野生大茶树，古书记载很多，比勃鲁士兄弟的发现要早数千年。有些人，如爪哇茶叶"分类学家"斯多得（Cohen Stuad），认为"世界上仅有阿萨姆发现野生茶树"，"中国古书没有大茶树的记载，中国至今未发现大叶种"。这是不符合事实的。

《桐君录》："南方有瓜芦木（大茶树），亦似茗，至苦涩，取为屑茶饮，亦可通夜不眠。"

唐陆羽《茶经·一之源》："茶者，南方之嘉木也，一尺、二尺乃至数十尺,其巴山、峡川有两人合抱者。"

宋梅尧臣(1002—1060)在尝新茶诗里,有"建溪茗株成大树,颇殊楚越所种茶"的诗句。沈括(1031—1095)《梦溪笔谈》:"建茶皆乔木,吴、蜀、淮南唯丛茭而已。"宋子安(1130—1200)记东溪茶树也说:"柑叶茶树高丈余,径七八寸。"

清郝懿行《尔雅注疏》:"今茶树高或数丈,小乃数尺。"

《云南大理府记》:"点苍山产茶树高一丈。"《贵州通志》和《续黔书》都说茶出婺川者,名高茶树。

1898年,加伯图(A. H. Kpachob)在中国的常绿栎树占优势的森林中,发现野生茶树。

在历史上,我国不断发现野生大茶树。近年来,东南各省又陆续发现很多,尤其是在原产地云南及邻省贵州发现特别多。

1939年在贵州婺川发现的野生大茶树,高约7.5米,叶长13~16厘米,叶片阔7厘米。

1940年在婺川西北25里的老鹰山上和东门外的新庄发现数十株大茶树,高6.6米,株幅3.3米,干径18厘米,叶长平均12.2厘米,阔5.9厘米,叶脉12对。生长在海拔1 400米的高山上,生长势强。

1959年在赤水(现属习水)海拔1 400米山谷森林中发现的大茶树,高12米,近地周围2.5米,离地1米处周围1.8米。

1965年在普安县发现有两人合抱的大茶树。此外,在盘县老厂海拔1 400~1 700米处常绿阔叶林中也有野生大茶树。

1976年在道真县发现的一株大茶树,树高13米,胸径35.7厘米,冠幅7.7米。

贵州是个古老茶区,野生大茶树在黔北赤水河流域和黔西南沿南北盘江及红水河各地多有发现,这就是黔北大茶树(大茶)和黔南高树茶(高脚茶),但其中也有许多是栽培型的或是栽培后抛荒的大茶树。此外,在贵州边境四川境内的江津、合江、古蔺、叙永等县也有大茶树的分布。

云南是目前发现野生大茶树最多的地方，尤其是澜沧江两岸最为集中。

1951年在勐海（佛海）南糯山发现3株大茶树，高3.5～4米，叶长25厘米，阔8厘米。1958年又在南糯山深林里发现一株两人合抱的大茶树，高5.5米，株幅10米，主干直径1.38米，叶长15厘米，阔6.3厘米，叶脉11对，生长在海拔1 100米的东北向半山坡上，树龄800年以上。1978年，这些生长在高山茶园中的老大茶树，仍然枝壮叶茂，长势喜人。据当地介绍，南糯山的"南"是"腊"意指茶，"糯"是指竹，即茶竹山。这些矮而健壮的小乔木，在高层阔叶林木的遮阳下，成片而有规则的分布，说明它们是被保存下来的古老茶园之一。

1956年在西双版纳古老茶区之一的易武茶区的孔明山（海拔1 900米）发现有大茶树，最高达19米。传说三国时代（220—265）孔明南征时，环绕这座高山四周的6座山都栽了茶，当地人民尊孔明为"茶祖"，历史上称为普洱茶的"六大茶山"。

1956年又在勐海勐宋区曼宋寨发现一株野生大茶树，树高13米以上，主干离地20厘米处直径达35厘米。当地称盆地（坝子）为"勐"，高地为"宋"，勐宋指高山坝子之意。这株野生大茶树就生长在森林茂密的高山北坡。

1960年在勐海格朗和区的那哈山岗，海拔2 000米的高山东南坡上，发现一株大茶树，树高11米以上，主干胸径92厘米。在周围5公里内不见茶园。

1961年又在勐海大黑山原始森林中，发现一株目前最大的大茶树。发现时测得树高32.12米，胸径1.03米。1978年3月间，实测树高14.7米（顶端已被砍断），离地分出3个分枝，干径分别为30厘米、30厘米和60厘米，离地1.5米处共分出5个分枝，其中一个分枝只剩下一个树桩，干已中空。另一株大茶树在林中相距约3公里，是一株直立型高大乔木，树高20米以上，胸径 50 厘米，在 15 米左右处分枝。还有一株大茶树距离最大的一株约 5 公里，树高 16 米，胸径 40 厘米。据当地群众介绍，像这样零散分布的大茶树，附近已发现有 9 株。

图 2-1　云南临沧古茶树

在澜沧江西部，澜沧县糯福区景迈茶山（原属勐满）到糯岗大路边有一株大茶树，树高 8.13 米，主干直径 46.7 厘米。仅距巴达大黑山约 10 余公里，属于景迈山延伸的地区，还发现了一株 4 人合抱的大茶树，分枝高在 15 米以上。

1974 年在双江勐库大佛山（海拔 2 000 米左右）发现有碗口粗的大茶树，树高 10 米。

1976 年在云南南部红河州金平县海拔 2 200 米原始森林中，发现一株大茶树，树高达 17.9 米，主干直径 86.6 厘米，树幅平均 10 米。还有一株高 12 米。

1977 年，云南农业大学组织师生调查全省茶树资源，在师宗县五洛河公社大厂（因古代有造纸厂而得名）大队的原始森林中（海拔 1 600 米），发现一株野生大茶树，树高 25 米，最低分枝 1.5 米。离大队约 10 公里的老熊山上有野生茶树，二者为同

图 2-2 云南西双版纳
古茶树

一类型。据说该地古代造纸时，以茶当药用，距今已有 2 100 多年的历史。

在云南北部发现的"昭通高树茶"，原产地海拔 1 500 米，有许多野生型茶树。如 1959 年在昭通地区大关县发现有大乔木型的高树茶，树高 10 米，树干直径 30 多厘米。

由此可知，我国云南省野生茶树资源极其丰富，类型极其复杂。

在我国东南茶区，福建的野生大茶树也分布很广。1957 年和 1958 年，在闽南和闽西以及闽东北茶区陆续都有发现。如福鼎太姥山上的最大茶树，高达 6 米以上，主干基部直径 18 厘米，周围 35 厘米。树冠直径 2.7 米，分枝离地高达 2.5～3.4 米。叶长 17 厘米，阔 5～6.6 厘米，叶脉 10 对。

安徽六安东石笋也发现乔木大茶树。祁门凫溪口高至三四米的茶树连园成片，叶长 22 厘米，叶脉 13 对。

列举古今发现大量野生大茶树的事实，足以推翻中国茶树无大叶种的所谓植物学根据；同时对斯多得所说中国未发现大茶树的谬论，也是有力的驳斥。

二、茶树原产地的异议

1824 年，勃鲁士在赛比萨加（当时属缅甸阿萨姆省）发现野生茶树后，引起对茶树原产地议论纷纷。有的仍说是中国，有的却说是印度，有的则发表调和论。

有些学者，如俄国布勒雪尼杜在 1893 年出版的《植物科学》里，法国金尼尔（D. Genire）在《植物自然分类》里，美国瓦尔茨（Josepn M. Walsh）在 1892 年出版的《茶的历史及其秘诀》里，威尔逊（A. Wilson）在《中国西部游记》里，都仍旧主张中国是茶树原产地。

但是，英国少数学者为推销印度茶叶，肆意宣传茶树原产地为印度。如布来克（John H. Blake）在《茶商指南》里，易卜生（A. Ibbetson）在《茶》里，贝尔登（Samuel Baildon）在 1877 年出版的《阿萨姆的茶树》里，勃朗（Edith A. Browne）在 1912 年出版的《茶》里，都说中国不是茶树原产地。尤其是贝尔登坚持主张印度为原产地，认为中国和日本约在 1 200 年前由印度输入茶树，企图贬低中国茶叶在世界上的地位。

植物学家林特莱（Lindley）居然根据日本神话传说，判断 517 年间（梁武帝天监十六年）茶树由印度天竺僧徒携带来华，真是无稽之谈。

有些茶叶分类"专家"，如斯多得，提出茶树原产地有二：一是大叶种，原产于印度、缅甸、越南及中国云南；另一是小叶种，原产于中国东部及东南部。他认为大叶种与小叶种原产地不同，互相之间完全没有关系。这不符合自然界统一性的特征，也违反生物进化的规律。

有些茶叶论著把茶树原产地扩大到几个国家，使人莫知所从。如乌克斯《茶叶全书》说，茶树原产地是东南亚，包括印度阿萨姆和中国云南以及缅甸、泰国、印度支那三国。这种论调既无植物学的根据，又缺乏生物进化的常识。勃鲁士兄弟发现野生茶树后，大肆宣扬。于是在印度的英国资本家就主张英国茶叶贸易必须从中国转移到印度，提倡繁殖印度野生茶树。

1835 年，茶业委员会组织科学调查团，成员有植物学家瓦里茨（Wallich）博士和格里费茨（Griffich）博士以及地质学家马克利林（Meclellana）等人，调查研究在阿萨姆发现的野生茶树。结果格里费茨和马克利林都断定阿萨姆变种系中国的变种，不过野生已久，品质自不免较差（图 2-3 系调查团 1847 年拍摄的野生茶林）。茶业委员会据此决定采用中国种，而不用品质较低的阿萨姆种。因此，1836 年又遣派戈登来中国运去茶苗和茶籽。以后，中国茶种源源不断输入印度，历时很久。

图 2-3

这两个科学家颇有见地，他们作出的结论符合茶树分布发展的史实。发现的野生茶树是在缅甸，不是在印度。中国皋芦原种向西南推移，很早就迁移到缅甸。所以缅甸的野生茶树形态，与皋芦原种很相似。

三、自然条件有利于茶树形成和发展

我国云南的主要茶区大多分布在澜沧江两岸，西双版纳是云南大叶种的发源地，也是古老的普洱茶的家乡。普洱茶主产于勐海、勐腊、景宏、澜沧等地，历史上记载有著名的六大茶山。按

《普洱府志》卷之八《物产》谓六大茶山："一攸乐、二莽芝、三革登、四蛮砖、五倚邦、六漫撒（即易武）。"并谓在莽芝"有茶王树，大数围，土人岁以牲醴祭之"。关于六大茶山，虽然所在地说法不一，但是南糯、景迈、布朗、易武、攸乐系西双版纳今日的主产茶地，一向沿称为江内外（指澜沧江自北而南贯穿西双版纳，分江东即江内、江西即江外之合称）五大茶山。在《云南通志》、《普洱府志》和《大清一统志》等书中，都有"以茶为市"、"仰食茶山"的记载。

西双版纳茶区，大部分布在海拔一二千米的山区和丘陵地带。年平均温度在摄氏 15～20℃，年雨量1 200～1 500毫米。由于受赤道季候风的影响，每年分为干湿两季，雨季（5 月～10 月间）空中相对湿度经常在 80% 以上，干季（11 月到翌年 4 月）浓雾弥漫，每天到了近午才散失，雾是干季中水分的主要来源。勐海东南部最高山峰的南糯山，海拔 1 890 多米，干季降雨量只有雨季的八分之一到七分之一，蒸发量比降雨量大 19 倍，由于日温差异大，早晚低温，有利于成雾，相对湿度仍然可达 80% 左右。不仅如此，在西双版纳丰富的茶树资源中，古老茶区的茶树都生长在高层森林树冠的荫蔽之下，在天然林中，茶树一般居于中层，上层是高大的阔叶乔木，林下疏朗透光，以至形成茶树半荫性生态的特性。至今，该地樟、茶混交林几乎到处可见，除上层保留有高达 20 米左右的阔叶乔木外，其下就是高约 5 米左右的樟树和两三米高的茶树。茶区土壤一般为棕色森林土，酸性的红、黄壤，地面布满枯枝落叶，土层深厚松软。所有这些特点，都是形成茶树在系统发育过程中的重要条件。所以，这个地区必然是茶树原产地。

茶树极不适宜过分炎热的气候。苏联塔赫他间（А. Л. Тахтаджя）在《被子植物的起源》里提到：被子植物的发源地最可能是潮湿而温暖的亚热带国家，而不像许多人所想象的那样，总是在热带和寒带地区。

四、茶树的近缘植物

茶树近缘植物，在地理上的分布，也是研究茶树原产地的重要根据。茶树在植物系统上属于茶科（Theaceae）亦作山茶科（Camelliaceae）茶属（Thea）。本科植物共约 23 属 380 余种，其中除有 10 属产美洲外，绝大多数种属产亚洲热带至温带，尤以我国最多；约有 260 余种分布在云南，号称"云南山茶甲天下"。就茶属来说，全世界已发现的共约 80 种到 100 余种，产亚洲的亚热带，在我国有 60 种以上，也以云南为最多。1957 年，胡先骕在云南曾发现 20 多个茶属新种。从种的数目看，云南是植物分布的中心。

在云南西双版纳的原始森林中，除了有丰富的原始性树种外，而且在超过 30 米高的大乔木的树冠之下，间有树高在 10 米上下的大茶树。1977 年，云南农业大学对全省 31 个县进行调查，在思茅地区、临沧地区、德宏州、红河州以及玉溪地区、曲靖地区和昭通地区等 8 个地区 13 个县都发现了野生茶树。就目前在云南已发现的许多大茶树来看，其主要分布是在澜沧江和怒江的中下游，即思茅地区和德宏傣族景颇族自治州所辖地区，分布密度从这里开始向东北逐渐稀少，野生性状也逐渐变得不明显。

云南由于没有遭受过第 4 纪冰川的侵袭，因而保留下来的古老树种特别多，有"世界植物王国"之称。像爪哇紫树、爪哇苦木等第 3 纪树种，在地球上其他许多地区早被消灭，在云南还可找到，这也是云南茶属植物特别多的一个原因。

五、茶树的原种

1907 年，瓦特（George Watt）调查中国和印度的茶种，进行综合研究，归纳为四大变种。①尖叶变种，包括阿萨姆土种、老挝种、那伽山种、曼尼普种、缅甸及掸部种、中国云南种，指我国皋芦种已驯化的大叶种。②直叶变种，即中国种及日本栽培的多数树种。③武夷变种，又称普通杂种。即普通变种和直叶变种的杂种。④尖萼变种，是最热带性的变种，产于新加坡及庇南（Penang）。后又将武夷变种及直叶变种归纳为普通变种和尖叶变种的杂交种。

斯多得（Cohen stuart）1917 年研究一切茶树变种的分类及重要植物标本室的茶树标本，也分为四大变种。①武夷变种，原产福建武夷山中，中国东部及日本所栽培的，属此变种。②大叶变种，为中间型，产于我国湖北、四川、云南等省。即指皋芦种已驯化的大叶种。③掸部型变种，亦为中间型，生长于泰国高原、缅甸高原的掸部、越南的东京（今河内）、老挝及阿萨姆等地。④阿萨姆变种，产于印度曼尼普（Manipur）、卡哈（Cachar）、卢海（Lushai）等处。

英国哈利（C. R. Harler）的分类与斯多得相同，但是描写性状稍有不同。大叶变种形状如武夷变种，掸部型变种与阿萨姆变种大致相同。前者是皋芦种向东推移驯化，后者是皋芦种向西南推移驯化。

葡萄牙植物学家鲁利罗（Joao Loureiro，1715—1796）所提出的广东变种（var. Cantonesis Lour），许多植物学家认为很重要。是皋芦种驯化变种之一。

1925 年，贝利（L. H. Bailey）也分为武夷变种、普通变种、广东变种（相当于大叶变种，即皋芦种已驯化的大叶种）和阿萨姆变种。但描述性状稍有不同。

茶树变种分类，虽然植物学家研究鉴别而定有学名，但都是仅从形态学上的推论，而无遗传学上的论据，不能定论。物种起源都是一元论，达尔文进化论也可以证明茶树原产只有一种。所述茶树变种分类都没有提及茶树原种，试问无原种，变种从那里来的；无原种就无所谓变种。斯多得所谓大叶变种产于云南、四川，贝利所谓广东变种都是中间型，所述性状与我国南部的皋芦种变种很类似。《桐君录》、裴渊《南海记》、陆羽《茶经》和李时珍《本草纲目》都提及皋芦种，有的并述及性状也和大叶变种类似。《南越志》也说，广东龙川有皋芦，即广东变种。最近我国西南和东南茶区所发现的野生大茶树，形态也类似皋芦种。皋芦即我国最先最早的茶名苦荼的回译音字。这许多事例都可以说明皋芦是茶树原种。

1. **从皋芦型性状遗传论证茶树原产地** 据日本资料，皋芦茶树在日本各地作为园庭观赏树木或野生状态而广泛存在，自古称唐茶、苦茶、山茶等。茶业界则多数以中国语称皋芦，在日本生育的，称中国大叶种。

1950 年，日本北村四郎、雪莱（R. J. Sealy）等的分类，分别记载为变种（Variety）或类型（Form）。斯多得和雪莱特别指出这种茶树属于中国大叶种的种类。

从日本著名的绿茶薮北品种的自然实生茶园中，往往出现与皋芦型的形态特征完全相同的个体，叶片很大，叶面波曲也大等特征。这是各地栽培实生薮北种中已广泛存在的事实。除薮北种外，还有其他品系后代也出现皋芦型的特征。1961 年田边贡报道，从以 U_6 代号薮北杂种自花受粉的后代中分离出皋芦种。

乌屋尾忠之根据薮北种与皋芦种的遗传关系以及皋芦型性状的遗传特征，用皋芦种、薮北种和其他品系进行杂交实验，找出支配皋芦型隐性性状特征的一个主要基因。从皋芦型单隐性遗传性的特征性状，发现与茶树起源的关系。

实验结果，后代分离，皋芦型性状是受单隐性遗传基因所支配的。隐性纯粹型的皋芦和杂合型的薮北杂交，其后代的理论比率应为 1：1；杂合型互相杂交的后代，经自交后，其后代分离出普通型和皋芦型的理论比率应为 3：1。实验所得比率与理论比率是相适合的。

从实验结果发现皋芦型性状有关的基因，茶树品种和品系可分为 3 种基因型，纯粹型（基因组合为 k/k），即皋芦型；杂合型（组合为 k/＋），如薮北型；普通型（组合为＋/＋）。其形态表现则为两种：皋芦型和普通型（包括薮北型）。因为 k 基因是一个隐性基因，它支配了皋芦型的遗传性状。这就是日本各地的本地种茶树和山茶中为什么广泛出现皋芦茶树的原由。

我国西南、东南茶区也发现很多像皋芦型的大叶种茶树，如武夷变种的水仙种，高达 4～5 米，叶片和锯齿很像皋芦种；树型小的不到 1 米，统属于一般的普通型，这种情形与日本相同。而皋芦种经人工选育为中国大叶变种。由此可见，我国皋芦种被认为是茶树起源的原始种，是有遗传学的根据的，它进化为中国大叶变种的过程，也是值得进一步研究的。

2. 从茶叶生物化学论证云南是茶树原产地 从茶树生长的要求与云南的自然环境相一致来说，茶树的生长要求温暖湿润的气候和有深厚土层的酸性土壤，并且适宜生长在其他树木的荫蔽下面，耐阴性很强。这是由于茶树在系统发育过程中同化了这些条件的缘故。

合成大量的儿茶多酚类（黄烷醇）是茶树新陈代谢的特点。在茶树的个体发育和系统发育中，儿茶多酚类起着十分重要的作用。苏联杰姆哈捷（К. М. Джемухадзе）从研究儿茶多酚类的合成来判断茶树原产地。指出从种子膨胀时的开始，以及在以后发芽过程中即可发现各种性质的儿茶多酚类。但总是 L-表儿茶酚和 L-表没食子儿茶酚占多数，在幼苗出土，特别是在光合器官形成时，便强烈地合成较复杂形式的儿茶多酚类，即 L-表儿茶酚没食子酸酯和 L-表没食子儿茶酚没食子酸酯。在成形幼苗的三叶嫩梢中，L-表没食子儿茶酚没食子酸酯占总数的 56％ 以上。以后各种儿茶多酚类大体上保持相似于两三叶幼梢中的比例，只随着器官的年龄而变异。

阿萨姆变种和中国变种以及掸部变种含有较多的 L-表没食子儿茶酚和 L-表没食子儿茶酚没食子酸酯。云南大叶种不论是野生类型或栽培类型都在合成 L-表儿茶酚比合成 L-表没食子儿茶酚的强度高 1 倍。相应的，L-表儿茶酚没食子酸酯的形成比

L-表没食子儿茶酚没食子酸酯的形成较多。非没食子基的儿茶酚累积比没食子基的儿茶酚较多的茶树，也就是新陈代谢比较简单的茶树。云南大叶种就是具有这种新陈代谢的茶树，是最古老的。云南大叶种无疑是发生在四季如春的温暖气候条件下的自然分布地区。在这种特别适宜的发育条件下，创造了保存迄今的这种茶树的原始类型。这种茶树具有加速合成 L-表儿茶酚及其没食子酸酯的简单新陈代谢类型，造成了所有其余的茶树变种，所以说云南省是茶树的真正原产地。

六、茶树的分布

茶树是顺着河流山脉的走向而天然或人为传播的。云南是许多河流的发源地，如元江通越南的红河、澜沧江通老挝的湄公河，怒江通缅甸的萨尔温江，龙川江通缅甸的伊洛瓦底江；云南金沙江是中国长江的上游，南盘江是珠江的上游。茶树通过发源于云南山脉的河流，从原产地向外传播，所以江河流域两岸都蕴藏野生茶树，类似原产地区的大茶树。中国的四川、贵州、广西和缅甸、老挝、越南以及泰国的北部，因为邻近云南，所以也可以说是茶树原产地的边缘。在邻近缅甸的印度北部发现的野生茶树，是由缅甸流传过去的。皋芦原种经过人工驯化生长在西双版纳的云南大叶种与印度阿萨姆种对比，形态特征没有发现显著的差异。

皋芦原种传入缅甸向东南推移驯化而为掸部变种，生长在缅甸高原。掸部变种再向泰国、老挝推移驯化为老挝变种，生长在老挝、泰国高原和越南东京。

皋芦原种传入缅甸向西北推移为曼尼普变种。曼尼普是古印度一国，东接缅甸，地处拉希丘陵的卢海河谷。曼尼普种与邻近缅甸掸部变种没有什么区别。野生的曼尼普在更的宛河流域和缅甸西北支流一带，生长面积很广。从曼尼普种的性状可看出是皋芦原种移到缅甸而驯化的变种。再由缅甸流入印度，但并不是阿萨姆的变种，阿萨姆土种则是曼尼普的变种。缅甸传入阿萨姆种要在土壤肥沃和气候适宜的条件下才能生长，并易罹病虫害。而曼尼普种可生长在自然条件较差的地区，独可生长繁茂。从此也可见曼尼普种在缅甸很适应，而阿萨姆种则不然，是曼尼普种驯化的变种。

据 1815 年拉悌（Colonal Latter）和 1816 年加登（Mr. Garden）两人的记载，阿萨姆和掸邦（Shan State，即上缅甸 Upre Burma）所发现的茶树，系集团而有规则的人工栽培，当地人已利用制为茶叶饮用，并非散漫或单独的野生茶树。斯多得在考察中印重要交通孔道，时常见有茶树。由此可论断各处发现所谓野生茶树或土产茶树，当然是由我国云南移入；当地制茶方法也是我国人民所传授的。云南居民老早就从事野生皋芦茶树的驯化，栽培的乔木型的大叶种，在云南推广，常常被外人错认为阿萨姆变种。类似的例子，贵州产茶最早在赤水河流域，当地劳动人民在驯化野生大茶树的过程中，就是由野生型（大树茶）到过渡型（大丛茶）到栽培型（小丛茶）的。茶树即由乔木而灌木，叶由大而小，叶色由浅而深，分枝由稀而密，发芽由早而迟，新梢增长加快，这些也都是自然条件和人工驯化的结果。

茶树被发现和利用后，经天然或人为从原产地向外迁移传播，繁殖地区便更广阔了。茶树生长地区扩大，在许多不同地理条件下驯化；在不同气候条件影响下，茶树外部形态特征和内部新陈代谢，都起了变化。向北、东北、西北地区推移，受了寒冷和雨量少的影响，生长期短，叶片变小，树干变矮，小乔木植株变成灌木型，同时新陈代谢也朝着强烈合成 L-表没食子儿茶酚及 L-表没食子儿茶酚没食子酸酯的方向改变，因而驯化为武夷变种。

向南热带地区推移，由于气温高，雨量多，生长期长，于是形成更高大的乔木，更好温暖，阿萨姆变种即是。环境条件影响不同及人工驯化，新陈代谢同样起了变化。如 L-表没食子儿茶酚没食子酸酯的羟基化作用过程的不同程度加强起来，而驯化为掸部变种和阿萨姆变种，尤其是阿萨姆变种 L-表没食子儿茶酚没食子酸酯含量特别多。这是掸部变种和阿萨姆变种两者环境条件不同而使然的。

无论低温或高温对茶树的正常发育都有不良的影响。气候不同使外部形态改变，是植物界普遍的规律。如阿萨姆变种树型为高大乔木；而掸部变种则为中间型靠近皋产原种。印度茶园培植的茶树已不是野生状态。现在建溪（建瓯）的茶树已不是 11 世纪的状态。这都是茶树变态的证实。

七、茶业的悠久历史

有对比才能鉴别。中国和印度的茶业历史对比，相差数千年。我国茶树栽培和茶叶生产已有四五千年的历史了，而印度不到 200 年。世界上任何产茶国家的栽茶和制茶都是先后直接或间接从我国传入的，印度也不例外。贝尔登认为"中国约在 1 200 年前从印度输入茶树"。试问在 1 200 年前的 7 世纪（唐初），中国茶叶生产空前旺盛，饮茶为人家一日不可无，茶树是哪里来的?!

印度茶区大多数是英国资本家开发的。英国博物馆中所藏最古老的茶树标本，系由勃朗（Samuel Browne）和布克利（Edward Bulkley）于 1698—1702 年间，从马拉巴海岸采得的。斯多得认为是中国茶树的一种，在荷兰东印度公司时代运至马拉巴的。直至 1780 年欧洲人开始提倡印度植茶运动，英国东印度公司的船主运入少量中国茶籽至加尔各答。以后又陆续运入少量中国茶籽栽植，但结果无一成就。

1850—1851 年，福顿（R. Fortune，图 2 - 4）购买大批中国茶籽、茶苗，培育 12 000 株茶苗栽植于喜马拉雅

图 2 - 4

山茶园中。1935—1936 年加尔各答已有42 000株中国茶苗。运寄给阿萨姆茶垦督导员勃鲁士约20 000株，栽植于萨地雅附近的绥克华（Saikhwa）苗圃内。两年后，1 600株中国茶树移植于邻接查浦的迪安乔（Deenjoy），至 1893 年开始采制茶叶 32 磅[①]。

应聘赴印的中国茶业技师，在阿萨姆勃鲁士的茶厂，于1836 年初，按照我国制法，采摘塔克区土生茶树嫩芽试制样茶成功。同年夏季试制样茶 5 箱，于 11 月 8 日运到加尔各答。经证明和我国的茶叶同一品类。1973 年，桥本实在《茶的传布史》里指出，在细胞遗传学上，中国种和印度种的染色体数目都是 $2n=30$，二者无差异；而且在外部形态上，从中国东部（包括台湾省）到海南岛以至泰国、缅甸和印度阿萨姆等地发生连续性变异。这些变异是由于地理条件和环境的不同造成的；比较这些地区的野生茶，在形态上也相似。是以四川、云南为中心，从缅甸到阿萨姆表现为大型化，正如日本向北推移逐渐呈小型化一样。印度茶叶生产起源距今还不到 200 年的历史，怎么能说印度是茶树原产地呢！

从印度开发茶业的简略史料中可以看出，并不是中国从印度输入茶树，而是印度从中国输入茶树。历史也可见证，中国是茶树的原产地，而印度不是茶树的原产地。

再从历史和现实联系说，现各国茶的译音，不是发源于广东语的"cha"音，就是发源于厦门语的"te tai"即"Tay"音；印度语"cha"也无例外。如果印度是茶树的原产地，中国从印度输入茶树，应该是中国语印度音，而不是印度语中国广东音，历史联系现实是无情的。

据以上多方面的论证，可以肯定我国云南是茶树原产地，当地野生的中间型、矮而健壮小乔木皋芦种，是茶树原种，向东迁移变为我国东部及东南部的中叶种或小叶种；称为武夷变种；向

---

① 磅为非法定计量单位。1 磅＝453.59 克。

南迁移变成为上部缅甸和越南的大叶种，树型类似皋芦原种的中间型小乔木，称为掸部变种；向西南迁移，变成为印度的大叶种，树型类似高大乔木，叶片特别大，但其形态类似皋芦原种，称为阿萨姆变种。现在云南大叶种是皋芦原种经过人为驯化的，介于大叶与小叶种之间。大叶种、中叶和小叶种同是从云南皋芦原种向北或南推移，为了适应环境条件而发生的变异。

云南皋芦原种因迁移地区自然条件不同而驯化，分为阿萨姆变种、掸部变种和武夷变种。在新陈代谢过程中，这几个变种是非常相似的。但是，就外部形态与解剖学特征而言，差异相当大，以致分类学家分为不同变种。根据科学的发展，这种停留在从外部形态分类的现象，已经不是完全科学的分类方法，应该进一步结合生理生化和遗传性等加以研究。我国广大茶区的茶树外部形态千变万化，类型数以百计，品种资源丰富，很有条件创立中国茶树分类法。

八、茶树原产地研究动态

陈椽、陈震古《中国云南是茶树原产地》一文发表后，得到日本学者大力支持。名城大学农学部研究茶树起源的专家桥本实副教授来信表示支持茶树原产地的一元论。

日本第二次全国茶研者友好访华团团长、名古屋大学农学部名誉教授清水正治，秘书长松下智，桥本实副教授，名古屋大学生物学教授高桥于裕，大阪大学东洋史教授布目潮风，农林省茶业试验场枕崎分场官员武田善行，静冈药科大学教师佐野满昭，兴生高等学校教师小川英树等 16 人，于 1980 年 8 月 31 日至 9 月 2 日亲到西双版纳南糯山考察。团员林屋新一郎夫妇合抱茶树王留影（图 2-5），回国后合作写成《川滇行》一书，详述云南原产地的自然条件与茶业概况。桥本实与一篇《云南之行》，探索茶树的起源，对西双版纳是茶树原产地未提出任何异议。

围绕茶树原产地的争论，国内过去分歧意见是四川、云南之争。经过辩论已逐渐趋向一致。但究竟是在云南西南部或在云贵高原，还未有统一认识。在中国遗传学会于昆明举行的《我国原产作物遗传资源研究和利用》学术讨论会上，我们提出《再论茶树原产地》[①] 的论文，评论那些未公开发表的议论，借以促进关心这个问题的茶业科学工作者再提出宝贵意见，把茶树原产地的问题研究深透，得出正确的结论。

图 2-5

第二节　皋芦种是茶树原种

任何植物都有原种，惟独茶树未闻有原种。无原种，变种从何而来？空言茶树这个变种那个变种，不及原种，如无根之木，无源之水，茶树分类学说就不可能建立起来。近年来，我们在研究茶树原产地的同时，也探索茶树原种。博览茶史资料，历代传载皋芦种不断。这是提出皋芦种是茶树原种所根据之一。

日本各地茶区都有皋芦种茶树。乌屋尾忠之进行人工杂交育种时，有规律地出现皋芦种。这是提出皋芦种是茶树原种所根据之二。

----

① 《茶业通报》，1981年，第1期。

皋芦原种生于原始森林中，属半乔木型。由于自然推移于气候适宜地区，各地气候和天然自花受粉率不同，性状变异，时日长久，其名逐渐为各地方言所代替。如广东、广西、贵州、湖南（江华苦茶）、江西、福建等省所称苦茶，广东大叶种，湖南高脚茶或峒茶，四川顶峰大叶或大树茶，贵州高树茶或高脚茶或大树茶，等等。

胡浩川考证，皋芦即苦茶的回译音字，所谓"夷语"，正是道地汉语的译音，其他都是同音异字，是中国大叶变种的由来。这个原种很早已自然推移到我国南部和东南部各省的山区，并传播到日本、印度支那等地。

一、历代不断记载皋芦种

皋芦，首见于汉、魏间吴普《本草》。陆羽《茶经》也引《桐君录》："南方有瓜芦木，亦似茗，至苦涩。"

南北朝梁陶弘景《苦菜注》："南方有瓜芦亦似茗，苦，摘取其叶，作屑，煮饮而通夜不睡。"南北朝陈沈怀远《南越志》："龙川县（广东东部）有皋芦，名瓜芦，叶似茗，土人谓之过罗，或曰物罗，皆夷语也。"

唐虞世南《北堂书钞》引东晋裴渊《南海记》："西平县出皋芦，茗之别名。叶大而涩，南人以为饮。"唐《开元本草拾遗》："皋芦，出南海之山，叶似茗而大，取作当茗，极重之。"陈藏器《本草拾遗》："皋芦，叶味苦，平。作饮止渴，除痰，不睡，利水，明目。"陆羽《茶经·一之源》："其树如瓜芦……瓜芦木出广州，似茶，至苦涩。栟榈蒲葵之属，其子似茶。"与陆羽同时，皮日休有"石盆煮皋芦"的诗句。

宋吴淑《茶赋》："若夫撷此皋芦，烹此苦茶……予章之喜甘露，王肃之贪酪奴。"《膡乘》："茗，苦涩之为果罗。"《海药本草》（775年前后）："皋芦，状若茶树，阔大，无毒，主烦渴，热闷，下痰，通小肠淋，止头痛。"

明李时珍《本草纲目》："皋芦叶状如茗，而大如手掌，搓碎最苦，而味浊，风味比茶不及远矣。今广人用之，名曰苦蓉。"

清吴正芳《岭南杂记》："苦蓉茶，一名皋芦……叶大如掌，一片入壶，其味极苦。"《古今图书集成》（1726）："皋芦，又名瓜芦、苦蓉、过罗、物罗。"李调元《南越笔记·粤中诸茶》（1777）："苦蓉二株，蓉以产新安、河源者为良，其味最苦，而粤人烹河南茶者，必以点蓉少许为可口。《南越志》称龙川县出皋芦叶，今称为苦艼、艼亦作蓉。"

1848年吴其濬编《植物名实图考长编》记载皋芦引《本草拾遗》、《南越志》、《海药本草》的有关记述；抄录《南越笔记·粤中诸茶》的全文。

1852年，德国斯保尔特（P. E. Siebolda，1766—1866）认为皋芦是一个变种，命名 Macrophylla Sieb，即中国大叶变种。日本牧里将皋芦定为种名，直译为大叶种，其实就是皋芦原种，不是什么大叶变种。

1915年，陆尔奎、方毅等50余人编《辞源》"皋芦"解释是："系木名，叶大味苦涩，似茗而非，南越茶难致，剪此作饮。"

1936年，《中国植物图鉴》记载：皋芦（Thea Macrophylla Makino）概形似茶，惟干较粗，叶亦阔大而厚，长达十余厘米，秋末叶腋开花白色，比茶花略大。常绿灌木，生于山地。通常栽培，嫩叶可以代茶，但味不佳。

1919年，斯多得把中国茶分为两大变种，即中国大叶变种（Var Macrophylla）和武夷变种（Var Bohea）。前者就是云南皋芦原种；后者皋芦原种向广东、湖南推移变为大叶变种，树型比皋芦原种小；向福建东北部推移，变为武夷变种，树型比皋芦原种更小。斯多得未提及原种，变种从何而来呢？

皋芦原种，树型属半乔木与灌木之间的中间型。由于自然条件不同，从云南原产地往南方热带传布，发展为掸部型变种，属于半乔木与乔木之间的中间型。树高叶形都比皋芦种大，叶脉数也多，分布于泰国高原、缅甸掸部、老挝及阿萨姆等地。再往南传播即为阿萨姆变种，属乔木型，树高叶形都比掸部型大，叶脉也多，分布于印度各地。从云南原产地往我国东南温带传播，即为武夷变种。

斯多得把茶树又分为武夷变种、大叶变种、掸部型变种、阿萨姆变种四大类型。大叶变种是指中间型的皋芦种，产于湖北、四川和云南，正符合我国最早记载的品种及其产地。

二、杂交育种有规律出现皋芦种

1976年乌屋尾忠之在把日本本地种和山茶进行杂交试验过程中，广泛出现皋芦种。他认为在这些集团中也有皋芦的 k 基因的存在。这些都可以证明茶树起源与中国大叶种有密切关系。

据乌屋尾忠之杂交分离的皋芦种，不仅因叶大、曲面大等的形态特征而与普通种有明显的区别（图 2-6），而且酚类物质含

图 2-6

量、接枝发根、着花量等的化学成分、制茶质量、生理特性都有其不同特征，是皋芦种和普通种的特性差异为单一的皋芦种遗传基因（k）的多方面表现。杂交实验结果如表2-1，皋芦种为单劣性；金矢绿、NN_{12}、NN_{27}和薮北一样为杂结合体。

表2-1　薮北族交叉杂交后代中皋芦种的分离

交叉*	植物号		x^2分析值（比例测试）	P
	标准	皋芦		
薮北×金矢绿	183	57	0.200（3：1）	0.5～0.7
金矢绿×薮北	37	13	0.026（3：1）	0.7～0.8
薮北×NN_{27}	94	32	0.010（3：1）	＞0.9
NN_{27}×薮北	53	26	2.637（3：1）	0.1～0.2
薮北×NN_{12}	150	55	0.365（3：1）	0.5～0.7

*　仅测试交叉组合

薮北×金矢绿的反交组合中白叶和皋芦种的分离比，该组合构成杂结合分别带有白叶的2因子、皋芦1因子的基因类相互杂交。从表2-2看出此两特性符合各自独立地遗传的分离比45：15＝3：1（x^2＝0.329，P＝0.95～0.98）。

表2-2　薮北×金矢绿反交组合中白叶和皋芦种分离比

交叉	绿		白		合计	x^2	P
	标准	皋芦	标准	皋芦			
薮北×金矢绿	170	53	13	4	240	0.485	0.90～0.95
金矢绿×薮北	35	12	2	1	50	0.139	0.98～0.99
组　　合	205	65	15	5	290	0.329	0.95～0.98
计　　算	203.9	68.0	13.6	4.5	290		
于期比率	45：15＝3：1＝64						

陈椽、陈震古在《中国云南是茶树原产地》一文中，提出"我国皋芦种是茶树原种"的论证。正如日本茶史专家诸冈存所说，普洱茶是用皋芦种制作的。乌屋尾忠之说，日本的皋芦种与中国的皋芦种不同。其实，日本皋芦种是唐代从中国传去的。

所以日本皋芦种又叫"唐茶"、"南蛮茶"。"南蛮"是中国古代云南之称，从此可说明是从中国云南的皋芦种传去的后代。正如中国皋芦种经过岁月推移，自然条件驯化，外形有所变化一样。

1980 年 4 月，日本丰茗会松下智专程到四川南川调查皋芦种（俗称大树茶）。1981 年 5 月间，日本茶业科学技术代表团，以清水道夫教授为首，调查南川皋芦茶的性状，并带标本回国研究。日本学者再三来中国研究皋芦原种，这是茶业科学发展的新阶段，具有极其重要的意义。

第三节　茶树分布与茶区形成

茶树原为温带的高山作物，由人工移植而广布于气候相似的热带地区。一般说，北纬 35°为茶树生长的北限。最近，苏联移至 49°的克拉斯达诺尔。我国现已推进到北纬 38°的山东蓬莱。南至南纬 35°，如南非（阿扎尼亚）原纳塔尔茶区。但是，热带、亚热带的茶树，生长虽较温带茂盛，然品质较差，宜制滋味强浓的红茶，不宜制高香清隽的绿茶。

茶树何时自原产地移栽到各个茶区，目前还找不到历史资料，无从稽考。但是，茶树移栽和传播是与政治、经济、交通、气候有密切关系的。如果依照这些条件进行分析，并根据陆羽《茶经》七之事、八之出的记载，就可知道茶树传播路线和大概时期，以及各地茶区栽培先后。

一、唐前茶区的形成

四川和云南接邻，是茶树原产地的边缘，所以起初茶树向四川传播。我国最早的茶事记载都在四川。如常璩《华阳国志·巴志》记载，周武王会合四川的一些少数民族共同讨伐殷纣王时，少数民族首领就把巴蜀产的茶叶带去进贡，并有"园有芳蒻香茗"的记载。当时的贡茶是否采自人工栽培的茶园，虽不能肯定，但是园中的"芳茗"却无疑是人工栽培的。由此可见，四川茶树栽培可追溯到西周初年。

关于四川茶树栽培历史，《四川通志》说："名山之西十五里有蒙山，其山有五顶，中顶最高，名曰上清峰……即种仙茶之处。"西汉（公元前206—公元8），甘露寺祖师姓吴名理真手植茶树7株于山顶，树高1尺上下，不枯不长，称曰"仙茶"。因其品质优异，自唐朝即列为贡茶，建立御茶园，遗址至今尚存（图2-7）。历代诗人文士都争相称颂，如黎阳王蒙山白云岩茶诗："若教陆羽持公论，应是人间第一茶。"宋文彦博赞蒙顶茶诗："旧谱最称蒙顶味，露芽云液胜醍醐。"宋文学家文同《谢丈人寄蒙顶新茶诗》："蜀土茶称盛，蒙山味独珍。"至于"扬子江中水，蒙山顶上茶"更为古今群众广为吟诵。

图2-7

　　王象之《舆地记胜》也载:"西汉时有僧自岭表来,以植茶蒙山。"据蒙山茶场李家光考证,蒙山茶就是本地茶,吴理真是本地人,不是从外地来的和尚[①]。据此推论,蒙山一带栽培茶树远在西汉以前,与常璩《华阳国志》"园有芳蒻香茗"有联系。

　　蒙山植茶为我国最早栽茶的文字纪要。该山原任僧正祖崇于雍正六年(1728)立碑记其植茶史略,石碑至今尚在(图2-8),是我国植茶最早的证据。碑文中有"灵茗之种,植于五峰之中,高不盈尺,不生不灭,迥异寻常";"蒙山有茶,受灵气之精,其茶芳香";"栽蓄亿万株"等语。

图 2-8

---

① 四川省雅安地区茶叶学会1979年学术讨论会《论文选集》。

现在蒙山茶场，喜采春茶的图景（图 2 - 9），也十分喜人。

图 2 - 9

茶树移入四川后，首先向北迁移。从王褒《僮约》"武阳买茶"可以知之。陕西是西周的政治中心，物产不及四川丰饶，必须开辟川陕交通路线，以便交流物产。茶树随交通的方便而移入陕西。秦岭山脉为屏障，抵御寒流，故陕南气候温和，茶树就在南部生根。因受气候条件限制，茶树不能再向北推进，只能沿汉水转入东周政治经济中心——河南，又在气候温和的河南南部生根。

到了战国时代，安徽、山东都成为政治经济中心，茶树就再向东迁移。战国末期，秦将司马错曾于周赧王延七年，即秦武王三年（公元前 308），"率巴蜀众十万，大舶船万艘，米六百万斛，浮江伐楚"。西汉初，刘邦也是先据有四川而后利用巴蜀人力物力去伐楚，最后统一全国。从华佗《食论》可以看出，到公元 2 世纪初，饮茶风气已普及东部。华佗（141—220），谯国

（今亳州）人，行医于河南东部、山东西部以及徐州、盐城、扬州等地，总结茶叶药用的经验，在《食论》里说："苦荼久食，益意思。"由此可知河南、山东、安徽、江苏等地在公元 2 世纪时，饮茶已相当普遍了。茶树栽培从原产地沿水陆两路传到淮河流域两岸和江淮之间各地。

茶树移入四川后，又沿长江而下传入湖北。北魏张揖《广雅》："荆巴间采叶作饼。"到湖北后分两路流传。

一路由岳阳入洞庭湖到湖南。《茶陵图经》："茶陵者，所谓陵谷生茶茗焉。"茶陵地名，西汉初年就有。

另一路由九江入鄱阳湖至江西；继后到芜湖而至宣城。陶潜《搜神后记》载："晋武帝世时，宣城人秦精常入武昌山采茗。"宣城再向东南推移而至江苏和浙江以及皖南茶区。《吴志·韦曜传》有茶荈代酒的记载。刘宋山谦之《吴兴记》载："乌程（吴兴）县西二十里有温山，出御荈（贡茶）。"由此推知，在公元 3 世纪前后，饮茶和种茶已经流传至长江下游的湖北、安徽和江苏以及浙江各地。

中国北方农业在秦汉时已很发达，开始用犁耕田。到魏晋时，一般生产工具已用铁制。但南方农业发展较慢。到三国时，长江流域的农业才有所发展。南北朝时（420—589），北方战乱较多，南方比较安定，北方很多农民迁移到南方开垦荒地，也将进步的农业技术带到南方。由于南方经济的开发，茶叶生产也随之发展起来。但这时茶树栽培主要集中于名山名寺，为有势力的寺僧、官吏、大地主所把持。

二、唐代茶区的分布

根据上面的分析和陆羽《茶经》所载的产地，推测茶树传播有两条路线：

第一条路线，从原产地向北推移到四川的雅州（雅安、名山）到眉州（丹棱）到邛州（邛崃）到蜀州（崇庆）到彭州（彭县）到绵州（绵阳），形成陆羽所称的剑南茶区，即今川西北茶区。

由四川再向北推进，沿川陕大道入陕西南部至兴州（略阳）至梁州（汉中）而达金州（安康），陆羽划入山南茶区，即今陕南茶区。

秦岭屏障阻碍向西北推移，折南沿汉水进入湖北的襄州（襄阳）而到河南的义阳郡至光州（潢州）；再向东移动，入安徽西部的寿州（六安、寿县），形成陆羽所称的淮南茶区，即今皖西茶区、河南信阳茶区。

第二条路线，从原产地沿长江进入四川的泸州（泸县），然后分路：

泸州一路沿长江往南入支流黔江到洪度河两岸的思州（婺川）和贵州（德江），再由小支流到夷州（石矸），最后直到播州（遵义），形成陆羽所称的黔中茶区，即今之贵州茶区。由夷州走麻阳江到湖南的锦州（麻阳），再到溪州（永顺、龙山）。

泸州另一路往东到夔州（奉节）到归州（巴东）到峡州（宜昌）而到荆州（江陵），形成陆羽所称的山南茶区，即今湖北宜昌茶区。再分两路：

荆州一路沿长江往南转入洞庭湖，由湘江到衡州（衡山、茶陵），再由湖广大道转入广东韶州（曲江）。

荆州另一路沿长江往东到鄂州（武昌）到黄州（黄冈）而到蕲州，然后再分两路：

蕲州一路到江西九江入鄱阳湖经赣江到洪州（南昌）到吉州（吉安）转入赣江支流袁水到袁州（宜春），形成陆羽所称的江西茶区，即今湖北茶区和江西茶区。

蕲州另一路沿长江往东至安徽入太湖水系到舒州（太湖、潜山），再到芜湖支流到宣州（宣城）转到浙江的湖州（安吉、长兴）而入太湖往北到常州，再到润州（镇江）。

由湖州往南到杭州，再往南由富春江到睦州（建德、淳安），经新安江到安徽歙州（婺源）。

杭州往东到越州（余姚）到明州（鄞县）到台州（天台），形成陆羽所称的浙西和浙东茶区。

台州往南到温州。《永嘉图经》载："永嘉县东三百里有白茶山。"永嘉东 300 里是海，是南 300 里之误。南 300 里是福建的福鼎，系白茶原产地。

传到福建可能有三条路。一条是自江苏由海路直接传到福州。公元 4 世纪初期，北方战乱不息。公元 317 年，司马睿（晋元帝）占据长江以南地区，在建邺（今南京）建立东晋王朝后，中国文化南迁。比较进步的农业生产也向南方转移，为发展茶叶生产创造了有利条件。

南朝时代，建邺是政治中心，也是商业集中地。商业只限于南朝境内和海外贸易，当时海上交通很发达。广州是对外贸易口岸，由南京到广州须经福州。因为海上交通便利，自江苏向各处移栽茶树很有可能。陆羽《茶经·八之出》说福州生闽方山，即清时闽侯县中外著名的东北岭小种茶区。

第二条路是自浙江的台州（天台）到处州的庆元而入福建政和经松溪入建溪的建州。清末著名的政和工夫即包括浙江庆元红茶，至今不变。第三条路是从温州出海直到福州。

福州的茶叶在唐朝就闻名全国。建州茶叶到了唐末宋初才出名，但后来居上，制造贡茶，名扬九州。宋真宗咸平年间（998—1003）丁谓（962—1033）写的《北苑茶录》（共三卷），宋仁宗庆历年间，（1041—1048）刘异写的《北苑拾遗》，都是记述北苑茶叶生产的旺盛情况（北苑是建瓯一个茶区）。可惜这两部书都已失传。建邺到福州海路交通便利，浙江处州到建州是山路，交通不便，当然运输迟慢。从福州再经建溪传到建州的可能性不大，因为福州到建州所经过的地区，茶叶生产都不发达，有的地区不生产茶叶。

茶树移到福州后，由陆路传到闽南也不可能，因为经过的福清、莆田、仙游、惠安等地都不出产茶叶。而是从海上传到闽南，首先是到泉州。《宋史·太祖本纪》载，乾德元年（963）十二月，泉州陈洪进遣使贡茶万计。据此，宋朝泉州清源山就出"贡茶"，可见泉州茶叶生产很早就极为发达（参见图 2 - 10）。陆羽《茶经·八之出》说福建泉州的茶叶品质未详，往往得之，其味极佳。

宋代海外贸易昌盛，泉州是南北交通孔道，也是通商口岸之一，海运便利。

五代时（907—960）泉州即以陶器铜铁泛乎东南亚各国[1]。

宋哲宗元祐二年（1087 年 10 月 6 日，泉州设立市舶司)[2]，掌番货海舶征榷贸易之事，以来远

图 2 - 10

人，通远物。随着南宋偏安，政治经济中心南移，中原大批劳动人民南迁。福建泉州未受金兵侵扰，地方比较安定，不少人便迁居泉州。因此，泉州地区的生产增加了人力和技术力量，整个经济得到进一步发展。茶叶生产也随之迅速发展，产品畅销海外。

茶树再由泉州西溪入南安、安溪等地。尤其是安溪的自然条件极适宜茶树生长，所以茶叶生产在安溪发展很快，形成现今福建重要的闽南青茶区。

现在闽东茶区，也可能有两条传播路线：一条是从浙江的庆

---

① 《永春刘氏族谱·宋太师鄂国公传》。

② 《宋会要辑稿》八六册，职官四四。

元经寿宁到福安；另一条是从浙江的泰顺或平阳入福鼎。

根据以上分析，茶树移入福建，最早也在公元 3 世纪之后，比安徽、江苏、浙江都迟一些。

贵州茶树还有可能是从云南直接传入的。贵州西南也是原产地的边缘，到现在还发现不少野生大茶树。靠近云南地区的茶叶生产之所以能够大发展，是有其历史根源的。

两广茶树是从云南水陆两路传入的。广西西部为原产地边缘，很有可能由云南直接传入象州（即今象县）。现在隆林一带还发现有高大的野生茶树。

其次由水路传入。云南的南盘江流入贵州、广西交界处与贵州的北盘江汇合后，继续在贵州、广西交界地方流动，到八腊向南折入广西成红水河，经天峨、车兰、马山、都安瑶族自治县来宾等地，又与柳江汇合成黔江，在桂平县与郁江汇合成浔江，经平南、藤县、苍梧等县，在梧州市与桂江汇合成西江进入广东，流经封开、郁南、德庆、肇庆市、佛山市、江门而入海。这些河流两岸都有茶树。由于时间比较迟些，所以陆羽《茶经》没有提及。广西苍梧六堡茶自古以来闻名中外。广东佛山、番禺都是主要茶区。

根据陆羽《茶经》，到唐朝茶树分布除北方少数地区外，遍及全国。人工栽培的茶树已遍及四川、陕西、河南、安徽、湖北、湖南、江西、浙江、江苏、贵州、福建、广东、广西等 13 省，计 42 州郡，分为 8 大茶区。

山南茶区包括峡州、襄州、荆州、衡州、金州、梁州。

淮南茶区包括光州、义阳郡、舒州、寿州、蕲州、黄州。

浙西茶区包括湖州、常州、宣州、杭州、睦州、歙州、润州、苏州。

剑南茶区包括彭州、绵州、蜀州、邛州、雅州、泸州、眉州、汉州。

浙东茶区包括越州、明州、婺州、台州。

黔中茶区包括思州、播州、费州、夷州。

江南茶区包括鄂州、袁州、吉州。

岭南茶区包括福州、建州、泉州、韶州、象州。

李昉（925—996）在宋太宗太平兴国二年（977）写的《太平广记》引《仙传拾遗》："初九陇（四川彭县）人张守珪，仙君山有茶园，每岁召采茶人力百余人。"由此可知唐时已出现大规模的茶园了。

三、唐后茶区的扩大

到了宋代，茶树传播更广。据《宋史》记载，新扩展的茶区，江南有江州（今江西九江）、鄂州（湖北武昌）、池州（安徽贵池）、饶州（江西波阳）、信州（江西上饶）、洪州（南昌）、抚州（江西临川）筠州（江西高安）。

荆湖有潭州（湖南长沙）、鼎州（湖南常德）、澧州（湖南澧县）、岳州（湖南岳阳）。

两浙有处州（浙江丽水）、温州（永嘉）、衢州（衢县）。

福建有南剑州（南平）。

另外还有虔州（江西赣州）、辰州（湖南沅陵）等。

全国原有各茶区也向邻近地区扩展。如福建的建州扩展崇安武夷山茶区，成为当时全国最著名的茶区。封建统治阶级把这个茶区攫为己有，建立御茶园，强迫劳动人民制造大量"贡茶"。宋范仲淹（989—1052）有"溪边奇茗冠天下，武夷仙人自古栽"的茶歌。丁谓、蔡襄先后为福建漕运总督，献媚封建皇帝，各出奇意迫使茶农造大小龙团进贡。所谓"大小龙团始于丁晋公而成于蔡君谟"是也。

到了南宋，计有40州242县产茶，可见东南部茶叶生产有更大发展。据庄季裕《鸡肋篇》载："韩嵒知刚，福州长乐人，尝监建溪茶场，云采茶工匠几千人……岁费常万缗（每缗1 000文）。"建溪茶场专造"贡茶"。可见当时统治阶级是何等骄奢淫逸。

宋神宗熙宁中（1068—1077）吕陶奏疏："茶园人户多者，岁出三五万斤。"可见宋代的茶园面积比唐朝大多了。

元、明两代，茶树栽培面积继续扩大。1405 年至 1433 年，郑和把茶籽带到我国台湾去播种，开辟了我国台湾茶区。

明代，仅广西年收茶税就达 1 183 贯（每贯 1 000 文）又 960 文，可见茶区不断扩大。云南也开始征茶税，年收 7 314 两银。说明云南茶树已不是野生的了，而是长在大规模的人工栽培的茶园。

到了清代，茶叶产区更加扩大。据《清会典》记载，清圣祖康熙二十二年（1683）四川有巴州（巴中）等 21 州县和新繁等 29 州县产茶，年收茶税 4 270 两银又 4 钱。清代中期，茶叶外销极多，这必然刺激茶叶生产的进一步发展。福建、浙江几乎县县产茶。安徽祁门一个大地主于咸丰年间（1851—1861）强迫乡民在他的故乡贵溪开辟荒山 5 000 余亩，兴植茶树。据估计，当时栽培面积有 600 万～700 万亩，创我国历史最高纪录。

第三章　中国历代茶叶产量变化

第一节　唐代茶叶产量

我国历代茶叶产量，历史上无完整记载。根据税收、榷茶、出口几个方面的史料，间接推算，只能得出大概数量，可能与实际有出入。

唐前，茶为少数封建统治者和士大夫所占有，还未成为民间的普遍饮料，产量是不会多的。到了唐代，饮茶已很普遍，产茶地区分布很广，茶叶产量也愈来愈多。

一、唐代茶叶生产的大发展

唐初劳动人民积极改革生产工具，改进耕作技术，兴修水利，扩大耕地面积，从而推动了农业生产的发展，增加了粮食产量。东南、南方茶园面积也不断扩大。在农业发展的基础上，手工业也得到较大的发展。官营手工业作坊规模较大，分工较细，产品质量较佳。私营手工业则由地主、官僚、商人操纵，也拥有较大的作坊。茶园面积的扩大，推动了茶业作坊的发展；茶业作坊的发展，反过来又推动了茶园面积进一步扩大。随着农业和手工业的发展，商业日益繁荣起来，因而茶叶成为普遍饮料。

在民族关系方面，李世民反对"贱夷狄"，提倡友好往来。贞观十五年（641）文成公主嫁给藏王松赞干布。文成公主入藏，带去了茶叶、丝绸以及农药书籍等，促进了汉藏经济和文化的交往，加强了汉藏两族人民的联系，同时也扩大了茶叶的推销，改善了边区劳动人民的生活。

中国和朝鲜山水相连，两国人民很早就在频繁的交往中结下了深厚的友谊。新罗统一朝鲜半岛后，来唐贸易的商人络绎不绝，带回去了丝绸、茶叶和书籍等。这样，茶叶向外输出便有了增加。

唐代还通过传统的"丝绸之路"，继续发展同波斯（今伊朗）和大食（今阿拉伯一带）的友好往来。这些国家和地区的商人经常来长安等地进行贸易，中国茶叶不断输入西亚和非洲。此外，唐朝同林邑（今越南）、真腊（今柬埔寨）、狮子国（今斯里兰卡）、骠国（今缅甸）等国也有友好往来，所以茶叶贸易也扩大到这些国家。

二、从茶税和贡茶看茶叶产量

贞观初，悉令并省州郡，分为关内、河南、河东、河北、山南、陇右、淮南、江南、剑南、岭南 10 道。唐玄宗开元（713—741）初，增置京畿、都畿、黔中 3 道，分山南为山南东、山南西；江南为江南东、江南西，是为 15 道。产茶地区依此分为江南茶区，包括越州、明州、婺州、湖州、杭州、睦州、台州、宣州、歙州、苏州、润州、常州、袁州、吉州、洪州、鄂州、衡州 17 州；山南茶区包括峡州、襄州、归州、金州、梁州、兴州、夔州 7 州；淮南茶区包括光州、申州、舒州、寿州、庐州、蕲州、黄州 7 州；剑南茶区包括绵州、雅州、泸州、眉州、邛州、彭州、汉州、蜀州 8 州；黔中茶区包括思州、播州、费州、夷州、溪州、饰州 6 州；岭南茶区包括韶州、象州、福州、建州、泉州 5 州；河南茶区包括兖州、青州、曹州、齐州 4 州。产茶地区遍及大江南北，茶叶生产很发达。统治阶级以为有利可图，开始征收茶税。

据《新唐书·食货志》载，德宗建中三年（782）纳户部侍郎赵赞议，税天下茶、漆、竹、木，十取其一，以为常平本钱。

贞元九年（793），以水灾减税。盐铁使张滂奏曰："出茶州县若山及商人要路，以三等定估，十税其一，自是岁得钱四十万缗。然水灾亦未尝拯之也。"40 万贯茶税，商品茶的总值就是 400 万贯。如据马端临（宋末元初时人）《文献通考》，宋初的三等茶价每斤 40 钱计算，就相当于 1 亿斤的茶叶。这个数字还不包括漏税私茶和自饮非商品茶。由此可知唐代茶叶产量已超过 100 万老担，约等于 10 万吨，200 万市担。

据《唐书·地理志》载：寿春、庐江、凤阳三郡茶叶，每年都有固定的贡额，堆在内库，皇室都用不完。唐宪宗元和十二年，一次就出内库茶 30 万斤（市秤375 000斤），令户部变卖成现钞，以支用度。三郡的贡茶就这样多，全国的产量一定相当可观。

据《唐书·食货志》载：唐穆宗长庆元年（821）"两镇用兵，帑藏空虚，禁中起百尺楼，费不可胜计。盐铁使王播图宠以自幸，乃增天下茶税率，百钱增五十……天下茶加斤至二十两，播又奏加取焉。"

唐时，安徽茶叶得到很大发展，皖西茶区属淮南产区，有 6 个郡县，即盛唐（霍山）县、太湖（潜山）县、和州、庐江郡、寿春郡、凤阳郡；皖东南茶区属浙西产区，也有 6 个郡县，即宣城县、太平县、歙州、休宁县、宁国县、祁门县。据唐宪宗元和时（806—820）《郡县志》载，唐玄宗天宝元年浮梁（原属安徽），岁出茶 700 万驮，税 15 万多贯。一县如此之多，全国可想而知。

第二节　宋代茶叶产量

宋初，地主阶级主要以购买的方式来扩大土地占有，并以出租土地榨取实物地租的方式盘剥农民。封建统治阶级每年榷茶折地租数以千万计。土地占有形式和剥削方式的改变，标志着封建生产关系发生了重大变化。宋以后的生产关系，基本上是这种生产关系的廷续。两宋时期生产力和科学技术发展很快，茶叶生产亦有进一步发展。

一、宋代茶叶有了更大发展

两宋时期，耕地面积不断扩大，农业生产发展较快。山区农民沿着山坡修造梯田，种植适合在梯田生长的作物，其中包括大量茶树，使茶园面积扩大很多。

在手工业方面，两宋时期的作坊规模、产品种类和数量以及制作技术等都远远超过前代。

农业和手工业的发展，促进了城乡经济和对外贸易的繁荣。北宋首都东京是拥有 20 万住户的商业城市。市区到处可见作坊、商店、茶馆，还出现了夜市。南宋首都临安更为繁华，人口近 100 万。广州、泉州、明州（今浙江宁波）等沿海城市是对外贸易港口。宋时与我国有贸易往来的国家比唐代更多，茶叶大量从海上输往邻近诸国。

两宋时期，在我国辽阔的土地上，与北宋南宋并立的，还有几个少数民族的地方政权。如北部的辽王朝和取代辽王朝的金王朝，西北的西夏王朝。宋仁宗景祐五年（1038），元昊统一各部后称帝，建都兴庆府（今宁夏银川），随后入侵中原。庆历四年（1044），双方议和，宋每年给西夏 7 万两银，15 万匹绢，3 万斤茶叶。由此可知茶叶在当时所起的政治作用。

二、从北宋榷茶买茶看茶叶产量

宋代，茶已经与米、盐相同，人家一日不可无也。李觏《盱江集·富国策》："茶并非古也，源于江左，流于天下，浸淫于近代，君子小人靡不嗜也，富贵贫贱靡不用也。"王安石（神宗时 1068—1078 年为相）《临川集·议茶法》："夫茶之为民用，等于米盐，不可一日以无。"饮茶很普遍，当然产量也很大。

宋代的产茶地区，遍及秦岭以南各地。按照行政区域，分为荆湖南北路、江南东西路、两浙路、淮南路、福建路和成都府路、利州路。此外，在广南地区也有茶叶生产，但产量不多，只供本地饮用，所以官府没有加以控制。

产茶最多是四川的成都府路，其次是江南东西路，再次是淮南、荆湖、两浙；福建路产茶只限于建、剑二州，产量较少，但品质极佳，制造亦特别精细，经常作为贡品，因此非常有名。

宋真宗景德二年（1005）王钦若、杨亿等撰编的《册府元龟》载：唐宪宗元和十一年讨吴元济，二月诏寿州以兵三千保其境内茶园。由此可知唐时寿州的茶园很多。

宋代实行榷茶易马，以唐代茶税的剥削更为残酷。宋太宗太平兴国二年（977）榷茶2 306.2万斤。江南的宣、歙、江、池、饶、信、洪、抚、筠、袁10州，广德、兴国、临江、建昌、南康5军为1 027万余斤；两浙的杭、苏、明、越、婺、处、温、台、湖、常、衢、睦12州为127.9万余斤；荆湖江陵府、潭、澧、鼎、鄂、岳、归、峡7州，荆门军为247万余斤；福建的建剑2州为39.3万余斤；淮南蕲、黄、庐、舒、光、寿6州13山场为865万余斤。

华镇《云溪居士集·申明茶事札子》："湖南……岁科本色大方茶一十五万斤。潭州方茶每一大斤，权以省秤（官秤）得九斤之重，岁科十五万斤，则为一百三十五万斤矣。"

李焘《续资治通鉴长编》卷四七："真宗咸平三年李允则知潭州，将行，上诏谓曰：民输茶初以九斤为一大斤，后益至三十五斤，则请除三税，茶以三十斤半（《宋史》作十三斤半）为制，民皆便之。"

榷茶1 795万斤，以9斤为1大斤计算，则为16 155万斤，即161万余担；以35斤计算，则为62 825万斤，即628万余担；以13.5斤计算，则为24 222.5万斤，即242万余担。

据《宋会要辑稿·食货》载，宋真宗大中祥符八年（1015），江淮两浙发运使李溥言，江浙诸州军，淮南 13 场今岁自开场至 7 月中旬，凡买片茶 2 906.57 万余斤，比原额计增 572.8 万余斤。比递年计增 568 万余斤。江浙淮南 13 场就有 160 多万担，不包括其他茶区。

据李焘《续资治通鉴长编》卷九七载，宋真宗天禧五年（1021）所收租税与宋太宗至道末（997）相比，茶增 117.8 万余斤，上供茶增 76 万余斤，总费茶增 36.6 万余斤，合计比至道末增加 230.4 万余斤。

宋代园户种茶，官收租钱。宋仁宗景祐元年（1034）天下有户 10 296 565，丁 26 205 441；三分其一为产茶州军，内外郭乡又居五分之一。产茶户这样多，茶叶产量当然高。

种茶制茶统称"园户"，园户生产的茶叶，除一部分当作茶园的租税缴纳政府外（这部分茶叫"折税茶"），其余全部卖给山场，不准自由出售。

宋仁宗嘉祐二年（1057），收茶钱660 000贯，除原本及杂费外，得净利469 000贯。

宋仁宗嘉祐三年（1058）得净利542 111贯又 524 文，净利一年增加两倍多，收茶数量当然也增加。

沈括（1033—1097）《梦溪笔谈》说，其榷务取仁宗嘉祐六年（1061）抛占茶5 736 786.5斤，租额钱1 964 647贯又 278 文。卖出高价每斤等于 342 文，比买入不知高几倍。

榷茶抵租钱，重入轻出，低价入，高价出。官茶买卖依照品质高低分为若干等级。《宋会要辑稿·食货二九》和马端临的《文献通考》载，庐州王同场的收买价格上号每斤 26 文 4 分，中号 19 文 8 分，下号 15 文 4 分；寿州霍山场，上号 34 文 1 分，中号 30 文 1 分，下号 22 文。至出卖时，则王同场的卖价是上号 56 文，中号 45 文 5 分，下号 37 文 1 分；霍山场是上号 88 文 2 分，中号 79 文 8 分，下号 63 文。又如杭州片茶第二等买价是斤 165 文，第三等是 132 文，而到海州榷货务之后的卖价是第二等

850文，第三等779文。买卖价格往往相差好几倍。政府就在这样的差价中获得巨额利润。这种利润，叫"息钱"或"净利钱"。

宋仁宗嘉祐六年（1061）13山场租额钱共289 399贯又732文，共买茶4 796 961斤。

宋神宗熙宁中（1068—1077）吕陶上几篇奏疏，从中可以看出四川茶园一般情况，并可推知全国茶叶产量之多。吕陶说："四川茶园人户多者，有年可以出产三五万斤，少者只一二百斤。"

例如，据《宋史·食货志》载，宋孝宗乾道九年（1173）成都府利州路23场，岁产茶2 100万斤，则东南产量就有21 020万斤。时间相差近百年，产量虽然有变化，但由此也可看出全国的大概产量。

宋代榷茶重入轻出。熙宁十年（1077），吕陶据税户牟元吉等状称奏："今蒙官中置场收买园户茶货，每贯上出息三百文，其茶每称和袋十八斤，牙子只称作十四五斤，若是薄弱妇女卖时，只称作十三四斤以来，每称约陷一二斤。"这样，榷茶数量要增加20％左右。

吕陶《奏为官场买茶亏损园户，致有词诉喧闹事状》。同年四月又奏："九陇县税户牟元吉等状称，往年早茶每斤货卖得九十至一百文。今来官中置场收买……价例低小，每斤卖得一百文以来者，现今只卖得六十至七十文。牟元吉等状称，时候早嫩，粗细等第色额，只作一样收买，去年时节，每斤卖得七八十文，今来只卖得五十文，除牙子钱三，收得四十七文。九陇县园户石光义等状称，今月（四月）五日，其茶系第二等，每斤合准直价钱九十文，当日减下价例，每斤只收大钱四十七文。至十三日，其茶每斤系第三等，合准直价钱七十文，每斤又再减价例只作大钱三十七文。管勾堋口茶场尹固，濛阳主簿同共买茶，薛翼等状申，今月十七日收卖茶六万斤，计钱三千六百贯文（每斤六十文）。"

宋代茶法虽然屡变不定，但茶利有增无减。从茶课的增减也可以粗略看出茶叶产量多少。据《宋史·食货志》载，至道末年（997）茶课 285 万贯。景德年间（1004—1007）达 360 余万贯。大中祥符七年（1014）增至 390 万贯。天禧末年（1021）虽减至330 多万贯，但仍比唐代多 10 倍。产量当然也比唐代多得多。

《宋会要辑稿·食货三六》载，宋神宗元丰七年（1084），建州岁出茶不下 300 万斤，南剑州亦出 20 余万斤。

吕陶《净德集》卷三奏乞罢榷名山等 3 处茶状，蜀茶岁约3 000 万斤。元丰七年为 2 914.7 万斤。元丰八年为 2 954.8 万斤。30 万余担旧秤，折市称至少有 37.5 万多担。只有东南十分之一，全国至少 400 万担。

《宋会要辑稿·职官四三》载，宋徽宗政和三年（1113），张翚札子说，名山茶 42 165 驮。每驮 100 多斤（旧秤）。一县就有 5万多旧担，全国产量可想而知。

政和六年（1116）茶收息 1 000 万缗，茶增 12 815 600 余斤，即旧称 128 万余担。

三、从南宋买茶易马看茶叶产量

《要录》卷一五四载，宋高宗绍兴十五年（1145）成都利州路 23 茶场，岁产茶 2 100 万余斤。1 617 万余斤，成都路 9 州军，凡 20 场；484 万余斤，系利路 2 州，凡 3 场。1 路就有 20 多万旧担，全国产量很可观。

据《宋会要辑稿·食货》载，宋高宗绍兴三十二年（1162），诸路、州、军、县所产茶数为 17 811 844 斤 187 两 33 钱。

两浙东路 1 063 020 斤 20 两 9 钱。

绍兴府：会稽、山阴、余姚、上虞、萧山、新昌、诸暨、嵊县 385 060 斤。

明州：慈溪、昌国（今定海）、象山、奉化、鄞县 510 435斤。

台州：临海、黄岩、天台、仙居19 258斤11两7钱。

温州：永嘉、平阳、乐清、瑞安56 511斤。

衢州：西安（今衢县）、江山、龙游、常山、开化9 500斤。

婺州：金华、兰谿、东阳、永康、浦江、武义、义乌63 174斤9两2钱。

处州：丽水、龙泉、松阳、遂昌、缙云19 082斤。

两浙西路4 484 615斤23两。

临安府：钱塘、于潜、临安、余杭、新城、富阳2 190 632斤23两。

湖州：乌程、归安、清德、武康、长兴、安吉161 501斤。

常州：宜兴6 122斤。

严州：建德、淳安、分水、桐庐、遂安、寿昌2 120 160斤。

平江府：吴县6 200斤。

江南东路3 759 178斤32两。

太平州：繁昌200斤。

宁国府：宣城、南陵、太平、宁国、旌德、泾县1 120 654斤。

徽州：婺源、休宁、绩溪、祁门、黟歙2 102 540斤14两。

南康军：星子、建昌39 149斤。

池州：贵池、青阳、石埭、建德280 439斤。

饶州：鄱阳、浮梁、德兴135 555斤3两。

信州：上饶、铅山、弋阳、玉山、永丰、贵溪10 931斤15两。

广德军：广德、建平69 710斤。

江南西路5 380 018斤14两4钱。

隆兴府：新建、分宁、奉新、靖安2 819 425斤。

江州：德化、瑞昌、德安1 462 250斤。

临江军：清江、新淦、新喻6 603斤。

建昌军：南城、南丰、新城、广昌9 580斤。

赣州：瑞金、赣县10 400斤。

吉州：庐陵、永新、永丰、太和、安福、万安、吉水、龙泉10 780斤。

抚州：临川、崇仁、宜黄、金溪21 276斤12 两4 钱。

袁州：宜春、萍乡、万载、分宜90 683斤2 两。

筠州：高安、新昌、上高8 316斤。

兴国军：永兴、通山936 555斤。

南安军：大庚、上犹、南康4 150斤。

荆湖南路1 125 846斤38 两10 钱。

潭州：善化、长沙、浏阳、湘阴、澧泉、衡山、宁乡、湘潭、安化、益阳、湘乡、攸县1 034 827斤12 两5 钱。

衡州：来阳、常宁、安仁茶陵5 625斤10 两半。

全州：清湘、灌阳3 850斤13 两。

永州：零陵20 310斤。

邵州：邵阳、新化6 250斤。

彬州：永兴宜章、桂阳、彬县10 994斤。

桂阳军：平阳、蓝山1 325斤。

武冈军：武冈46 615斤。

荆湖北路905 945斤30 两。

常德府：武陵、桃源、龙阳130 180斤。

荆南府：江陵、松滋、石首、枝江3 025斤8 两。

荆门军：当阳200 斤。

沅州：庐阳、麻阳371 斤。

归州：秭归、巴东、兴山48 500斤。

辰州：沅陵、辰溪2 339斤10 两。

澧州：澧阳、石门、慈利11 500斤。

峡州：夷陵、宜都、长阳、远安30 880斤。

岳州：巴陵、平江、临湘、华容501 240斤。

鄂州：蒲圻、江夏、通城、武昌、嘉鱼、咸宁、崇阳

177 710斤 12 两。

福建路981 669斤 8 两。

建宁府：建安、瓯宁、建阳、崇安、浦城、松溪、政和950 000斤。

南剑州：剑浦、将乐、尤溪、顺昌10 100斤。

福州：古田 210 斤。

邵武军：邵武、光泽、建宁、泰宁19 186斤。

汀州：宁化、上杭、清流、武平、长汀、连城10 100斤。

淮南西路19 257斤 16 两 10 钱。

庐州：舒城 226 斤 8 两 5 钱。

舒州：怀宁、桐城、宿松、太湖10 339斤 5 两。

蕲州：蕲春、广济、黄梅、蕲水、罗田7 132斤 3 两 5 钱。

安丰军：六安1 560斤。

广南东路2 600斤。

循州：龙川1 700斤。

南雄州：保昌 900 斤。

广南西路89 736斤。

融州：融水2 000斤。

静江府：临桂、灵川、兴安、荔浦、义宁、永福、古县、修仁72 286斤 6 两。

郁林州：南流、兴业6 200斤。

昭州：立山7 500斤。

浔州：平南1 100斤。

宾州：岭方 650 斤。

《宋会要辑稿·食货二九》买茶额载，淮南路东路黄州麻城场年额217 408斤；蕲州 3 场3 800 448斤；寿州 3 场1 637 502斤；光州 3 场705 016斤；舒州 2 场1 602 298斤；庐州王同场776 127斤。13 场共8 738 799斤。

江南路东路2 713 093斤。

江南路西路7 329 967斤。虔州、吉州、南安军无买茶额，只纳折税茶，充本处食茶出卖。

两浙路1 280 775斤。

荆湖路南路477 785斤。郴州无买茶额，只纳折税茶，充本处食茶出卖。

荆湖北路1 824 229斤。辰州无买茶额。

福建路393 583斤。

川峡、广南州军，只以土产茶通商。

13 场和 6 路州军共买茶22 758 231斤。吉州、虔州、南安军、彬州、辰州和川峡、广南州军都不包括在内。有些州军买茶额比它处记载少很多。这个数字虽较全面，但还不能说明全国产量，其中不包括大约 500 万斤左右的折税茶。成都府利州路2 102万斤，共48 758 231斤。

《宋会要辑稿·食货三一》载，宋孝宗乾道九年（1173）。诏福建路铸截茶、片铤茶，昨来并系 16 两为 1 斤，每斤收钱 1 文。今以乡原斤重，铸截茶系 50 两为 1 斤，片铤茶系 100 两为 1 斤。每斤增 5 文，从福建计度转运副使沈枢请也。

宋孝宗淳熙年间（1174—1189），淮南路（包括河南一小部分，不包括皖南）由官府直接掌握的所谓榷茶即达 865 万斤。宋朝榷茶易马主要在四川。宋高宗绍兴十五年（1145），成都利州路 23 场买茶2 102万斤。绍兴三十二年（1162）诸路、州、军、县所产茶为19 039 277斤 200 两 20 钱。合计49 825 662斤。再加上折税茶略估 500 万斤左右，总数就有5 480多万斤。

宋朝对茶叶生产者的剥削很残酷，每收 100 斤茶，还要带收"耗茶" 20 斤到 35 斤不等。榷茶重入轻出。每斤有 16 两、20 多两、50 两、100 两不同。斤有大小，有 5 斤为 1 斤，也有 9 斤、13.5 斤、35 斤为 1 斤。这样，很难确切估计茶叶产量。买茶、卖茶、榷茶、折税茶、茶税收入各方面记载都欠全面。而且，漏税私茶、自饮茶、食茶、贡茶都还不包括在内。

　　如按《宋会要辑稿·食货》记载的买茶额22 805 662斤，每斤以中估13.5斤计算，就有306 876 437斤。加上十分之二的走私茶、自饮茶、食茶、贡茶61 375 287.4斤，合计368 251 724.4斤。每斤低估以24两计算，折合市秤552 377 586.6斤，即5 523 775余担。

　　如按54 820 000斤计算，以最低估9斤为1斤，就有49 338万斤。加上十分之二的走私茶、自饮茶、食茶、贡茶，就有59 205万斤。每斤以低估24两计算，折合市秤62 165万斤，即6 216 500多担。

　　如果不按华镇《云溪居士集》、李焘《续资治通鉴长编》记宋真宗咸平三年（1000）9斤为1斤计算，不到60万担，则与王安石《临川集》所说："夫茶之为民用，等于米盐，不可一日以无。"有所违背。这个估计数还不包括20％～35％的耗茶。有可能偏少或偏多，但是相差不会太大。

　　在榷茶、买茶或折税茶收租时，实际上往往与史料记载有很大不同。加之各地茶园有盛有衰，产量经常变化，所以不能严格地把它看为生产量。尽管如此，它也能多少反映一些各地产茶的情况。

第三节　元明茶叶产量

　　元朝统一全国后，元世祖忽必烈比较重视农业生产，特成立司农司，制订保护农耕的措施。元初，"民间垦辟，种艺工业，增进数倍"，江淮地区出现了"甲兵不见见渔蓑"，"荒田耕遍夕阳多"的景象。手工业和商业也随之繁荣起来。

　　大都（今北京）、杭州、泉州是当时有名的商业城市，大都更是经济文化交通中心。经济的发展使国内各民族间的往来更加频繁。但是，封建统治者必然要对广大农民实行残酷的阶级压迫和剥削，而保护蒙、汉两族地主阶级的利益。取消榷茶易马治边的政策，重征茶税，加重了对茶农的剥削。商人买茶，自市于羌蜀，而致巨富。朝廷财政仰附于巨商大贾。至元元年（1264）以四川茶课充军粮。至元五年（1268），用都转运使白赓说："榷成都茶，于京兆、巩昌置局发卖，私自采卖者，其罪与私盐法同。"这对茶叶生产的发展有很大影响。

一、从元代"引税"看茶叶产量

元代取消榷茶制，改为"引票"。至元十三年（1276）定长短引计茶收钞法，以三分取一。长引每引计茶120斤，收5钱钞4分2厘8毫；短引每引计茶90斤，收钞4钱2分8毫。是岁征1 200余锭。每锭10两白银。以4钱5分100斤计算，合旧秤370多万斤。

至元十四年取三分之半，增至2 300余锭。至元十五年又增至6 600余锭。至元十七年置榷茶都转运司于江州（今九江），总江淮、荆湖、福广之税，而遂除长引，专用短引，每引收钞2两4钱5分，草茶每引收钞2两2钱4分。至元十八年（1281）茶钞增至24 000锭。计茶旧秤860多万斤。江州榷茶这样多，足证全国产量极高。

至元十九年，江南茶课，官为置局，令客买引通行货卖，岁终，增2万锭。至元二十一年（1284），正课每引增1两5分，通为3两5钱。至元二十三年，每引增为5贯，是年征4万锭。至元二十六年，增引税为10贯。元贞元年（1295）征83 000锭。千钱为一贯。折合旧秤8 300多万斤。至大四年（1311）增至171 131锭。延祐元年（1314）又增至392 876锭。延祐五年江西、江南每引增税为12两5钱，共征25万锭。延祐七年又增至289 211锭。是年内茶引100万张，每引12两5钱，共25万锭。每张照茶90斤，计9 000万斤。零斤草茶用"由帖"，每年印造13 805 289斤，该钞29 080余锭。未卖者每岁合印茶由，以10分为率，量添2分，计2 617 058斤算，每斤收1钱3分8厘8毫8丝，计增7 269锭7两，比验减去引目29 076张。合计105 702 347

斤。如以 1 斤为 20 两计算，折合市秤约 160 多万担。

这个根据税收推算出来的产量与实际生产数量相比要少得多。但也可以看出元代茶叶的大约产量。

二、明代茶叶的发展

朱元璋为了加强王朝的经济力量，实行奖励垦荒、移民屯田、兴修水利等项政策，在客观上有利于生产的发展。明初 20 多年，据不完全统计，各地新垦的土地就有 180 多万顷。农业的发展，促进了手工业和商业的发展，茶业也随之得到很大发展。

明成祖永乐三年至英宗正统元年（1405—1436）郑和率领庞大船队 7 次远航，先后到过亚非 30 多个国家和地区，茶叶贸易也进一步向海外发展。

正统元年准陕西行都司并甘州左等卫所官员折俸每茶 1 斤，折米 1 斗。正统八年（1443）令筠连、高珙、宜宾等县茶课，每斤折钞 1 贯。令陕西、甘肃仓所收茶折支军官俸给，每斤折米 1 斗 5 升。弘治七年（1494）以陕西岁饥开中茶 200 万斤，召商派拔缺粮仓分上纳备账。

劳动人民在长期的实践中，积累了丰富的栽茶制茶经验，经过科学家综合整理，出现了不少茶业著作。如顾元庆的《茶谱》、许次纾的《茶疏》等十余部茶书，详述茶的栽培管理和制法。不仅促进了茶叶生产的发展，而且推动了发明红茶和炒青绿茶各种制法，丰富了茶叶种类。

三、从明代"榷茶引税"看茶叶产量

明代茶政，"榷茶引税"两制并行。陕西、四川两省采用榷茶制，其余各省收取引税。

明初招商中茶，上引 5 000 斤，中引 4 000 斤，下引 3 000 斤。每 7 斤蒸晒一篦运至茶司，官商对分，官茶易马，商茶给卖。中茶有引由，出茶地方有税。

陕西茶课初为26 862斤，至弘治十八年（1505）新增24 164斤，共51 026斤。系汉中府属金州、紫阳、石泉、汉阴、西乡5州县岁办，公解各茶马司。

四川茶课初为1 000 000斤，后减为843 060斤。成化十九年（1483），石泉、建始、长宁等县并建昌、天全、乌蒙、镇雄、永宁、九姓土司办纳本色158 859斤，折色336 963斤，共征银4 702两8分。内易马银1 596两5钱3分，系保宁府属巴州、通江、广元、南江4州县解纳。

各处茶课钞数：应天府江东瓜埠巡检司100 000贯。苏州府2 915贯150文。常州府4 129贯，铜钱8 258文。镇江府1 602贯620文。徽州府70 568贯750文。广德州503 280贯960文。浙江2 134贯20文。河南1 280贯。广西1 183锭15贯592文。云南银17两3钱1分4厘。贵州81贯371文。合计税收686 015贯721文，又1 183锭17 314两（即20 484两）。

如以安徽广德州、徽州府的税款来计算，这两个茶区每年出产商品茶就有57 384 800斤。

洪武初，税率为"茶引"一道，纳铜钱1 000文，照茶60斤。以此推算，要有68 060 222斤的茶叶，才能收到686 015贯721文的茶税。

嘉靖五年（1526），四川茶税为10%，芽茶每引定价3钱，叶茶每引定价2钱；即芽茶每100斤收税3分，叶茶2分。如以2分计算，1 183锭又17 314两的茶税，就相当于59 236 570斤茶叶。合前计127 296 792斤。

第四节　清代茶叶产量

一、资本主义萌芽与茶业发展

明代中期，随着农业和手工业的发展，商品经济也有了显著进展，布匹、瓷器、粮食以及茶叶等重要商品，大量投入市场。北京、南京、苏州、杭州、佛山等工商业城市日益繁荣。茶叶贸易在这些城市非常发达。富商大贾奔走于茶区之间，从事茶叶生意。在商品生产发展的过程中，由于市场上的激烈竞争和价值规律的自发作用，小生产者逐渐发生两极分化。茶园地主和茶贾残酷地压迫和剥削贫苦茶农。前者饱暖淫逸，后者饥寒交迫，形成天堂与地狱之别。

明末清初前后 40 年的农民大起义，为清代前期社会生产力的发展开辟了道路，促进了资本主义因素的发展。

清高宗乾隆时期（1736—1795）资本主义入侵，茶叶大量向海外输出，刺激了茶叶生产的发展。许多地区开辟新的茶园，设立茶厂。雇工经营的手工作坊日益增多，规模不断扩大；包买商也在增多，控制大量茶叶。许多贫苦茶农已经成为雇佣工人。咸丰年间（1851—1861），福建政和一县就有 100 多家制茶厂，雇佣工人数以千计。

二、从茶叶外销看茶叶产量

清初茶叶产量大约与明朝相同。康熙二十二年（1683），各省茶课共银32 642两。陕西22 400引，四川9 311引，江南60 000引，浙江140 000引，江西3 000引，湖广1 115引，共235 826引。

顺治七年（1650）定大引采茶9 300斤，为 930 篓；小引 5 斤为 1 包，每 200 包为 1 引，即1 000斤。235 881引，每引以低数1 000斤计算，就有235 881 000斤，即 235 万多担（旧担）。如以折中数4 000斤计算，就有1 080多万担。

清末茶叶产量有显著增加，从出口数量来看，比明朝增加很多。同治七年（1868）海关记载的出口数量就有871 424公担。历史上最高出口数量是光绪十二年（1886），达1 340 940公担。如加上边销茶和内销茶的数量，就更可观了。估计总产量至少可达4 500 000担左右。

清代，安徽茶叶生产发展很快。"屯绿"自明末开始生产后，就成为主要的外销茶。至清道光年间（1821—1850），"屯绿"每岁外销五六万引（每引旧秤120斤）。

同治年间（1862—1874）"祁红"开始生产后，也大量输出，此期外销达10万余引。1871年至1896年间，为我国历史上茶叶生产兴盛时期，每年输出二三百万担，"祁红"、"屯绿"占很大比重。

上述历代统计数字，都不包括非商品茶。非商品茶数量很大，包括走私茶、自饮茶和贡茶。当时走私风气很盛，私茶数量无法估计。自饮茶约占10%～15%。旧秤100斤，大约相当于市秤160斤。因此，这些数量与实际产量大有出入。不过根据这些估计也可以看出历代茶叶的大概产量。

第四章 茶业技术的发展与传播

第一节 中国茶叶生产技术的发展

中国现代的茶业新技术，是从历代发展累积而来的，是千百万人民辛勤劳动的成果。世界各国现代的茶业新技术则是从中国旧技术基础上发展起来的。中国茶叶生产从鲜叶晒干而作羹饮而制饼茶而造团茶而炒散茶，直到6大茶类的出现，经过了漫长的发展过程。

西晋郭璞（276—304）首先说明茶树性状和茶叶概念。在注释《尔雅》时说："树小似栀子，冬生叶，可煮作羹饮。今呼早采为茶，晚采为茗，或一曰荈。蜀人名之苦茶。"广大劳动人民掌握了茶叶生产知识，不断改进生产技术，又经过历代文人的总结，使种茶技术日臻完善。

一、茶叶生产技术的形成与发展

唐陆羽（733—804）《茶经》进一步说明茶树性状，使人们易于认识茶树。他说茶树生长在南方，高一尺或二尺，有的达数十尺，四川的茶树大至要两人合抱。树状像瓜芦（瓜芦或作皋芦），叶像栀子，花像白蔷薇，结实像棕榈，茎像丁香，根像胡桃。

到了宋代，人们对茶树性状有了深刻认识，能分辨不同的种类。宋子安在《东溪试茶录》（1064年前后）中说，分白叶茶、柑叶茶、早生茶、细叶茶、稽茶、晚生茶、丛茶等7个不同品种。并说明了各个品种的性状特征与制茶品质的关系。树型分为灌木、半乔木、乔木3种类型。叶分大叶、小叶两类,发芽有迟有早。叶大萌发早,芽肥大多汁,制茶品质好。这与现时选种方法无大差别。

关于茶树生长和制茶品质与自然条件的关系,《茶经》说:上品生长在烂石,中品生长在砾壤,下品生长在黄土。野生的好,园生的差。生长在阳山边、树阴下的,紫色好,绿色差;芽肥大像笋的好,细小的芽不好;卷缩的叶好,伸开的叶不好。生长在阴山坡的,不堪采摘。

《茶经》指出了茶树生长与土壤、地势的密切关系。所谓"烂石"是指岩石风化不久而形成的土壤,排水良好,持水率高,通气孔多,养分丰富,茶树生长良好,制茶品质最佳。"黄土"的土质黏重,肥分贫瘠,物理化学性状与烂石相反,所以茶树生长不茂,制茶品质最差。至今茶农还称黄土为"死黄泥"。

《东溪试茶录》说:早春早上出虹彩,常下雨,雨停雾露昏蒸,中午尚寒,所以适宜茶树生长。茶树宜于生长在阴凉的高山和早上见太阳处。高山早上有太阳照射,萌发常早,芽肥大而多汁。茶树生长在阴山黑黏土,茶味甘香,汤色洁白;茶树生长在多石的红土,色多黄青而清明;茶树生长在浅山薄土,芽叶细小而汁少。这些记载阐明了自然环境对茶树生长和制茶品质的影响。

《大观茶论》(1107)写道:栽茶的地,山边要有阳,茶园要蔽阴。山边石多阴寒,茶芽细小,制茶味淡;必须太阳调和而促发;圃地肥饶,叶稀而暴长,茶味太浓,必须阴荫节制。所以园圃栽茶要种荫蔽树木,阴阳调剂,茶树生长才会良好。

以上所说,不但表明了不同地势、日照、气温、空气湿度、土质等对茶树生长、形质与制茶品质的影响,而且最早肯定了高山茶的品质比平地好。平地茶园要种植庇荫树木,以改进自然环境。

到了明代,上述理论有了进一步发展。熊明遇(万历进士,官至兵部尚书)调查"芥茶"生产情况,写出《罗芥茶记》。他说：产茶的地，西照比东照好；向西的土地，产茶虽好，但总不如南向日照时间长的茶树长的好。平地茶品质差，高山茶受风吹露沾，云雾蒙罩，品质较好。罗廪《茶解》（1600）说：茶地南向好，向阴不好，二者品质相差很大。这些记载不但说明茶树生长与微域气候的关系，还阐明选择茶地的方向。向阳或背阴，向南或向西，要以当地自然条件统一体的变迁为转移。在高山种茶都选朝南的方向，在平地种茶则选背阴的地方。这些理论都在茶叶生产实践中得到证实。

关于茶树栽培技术，《茶经》说：移栽填土，必须打实，否则，生长不好。种茶像种瓜，须挖深坑，施基肥，可以促进茶树生长。三年后就可采茶。

丁谓《北苑茶录》说：茶树怕积水，适宜植于斜坡肥沃阴地走水的地方。茶籽用糠和烧土拌和，每一圈可种 60～70 粒，3 年后可采茶。指出种茶地方以排水良好的肥沃阴坡为宜，并须采用丛播的穴播法。茶树应用穴播法与生长发育和对抗不良环境的功能很有关系。近年来，我国在发展新茶园的过程中，进一步证实了丛播的穴播法的优越性。每穴的播种量很多，有利于茶籽的出土和迅速成长。这样，三年后就可采茶。

新中国成立初期，学习所谓"先进植茶经验"，推广"等高条植法"。其实这种方法，我国早已有了。1957 年，在浙江新昌海拔 500 米以上的四明山台地茶区发现"等高条植"的茶园 1.5 亩多。据 64 岁园主盛汉均说，这个茶园已有 200 多年的历史了。

茶籽采收、处理和播种催芽法，在明代已有详细记载。如徐光启（1562—1633）《农政全书》引《四时类要》：茶籽寒露采收晒干，和湿砂土拌匀，放入筐篓，盖禾茎防冻，保藏和催芽。至二月中旬取出，用糠与焦土种于树下或背阴之地。开坑圆三尺，深一尺，放入腐烂粪肥和土。每坑下茶籽六七十颗，覆土厚一寸多。枞距二尺。性恶湿又畏日，山中斜坡峻坂走水为宜。如平地须开深沟垄以泄水。三年后，方可收茶。这些方法至今尚用。

茶树营养器官繁殖，为近代产茶国家在选育茶树良种方面所研究的课题。我国以压条、扦苗繁殖良种已有 200 多年的历史，福建、台湾两省的茶区普遍采用，所以优良品种特别丰富。福建的福鼎茶农从一枞母树压条，可以繁殖 200 多株茶苗，这是其他产茶国家所没有的。安溪茶农创造先进的短穗扦插法，也已将近 100 年了。这些方法，在大力发展新茶园时，有助于解决种苗不足的困难。

关于茶园管理技术，赵汝砺在《北苑别录》（1186）中说：茶树生长与其呼吸作用和吸收养分有密切关系。在梅雨的夏季，草木特别茂盛，过了六月，就要把杂草杂木除掉，再把茶丛脚下原有的土壤耙开，然后埋入杂草为绿肥，再培上肥沃的新土。这实际上就是同时做好中耕施肥的管理措施。直到现在，我国各地茶农还采用这一先进的茶园管理方法。如农谚说："七（月）挖金，八（月）挖银。"又说："冬糊，春耙，夏空，秋壅。"这些都是历代茶园在生产管理方面积累的先进经验。为了推动茶叶生产的发展，对杂草丛生的茶园，还可提倡采取这一传统技术措施，以补施肥的不足。

《北苑别录》又说：桐木冬天有保温、夏天有荫庇的作用。茶园里的桐木应该保留，不要锄掉。《茶解》进一步指出了茶园最合适的庇荫树："茶固不宜加以恶木，惟桂、梅、辛夷、玉兰、玫瑰、苍松、翠竹与之间植，足以蔽覆霜雪，掩映秋日。其下种芳兰幽菊清芬之物。最忌菜畦相逼，不免渗漉滓厥清真。"茶园间种树木，可以调节气候，保护茶树过冬，预防寒风侵袭，为北方茶园所必须采取的技术措施。

茶园种植庇荫树，防止夏秋暑热过度干旱，这是印度、斯里兰卡茶区所采取的重要措施。我国新开辟的丘陵茶园，更有必要采取这一技术措施。豆科的庇荫树不但可以保护茶树度过干旱的夏秋，还能供应天然氮肥，可以提高品质。至于茶园中间种芳兰能够提高茶叶品质，可由现在的安徽舒城大小兰花茶证实。

为了扩大山地茶园和保持水土，很早以前就在陡坡地上按坡度大小，广泛建立各种形式的大小梯形茶园。至今在山坡斜地修建茶园，还是采取这种作法。同时采用合理的间作和轮作方法，以及客土培肥、台刈更新等等技术措施来改良茶园土壤，增加肥力，延长茶树的生长力，从而丰富了我国在茶叶生产方面所积累的宝贵经验。

二、采茶与制茶的技术联系

茶树的绿色鲜叶，既是收获的对象，又是营养的主要器官。在采摘过程中，就存在两个矛盾：采与养之间的矛盾；产量与质量之间的矛盾。我们既要采好鲜叶，又要养好茶树，夺取茶叶产量和质量双丰收。

采摘鲜叶要根据品种和气候的不同，以及茶类的差异，而灵活采取合理的技术措施。要掌握气候影响茶树生长的规律，根据品种萌发的迟早和茶类的要求，制订一套合理的采摘方法；否则，盲目订立一套采摘制度或依样画葫芦的采摘方法，就会影响茶叶的产量和质量。如印度开始栽茶，学我国三四月大采，产量很低，后改变采期，产量大增。

《茶经》说：采茶在二、三、四月之间。生在"烂石"沃土的肥芽，长到四五寸长，薇蕨杂草初生时，早晨带露水采。生在薄瘠土的瘦芽，长出三枝、四枝、五枝后，选择最好的中枝采之。这是说采茶必须掌握时期和标准，采不及时，就把杂草也采进茶叶里。在唐朝时，制造进贡团茶虽是合理的采摘，但是不如现在的南部茶区，终年采摘。

宋代，对采茶方法有详细的阐述。如《东溪试茶录》和黄儒（宋熙宁六年，即 1073 年进士）《品茶要录》等茶书，都明确指出采茶季节，各地不同，有早有迟；就是同一地区，也有先后不同。要掌握适当时机，及时采摘，才能获得品质最好的茶叶。

　　到了明代，对采茶技术更有研究。许次纾《茶疏》："清明谷雨，采茶之候也。清明太早，立夏太迟，谷雨前后，其时适中。若肯再迟一二日，期待其气力完足（芽叶都已展开），香烈尤倍，易于收藏。梅时不蒸（梅雨时不会蒸热），虽稍长大，故是嫩枝柔叶也。……彼中（指洞山岕茶产地）甚爱惜茶，决不忍乘嫩摘采，以伤树木。余意他山所产，亦稍迟采之，待其长大。"当时宜兴洞山岕茶驰名全国，这里是指岕茶采法。

　　屠隆于 1590 年前后写的《茶说》（《考槃余事》卷三茶笺）说："采茶不必太细，细则芽初萌而味欠足；不必太青（叶老色泽变青），青则茶已老而味欠嫩。须在谷雨前后，觅成梗（枝条）带叶微绿色而团（肥）且厚者为上。"

　　采茶时期的分析，至今还有一定的实践意义，也符合茶树新梢伸育的规律。采茶过嫩，不但香气低，滋味亦淡。如武夷岩茶要等"开面"后采三叶，香味高浓。采太嫩茶，还会伤害茶树的生活组织，既影响生长，又降低产量。由此可说明当时对茶芽伸育过程中的品质变化有深刻了解，与现今提出的"留叶采"和"采大留小"的原理，有共同之处。有人提出趁嫩多采，"愈采愈发"，是不合乎科学道理的。

　　《茶疏》："岕中之人，非夏前不摘。初试摘者，谓之开园；采自正夏，谓之春茶。其地（茶区）稍寒，故须待夏，此又不当以太迟病之。往日无有于秋日摘茶者，近乃有之。秋七、八月重摘一番，谓之早春，其品甚佳，不嫌少薄。他山射利，多摘梅茶。梅茶涩苦，止堪作下食，且伤秋摘佳产，戒之。"这里说明很多问题：

　　1. 采春茶、夏茶和秋茶的时节各地因气候不同而异。低地寒冷地区到夏至才采摘，也叫春茶，不是夏茶。

　　2. 高山地区寒冷，采茶都要等到夏至，不能说品质不好。大家争买"明前"和"雨前"，都不要夏季采的茶，是不应该的。

　　3. 在湿润多雨的天气，生产的茶叶味苦涩。这一说法与印度雨季的茶叶苦涩味重，我国台湾省春茶多雨也很苦涩等等事实相符合。夏茶类黄酮化合物含量多，苦涩味重，与当时专门采制绿茶是不相宜的。根据 1975 年夏季在上海市白茅岭农场白云山茶场（在安徽广德）用紫芽叶试制毛峰的成功经验，高温闷炒，可使有苦涩味的黄烷醇异构化而去掉苦涩味。现时春茶多雨，绿茶苦涩味重，很有必要改进制法。

4. 秋茶品质不差，可以因时因地制宜采制秋茶。福建安溪秋茶香气特别高，叫"秋香"，比春茶香气高。这与近来提倡采摘秋茶也是吻合的。

5. 留采结合，采夏茶，秋茶就减产。当时茶园管理技术尚不完善，又专门采制绿茶，所以当然要提倡少采夏茶。现今改制红茶的产区，当然要提倡多采夏茶，少采秋茶。

采好茶与制好茶，二者是有联系的。"在制"前必须采取合理的技术措施。鲜叶既要分级，又要现采现制。在这方面，广大劳动人民也积累了很多宝贵经验。

《大观茶论》："凡芽如雀舌、谷粒者为斗品（评比的茶叶），一枪（芽）一旗（叶）为拣芽，一枪二旗为次之，余斯为下。茶之始芽萌，则有白合（鳞片），既撷（摘）则有乌蒂（鱼叶），白合不去，害茶味，乌蒂不去，害茶色。"

《北苑别录》："茶有小芽、有中芽、有紫芽、有白合、有乌蒂，此不可不辨。小芽者，其小如鹰爪……中芽，古谓一枪一旗是也。紫芽，叶之紫者是也。白合，乃小芽有两叶合抱而生者是也。乌蒂，茶之蒂头是也。凡茶以水芽（先蒸熟后，置之水盆中，剔取其精英，仅如针小，谓之水芽）为上，小芽次之，中芽又次之，紫芽、白合、乌蒂皆在所不取。使其择焉而精，则茶之色味无不佳。万一杂之以所不取，则首面（团茶表面）不匀，色浊而味重也。"

《东溪试茶录》："乌蒂、白合，茶之大病。不去乌蒂，则色黄黑而恶；不去白合，则味苦涩。"

据上所述，可知宋时对采摘技术很有研究，如对鲜叶的等级和各级鲜叶的形质以及鳞片、鱼叶损害品质等，都有深入了解。采鱼叶不仅影响制茶品质，而且影响产量。不论何时何地采制任何茶类都要留鱼叶采。

到了明代，茶叶采摘技术要求更加严格，鲜叶要先拣去杂质而后付制。闻龙于公元 1630 年前后写的《茶笺》说："茶初扎时，须拣去枝梗老叶，惟取其嫩叶，又须去尖（芽）与梗（现时六安制瓜片就是这样），恐其易焦此，松萝法也。"松萝是明代最著名的好茶。其著名原因，固然是采制的方法有独到之处，但是对鲜叶处理认真，也是制得好茶的重要因素之一。这对我国今天生产名茶有重大参考价值。

我国古时制茶，不但有鲜叶分级和选择的经验，而且提倡"现采现制"和连续制造，中间不停。《大观茶论》："夫造茶，先度日晷之短长，均工力之众寡，会采择之多少，使一日造成。恐茶过宿，则害色味。"

《东溪试茶录》："压去膏之时，久留茶黄未造，使黄经宿，香味俱失异然气如假鸡卵臭也。"清初黄宗羲咏余姚瀑布岭茶，有"一灯儿女共团圆，炒茶已到更阑后"的诗句。

上述记载表明当时是现采现制。但现在有些大茶区，除个别制造名茶的地区外，很少现采现制。有些茶场，产量高，设备不够，常常鲜叶过夜，甚至两三天都制不完。因此，绿茶失去"三绿"的特征。红茶香味酸馊，大大降低茶叶品质。有些茶厂人力物力不够，绿毛茶炒到七成干就大量堆积起来，厂地狭小，时间过长，没有翻堆通气，以致变质而有些像老青茶气味，这是不能提高茶叶品质的原因之一。

三、制茶技术的发展

后魏张揖（北魏孝文帝太和中为博士，即 477—499 年之间）按照《尔雅》目录集辑汉儒笺注及三仓（汉初字书有仓颉篇、爰历篇、博学篇）诸书增广《尔雅》，叫《广雅》（张揖所著《捭苍》、《古今字诂》已佚，存者只有《广雅》）。其中写道："荆巴间采茶作饼，成以米膏出之。欲饮，先炙令赤色，捣末置瓷器中，以汤浇覆之。用葱姜芼之，其饮醒酒，令人不眠。"首先说明制茶饮茶方法。此后，制茶技术逐步革新，经过历代劳动人民的辛勤钻研，找到了科学制茶方法，创造了现在的 6 大茶类。每类各有优异香味，深为人们所喜爱。

（一）古老的蒸青技术

唐代，制茶技术大革新。制造蒸青团茶，既要达到内质变化的"制"，又要达到外形美观的"造"。蒸青是争分夺秒，差之毫厘、失之千里的技术措施，不易掌握恰恰适度。蒸青技术优点，在于杀青迅速而均匀，降低制茶的苦涩味。唐代，日僧来我国留学就带回了蒸青技术。日本继承了我国劳动人民的传统制茶方法，发挥其优点，并进一步实现了制茶机械化。

《茶经》记载的蒸青方法和制茶用具，现在仍然广泛应用。不但日本，而且苏联和印度的绿茶制法，都还是采用蒸青制法。日本手工制茶所用的焙炉与《茶经》所说的"镀"是差不多的。印度烘制蒸青绿茶，挤出黄色茶汁，也与我国唐时制造饼茶相同。《大观茶论》："茶之美恶，尤系于蒸芽压黄之得失……压久则气竭味漓，不及则色暗味涩。"

《北苑别录》："盖建茶味远而力厚，非江茶之比。江茶畏流其膏，建茶唯恐其膏之不尽。膏不尽，则色味重浊矣。"

各国气候不同，生长的鲜叶成分就不同。有的鲜叶要去掉一部分成分，色味则好。如过去制碧螺春，在锅中揉炒后，要经过一次水洗，色泽翠绿，汤色碧绿。印度气候炎热，黄烷醇含量高，制绿茶如果不去掉一些茶汁，味道就嫌苦涩。正是根据上述道理，所以蒸青后，有挤水的步骤，用离心机抽出一部分茶汁，相当于我国古代的压黄方法。

无论是古代压黄，碧螺春水洗，或是印度绿茶挤水，都损失一部分茶汁，失掉茶叶真味。所以压黄方法很快就废止了。新中国成立后，碧螺春水洗也有了改革。随着制茶技术的不断革新，不合理的工艺必将逐步被淘汰。

采制绿茶，除我国外都采用蒸青方法。为促进中日友好的发展，我国从日本进口5套蒸青机器，在浙江、安徽和江西制造蒸青煎茶销往日本。因此有必要重提我国劳动人民积累的丰富经验，以供参考。

《大观茶论》："蒸太生，则芽滑，故色青而味烈；过熟则芽烂，故茶色赤而不胶……蒸芽欲及熟而香。"《东溪试茶录》："蒸芽未熟，则草木气存。"《品茶要录》指出：蒸有不熟之病，过熟之病。"蒸不熟，则虽精芽，所损已多，试时色青易沉。味为桃仁之气者，不蒸熟之病也。唯正熟者味甘香。……茶芽方蒸，以气为候，视之不可以不谨也。试时色黄而粟纹大者，过熟之病也。然虽过熟，愈于不熟，甘香之味胜也。……茶，蒸不可以逾久。久而过熟，又久则汤干而焦釜之气上，茶工有泛新汤以益之。是致蒸损茶黄。试时色多昏黯，气焦味恶者，焦釜之病也。"

上述蒸青技术之得失，对茶叶品质的好坏影响很大，同时也表明蒸青技术是不易掌握的。蒸青绿茶不仅技术不易掌握，而且釜蒸叶量很少，香气也不高。所以劳动人民很早就发明炒青的制法来代替。

1 000多年来，日本一贯采用我国蒸青方法制造绿茶。到了20世纪初，发明了送带式蒸青机，能自动控制蒸叶时间，才克服了蒸叶不熟过熟的矛盾。但从进口的5套蒸青机来看，共同存在的问题是匀叶器不灵，失去匀叶作用。给叶不均匀，不仅蒸青程度不匀，打叶机干度也不匀，而且蒸青机和打叶机出叶，有的成团块，有的叶叶松散，造成粗揉机操作困难。不是揉捻不匀，就是结成团块，是形成乌龟茶或圆形茶的根源。

（二）最早的烘焙技术

茶叶也是一种中草药。最初是天然制作，晒干或阴晾，与一般的中草药相同。如遇阴雨绵绵，则采取人工烘焙办法。烘焙技术最能影响茶叶品质的高低，如火温高低、时间长短和烘叶多少，都会引起茶叶内质的不同变化。《茶说》："茶有宜于日晒者，青翠香洁，胜于火炒。"由此可知，最早制茶是晒干的。

饮用时间不同，制茶火候也不同。现时饮用的火工足，非现时饮用的则不足，以便饮用前再烘。过去祁门茶栈收购茶农的湿红毛坯，渥红程度，一批一样，要达到同一程度，必须用烘焙火温调节。渥红足，高温快烘；渥红不足，低温慢烘。按照渥红程度的不同，调节温度，使其达到同等渥红程度。这与筑炭和起火都有关系。烘房的技工操作水平对茶叶品质好坏的影响极大。

《品茶要录》："用火务令通彻，即以灰覆之，虚其中以熟火气。然茶民不喜用实炭，号为冷火……故用火常带烟焰。烟焰既多，稍失看候，以故熏损茶饼。试时其色昏红，气味带焦者，伤焙之病也。"表明烘茶的炭火要筑实，炭要先烧通红，盖一层灰，不要有火焰，而烘坏了茶叶。这种道理说起来很简单，但做起来就不是那么容易。不但要有这样做的决心，而且要有一定的技术。现在除武夷手工制茶或制品种茶外，就是制名茶也很少看见这样的烘茶。

《茶笺》："安新竹筛于缸内，预洗新麻布一片以衬之，散所炒茶于筛上，阖户而焙，上面不可覆盖。盖茶叶尚润，一覆则气闷罨黄。须焙二三时，俟润气尽，然后覆以竹箕，焙极干，出缸，待冷入器收藏。"这里说明烘焙技术如下：

1. 烘茶要垫底，防止烘焦和碎叶掉落，发生烟味和焦味；火温要均，可以得到均匀干燥。

2. 初烘时不能覆盖，以免水蒸气在茶叶上迂回不散，带走香气。现时大多干燥机都不能避免这个缺点。

3. 烘茶要关门，是传统的烘茶方法。茶叶烘干能回吸室内香气，关门香气不散失，而且有均匀室内温度的作用。烘到快干时，就要盖上笼盖，既可保持温度均匀，又可防止香气散失。这些烘茶技术，都是技术比较先进的茶区所采用的。祁门红茶和武夷岩茶之所以著名，是与采用先进的烘焙技术分不开的。

《茶笺》又说："吴兴姚叔度言，茶叶多烘一次，则香味随减一次，予验之良然。"这是从多次的实践中得来的经验，对提高烘茶技术有一定的作用。但它不是辩证地、全面地分析有关情况。诚然，制茶烘到足干，香气已达高峰，再烘一次，良好气味就会降低。可是，如果烘到足干，香气还未发展到高峰，那么再烘一次，就会促进香气进一步提高。

（三）先进的炒茶技术

采用蒸青技术和烘焙技术，未能使茶叶香味达到尽善尽美程度。所以宋末元初又发明了锅炒技术。这项革新使香味发展到高峰。我国各地出产的名茶，如著名的武夷岩茶，都是与锅炒技术分不开的。

名茶杀青有"三要"：①要抓得净；②要抖得快；③要散得开。生产名茶地区的广大劳动人民对此已很熟练，但其他产茶国家至今尚未掌握。

武夷岩茶高温团炒和快炒，是锅炒的最高超技术措施，不但内质变化均匀一致，而且产生异构化作用，去掉苦涩味。紫芽叶杀青学岩茶炒法，香味无异一般名茶。这种炒茶技术是从古代技术发展而来的，在其他国家尚未见到。

屯溪绿茶炒干低温慢炒，是和岩茶炒青对立的技术。然何以香味和外形都赢得国外的好评呢？这是由于鲜叶基础不同，一嫩一老，茶类不同，一绿一青，所以制法截然相反。低温慢炒技术，虽然日本学去了，但日本炒青绿茶，质量不及屯溪绿茶。

《茶疏》："生茶初摘，香气未透，必借火力，以发其香，然性不耐劳，炒不宜久。多取入铛，则手力不匀；久于铛中，过熟而香散矣，甚且枯焦不堪烹点……旋摘旋炒，一铛之内，仅容四两。"这里说明要现采现炒，用高温炒，才有香气。炒叶量过多，炒不均匀；炒过久，茶叶就失掉香气，甚至枯焦不能饮用。这些道理都具有现实意义。绿茶杀青，如果和这些道理相违背，茶叶品质就差。所有名茶杀青技术措施都是符合这些道理的。

《茶笺》："炒时须一人从旁扇之，以祛热气。否则，色香味俱减。予所亲试，扇者色翠，不扇色黄。炒起出铛时，置大瓷盘中，仍须急扇，令热气稍退，以手重揉之，再散入铛，文火炒干入焙。盖揉则其津上浮，点时香味易出。"这些记载，是现今炒青制法的理论根据。用扇扇去热气，就相当于现今的抖炒或抛炒。杀青时，水蒸气没有抖散，叶色就会变黄。这是很重要的理论。但在实践中要进行深入分析，不能简单化地应用这种方法。高温的水蒸气能破坏叶绿素，低温的水蒸气能促进酶活化，促进黄烷醇氧化而变黄。无论是高温或低温的热水汽，茶叶都有变黄的可能。嫩叶含水分多，高温杀青要采用抖炒，抖散水蒸气。但是杀青时间要长些，不然就杀不透。老叶含水分少些，就不能抖炒杀青，水分既少，如再抖散水汽，不但不能炒透，而且容易产生焦叶。

《茶疏》："芥之茶不炒，甑中蒸熟，然后烘焙。缘其摘迟，枝叶微老，炒也不能使软，徒枯碎耳。"这里也是说，老叶不能用抖炒杀青。不仅不应抖散水蒸气，而且要用蒸气蒸透。西北著名的紫阳宦镇茶，老叶杀青，在下锅前，喷洒清水入烧红锅内，增加水蒸气来杀熟。所以抖气炒法，只限于水分多的嫩叶，不能普遍推广。

过去蒸叶出笼要摊开泼冷水得到冷却，日本机制改用风扇，不扇冷就会变黄。这就是"一人从旁扇之"的启示。

"炒后重揉"也有科学根据。发明揉捻机或揉切机就是以"重揉"为理论基础的。制造绿茶，经过重揉后，茶汁就容易泡出来。制造红茶，茶汁挤出渥红就快。重揉也是形成一定的条索的必要措施。揉后要解块用文火炒干，也是现在采用的制法。揉后不解块，有的就会成茶团，不成条索。火大炒干，不但很难炒到足干，而且容易炒焦。

《茶说》："戒其搓磨，勿使生硬，勿令过焦，细细炒燥，扇冷才贮罂中。"这里说明炒时不能用大力捏转和摩擦，要轻细炒干，才不会产生碎片和粉末。炒好要等冷后再收藏，才不会因闷热而降低香味。

炒茶用锅也很考究。《茶疏》："炒茶之器，最嫌新铁，铁腥一入，不复有香。尤忌脂腻，害甚于铁，须预取一铛，专用炊饮，无得别用……铛必磨莹。"这里说明，炒茶要有专用的炒茶锅。炒制名茶都有专用锅。龙井用浅锅，珠茶用歪锅，眉茶用斗锅，大方用荷包锅，庐山云雾用平底盆锅。炒龙井的新锅要费两三工先磨光，然后才能炒茶。

炒茶的燃料也有讲究。《茶疏》："炒茶之薪，仅可树枝，不用干叶，干则火力猛炽，叶则易焰易灭。"这是很好的经验总结。炒什么茶，需要哪种火力，就采用哪种燃料，这才可以控制火温，制出品质好的茶叶。

(四) 总结群众经验，继续提高制茶技术

我们在上面分析了历代茶书所载的制茶方法和制茶理论。如果再研究一下现代的制茶技术，就会发现我国制茶科学的遗产是极其宝贵的。

现今的茶类，是根据各种不同的制法而划分的。巧妙的技术变化，就会制成各种新的别有风味的茶类。手势稍有不同，就会产生形状不同的各种茶类。这都是前人遗留下来的技术成果，是其他国家所没有的。如果能把前人的宝贵经验加以总结，提炼成为系统的理论，那么不但会提高原有的茶叶品质，而且还有可能创造出新的茶类。再进一步，以制茶理论为基础，努力设计新的制茶机具，实现制茶机械化、连续化、电气化、自动化，从而在制茶方面能对人类做出较大的贡献。

第二节　茶叶生产技术的传播

我国茶叶生产发展很快。周代，制茶如同中草药一样，晒干

或阴干，与现在的白茶制法大致相同。东汉时，鲜叶捣碎制造饼茶。唐时，鲜叶先蒸后碎，制造团块茶；由于对制造技术掌握不同，茶色有绿有黄有黑。北宋时，发明蒸青散茶，保持茶的真味。南宋时，发明炒青散茶，进而发展到黄和黑的散茶。明时，发明红茶制法。清时，发明青茶制法。至此，绿、黄、黑、白、青、红6大茶类齐全。其他产茶国家的生产技术，都是直接或间接从我国传去的，而且都是近百年来才开始发展起来的。日本虽然引入我国技术较早，但茶叶生产历史也不过两三百年而已。下面略述主要产茶国家从我国直接引入茶叶生产技术的经过情况。

一、日本茶业的开始时期

西汉时，武帝刘彻征服朝鲜，中国茶叶随后传入日本福冈（见1956年6月26日《人民日报》所载的福冈通讯《亲上加亲》）。东汉建武元年（公元25），日本派遣使臣到洛阳，东汉朝廷赠以印绶。自此以后，中日两国之间的经济文化关系日益密切起来。在飞马时代（7世纪）的药师寺药草园中发现有栽茶的痕迹，在弥生后期发掘的文物中有出土茶籽，说明飞马时代日本已经种茶了。茶籽是那时留学僧和派遣驻隋、驻唐使节从中国带回去的[1]。

唐玄宗开元十七年（729），即奈良时代，圣武天皇招百僧听般若（佛）讲经而赐茶，为最早的饮茶历史资料。当时的茶叶是留学僧带回去的。

唐德宗贞元二十一年（805），即桓武天皇延历二十四年，僧人最澄传教大师自我国带回茶籽，种于近江滋贺村的园台麓。平城天皇大同元年（806），海空弘法大师又引入茶籽及制茶方法。茶籽播种在京都高山寺和宇陀郡内牧村赤埴，带去的茶臼保存在赤埴仫隆寺。815年，即弘仁元年，天皇乃诏令畿内、近江、丹

---

[1]　桥本实：《茶的传布史》，《国外茶叶动态》，1977年，第1期。

波、播磨等栽茶地方，每年制茶进贡①。制法很简单，捣制成团后烘干。

公元 840 年（文宗开成五年），日本慈觉大师圆仁（794—864）从长安归国时，作为路用赠物绢、茶、线，其中有蒙顶茶二斤。四川蒙山茶早已外传。

南宋孝宗乾道五年（1169），建仁寺僧荣西千光国师留学我国，带回大批茶籽，栽植于筑前国脊振山（今佐贺县神崎郡）。光宗绍熙二年（1191），即岛羽天皇建久二年，荣西又来我国留学，于是釜熬茶（炒青）的制法传到日本。

松下智《全国铭茶总览》说："福冈黑木町笠原的灵产寺是儿女茶的发祥地，应永十三年（1406）荣林周端禅师自中国明朝带回茶和锅炒茶的制法。"自后，日本不断输入中国茶籽，开辟茶园。

二、印度尼西亚茶业的开始时期

爪哇是印度尼西亚主要茶区。爪哇原来不产茶，1690 年总督坎费齐斯（J. Camphuijs）偶因个人兴趣，自我国传入茶种，栽植于巴达维亚附近的私人公园，以供观赏。这是栽茶的开始。1728 年，荷兰东印度公司输入大批中国茶籽试种，是为爪哇有计划种茶的开始。然因种种原因，先后枯死。失败后，又试种，几经反复，最后终于成功。

三、印度茶业的开始时期

1780 年，英国东印度公司的船主从广州运少量中国茶籽至加尔各答。总督哈斯丁斯（Warren Hastings）寄一部分给东北部不丹（Bhutan）包格尔（George Bogle）栽植，其余茶籽栽植于英军官凯特（Robert kyd）私人的加尔各答植物园中，为印度

① 田边贡：《实验茶树栽培法及制造》。

最早栽植茶树的记录。

1788年，英国自然科学家班克斯（Joseph Banks，1743—1820）最早提倡由中国引种至印度；并应东印度公司之约，写小册子介绍中国种茶方法。同时指出比哈尔（Bihar）、兰格普尔（Rangpur）和可茨比哈尔（Coochin Bihar）等地适宜种茶。但是他的计划，由于同东印度公司统制华茶贸易专利有抵触，故未能实现。

1793年，英国几个科学家随驻华公使马卡特尼（Macartney）来中国采买茶籽，寄往加尔各答，依照班克斯介绍的方法，栽植在皇家植物园。

1834年，印度总督本廷克（W. C. C. Bentinck，1774—1839）组织茶叶委员会，研究中国茶树究竟有无可能在印度繁殖。该会秘书戈登（G. J. Gordon）来中国调查栽茶制茶方法。当时中国政府禁止外人游历内地。戈登设法购得大批武夷茶籽，于1835年分三批运到加尔各答。并访求栽茶和制茶的专家，结果聘到雅州茶业技师传习栽茶制茶方法。

戈登第一次从中国运回的茶籽在加尔各答植物园中育成42 000株茶苗。这批茶苗于1835—1836年分别移栽于上阿萨姆省20 000株，喜马拉雅山的古门和台拉屯20 000株，剩下2 000株移植于南印度的尼尔吉利山。除这42 000株分配给各国营茶园外，还有9 000余株分配给170个私人植茶者。

1836年，戈登聘去的中国茶工在阿萨姆勃鲁士的茶厂，仿照中国制法，试制样茶成功，得到各方的好评。

1838年，勃鲁士将8箱茶叶运到伦敦，英国人士为之骚动。同年，勃鲁士著文介绍红茶制造经过，描述中国茶工在上阿萨姆苏特亚的卓越工作。

1848年，"旅行家"福顿（R. Fortune）受东印度公司的指使，乔装华人深入中国内地，偷购优良茶苗和茶籽，并且偷雇8名制茶工人。在1850年至1851年间，把20 000余株茶苗和大批茶籽运至加尔各答，培育成新茶树12 000株，移植于喜马拉雅山茶园。茶树分类学家斯多得说："喜马拉雅山茶区确实可以证明，在某种条件下，中国茶种可变成较优的品种。"福顿栽植的中国茶种，颇著成绩，至今还留存有一少部分。

四、斯里兰卡茶业的开始时期

据泰南（J. E. Tennent）记载，1600 年荷兰人开始试种中国茶树，未能成功。1839 年第一次从加尔各答植物园运来阿萨姆种苗，栽于派勒特尼雅植物园。最早植茶成功，是泰勒（Gams Taylor）在鲁尔康特拉（Loolecondera）咖啡园取得的（图 4‐1 是 1839 年斯里兰卡最早的茶园）。

图 4‐1

1841 年，居住在斯里兰卡的德国人瓦姆（M. B. Worms）来中国游历，带回中国茶苗栽植于普塞拉华（Pussellawa）的罗斯却特（Rothschild）咖啡园中。其后，瓦姆与其兄弟（G. B. Worms）又将茶苗移植于沙格马（Socama）繁殖。并在康得加罗（Condegalla）种植中国茶籽。第一批出产的茶叶每磅价值 1 基尼（Guinea），是罗斯却特茶园聘请中国工人制成的。

1854年成立种植者协会，发展茶叶生产。正式试制开始于1866年。泰勒学习我国制法，试制样茶，在伦敦颇受欢迎。其鲜叶是采自路旁栽植的中国武夷种。1867年开辟茶园20英亩。1868年输入阿萨姆杂种（阿萨姆土种与中国种杂交的），翌年开始种植杂种。1873年以后，仿效印度应用机器制茶。1873年和1874年，中国种茶树由派勒特尼雅和海克加拉两个茶园传布到各处。其后，法律禁止由加尔各答输入阿萨姆茶籽，以防止叶卷病传入。一切茶籽均由本地茶园供给。

五、苏联茶业的开始时期

1883年俄国从我国购买茶籽茶苗，栽植于尼基特植物园内。由于自然条件不适宜种茶，生长不好。1884年把尼基特植物园内的茶树移植于苏呼米和索格茨基的植物园及奥索尔格斯克的驯化苗圃内。后又从驯化苗圃移植一部分于奥索尔格斯克县别列茹里山村的米哈依·埃里斯塔维植物园，并采摘鲜叶，依照我国制法，制成样茶，这是学习我国制茶的开始。

1884年，索洛沃佐夫从我国汉口运去12 000株茶苗和成箱茶籽，在查克瓦-巴统附近开辟了一个小茶园，从事茶树栽培。制成的茶叶品质良好。这时候在苏呼米也有两所规模不大的茶场采制茶叶。

1889年，以吉洪米罗夫教授为首的考察团到中国和其他产茶国家研究茶业技术。回国后，就在巴统附近的查克瓦、沙里巴乌尔、凯普烈素等地开辟茶园15公顷，后来扩充到115公顷。在沙里巴乌尔建立一座小型茶厂，采摘茶园的鲜叶制茶。在条件不好的茶厂里加工，茶叶品质不好。甚至在查克瓦条件优越的茶厂里加工的茶叶，也不能满足当时消费者的要求。于是又有俄国人来华聘请技工去指导（图4-2是沙皇时代中国茶业专家指导查克瓦茶园采茶）。

1888年波波夫来我国，访问宁波一个茶厂。回去时，买了

图 4 - 2

几百普特①茶籽和几万株茶苗,并聘去以刘峻周为首的茶叶技工10人。中国技工于 1893 年 11 月到达高加索,在巴统郊区开始工作。3 年内,他们种植 80 公顷茶树,并且完全按照我国茶厂形式建立一座小型茶厂,采用我国制茶方法,正式开始茶叶生产。

1896 年合同期满,中国茶叶技工回国。同年,波波夫委托刘峻周再招聘技工,并采购茶苗茶籽。1897 年,刘峻周和中国技工 12 人携带家眷去巴统。到 1900 年,在刘峻周的领导下,在阿扎里亚种植茶树 150 公顷,并建立制茶工厂。刘峻周自 1893年应聘去格鲁吉亚工作,至 1924 年才回国。在格鲁吉亚工作 30年中,尤其是在苏维埃政权成立后的日子里,一直不辞劳苦地为发展格鲁吉亚茶业而努力。他直接领导种植茶树 230 公顷,建立两座制茶厂。为了以实例向当地人民传授种植茶树和果类作物技术,自己又开辟了 25 公顷茶园和果园。1918 年春,土耳其军队占领巴统。刘峻周率领工人武装保卫茶厂,坚持斗争两昼夜,使茶厂全部财产得以保全。

苏联历史学博士 Щ. B. 梅格刘利泽和 Л. 喀兰达利什维利合

---

①　1 普特＝16.38 公斤。

著的《中国茶叶专家在格鲁吉亚》一文[1]，主要就是记述刘峻周在格鲁吉亚栽茶的功绩。

刘峻周因工作成绩卓著，对俄罗斯的茶业发展有功，1909年沙皇政府授予他三级勋章。1912年在"俄罗斯亚热带植物展览会"上，他又荣获大会的奖状。十月革命胜利后，刘峻周看到苏维埃政权对茶叶事业很关怀，内心感到十分高兴，因而更加勤奋工作。苏联政府对刘峻周的劳动功绩给予很高的评价，认为他是阿扎里亚栽茶事业创始人之一，1924年授予"劳动红旗勋章"。

刘峻周根据自己多年的观察和实践经验，坚信格鲁吉亚的茶业有广阔的发展前途，因而积极为格鲁吉亚训练栽茶人才。有的学生已是白发苍苍的老工人，现在还在茶厂工作，他们常常怀着尊敬的心情来回忆他。

刘峻周等中国茶叶技工带去了大批茶树种苗，在格鲁吉亚进行大规模繁殖；同时，把我国历代劳动人民积累的茶叶栽制经验毫无保留地传授给格鲁吉亚人民，并亲自制出优质茶叶，从而提高了当地人民对植茶的兴趣和信心，为开创俄国栽茶历史做出了贡献。这一切，格鲁吉亚人民直到现在仍铭记不忘。同一期《新观察》所载的另一篇文章《万水千山寻故人》，详细报道了苏联一位80多岁的老工人嘱在中国工作的儿子寻找老友刘峻周的情况，生动说明了中国茶叶生产技术的传播，为两国人民的友谊谱写了感人肺腑的篇章。

第三节　各国种茶概况

茶树自我国移植日本、印度、孟加拉国等国成功后，各国争先试植。亚洲有朝鲜、斯里兰卡、印度尼西亚、菲律宾、越南、泰国、缅甸和伊朗等国。欧洲有瑞典、英国、法国、苏联、意大

---

[1]　《新观察》，1957年，第22期。

利和保加利亚等国。非洲有南非（阿扎尼亚）、马拉维、坦桑尼亚、津巴布韦（罗得西亚）、肯尼亚、毛里求斯等国。美洲有哥伦比亚、美国、墨西哥、巴西、巴拉圭、秘鲁和阿根廷等国。大洋洲有澳大利亚、斐济和一些岛屿。除有些国家因自然条件不适宜植茶外，大都获得成功。现将各国试植概况分述于后（不包括新中国成立后援助试植成功的非洲诸国）。

一、早期推广种茶的国家

我国茶种首先传入日本，其次是印度尼西亚、印度、孟加拉国、斯里兰卡和苏联。这些国家茶业发展很快，规模也大，茶叶除供本国消费外，还有大量输出。

（一）印度及孟加拉国的茶业发展

英国东印度公司为了统制华茶贸易，独占利润，竭力阻止印度栽茶。1833 年，该公司与中国所订的商约期满，而中国政府又拒绝续订。因此，1834 年印度总督本廷克组织茶业委员会研究栽培中国茶树问题。自 1836 年以后，中国茶种源源不断输入印度，大量繁殖，分布全国。

1839 年伦敦成立阿萨姆公司后，中国茶种配合阿萨姆种在许多新茶区栽植。

当时因机械地仿效中国生产技术，没有考虑气候不同，在 4 月间大量采摘，因而妨碍茶树充分发育，致使阿萨姆茶区每公亩[①]最高产量仅 3 公斤多。到了 1853 年，威林生（George Williansin）继任阿萨姆公司经理，大力宣传在 3 月和 4 月减少采摘，所以全年产量增加很多。

1855 年，锡尔赫脱的张卡尼山（Chandkhani）和刻赤又发现阿萨姆土生种。1856 年在刻赤的马查波尔桑扬山（Mauza Barsanjan）山顶上开辟茶园。1857 年在锡尔赫脱开辟马尔尼希

---

① 1 市亩＝6.667 公亩＝0.164 英亩。

拉（Malnicherra）茶园。刻赤自白拉尔山（Barail）至白拉克山（Barak）到处都是茶园。1875 年又开垦低洼地植茶。

从 1856 年至 1859 年，栽茶地区不断扩大。1856 年末，在托克佛（Tukvar）、大吉岭的肯宁（Canning）和贺普汤（Hopetown）的茶园中增植茶苗，在甘桑（Kurseong）平原和甘桑与潘克汉巴里（Pankhabari）之间，都开辟茶园。1861 年，在南印度尼尔吉利山重新播种中国茶籽。

1862 年在丹雷（Terai）和甘他（Champta）开辟茶园。不久，推斯太（Teesta）以东的杜亚斯（Dooars）亦栽茶。1867 年吉大港和可它那格普尔（Chota Nagpur）开始有规模较大的茶园。1874 年加查尔荷巴（Gajaldhoba）开始垦植。其后，普尔巴里（Phulbari）和巴格拉可脱（Bagrakote）相继种茶。逐渐向东扩展，最后达到阿萨姆边界桑可斯（Samkos）时，西杜亚斯和丹雷均改种阿萨姆种，以代替原来所种的中国种。

1872 年，杰克逊（W. Jackson）第一次制成揉捻机在苏格兰阿萨姆茶业公司的希利卡（Heeleakah）茶园中装置试用。

1900 年，加尔各答印度茶业协会成立科学部，研究有关茶叶的产制问题。在阿萨姆省希利卡设立试验站，1911 年迁移至乔霍得附近的托格拉（Tocklai）改为试验场。1909 年在南印度马德拉斯邦加罗尔设立科学站。

到 1932 年，印度阿萨姆的主要茶区布拉马普特拉谷植茶面积为286 538英亩；森马谷植茶面积为141 542英亩；南印度茶园153 000英亩。孟加拉国大吉岭茶园60 424英亩；杜亚斯132 000英亩；丹雷19 000英亩；吉大港54 000英亩。各个茶区总计有茶园4 848个，植茶面积为807 720英亩。每英亩平均产量，第一次世界大战前为 503 磅；1915 年 586 磅；1921 年 430 磅；1932 年588 磅。全年产量达433 669 289磅。

1939 年种茶面积为 832 200 英亩，茶场 6 390 所，产量452 596 306磅，输出348 836 000磅。

1970 年茶园面积为356 516公顷。1969 年平均单产每市亩干茶 146.5 斤，产量 844.89 万担，输出 400.31 万担。

（二）斯里兰卡茶业的发展

斯里兰卡于 1866 年正式开始试制茶叶。至 1875 年，植茶面积计有1 080英亩。1877 年咖啡叶病蔓延全岛，咖啡业破产，于是进一步转向茶业，开始了"向茶业突进"的时期。1880 年茶园面积为14 266英亩。（图 4 - 3 是斯里兰卡马士克利亚早期开辟的茶园。）1895 年植茶面积为305 000英亩。

图 4 - 3

1898 年在努华拉爱立耶（Nuwara Eliya）成立茶叶研究所。1915 年茶园面积达到402 000英亩。1924 年建立茶叶试验场。1925 年茶园面积增加16 000英亩。1928 年选定迪蒲拉（Dimbula）的圣可姆布司（St. Coombs）茶园为研究所的永久地址。1929 年建立应用电气的茶厂。翌年，研究所迁至圣可姆布司茶园。1932 年茶园面积457 000英亩，茶园数目大约1 230个，茶叶输出252 824 000磅。

各个茶园大小不一，最大的有3 000英亩，最小的仅 5 英亩。1941 年共有茶场2 473所，小茶园54 395所，计占面积539 000英亩，比 1933 年的 452 000 英亩增加 19％。1938 年总产量为246 931 000磅，占世界总产量 13％强（红茶占 99.99％）。1939年输出228 063 000磅。

1970 年茶园面积241 799公顷。1969 年平均市亩单产干茶120 斤，产量4 244 200担，输出4 165 000担。

（三）日本茶业的发展

自公元 1169 年僧人荣西从我国带回大批茶籽栽种于佐贺县神崎郡以后，植茶逐渐扩展到大和、伊贺、伊势、骏河、武藏等地。公元 1375 年足利义满时，宇治茶业兴起。战乱时代，虽一时衰退，但至 1573 年织田信长称霸时，茶业复兴，逐渐发展到全国各地。主要产茶地区有中部的静冈，关东的京都、三重、埼玉和茨城，九州的熊本、鹿儿岛、福冈和宫琦，四国的高知。实际上，关东和九州各县无不种茶。

17 世纪初，荷兰和英国两个东印度公司先后在日本设厂，并经营进出口贸易。自 1638 年后，日本厉行锁国政策，终止对外贸易。

文村《云华园铭》记有壁山（隐元）来朝制锅煎茶，世称隐元茶。隐元禅师于日本承应三年（1654）来中国。

1661 年，隐元采用烘焙法制造隐元茶。1738 年（日本元文三年），长谷宗一郎转向蒸热制法，为现在的宇治茶制法，即绿茶制法。1835 年（天保六年），宇治山本氏用覆下茶园所生长的鲜叶制造"玉露茶"（Gyhuro），也是脱胎于我国唐代的蒸青制法。1862 年，第一家复制厂在横滨建立。1859 年茶叶出口不足400 万磅，1870 年为1 300 万磅。1872 年神户制茶厂采用新式的茶叶烘焙设备。1875 年，我国茶师凌长富、姚秋桂将红茶制法传到九州、四国。1876 年东京成立公共复制厂，同时私人的复制厂亦普遍在治津、狭山、林松等地设立。同年，赤崛玉三郎与高卫介制造篮烘茶（Basket Tea）。于是，绿茶制法有了进步。

1877年（明治十年），印度红茶制法传入高知县菲生乡，但是试制多次，都没有成功。

1882年，美国通过禁止劣茶输入条例。日茶商遂加紧改良茶叶品质，同时扩大对外宣传工作，使茶叶贸易逐渐开展起来。

1888年，绿茶销路不好，乃派人来中国研究乌龙茶（青茶类）和红茶的制法。同时派人分赴美、苏调查市场情况。1892年参加美国芝加哥博览会。

1895年横滨开港，恢复对外贸易。茶叶产制工艺大多依赖我国茶农前往传授。

1897年开始用机器制茶。1898年开始制造红、绿茶。1900年至1904年平均每年出口达44 985 000磅。其后略有减少。第一次世界大战期间，每年输出量超过5 000万磅。

1915年（大正四年），茶业组合中央会议所于静冈县设立红茶研究所，研究、仿效印度制法。1917年，大公创设红茶株式会社，继续研究，但仍不能制得品质优良的茶叶。

1918年，我国福州熏花茶技工吴依瑞、吴寿忠父子和杭州茶工方念祖到静冈茶业组合中央会议所机械研究室，传授花茶、毛峰、大方的制法。

1920年后，美国红茶消费量日益增加，绿茶市场遭受严重打击。1919年至1928年平均每年出口1 700万磅左右。

1929年（昭和四年），茶业组合中央会议所得到苏联茶叶检验技师王古的指导，制成优良红茶。另一方面，仿效我国珠茶的制法，制出"Yonhon"，在静冈市场叫做"Guri"。1932年中央会议所悬赏征求命名，得名为"玉绿茶"。茶叶出口数量1933年达到3 000万磅。

日本栽茶面积，自1892年以来，逐年减少。1892年茶园面积为748 714英亩。1931年只有93 352英亩。1894年茶厂为705 928家；1982年增到1 153 767家，达到最高峰。1929年茶叶产量为27 092吨；1931年增至38 306吨。1932年茶园面积93 946英亩，产茶89 008 102磅。1938年茶农有110万户，种茶面积约10万英亩。产茶121 100 000磅，大部分为绿茶。红茶仅占6％。在世界产茶国家中，日本占第五位，产量占各国总产量6％强。

1939年，输出量增至50 423 000磅，创1917年以来的最高记录。1939年较1936年增加1 400万磅，而世界总出口量并未增加。所以日本在世界茶叶出口总额中所占的比重，由1936年的4％增加到1939年的6％。

1970年茶园面积51 600公顷。1969年平均单产每市亩干茶230.1斤，总产量184.2万担，输出3万担。

(四) 印度尼西亚茶业的发展

1607年荷兰船只从爪哇来澳门运载绿茶，1610年转运欧洲贩卖，获利很厚。自此以后，贩运中国茶叶成为荷兰东印度公司的主要业务之一。

1728年，荷兰东印度公司董事会建议政府从中国输入茶籽，发展茶叶生产。建议书说，"中国茶籽不但应栽植于爪哇，而且应栽植于好望角、锡兰、雅方卑南（Jaffanpatnam）等地。"并提议招募中国工人，以中国方法制茶。1826年，印尼聘请植物学家史包得（Philipp F. Von Siebolt，1793—1866年）为指导，由中国和日本选运大批茶籽，先试植于皮登曹（Buitenzone）植物园，细心管理，结果生长良好。遂于1827年在牙律（Garoet）设立试验场，并在万那雅沙（Wanajasa）设立茶种园繁殖。同时命令爪哇华侨义务试制第一批样茶。由于试制成功，便委派荷兰贸易公司的茶叶技师雅可布逊为茶务监督。雅可布逊来我国考察，详细询问栽茶方法，周旋于各大茶商之间凡6年（1828—1833年）。每年回爪哇一次，每次都带回有价值的报告及大量茶籽茶苗。1829年第二次回去后，曾制成绿茶、小种红茶和白毫的样品。是年6月，在巴达维亚举行的展览会上，茶样得到银牌奖。1830年至1831年雅可布逊第四次来中国，带回243株茶树和 150 颗茶籽。1831 年至 1832 年第五次来中国，从广州带回 30 万颗茶籽及各种制茶器具，同时聘请制茶工人 12 名传授制茶技术。1832 年至 1833 年第六次来中国，偷偷运回 700 万颗茶籽及 15 名工人，其中包括栽茶和制茶以及做箱板等茶工。1833 年爪哇茶第一次在市场出现。

1830 年，第一家制茶厂在万那雅沙成立，有 4 个炉灶和简单的装箱设备，但是规模很小，仅有 10 个工人，当年制茶 20 斤。1831 年将一小箱茶献给荷兰王室。1858 年在巴达维亚又建茶厂，采用中国技术，收集附近各茶园的鲜叶制造茶叶。1860 年爪哇年产茶约 200 万磅，但至 1870 年减至 80 万磅。1877 年巴斯坎沙瓦克的茶叶第一次运到伦敦，英国茶商对于用手工制造的爪哇茶颇不满意。1878 年，爪哇改用机器制茶，品质才有所改进。

1878 年，比得（John Peet）首次输入阿萨姆茶种，由霍利（A. Holle）播种于芝巴达（Tjibadak）、西拿加（Sinagar）、芝罗汉尼（Tjirohani）。

1881 年成立苏甲鲍美（Saeka Boemi）农业协会，研究改进茶叶的栽制技术，对茶业发展贡献很大。后来发现阿萨姆种叶大产量高，于是竭力推广栽植阿萨姆种。1886 年建立茂物茶叶试验场。从 1880 年至 1890 年，爪哇茶园逐渐增加，一直发展到潘加伦根高原（Pengalengan）。茶园几乎遍布全岛。主要产区是布林加州（Preamger），茶园面积占全爪哇茶园 70％以上，出产大量爪哇茶。泗水州（Batavia）茶区仅次于布林加州，大部分优良茶叶均产于该区山地。

1905 年，可芝斯（F. D. Cochius）倡议组织茶叶评验局。最初设在万隆，后迁吧城。植茶者将样茶送局品评，经指出缺点后，即设法改进，以保持在海外市场的信誉。这对爪哇茶叶品质的提高很有裨益。

在苏门答腊，由于行政官员供给茶籽并加以鼓励，巴邻旁（Palembang）的巴萨马（Pasemah）及舍曼特（Semendo）两区农民亦曾开辟茶园。1907 年，贝纳德（Dr. Ch. Bernard）提出苏门答腊土壤宜于植茶，各地企业家便转到苏门答腊发展茶叶生产。首先大量栽植米罗珍（O. Van Vloten）。1911 年开辟茶园864 英亩。主要产地为东海岸的日里（Deli），出产苏门答腊的大部分茶叶。早在 19 世纪末，英国得利伦公司就开辟林波因茶园（Rimboen），栽种阿萨姆种。1894 年该园出产的第一批苏门答腊茶运到伦敦，每磅售价 2 便士。苏门答腊是 1912 年开始有计划植茶的，由于有爪哇的经验教训可资借鉴，因而发展比印度、斯里兰卡为快。

1927 年，爪哇有茶园 269 所，面积共 21 万英亩；苏门答腊有茶园 26 所，面积共31 000英亩。此外，马来土人所有的茶园约63 000英亩，总计茶园面积为304 000英亩。每年产茶45 360吨。1932 年茶园面积，包括土著人种植和种有间作物的茶园在内，共为432 000英亩，产茶共180 638 000磅。

1938 年，植茶面积506 797英亩，爪哇占十分之九。产量178 924 500磅，全部是红茶。高地平均亩产 575～805 磅，低地约400～685磅，在世界产茶国中居第四位。

1900 年输出总量不过1 680余万磅，还不足中国同年出口的十分之一，较之日本亦少。1912 年苏门答腊开始植茶，输出增至6 600余万磅，虽仅及中国十分之一，但已超过日本。第一次世界大战期间，出口大增，于 1918 年超过中国。其后，除 1932年及 1935 年较中国略少外，每年均超过中国，在茶叶出口国中居第三位。1939 年输出162 461 000磅，合735 092公担①，占各国输出总额的 18％。

1970 年茶园面积62 407公顷，总产量为 44 万公担。

（五）苏联茶业的发展

沙皇统治时代，茶业没有获得多大发展。自 1848 年至 1915

---

① 　公担为非法定计量单位。1 公担＝100 公斤。

年，全格鲁吉亚茶园面积只有 915 公顷。十月革命后，格鲁吉亚茶业迅速发展，一跃而成为农业的一个主要部门，是全苏最大的茶叶种植基地。

苏联茶树栽培历史比较短，最早是 1847 年在黑海沿岸苏克亨港植物园试种。1884 年制出品质比较良好的茶叶。1896 年设置机器制茶厂。

1900 年，农业部门在查克瓦建立茶叶试验场，免费向当地地主提供茶苗。在巴统北部高塔斯开辟试验茶区 25 处。1901 年，索赤地区柯士马农夫栽茶获得极大成功。他们采用查克瓦茶种，在梅罗黑阿屋村繁殖 800 丛茶苗，建立茶园。然后采集鲜叶，手工制成茶叶，在当地市场出售。但不久以后，由于沙皇官吏的阻挠，柯士马被迫放弃刚要开始的茶业。

1905 年有茶园 40 余处，面积近 1 125 英亩。这是政府提倡，人民对植茶产生兴趣的结果。

高塔斯茶区经 6 年试种后，明格里亚和高立亚的多数地主也各试种一二英亩。1913 年至 1914 年间，多数农民亦利用一部分土地种茶。当时平均每英亩可收获 170～200 磅。1913 年茶园总计 147 所，面积 2 265 英亩。

1914 年在高加索开辟 23 所面积不大的茶树栽培示范场。奥索尔格斯克烟草试验场最初栽培烟草和茶叶，后来专门致力于茶树栽培。

1915 年，维·叶·代伦差夫在奥索尔格斯克茶叶试验场建立小型制茶厂和化学试验室，从事茶叶的研究工作。

第一次世界大战爆发后，巴统茶园变为战场，高加索的茶业大受摧残。十月革命后，孟什维克发动内战，格鲁吉亚茶业不仅停滞不前，而且日趋衰退。茶园杂草丛生，许多地方的茶树被铲除改种玉米。茶园面积减少至 405 英亩。

苏维埃政府向农民、合作社和茶叶公司发放长期贷款，以购置制茶机器。并且自印度、斯里兰卡购进茶籽，廉价出售。茶园采摘鲜叶集中在茶厂制造，品质划一，成本降低，因而茶业生产发展很快。1924 年，苏维埃政府决定成立格鲁吉亚茶叶公司，以利茶业发展。1931 年 10 月 31 日，联共（布）中央做出了关于在外高加索发展栽茶和制茶工业的重要决议，规定扩大茶园面积，鼓励集体农庄种茶，改造现有茶厂，并再建两所新茶厂，发展科学研究工作，训练茶业干部，组织考察团到中国、日本、印度学习茶业经营方法。

1928 年至 1932 年产量为 3 200 公担。1933 年茶园面积增至 34 000 公顷，产量为 7 900 公担。在查克瓦、苏克亨、奥佐基底和楚地地均创办了茶叶试验场。

1934 年产量增至 16 500 公担，以后直线上升，至 1940 年为 136 000 公担。全国有 20 所国营茶场，数十个设备完善的包装行。格鲁吉亚有茶园 5 万公顷。同时植茶向中亚细亚发展。1942 年产量为 200 000 公担。

1970 年茶园面积 74 400 公顷，总产量 668 000 公担。1967 年平均单产 85.2 斤。

二、近代产茶的国家

在近代开始产茶的国家中，从中国直接传入试种成功的，有越南等国；间接传入中国茶种，或从日本、印度、斯里兰卡传入阿萨姆种和中国种杂交种的，有肯尼亚等国。这些国家生产的茶叶主要供国内消费。但在非洲，由于荒地很多，开辟不少新茶园，产量逐渐增加，有些国家除满足国内市场需求外，还外销一部分。在世界茶业生产中，非洲占有重要地位。

（一）肯尼亚茶业

据传说，肯尼亚是在 20 世纪初由奥恰逊（Orchardson）兄弟最早植茶。1925 年，勃洛克庞特（Brooke Bond）和占姆斯芬莱（James Finlay）两家公司开始大规模种茶。勃洛克庞特公司在里莫鲁（Limoru）购地 640 英亩，设立工厂。同时组织合作种茶协会，有 15 名种茶者加入。占姆斯芬莱公司组织非洲高原产殖公司在奇里果（Kericho）和龙勃华（Lumbwa）购地23 000英亩，用以种茶。1925 年茶园面积约 382 英亩，产茶1 341磅，在当地出售。1927 年开始向英国输茶。1930 年茶园面积8 331英亩，产茶577 847磅，输往英国160 608磅。

1933 年成立肯尼亚种茶者联合会。凡公司和个人种茶者拥有土地 50 英亩以上者，都要参加。茶园面积12 000英亩以上，产茶3 212 084磅。为非洲产茶最多的国家。

1940 年产量 10 000 000 磅，输出 9 432 000 磅，出口限额12 128 000磅。

1970 年茶园面积 40 278公顷，1969 年平均单产每市亩173.7 斤。1970 年总产量82.15 万公担，输出 72.2 万公担。

（二）马拉维茶业

1878 年，英国园艺家邓肯（Jonathan Duncan）前往马拉维的布兰太尔（Blantyre）参加苏格兰教堂传道会，爱丁堡（Edinburgh）皇家植物园技师巴尔夫（Balfour）送他咖啡苗 3 株、茶苗 1 株，因路途遥远，咖啡苗和茶苗都枯死。

1885 年，苏格兰自由教堂利物斯登传教会（Livingstonia Mission）厄尔摩里（Elmolic）博士把皇家植物园中的茶苗交邓肯种植，结果生长两株。数年后，即以两株所生的茶籽，拿到姆兰治（Mlanje）的劳特台（Lauderdale）咖啡园试植。

1887 年布兰太尔教堂的试验园，又设法购入许多茶籽试植，因雨量过少，至 1890 年还未发芽。其时摩尔（J. W. Moir）以布兰太尔教堂所产的茶籽，委托斯里兰卡咖啡栽培家勃朗（Henry Brown）在劳特台咖啡园中择地播种，结果生长很好。后摩尔又从纳塔尔（Natal）购得茶籽，一并栽植咖啡园中。数年后，勃朗亦另辟咖啡园，并种植茶树。1898 年，第一批茶样送到伦敦。是年在苏格兰的爱丁堡成立布兰太尔东非公司。

1901 年咖啡业衰落，于是播种大量茶籽，以替代咖啡。

当时茶种都是不纯的杂种，后即输入印度茶种。几年后，姆兰治所有能种茶的耕地，完全变成茶园。东非公司是最大的茶业组织。

1904 年姆兰治茶园面积 260 英亩，产茶 12 000 磅，输出1 000余磅。1911 年，茶园面积增至 2 593英亩，产茶174 720磅，输出43 876磅。1925 年，伦敦里昂（J. Lyons）公司亦在姆兰治的路其里（Lujeri）开辟茶园 8 000 英亩，并设立机器制茶工厂。

姆兰治的茶树栽培，渐次扩展至邻近的科罗（Cholo）。1930年尚属试验时期。1932 年茶园面积扩大到 12 595 英亩，产茶2 699 984磅，输出2 573 871磅。1933 年输出 3 276 477磅。1940年输出 10 291 000磅。1939 年至 1940 年出口限额为 14 250 000磅，规定 95％为实际限额，大部分为红茶。94％输往英国，其余大部分则销于邻近各省及非洲其他地区。其中有53 000磅输往德国，一小部分输往加拿大和巴勒斯坦。

1970 年茶园面积15 200公顷，总产量 37.46 万担，输出量35.42 万担。1967 年平均单产每市亩干茶 160.5 斤。

（三）乌干达茶业

1900 年在恩德培（Entebbe）植物园试种茶树。1903 年从印度输入茶籽，1909 年从斯里兰卡输入茶籽。1910 年政府派员赴许多地方购买茶籽，在坎帕拉（Kampala）种植，生长良好。后又由政府在加科密洛（Kakmulro）和托洛（Toro）进行繁殖，生长旺盛。遂引起密铁那汤雪普（Mityana Towship）的泰波特（F. G. Talbot）在该地建立茶园，以后各地闻风而起。

1925 年茶园面积 268 英亩。1929 年增至 321 英亩，输出茶叶1 344磅。1930 年尚属试验时期。1933 年茶园面积 705 英亩，产茶65 608磅，输出30 128磅。1940 年输出137 000磅，出口限额706 617磅。

1970 年茶园面积17 455公顷，总产量 36.43 万担，输出

30.1 万担。1969 年平均单产每市亩 202.1 斤。

（四）土耳其茶业

公元 5 世纪时，土耳其商队就来我国西北地区购买茶叶。种茶历史可能很早，但是还未找到历史资料。

据最近资料，土耳其茶叶生产发展是比较快的。1962 年茶园面积为 15 950 公顷。1970 年茶园面积为 25 900 公顷，产茶 66.86 万担，输出 15.69 万担。1967 年平均单产每市亩 141 斤。1972 年茶园面积 28 782 公顷，产量 93 万担，输出 29.76 万担。1973 年产量 68.4 万担，输出 37.61 万担。1975 年产量为 90 万担。

三、茶叶自产自销的国家

所谓茶叶自产自销的国家，主要是指那些茶树试植成功，但由于自然条件不宜种茶，或经营管理不善，而没有取得很大发展、产量不多的国家。

（一）亚洲

1. **伊朗**　古称波斯，1900 年开始植茶，是沙尔丹尼（Kashefes Saltaneh）王子从印度传入的茶籽。同时，一些波斯人到中国和印度学习茶业，回国后指导栽制。里海南岸的几兰（Gilan）省雷什特（Resht）附近的富曼（Fumen）、拉希甘（Lahijan）、兰格鲁特（Langrud）都有少量茶树种植。1931 年茶地面积为 570 英亩，产茶约 2 万磅。1932 年为 25 万磅。此外，马萨得兰（Maxeuderan）省亦有茶树。伊朗的气候、地势、土壤都适宜种茶，但因劳力缺乏，茶业未获很大发展。1970 年产量为 37.4 万担，出口量为 3.56 万担。1967 年平均单产为每亩 79.4 斤。

2. **马来西亚**　1914 年农业化学家巴罗惠理夫（M. Barroweliff）考察高地的塔曼（Lubok Tamang）和伯琛（Bertam）山谷的土壤是否适宜种茶。结果肯定得敏格适宜种茶。1925 年开始试种，从印度购入阿萨姆 Betjan、Dhonjam 和 Rajghur 三个茶种，每种 200 株。1926 年移植于坎麦伦（Cameron）和塔纳拉泰（Tamah Rata）高原，进行小规模试验，获得成功。于是在较低地方，设立苗圃，繁殖茶苗 437 株。之后移植于海拔 4 650 英尺①高地的一块 0.17 英亩的土地上，一年间收获干茶 78 磅，每英亩可产茶 470 磅。

试验区一般设在低地。1924 年在修屯（Serdamg）试验场播种阿萨姆种 5 英亩。同年和翌年在最北区域吉打（Kedah）州的古隆（Gurun）开辟茶园 500 英亩，雪兰莪（Selangor）、彭亨（Pahang）种茶 2 000 英亩。在吉打华侨居住的圣奇倍西（Sungei Besi）矿山区，华侨种中国茶种 140 英亩，专门采制中国茶叶，供应斯里兰卡的华侨饮用。1930 年茶园面积估计有 1 244 英亩。1932 年茶园面积增至 2 281 英亩，其中 649 英亩在坎麦伦高地。1933 年建立机器制茶工场。1938 年产茶 70 余万磅。1970 年茶叶产量为 67 400 担，输出 19 500 担。

3. **泰国**　我国澜沧江流经泰老边界，中国茶树很早就顺江传入泰国。远古时以鲜叶煎沸，医治疾病。据植物学家考察，泰国北部边境土著人和我国云南居民最早利用野生茶树鲜叶，经过蒸热、堆积变红而制成小束茶，或与盐、大蒜、猪油等一起作为菜食咀嚼。

泰国所产的茶叶，叫茗。叶子像我国皋芦原种，比云南大叶种大，比印度种小。茶叶分四季：6 月、8 月、10 月和 12 月。所产茶叶只供内销。

4. **缅甸**　北部和东北部与我国云南接壤，故很早就传入中国茶种。据史料记载，古时茶叶作为蔬菜食用，其消费量不下于今日。至 1919 年开始发展商品茶，在东古（Toungoo）正式开辟茶园。1921 年大量栽植。茶园面积共约 55 000 英亩，其中北掸

---

① 英尺为非法定计量单位。1 英尺＝0.305 米。

部占50 000英亩，南掸部占2 000英亩（包括古时土人仍留存的茶园在内）。此外，亚拉根州（Arahan）的阿恰布（若开）（Akyab）有 62 英亩，丹那沙林（Tenasserim）的东古有 700 英亩，加塔巴（Katba）有 503 英亩，上更的宛（Upper Chindwin）有 1 840英亩。年产量约 200 万～250 万磅，均供本国饮用。

印度曼尼普（Manipur）种与缅印交界地区和掸部的品种没有什么区别。野生的曼尼普种在更的宛河和缅甸西北支流一带生长很广。

茶树分类学家瓦特调查中国和印度茶种，归纳为四大变种。其中尖叶变种又包括阿萨姆土种、老挝种、那伽山种、曼尼普种、缅甸及掸部种、中国云南种。曼尼普种是掸部种移到印度驯化的野生种。阿萨姆土种是曼尼普种驯化的野生种。

从曼尼普种的性状，可看出是皋芦原种移到缅甸而驯化的变种，再由缅甸流入印度。曼尼普种并不是阿萨姆土种的变种，而阿萨姆土种则是曼尼普种的变种。阿萨姆土种，要在土壤肥沃和气候适宜地区才能生长，并易罹病虫害。而曼尼普种在自然条件较差的地区，也可繁茂生长。这就进一步证明曼尼普种在缅甸很适应，而阿萨姆土种则不然，是曼尼普种的变种。由此可知缅甸栽培茶树比印度早。

缅甸茶园 90％在路弄（Tawnpeng Loilong）的北掸部海拔 6 000英尺以上的地区。茶园皆位于山腰斜坡，直达山脚。山脊则生长原生丛林。茶园种植零乱。至 1929 年，仅有秦珍（Thandaung）茶园（360 英亩）管理精细，生产品质优良的商品茶。

5. **越南**　主要河流有红河和湄公河。红河发源于中国云南大理。湄公河发源于中国西藏高原，流经缅甸、泰国、老挝边境，经柬埔寨流入越南南部。因此，茶树很早就从云南原产地顺河流传入这些国家。

越南种植茶树，已有数百年的历史。茶业开创年代，还未查到。1825 年前后，茶树栽培极盛一时。后因法国侵入和管理不善，逐渐衰落。直至 1900 年后，始再度复兴。

越南茶园面积大约有60 000英亩，茶园分散在北部、中部和南部许多地区。在北部和中部还有野生茶树。越南南部栽茶多用土法，虽欧洲人设场很多，但土法仍很普遍。茶叶产量不多。1926 年自产茶约 300 万磅，不敷国内消费，尚要输入大量茶叶，以补不足和再输出。1925 年至 1932 年输入额在 1 669 000 磅至 5 459 000 磅之间，以输入中国茶叶为大宗。

1926 年后输出额大约在 1 206 000 磅至 2 530 000 磅之间。1932 年输出量是：安南（Annam）725 000磅，东京（Tonkin）636 000磅，交趾支那①（Cochinchine）仅 200 磅。其中 6% 直接输往法国及其属地，其余全部运销香港，大多由海防（Haiphong）和土伦（Tourane）出口。输入茶叶则由西贡（Saigon）分配到各地。

1938 年欧洲人经营的茶园面积约7 000英亩，产茶 190 万磅。越南人栽茶面积为55 000英亩，产量约在 3 300 万磅左右。大部分内销，输出 4 363 000 磅，合 19 790 公担。其中绿茶 605 960 磅，合 2 480 公担。大多运往法国及其非洲属地。1970 年产茶 55 万公担。

（二）非洲

1. 坦桑尼亚 第一次世界大战前，德国人曾在坦噶尼喀和喀麦隆试植茶树。结果表明，坦噶尼喀的尼亚萨湖（Nyassa）以北和伊林格（Iringa）东南的高地，由于雨量丰富，土壤优良，均宜栽茶。于是人们纷纷栽植。1930 年前尚属试植时期。1930 年首次输出茶叶。1933 年茶园面积为 500 英亩，产量为 41 157磅。

---

① 安南、东京和交趾支那，是当时法国殖民者推行分治政策，将越南分裂成 3 部分所采用的名称。

茶叶为坦桑尼亚主要经济作物之一。1964 年中坦两国建交后，我国派技术人员赴坦桑尼亚协助开辟茶园，发展茶叶生产。1975 年产量为13 500吨。

2. 津巴布韦（罗得西亚） 最初在马松那兰（Mashonaland）省东边的芝平加（Chipinga）开辟新年礼物茶园（New Years Gift）。1925 年种茶以繁殖种子。1927 年开辟茶园 100 英亩。1929 年又开辟 100 英亩。1930 年初次产茶1 400磅。1931 年产茶4 000磅。1932 年产茶10 000磅。以后又增辟一些茶园，每年可产茶40 000磅，足够本国消费。1940 年产量382 000磅，输出315 000磅，出口限额836 238磅。

3. 南非（阿扎尼亚） 1850 年英国统治时期，在德班（Durban）植物园试种茶树。1877 年咖啡业衰败，栽培协会遂从加尔各答购入一批中国茶叶，普遍栽植，藉以代替咖啡。这是非洲种茶的开始。

印度发现野生茶树后，曾传入南非一株。经当地学者研究、试植，一致认为非洲土壤和气候均宜种茶，尤以种印度阿萨姆种为佳。于是纷纷向印度购买茶种，大量栽植。在发展茶业方面最有功绩的是凯斯内（Kearsney）的休里得（Jans Liege Hulett）。茶苗种植在斯坦格尔（Stanger）。各地所栽的茶树，均由斯坦格尔供给茶苗。全境适宜种茶土地，共达 15 000 英亩，但植茶极盛时期亦仅开辟 4 500 英亩。汉顿脱公司1 250英亩，亨特逊公司750 英亩，其余由小种植者经营。

1880 年初次产茶 80 磅，自后逐年有所增加，至 1903 年达到2 681 000磅。其后因缺乏劳动力，茶业不但没有发展，反而倒退了。1925 年茶园面积为4 512英亩，产量为1 822 026磅；1931年减至1 975英亩，165 607磅。1935 年栽茶面积为2 000英亩。当时茶叶多运销好望角州（Cape Colony），少量运往国外。

4. 莫桑比克 20 世纪初开始种茶，原为非洲重点茶区。但由于遭受葡萄牙殖民者的残酷统治，茶业发展不大，逐渐变为一般茶区。茶树种植在与马拉维接壤的沿河地带。1932年茶园面积7.5公顷，产茶200 619磅。

1962年茶园面积15 186公顷，到1973年略增至15 842公顷。10年之间，有增有减。1964年至1968年，年年都有减少，最少时不到15 000公顷。1970年为15 141公顷，产量33.95万担，输出33.31万担。1967年平均每亩产128.4斤。1971年产量33.1万担。1972年产量37.35万担，输出36.7万担。1973年产量37.59万担，输出35.76万担，以输往葡萄牙为最多。

5. 毛里求斯　1844年雅尼得（M. Jaunet）最先植茶，政府资助。1932年出产茶叶3万～4.5万磅。1970年产茶6.52万担，输出5.25万担。1972年产量8.2万担。1973年产量9.4万担。1975年产量减少，只有8.2万担。

（三）美洲

1. 阿根廷　1924年开始种茶，由农业部向我国购买茶籽1 100磅，分发北部地区试植，结果生长很好。以后相继在科连特斯（Corrientes）、恩姆尔里约斯（Emre Rios）、图库曼（Tucuman）等地栽植。在30年代，阿根廷人民普遍以代用茶马替（Yerba Mate）为饮料，还未养成饮茶习惯，所以茶业无大发展。到50年代，阿根廷逐渐发展成为美洲最大的产茶国。

1963年茶园面积29 500公顷。到1971年增至35 000公顷。1970年为33 600公顷，产茶39.06万担，输出36.52万担。1971年产茶50万担。1972年产茶54.02万担，输出37.79万担。1975年产量达到58万担。

2. 巴西　1812年从我国引入茶籽，试种于里约热内卢（Rio deJaneiro）的植物园内，生长良好。后聘请我国技工前往传授栽制要领，植茶地区逐渐扩大。1825年传入米那斯吉拉斯（Minas Gerais）、乌罗普累托（Ouro Preto）和圣保罗（Sao Paulo）的沿海地带。1852年圣保罗的39所农场，产茶65 000磅。1888年后，由于解放黑奴，劳力缺少，茶园大多荒废。1920年后，许多地区又重视茶叶生产，改行茶场制度，采用新法制茶。乌罗普累托的山地都种上了茶树，20世纪30年代时有13个茶场。马理纳（Mariana）有两个茶场。在圣保罗和巴拉那（Parana）有日本侨民经营的茶园15所。1945年两地共有茶树405万丛。茶种为阿萨姆种。生产茶叶除供本地消费外，还大量出口。

1968年产茶9.18万担，输出7.93万担。1970年产量11.6万担，1971年增至13万担，直到1975年产量未变。

3. **秘鲁** 1912年开始种茶，但到1921年还未生产茶叶。1928年由政府向印度、斯里兰卡购入茶籽，分植各地。当时有茶园17所，栽植茶树1 349 029株。至1934年生产茶叶2万磅，输入茶叶1 367 000磅。其中从我国输入385 000磅。

1970年产茶3万担，1971年4.2万担。1972年至1975年产量都是4.4万担。

4. **厄瓜多尔** 植茶历史很短，但发展迅速。1970年产茶6 000担，1971年增至8 000担，1973年产量15 000担，1974年26 000担，1975年30 000担，逐年增加。

5. **墨西哥** 1929年在瓦克萨卡（Oaxaca）的库依加伦（Cuicatlan）试植，生长很好，生产出来的茶叶质量亦好，但因气候寒冷未能大量生产。

6. **哥伦比亚** 1915年开始植茶，但无人开辟大茶园，只在加查拉（Gachala）小规模种植。生产茶叶售于波哥大（Bogota）一带，少量运至西班牙。

7. **巴拉圭** 1921年在维拉立加（Villarica）设立试验苗圃，试种中国茶种，获得成功。但始终未提倡大规模栽培，所以生产未能达到商业标准。

8. **危地马拉** 中美洲唯一试图种茶的国家。在阿尔他凡拉巴斯（Alta Verapaz）的科班（Coban）试种茶树，结果生长良好。马朱斯（Oscar Majus）在科班采得鲜叶，制成茶叶，品质不下于印度。因气候关系，未能大规模栽植。

9. 牙买加　1868 年在钦可纳（CinChona）试验场试种成功，随后扩大面积。1900 年，柯克斯（Cox）用试验场的茶籽和茶苗，在圣安司巴立希（St. Ann's Parish）的伦勃尔（Ramble）开辟茶园 250 英亩。最初手工制茶，后改机制。1903 年所产的茶叶推销于本地市场。后因工资日增，资金困难，产量减少。1912 年，柯克斯逝世，茶园全告废弃，遂不复产茶。直至近年始又恢复生产茶叶。

（四）大洋洲及太平洋岛屿

斐济　1870 年英国人辛普逊（G. Simpson）由阿萨姆来斐济，在第二大岛瓦奴来伐（Vanua Levu）西部开辟茶园，是种茶开始。辛普逊因病回英国后，茶园荒废。1880 年英国种植家罗比（Robbie）船长对辛普逊茶园重加整顿，恢复生产，年产达 6 万磅，但后来未能保持这一生产水平。茶园面积约 200 英亩，设有机械制茶工厂，但因缺乏劳力，未能生产出商品茶。

四、试种茶树的国家

有些国家，由于自然条件不宜于茶树生长，试种未能成功。如欧洲和北美一些国家，曾数次试植，大多因土壤、气候不适宜而告失败。

有些国家，由于人为因素的影响，未能坚持试植或扩大种植，所以茶业未获发展。如亚洲一些国家，早已传入茶种，但未受到重视，白白放弃了有利的自然条件。

（一）亚洲的试种国家

1. 菲律宾　在第一次世界大战前试植一次，结果不好，以后就不再续试。其实，从当地气候看，可以种茶。

2. 老挝　气候属热带和亚热带，适宜种茶。中国茶种很早就沿着湄公河传入老挝。

1907 年瓦特提出尖叶变种分为 6 个类型，老挝种（Lushai）

是其中之一。这说明老挝不仅很早就有茶树，而且中国茶种流入后，经驯化而成为独立的变种。传入印度卡萨（Cachar）后，经热带驯化而成为最大的大叶种。叶长达 1 尺，宽 6 寸[①]，叶脉22～24 对。1893 年法国入侵老挝，茶园荒废。

3. 柬埔寨　植茶经过与老挝相似。到 60 年代初，由我国协助恢复茶叶生产。

4. 朝鲜　很早就传入茶种。据传智异山华严寺创建时，即高句丽三韩时代（544）就有植茶之说。隋文帝开皇二十年（600）饮茶风气传入朝鲜，遍及各地。李朝时代《东国通鉴》载："新罗兴德王之时，遣唐大使金氏，蒙唐文宗（李昂大和二年，828）赏赐茶籽，种于全罗道的智异山。"

（二）欧洲的试种国家

1. 瑞典　1737 年植物学家林奈为制订茶树学名，委托法国印度公司的船长、瑞典博物学家奥斯比克（Peter Osbeck）来中国采一株优良的茶树标本。但在归国途中，船经好望角时，标本被飓风吹入海中。

其后林奈又从瑞典东印度公司董事、瑞典学者拉格斯托姆（Lagerstron）那里得到中国茶树两株，经 1 年培养后发现是山茶。林奈并未因此气馁。又托赴中国经商的船长厄克堡（Eckburg）采集标本。厄克堡离中国前，先将茶籽种于花盆中，使其在航海途中发芽。船抵哥德堡（Goteborg）时已抽嫩苗，于是即以半数送往乌普萨拉（Upsal），但均在中途枯死。其余一半，林奈于 1763 年 10 月 3 日自己携至乌普萨拉，是为欧洲大陆最早生长的茶树。

当时法兰西科学院发表茶树只能生长于中国、不能种植他地的理论。林奈乃函告该院，说明在他的园中已有茶树，生长旺盛，并将设法繁殖。同时指出茶树的耐寒性不亚于当地其他植

---

① 尺、寸为非法定计量单位。30 寸＝3 尺＝1 米。

物，如山梅花之类。

2. **英国**　1763 年林奈移植茶树至瑞典成功后，英国植物学家亦来广东购买茶籽。在归国途中播种发芽，移栽英国各植物园中。英国土地少，地价很贵，植茶得不偿失，所以不供饮用，只作温室标本和美化园庭之用。诺森伯兰（Northumberland）公爵西洪（Sion）种茶最早，开花也最早。

3. **法国**　1790 年左右，伦敦花木商戈登（Gordon）赠送给巴黎勒舍瓦里耶（Le Chevalier）茶树一株，为法国第一株茶树。

1838 年，巴黎国立自然博物院植物技师居耶曼（Guillemin）接到巴西农商部赠送的茶树 3 000 株，其中成活的不及一半，但植物园很注意保护。后试种于沙姆（Saumur）和安格斯（Angers）的海岸，试验其土壤、气候是否适合种茶。结果表明有生长可能，但品质较劣，不能获得商业性的成功。

4. **意大利**　巴维亚（Pavia）、佛罗伦萨（Florence）、比萨（Pisa）和那不勒斯（Neples）等地植物园，都栽有茶树。西西里岛（Sicily）的茶树能在室外过冬。马乔利湖（Maggiore）的百乐门岛（Borromean）和比沙省的山格立拿（San Giuliano）茶园中，茶树能开花结子。但未见大规模种植商品茶。

5. **保加利亚**　20 世纪 30 年代初，从苏联引入茶籽，最先栽于费尔波波立斯（Philippopolis）附近。试植结果证明，土壤、气候都适宜植茶。于是向各国购买种子，大量栽植。因品种杂乱，未发展成为商业性产品。

（三）北美洲的试种国家

1. **加拿大**　曾于 1915 年从日本输入 6 英寸高的茶苗，移植于温哥华岛（Vancouver）试验场，目的是试验当地气候宜否种茶。虽然取得良好结果，但无人扩大种植，所以没有正式生产。

2. **美国**　1795 年，居住在美国 11 年的植物学家米绰克斯（A. Michaux）经从事对华贸易的美国船长得到中国茶苗和茶籽，栽植于离查尔斯顿（Charleston）15 英里①的植物园。其中有一株原生茶树（皋芦种），长大高至 15 英尺，生存至 1887 年，因管理不善而枯死。

1848 年，史密斯（J. Smith）在格林维尔（Greenville）附近开辟茶园。因气候寒冷，茶树于 1851 年冻死。

1850 年，琼斯（Jones）博士在佐治亚（Georgia）的麦克因托布（McIntosp）种茶，虽经多年努力，最终亦告失败。

1858 年，美国政府对种茶发生兴趣，派英国人福顿来中国采集茶籽，然后免费分赠给南方诸州农民种植。在北卡罗来纳、南卡罗来纳、佐治亚、佛罗里达、路易斯安那及田纳西州均种有若干枞茶树。但农民产茶自饮，并不从事商业性生产。所以政府对种茶兴趣逐渐丧失。

1880 年，美国农业部长杜克（William G. Le Duc）雇用在印度有 17 年种茶经验的杰克逊兄弟二人在南卡罗来纳的森麦维尔（Summerville）开辟园地 200 英亩，进一步大规模试验。茶籽除一部分从中国、日本、印度输入外，其余是从以前散布于民间的茶树采集茶籽在几个小茶园繁殖成功而得到的。杰克逊兄弟制成样茶送至纽约，得到好评。后因约翰·杰克逊（John Jackson）患病，试验还未完成，工作即告中止。

1890 年，农业部聘农艺学家薛帕得（Charles U. Shepard）为茶树栽培专员，在南卡罗来纳的森麦维尔开辟潘赫斯脱（Pinehurst）茶园，小规模试植。自 1900 年起政府补助该茶园 15 年，每年1 000～10 000美元。茶园面积由 60 英亩扩大到 125 英亩，年产茶最多时达15 000磅。与此同时，华侨亦在潘赫斯脱开辟茶园（图 4 - 4 是 1903 年美国华侨茶园雇黑人小孩采茶）。

美国茶叶检验师密须尔（Geo. F. Mitchell）于 1903—1912

---

① 英里为非法定计量单位。1 英里＝1 609.3米。

图 4 - 4

年与薛帕得在潘赫斯脱茶园共事 9 年。该园于 1915 年放弃种植茶树。

1902 年，特林勃里（Roswell D. Trimble）创办美国种茶公司，退伍军人泰勒（August C. Tyler）为经理，在南卡罗来纳购地 6 500 英亩，开辟茶园一两千英亩。第一年苗圃育成茶苗 20 万株移植。1903 年泰勒病逝，兼以停征每磅茶叶 10 美分的进口税，发展茶叶计划终告失败。

1904 年，包尔丹（A. P. Bordan）和农业部合作，在得克萨斯州开辟小规模的马盖（Mackey）茶园试种。结果不好，1910 年停止试种。

1915 年在加利福尼亚州的圣地亚哥（San Diego）种有少量茶树，长势与洛杉矶（Los Angeles）附近日本侨民所种的茶树同样繁茂。但未再进行商业性的生产试验。

（四）非洲和大洋洲的试种国家

1. **埃塞俄比亚**　最初是旅行家基布鲁（K. Gebron）从印度购买许多茶苗，但在归国途中，因管理不善，全部冻死。

1925 年，肯尼亚种茶人霍兰（G. Howland）从印度和斯里兰卡购买阿萨姆种 8 大箱，在加发（Kaffa）的波加（Bonga）设立苗圃播种，同时分送一部分给各地农民试种。后来，勃洛克旁特（Brooke Bond）公司计划在波加大规模开辟茶园，但未实现。据最近资料，现在埃塞俄比亚已有茶叶生产了。

2. **大洋洲** 据印度沙尔顿（L. Charlton）称，1834 年已经植茶，但未成功。1850 年又一度试植，因受风暴侵袭，加之雨量不均匀，因而失败。本世纪 30 年代又在昆士兰（Queensland）试植另一种茶，亦未成功。据最近资料，巴布亚新几内亚种茶已获成功。

五、茶叶生产发展的因素

发展茶业，既要有适宜的自然条件，又要有人的努力。如英国侵占印度时，利用印度有利的自然条件，并聘请中国茶工指导栽制，所以茶业发展很快。

苏联发展茶业，自帝俄时就聘请大量中国茶工长期指导，虽然试植成功，但受气候的限制，就不如印度茶业发展迅速。

美国政府虽然重视茶叶生产，几次在南部试植成功，但单靠学院式的试种，而不与有植茶经验的茶农相结合，所以几次都不能坚持下去，终告失败。

非洲有些国家的土壤和气候都适宜茶树生长，但过去遭受帝国主义和殖民主义的压迫和剥削，人民的生产积极性无从发挥，所以茶叶生产发展很慢。非洲国家独立后，情况就不同了。过去试植未成功的国家，如埃塞俄比亚和喀麦隆，现已生产茶叶。过去没有种茶的国家，如马里和扎伊尔等国，现已有了茶叶生产。过去单产很低的国家，如肯尼亚、马拉维、乌干达等国，现在已超过印度和斯里兰卡的单产水平。我国茶叶生产，1949 年以前极度衰落。新中国成立后，发展很快，产量已创历史最高记录，而且仍在迅速向前发展，充分体现了社会主义制度的无比优越性。

表4-1　世界茶叶生产概况

	收获面积（千公顷）				单产（公斤/公顷）				总产（千吨）			
	1969—1971	1975	1976	1977	1969—1971	1975	1976	1977	1969—1971	1975	1976	1977
世　界	1 400	1 527	1 532	1 567	957	1 051	1 606	1 121	1 340	1 605	1 633	1 758
非洲	121	156	156	186	969	986	1 001	1 021	117	154	156	190
肯尼亚	40	61*	66*	93F	937	924	940	928	38	57	62	86*
马拉维	15	17	17*	18*	1 188	1 545	1 643	1 774	18	26	28	32*
莫桑比克	15	15F	11F	11F	1 129	1 176	1 195	1 257	17	18*	13*	14*
坦桑尼亚	11	14	14F	15F	832	979	998	1 096	9	14	14*	17*
乌干达	17	21	21	22	1 039	876	736	682	18	18	15*	15*
扎伊尔	10	11	10	10F	764	638	654	962	8	7	7	10
南美	39	47	45	47	878	1 052	871	942	34	49	44	45
阿根廷	31	38	36	38	841	1 040	931	895	26	39	34	34*
亚洲	1 164	1 245	1 250	1 253	963	1 053	1 067	1 131	1 122	1 311	1 334	1 417
中国	285F	336F	340F	340F	864	939	955	988	246F	316F	325F	336F
印度	355	363	365F	365F	1 173	1 342	1 404	1 536	416	487	512	561
印度尼西亚	109	102F	101*	102F	601	686	723	721	65	70	73	74*
日本	52	59	60	60F	1 764	1 781	1 679	1 765	91	105	100	105F
斯里兰卡	242	242	241	242F	890	884	817	880	215	214	157	213*
土耳其	27	50	52	52F	1 242	1 105	1 145	1 115	34	56	60	58F
苏联	74	76	77	77F	879	1 136	1 197	1 289	65	86	92	99

〔注〕符号*代表非官方数字；F代表粮农组织的估计数。

表 4 - 2　世界茶叶进出口统计

地区	进 数量(吨) 1975	1976	1977	进 价值(千美元) 1975	1976	1977	出 数量(吨) 1975	1976	1977	出 价值(千美元) 1975	1976	1977
世　界	800 277	846 397	894 409	1 173 826	1 198 068	2 026 977	813 800	861 562	871 271	1 035 404	1 065 136	1 764 292
非洲	111 264	108 371	112 130	160 705	154 806	239 229	130 493	144 221	154 490	134 494	156 609	302 529
阿尔及利亚	6 706	3 773	4 000F	11 876	5 798	10 000F						
布隆迪							851	1 164	1 390	822	1 002	2 625
埃及	23 651	24 917	26 200	32 222	37 612	67 150						
肯尼亚	3 025	4 153	5 497	1 624	2 812	3 342	55 396	63 002	70 060	63 803	77 987	173 706
利比亚	14 279	12 950	13 700F	25 711	22 845	30 000F						
马拉维	363	366	370F	358	255	260F	25 036	29 537	29 914	25 237	29 015	46 135
毛里求斯	8			38			2 061	3 351	3 500	2 669	4 405	6 732
摩洛哥	13 561	11 402	12 355	25 800	19 916	22 820						
莫桑比克		21		2	177		11 036	12 563	12 300	6 946	6 626	10 775
卢旺达							3 848	4 990	5 378	3 607	5 464	8 958
南非	21 359	20 532	18 784	26 744	26 302	41 022	18*	80*	100*	52	237	462
坦桑尼亚	5	1	7	4	3	34	10 367	11 998	12 100	10 971	16 800	21 766
苏丹	11 973	11 744	12 683	12 323	11 129	18 814						
突尼斯	7 150	7 141	7 102	10 296	9 144	18 330						
乌干达	41	2		21	2		16 964	11 652	15 039	16 319	10 615	24 270
扎伊尔	13F	13F	13F	47F	47F	47F	4 564	5 405	4 209	3 602	3 800F	5 800F
北美和中美	97 213	107 959	117 873	124 661	132 190	245 353	3 776	3 303	3 661	10 094	11 128	14 336

（续）

	进口						出口					
	数量（吨）			价值（千美元）			数量（吨）			价值（千美元）		
	1975	1976	1977	1975	1976	1977	1975	1976	1977	1975	1976	1977
加拿大	23 640	24 680	24 816	33 023	33 656	66 475	2 840	2 755	2 730	7 792	9 257	10 945
美　国	72 251	82 243	92 084	88 124	95 363	175 240	789	387	781	1 932	1 378	2 911
南美	8 497	9 407	7 442	10 277	12 982	20 245	22 972	31 924	28 359	21 136	22 947	40 133
阿根廷	6	4	*	26	18		17 433	25 138	22 758	15 066	15 953	30 428
巴西	14	8		68	57		4 496	5 471	5 043	4 950	5 508	8 734
智利	7 155	7 600	5 430	7 719	9 800F	15 000F						
亚洲	170 038	203 432	203 277	268 588	298 375	424 817	590 952	614 836	596 222	742 441	747 234	1 175 866
阿富汗	16 964	13 000F	12 000F	28 364	21 534	27 677						
孟加拉国	600F	5		65F	5*		24 831	23 371	22 000F	19 140	16 225	26 000F
中国		63F	65F		16F	16F	75 117F	87 116F	90 780F	87 523F	97 684F	155 332F
香港（地区）	7 032	9 765	11 351	9 616	13 374	19 386	828	2 033	2 477	2 139	3 572	4 572
印度	36	61	65*	43	106	113*	219 410	327 324	224 000*	293 222	305 932	409 000F
印度尼西亚			12 300*			36 000F	45 961	47 492	51 237	51 543	56 574	121 240
伊朗	12 348	17 318		27 198	35 636		1 742	1 568	1 600F	1 278	712	1 300F
伊拉克	18 849	27 484	25 000F	28 670	36 505	53 000F						
日本	16 789	15 753	13 831	30 983	26 171	27 373	2 870	3 242	3 594	1 611	2 125	3 122
科威特	3 263	7 213	7 204	6 116	12 685	13 321						
黎巴嫩	3 600F	3 800F	4 000F	5 700F	5 900F	11 000F						
巴基斯坦	50 787	52 404	60 700*	67 097	62 279	121 000F	527	1 753	1 973	901	2 657	2 952

（续）

	进口						出口					
	数量（吨）			价值（千美元）			数量（吨）			价值（千美元）		
	1975	1976	1977	1975	1976	1977	1975	1976	1977	1975	1976	1977
沙特阿拉伯	5 791	12 403	12 800F	14 878	22 274	32 000F	16			25		4 880
新加坡	2 101	2 629	3 489	3 399	3 611	6 331	2 524	2 117	2 948	2 541	2 446	
斯里兰卡							212 734	199 960	185 500	276 225	247 763	42 700*
叙利亚	3 014	8 083	5 500F	4 395	11 116	11 000F	607	859	900F	1 142	1 603	2 300F
大洋洲	36 291	33 920	36 678	48 728	40 051	63 375	5 512	5 507	6 553	7 260	6 384	10 496
澳大利亚	27 443	25 853	27 363	35 111	29 132	48 849	995	614	495	1 928	1 333	1 279
新西兰	7 615	6 882	8 052	11 224	8 752	11 380	28	22		39	32	
巴布亚新几内亚	287	278	330F	624	639	700F	4 489	4 870	6 058	5 293	5 016	9 217
欧洲	310 064	323 177	357 182	454 198	472 655	879 473	42 978	47 531	60 625	103 014	106 641	199 370
比利时、卢森堡	1 337	1 852	1 747	3 502	4 578	6 867	748	674	628	3 646	3 456	4 075
丹麦	2 316	2 684	3 079	4 772	5 097	9 299	242	297	586	1 185	1 327	3 758
法国	5 274	6 424	6 571	15 523	16 585	24 857	93	91	141	342	478	820
德意志联邦共和国	10 302	11 437	13 438	24 395	26 331	34 721	614	765	1 226	1 698	2 047	4 471
荷兰	24 182	23 885	29 881	30 652	30 847	63 048	14 708	16 828	18 041	22 629	23 855	35 960
波兰	15 150	16 308	15 500*	24 465	23 604	31 000F						
西班牙	905	1 905	2 970	2 291	4 662	10 611	2	673	2 247	16	255	5 107
瑞典	2 611	2 988	3 624	9 382	10 366	16 568	84	56	135	398		640
瑞士	1 689	1 725	1 964	3 579	3 535	5 845	87	107	125	521	644	771
英国	218 466	224 379	243 177	285 759	300 641	585 544	25 004	24 959	34 851	70 092	68 409	137 662
南斯拉夫	1 255	1 510	4 418	1 999	2 275	10 315	11	11	5	3	4	34
苏联	66 910	60 131	59 827	106 669	87 009	154 485	17 117	14 240	21 361	16 965	14 193	21 562

〔注〕符号*代表非官方数字；F代表粮农组织估计数。

总之，世界茶叶生产正在继续发展。据联合国 1977 年第 31 号《粮农组织生产年鉴》，1969 年至 1971 年世界茶园总面积为 1 400 000 公顷 1977 年增至 1 561 000 公顷；每公顷单产由 957 公斤增至 1 121 公斤；总产量由 1 340 000 吨增至 1 758 000 吨，约增加 31%。主要产茶国家的生产情况，如表 4-1。

世界各国茶叶的消费量也不断增加，茶叶进口和出口数量均大幅度增长，价值也不断上升。据联合国 1977 年第 31 号《贸易年鉴》，茶叶出口数量由 1975 年 813 800 吨增至 1977 年 871 271 吨；价值由 1 035 404 000 美元增至 1 764 292 000 美元。茶叶进口数量由 800 777 吨增至 894 409 吨；价值由 1 173 826 000 美元增至 2 026 977 000 美元。茶叶主要进出口国家的进出口情况，如表 4-2。

第五章　中外茶学

第一节　我国早期的茶业文献

自西周初期开始记载茶事后，茶业文献不断出现。《尔雅》和《礼记·地官》以及《晏子春秋》说，茶在西周时是祭品，春秋时已成为菜食了。

从神农时期到春秋末年，有3 000多年的历史。春秋到战国可考的文献不过300年，可能还有未发现的文献。

一、战国—汉—三国

战国（公元前475—前221）到三国（220—265）经历740年。记述茶事的文献，一代比一代增加，茶的作用越来越明显，饮茶也越来越多。

《神农本草》："茶生益州，三月三日采。"益州是茶树原产地边沿，是最早茶区。《神农食经》："茶茗久服，令人有力悦志。"饮茶日久，精神爽快。这是经验之谈。

《孟子·告子章句》："今有场师，舍其梧槚，养其樲棘，则为贱场师也。"当然是指《尔雅》的槚，《神农本草》的茶。槚非指梓。

《桐君录》（或作《桐君采药录》）："巴东别有真茗茶，煎饮令人不眠。……又南方有瓜芦木，亦似茗，至苦涩，取为屑茶饮，亦可通夜不眠。"饮茶却睡，这是最早的文献记载。刘禹锡（772—842）《西山兰若试茶歌》有"炎帝虽尝未辨煎，桐君有录那知味"诗句。

司马相如《凡将篇》："乌喙、桔梗、芫华、款冬、贝母、木蘖、芩草、芍药、桂、漏芦、蜚廉、雚菌、荈诧、白敛、白芷、菖蒲、芒消、莞、椒、茱萸。"《凡将篇》为训诂之书。当时茶已和中草药同样可以治病，列为中草药之一。

刘安（公元前 179—前 122）《淮南子》：神农尝百草的滋味，一天中七十次毒，医方从此兴起。刘安和宾客集体编著《淮南子》20 卷，《汉志》有内外篇，今传其内篇 21 篇。高诱序。该书是杂家著作，综合诸子百家思想，记载有不少古代传说和神话，肯定是《神农本草》的延续。

扬雄《方言》："蜀西南人谓茶曰蔎。"四川西南部邻近云南原产地，谓茶曰蔎，是该地的俗语。

东汉许慎《说文》："茗，荼芽也。"许慎官至太尉，少博学经籍，马融（79—166）常推敬之，著《说文解字》14 篇。

东汉华佗《食论》："苦荼久食，益意思。"比《神农食经》更深入地说明了饮茶的作用。华佗生卒年代，考证不一。一说公元 112 年至 207 年；一说公元 145 年至 208 年。

东汉增广《神农本草》的《神农本草经》："荼味苦，饮之使人益思，少卧，轻身，明目。"茶到东汉时已普遍作为药用和贵族饮料，故茶叶生产必然随之发展。

三国魏吴普《本草》："苦菜，味苦寒，主五脏邪气，厌谷，胃痹，久服心安益气。聪察少卧，轻身不老。一名荼草，一名选，生山谷。"吴普从华佗学医。佗尝授普五禽之戏，以当导引，普施行之。年九十余，耳目聪明，齿牙完固。

北魏张揖《广雅》："荆巴间采茶作饼，成以米膏出之。欲饮，先炙令赤色，捣末置磁器中，以汤浇覆之，用葱姜芼之。其饮醒酒，令人不眠。"最早说明饼茶制法、泡茶方法以及饮茶的作用。

《吴志·韦曜传》："孙皓（吴末帝，264—280 年在位）每飨宴坐席，无不率以七升为限……曜饮酒不过二升，皓初礼异，密赐茶荈以代酒。"三国时茶为宫廷贵重饮料。

宋朝诗人杜小山（盱江人，名耒，字子野，号小山）《寒夜》诗中："寒夜客来茶当酒，竹炉汤沸火初红，寻常一样窗前月，才有梅花便不同。"①

二、晋—南北朝—隋

西晋（265—316）、东晋（317—420）、南北朝（420—589）至隋（581—618）经历354年。两晋历史最长，有200多年，茶叶文献也最多。南北朝次之。隋朝历史最短，仅有37年，茶叶文献尚未见到，《隋书》记事也很少。

西晋左思《娇女诗》："吾家有娇女，皎皎颇白皙。小字为纨素，口齿自清历。……心为茶荈剧，吹嘘对鼎锄。"说明饮茶风气已波及家庭妇女。左思在武帝太康年间（280—289）作《三都赋》（蜀、魏、吴三都），为西晋词赋之冠，洛阳为之纸贵。

郭璞《尔雅注》："树小似栀子，冬生叶，可煮作羹饮。今呼早取为茶，晚取为茗，或一曰荈。蜀人名之苦茶。"郭璞词赋为东晋之冠，元帝司马睿（317—323年在位）重之，以为著作郎。

郭璞说明了茶的概念，茶树是常绿灌木。《尔雅》中的茶字除指茶树外，别无其他解释。

张华《博物志》："饮真茶，令人少眠。"复述饮茶作用。张华为武帝司马炎中书令，后为度支尚书。武帝泰始年间（265—274）写成《博物志》，初刊于明孝宗弘治十六年（1503）。

刘琨《与兄子南兖州刺史演书》："吾体中愦闷，常仰真茶，汝可置之。"兖州是历代地名，几度改地，都属山东，从此可知山东在西晋时就产茶。

陶潜《搜神后记》："晋武帝时，宣城人秦精常入武昌山采茗。"陶潜，安帝义熙末（418）征"著作郎"不就，卒于刘宋文

① 《宋诗纪事》卷六五。

帝元嘉（424—453）年间。

张载登成都《白菟楼诗》："芳茶冠六情，溢味播九区，人生苟安乐，兹土聊可娱。"晋四王起事，惠帝（司马衷永平元年，291）蒙尘还洛阳，黄门以瓦盂盛茶上至尊。茶就是茗。

傅咸司隶教曰："闻南市有蜀妪作茶粥卖，为廉事打破其器具。后又卖饼于市，而禁茶粥以困蜀姥。何哉。"傅咸，惠帝时御史书中丞，后议郎长兼司隶校尉。

孙楚作歌有"姜桂茶荈出巴蜀"之句。孙楚，惠帝时冯诩太守。

东晋十六国成汉李势时（344—346 年在位）官至散骑常侍的常璩著有《华阳国志》、《汉六书》和《南中志》。据《华阳国志·巴志》，周武王于公元前 1135 年联合当时居于四川巴地的庸、蜀、羌、髳、微、卢、彭、濮等民族，共同伐纣。之后，巴蜀所产之茶列为贡品，并且芳蒻、香芳。诸民族首领就带所产的茶叶去进贡（图 5 - 1、5 - 2）。

《晋书》："桓温为扬州牧，性俭，每燕饮，唯下七奠，拌茶果而已。"桓温，明帝司马绍时（323—326）为征西大将军。

刘宋《江氏家传》："江统字应元，迁愍怀太子洗马，常上疏谏云，今西园卖醯面、蓝子、

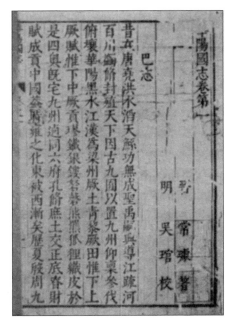

图 5 - 1

菜、茶之属，亏败国体。"江统官至散骑常侍。晋怀帝永嘉（307—313）中卒。

《世说新语》："晋司徒长史王濛好饮茶，人至辄命饮之，士大夫皆以举之。每欲往候，必云今日有水厄。"

《广陵耆老传》："晋元帝时，有老姥每旦独提一器茗，往市鬻之，市人竞买。"晋时市上已出卖茶粥了。

《晋中兴书》：谢安往候陆纳，陆纳唯设茶果招待。其侄陆俶，恐失礼，遂陈盛馔，珍羞

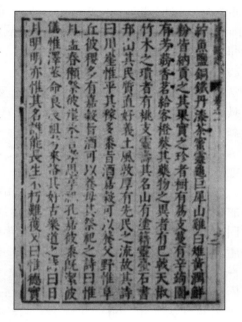

图 5-2

必具。及安去，纳杖俶四十说："汝既不能光益叔父，奈何秽吾素业。"当时茶是最珍贵的待客佳品。

晋杜育（毓）《荈赋》："灵山惟岳，奇产所钟，……厥生荈草，弥谷被冈……月惟初秋，农功少休，结偶同旅，是采是求。水则岷方之注，挹彼清流，器泽陶简，出自东隅，酌之以匏，取式公刘，惟兹初成，沫沈华浮，焕如积雪，晔若春敷。"描写采茶时间、泡茶用水和用具，以及茶汤形色。

刘宋王微《杂诗》有"待君竟不归，收领今就槚"的诗句。王微少好学，善属文，兼解音律及医方卜筮数术之事，素无宦情。

南齐武帝萧颐（永明十一年，即公元 493 年病卒）遗诏：

"我灵座上，慎勿以牲为祭，但设饼果、茶饮、干饭、酒脯而已。"

《后（北）魏录》："瑯玡王肃，仕南朝，好茗饮莼羹，及还北地，又好羊肉酪浆，人或问之，茗何如酪，肃曰，茗不堪与酪为奴。"肃于孝文帝元宏太和年间（477—499）自建邺奔魏。宣武帝元恪以肃为宰辅。

北魏杨衒之《洛阳伽蓝记》：梁武帝萧衍子萧正德降魏，元帝欲为设茗，先问卿于水厄多少。又说魏彭城王元勰谓刘镐曰，卿好苍头水厄，不好王侯八珍。北魏时，水厄为茶之别名。

杨衒之来洛阳，适孝武帝元修永熙（532—534）之乱，著《洛阳伽蓝记》一书。

刘宋山谦之《吴兴记》："乌程县西二十里有温山，出御荈。"《吴兴记》分吴会、丹阳、三都三卷。

南北朝时期，南朝王智深《宋录》："新安王子鸾、豫章王子尚，诣昙济道人于八公山，道人设茶茗。子尚味之曰，此甘露也，何言茶茗。"王智深在南齐武帝时为豫章王大司马参军。

鲍昭（照）妹令晖著《香茗赋》。鲍令晖工词赋，鲍昭文辞赡逸。文帝刘义隆时（424—452）为中书舍人。昭自以为才不及左思，而妹才则远胜左芬。

梁陶弘景（456—536）《本草经集注》："西阳、武昌、庐江、晋陵皆有好茗，饮之宜人。凡所食物有茗及木叶、天门冬苗菝葜皆益人。南方有瓜芦，亦似茗也。今人采楮栎、山矾、南灼、乌药诸叶，皆可为饮。以乱茶。"

陶弘景于齐东昏侯永元二年（500）、梁武帝天监元年到太清三年（502—549）著《名医别录》与《神农本草》合而一之。《名医别录》："苦茶轻身换骨，昔丹丘子黄山君服之。"

梁刘孝绰谢晋安王《饷米等启》："传诏李孟孙宣教旨，垂赐米、酒、瓜、笋、菹、脯、酢、茗八种……茗同食粲，酢类望柑。"

陆羽搜集唐代以前的历代茶事写成《茶经·七之事》，如图5-3。

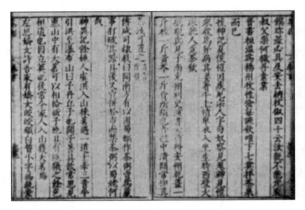

图 5-3

第二节　我国历代的茶业著作

我国人民在长期的茶叶生产实践中累积了丰富的经验，这是祖国茶业科学技术的宝贵遗产。

在封建社会里，茶农茶工的经验不可能受到重视，也不会总结推广，所以失传很多。

我国历代茶业专著，据万国鼎编的《茶书总目提要》记述，有98种。丛书中没有抽出的也不少。可惜大部分已经失传。

此外，在古书中有关茶业的诗歌、散文、记事也有几百篇。历代的大文学家，如唐代李白、柳宗元、杜牧、白居易，宋代欧阳修、苏东坡、朱熹等都有涉及茶业的诗文。

古代茶书数以百计。有些是作者根据亲身经办茶事的体会，或进行实地考察后写成的；有些是总结劳动人民的经验，或是搜集、整理许多历史材料而编辑成书的。这些茶书不但对于研究我国茶业和茶叶生产技术的历史是宝贵的，而且对实现茶业现代化也有一定的参考和借鉴作用。当然，也有少量茶书，只是出于文人饮茶作乐、游戏笔墨，或是出于闲情逸致、偶尔兴感。因此，我们对待历代茶业著作，必须深入研究，一分为二，吸取精华，除去糟粕，以达到古为今用之目的。

一、唐宋茶业著作

8世纪，卓越的茶业专家陆羽经常入山采茶，全面总结劳动人民的生产经验，加以分析研究，于758年前后写成世界第一部茶业专著——《茶经》，对茶叶生产做出了巨大贡献。

陆羽不仅是一位茶业专家，而且有很丰富的科学知识。历代茶书，如张又新《煎茶水记》和温庭筠《采茶录》，都记载陆羽辨别长江南泠水与近岸水的故事。南泠最深，水也最清，近岸浅水混浊，是有分别的。陆羽在《茶经》中分析泉水、江水、井水的区别，是有科学根据的。陆羽知晓水的好坏，无可否认。

陆羽以后，茶业专著相继出现，如卢仝《茶歌》（图5-4是卢仝及其茶壶茶杯）、苏廙《十六汤品》等，计有10种以上。到了五代，蜀毛文锡于935年前后写成《茶谱》。到了宋代，茶业专门著作更多，有20多种。其中比较有名的著作是欧阳修的《大名水记》（图5-5），宋子安的《东溪试茶录》，蔡襄的《茶录》。蔡襄不仅是宋朝的大文豪，而且是制茶专家。他所创造的"小龙团茶"，制作精细，闻名全国。他有丰富的评茶知识，是我国第一个品茶专家。宋彭秉在《墨客挥犀》（宋代遗闻轶事）中曾记载蔡襄善辨茶味的故事。蔡襄能辨别生在石缝间与长在山上的茶叶、大龙团与小龙团的香味的不同。这在当时是很稀奇的。

图 5 - 4　　　　　　　　　　　　图 5 - 5

（一）唐陆羽《茶经》三卷

陆羽，复州竟陵（今湖北天门县）人，于 758 年前后写成《茶经》，分上、中、下三卷。上卷分三节：一之源，说明茶树的性状，茶叶品质与土壤的关系。二之具，说明采制茶叶的各种工具。三之造，说明茶叶种类与采制方法。中卷：四之器，说明烹茶和饮茶用具，各地茶具的好坏和使用规则，以及器具对茶汤品质的影响。下卷分六节：五之煮，说明烹茶技术。首先讲煮茶要避免香气散失，其次讲煮茶所用的燃料和水，以及煮沸程度和方法对茶汤色香味的影响。六之饮，说明饮茶起源和饮茶应有的知识。七之事，记述唐代以前有关饮茶的故事、药方等。八之出，记述唐代茶叶的产地和品质的高低，并作了全面分析比较，使我们可以看出我国茶区的演变和茶叶品质的变化情况。九之略，是《茶经》全书的摘要，并作了一些补充：在何种情形下，可以省略哪些制茶过程、工具或煮茶饮茶的器皿。十之图，把前9节写在素绢上，分4幅或6幅悬挂起来，《茶经》全书一目了然。

　　陆羽《茶经》总结了唐朝以前劳动人民在茶业方面取得的丰富经验，传播了茶业科学知识，促进了茶叶生产的发展。自此以后，茶业专著陆续出现。日本亦有译本，如图5-6、5-7、5-8；并有译文序，如图5-9、5-10、5-11、5-12。

图 5-6

图 5-7

图 5-8

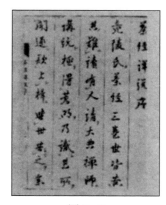

图 5-9

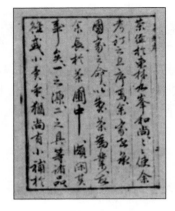

图 5 - 10

图 5 - 11

图 5 - 12

图 5 - 13

（二）唐张又新《煎茶水记》

张又新，河北深县人，于公元 825 年前后著《煎茶水记》一卷，如图 5 - 13、5 - 14。书中指出茶汤品质高低与泡水有关系；山水、江水、河水、井水的性质不同，是会影响茶汤的色香味

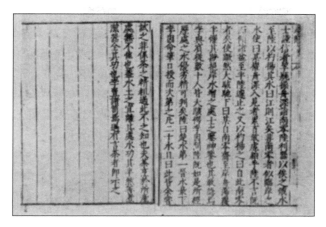

图 5 - 14

的。由此可见，古人对煎茶用水很讲究，品水评第。

刘伯刍所品 7 水，长江南泠水第一，淮水第七。于是有些人迷信南泠水，不辞劳苦，远路而来南泠汲水。张又新列举 7 等水后，说根据亲身验证，所品 7 等是不错的。又说友人告诉他，刘伯刍品水不全面，浙江亦有好水，他到浙江验过桐庐江严子濑水和永嘉仙岩瀑布水，均比南泠水好。接着说："显理鉴物，今之人信不迨于古人，盖亦有古人所未知，而今人能知之者。"

次列陆羽所品 20 水，庐山康王谷水帘水第一，雪水第二十。他说产茶地的水，烹茶都好。茶汤品质的高低，不完全受水影响，善烹洁器也是很重要的条件。最后说："岂知天下之理，未可言至，古人研精，固有未尽，强学君子，孜孜不懈，岂止思齐而已哉。"

全书仅约 950 字，可是对后人启发很大。①"显理鉴物"是理论联系实际；②不能迷信古人；③学问无止境，要不断努力钻研，不止于"见贤思齐"。

（三）唐温庭筠《采茶录》

温庭筠，太原人，于 860 年前后著《采茶录》一卷，《通志艺文略》作三卷，其他各书都作一卷。侯后即不见记载，大概失于北宋时期。《说郛》和《古今图书集成》虽有《采茶录》，但仅存辨、嗜、易、苦、致5类6则，都是记事，共计不足400字。

5类记事：陆羽辨别南泠水的故事；陆龟蒙嗜茶，写品茶诗一篇；刘禹锡与白乐天易茶醒酒；士大夫苦于王濛请喝茶；刘琨致侄书要真茶。1则：煎茶要用有火焰的活火煎，庶可养茶。煎茶的沸始、中、终的声音都不同。知声能知茶沸。

（四）唐苏廙《十六汤品》

这卷书首先是陶谷的《清异录》（970）所引，并说苏廙的《仙芽传·第九卷》载作《汤十六法》，大概是从《清异录》抽出作一书的。陶谷所著《荈茗录》，也是从《清异录》抽出的。《四库全书存目》题作《汤品》。万国鼎假定写于900年前后。

《十六汤品》与现在茶汤审评技术有关系。如煎茶汤的时间，早不好，迟也不好，要适中。煎茶以老嫩言者凡三品。现在泡茶或煎茶根据茶类不同，有2分钟至10分钟的差别。

倒注茶汤，缓慢断续浓度不匀，快注直泻浓度不够，以不快不慢为宜。注茶以缓急言者凡三品。现在茶馆泡茶，提高水壶下注，就是不缓不急。

茶汤品质以用器不同而异。金银贵重，不能广用；石器有奇异气味；铜铁铅锡腥苦且涩；瓦器有土味；以瓷瓶为佳，品色尤宜。以器类标者共五品。现在泡茶都用瓷器。

茶汤以燃料不同而异。以粪火、竹篠、树梢燃茶有烟，有虚炭，茶味都不好。以净炭为最好。以薪火论者共五品。所以我国传统的烘茶煎茶都是用炭火。

此书讨论烹茶方法是有益的，但十六汤名和形容文字都不合适，近似游戏文章。

（五）宋叶清臣《述煮茶小品》

叶清臣，苏州长洲人，天圣二年（1024）进士。累官两浙转运副使、翰林学士、权三司使。敢言直谏。有文集160卷。1040年编《述煮茶小品》。这只是一篇 510 字的短文，没有多大意义。清陶珽重编印《说郛》当作一书收入。《古今图书集成·食货典》收入艺文中。

（六）宋蔡襄《茶录》

蔡襄（1012—1067），福建莆田人，任福建转运使时造茶进贡。苏东坡（1037—1101）有"武夷溪边粟粒芽，前丁后蔡相宠加，争相买宠各出意，今年斗品充官茶"的咏茶诗。丁是丁谓（960—1037），蔡是蔡襄。丁也曾任福建转运使。两人相继争宠，各出怪意，强迫劳动人民造"大小龙团"进贡，即所谓大小龙团始于丁晋公，而成于蔡君谟。

因为"陆羽《茶经》不第建安之品，丁谓《茶图》独论采造之本，至于烹试，曾未有闻"（见自序），遂成《茶录》两篇（图5-15、5-16、5-17）。成于 1049—1053 年（仁宗皇祐中），至 1064 年（英宗治平元年）刻石。

图 5-15

全书 700 多字，分上下两篇。上篇论茶，分色、香、味、藏茶、炙茶、碾茶、罗茶、候汤、熁盏、点茶 10 条，论茶汤品质和烹饮方法。下篇论器，分茶焙、茶笼、砧椎、茶钤、茶碾、茶罗、茶盏、茶匙、汤瓶 9 条，论烹茶所用器具。当时饮用团茶要

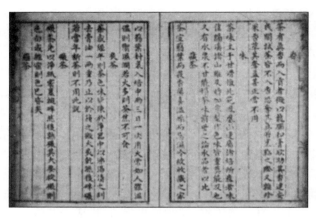

图 5 - 16

碾碎，故有一定的指导作用，现在来说就没有意义。

（七）宋宋子安《东溪试茶录》

宋子安因为丁谓、蔡襄的《茶录》记载建安茶事，尚有未尽，于 1064 年前后写《东溪试茶录》一卷（图 5 - 18、5 - 19）。东溪是建安的一个地名。

图 5 - 17

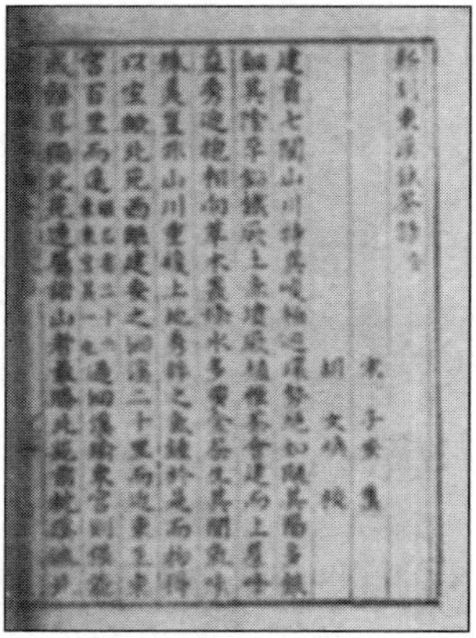

图 5 - 18

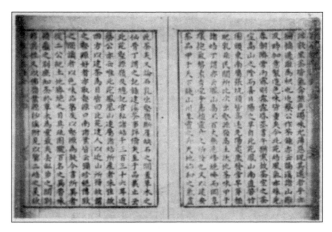

图 5 - 19

全书约3 000多字，分绪论和 8 个题目。前 5，分总叙焙名、北苑、壑源、佛岭、沙溪，对于诸焙沿革及其所属各个茶园的位置和特点，叙述详细。其中所谈茶叶品质与产地自然条件的关系，有参考价值。"建安郡官焙三十有八，自南唐岁率六县民采造，大为民闻所苦"。可知当时受官府逼迫采造茶叶的痛苦。"官私诸焙，千三百三十六耳"。说明当时建州茶叶生产的旺盛。

后 3，分茶名、采茶、茶病。①茶名，介绍白叶茶、柑叶茶、早茶、细叶茶、稽茶、晚茶、丛茶等 7 个茶种的产地和性状。②采茶，讨论采摘时间和方法。采茶时间要看气候而定。惊蛰前后和日出前后采的茶品质都不好。过惊蛰后者，最为第一。③茶病，说采茶要选择肥芽、带鳞苞、鱼叶品质就不好。采制方法不适合就会损害茶叶品质。

（八）宋沈括《本朝茶法》

沈括，钱塘（浙江余杭县）人，仁宗嘉祐八年（1063）进士，累官翰林学士、龙图阁待制、光禄寺少卿，博学善文。撰有《梦溪笔谈》等书。

此篇原是《梦溪笔谈》卷一二中的一段，《说郛》和《五朝小说》录出作为一书，即用该段四字题名为《本朝茶法》。共约1 100多字。记述宋代茶税和茶专卖事。《梦溪笔谈》作于晚年住润州（江苏镇江）梦溪时期。

（九）宋黄儒《品茶要录》

黄儒，福建建安人，于1057年前后写成《品茶要录》一卷，全书约1 900字，前叙后记。其中分采造过时，白合盗叶、入杂，蒸不熟、过熟、焦釜、压黄、渍膏、伤焙、辨壑源沙溪等10节。论述茶叶品质优劣。

采茶不及时或带白合（鳞苞）、盗叶（鱼叶），品质都不好。制造时，掺杂、蒸过熟或不熟，蒸过久水干产生焦釜，蒸前压黄（有关蒸青的技术措施），渍（音恣）膏，烘茶有烟焰等，品质都不好。最后说壑源和沙溪相隔一岭，产茶品质差异很大，因此，好利者就掺杂作假。

作者说"物之变异无常，而人的认识有限"，不能用唯心论观点来看待事物的发展。

本书《后论》说，最好的茶是鳞苞未开，芽细如麦。山多带砂石而在山南者，品质也好。

（十）宋赵佶《大观茶论》

赵佶即宋徽宗，在"百废俱举，海内晏然"的大观年间（1107—1110），编成《茶论》。《说郛》刻本改称《大观茶论》。当时"采样之精，制作之工，品第之胜，烹点之妙，莫不盛造其极"。茶业生产有很大发展。但是封建皇帝不会到茶区或民间去总结经验，无非是坐享图宠群臣的"贡品"而已。自序说："本朝之兴，岁修建溪之贡，龙团凤饼，名冠天下。"贪饮劳动人民的血汗，烹茶取乐，兴尽感想连篇，或抄集前人所言而成此书。

全书仅2 800多字，无所不有。首绪言，次分地产、天时，采择、蒸压、制造、鉴辨、白茶、罗碾、盏、筅、瓶、杓、水、点、味、香、色、藏焙、品名、外焙等20目。对于当时蒸青团茶的地点、采制、烹试、品质等的讨论，相当切实，但现实意义不大。

可供继续研究者，有："植茶之地，崖必阳，圃必阴（茶农皆植木以资茶之阴）。"（《地产》）"茶工作于惊蛰，尤以得天时为急，轻寒英华渐长，条达而不迫，茶工从容致力，故其色味两全。"（《天时》）"白合不去，害茶味；乌蒂不去，害茶色。"（《采择》）"不知茶之美恶，在于制造之工拙而已，岂冈地之虚名所能增减哉。"（《品名》）最后引这一段是强调制工技术影响品质最大，要发挥人的主观能动性。

（十一）宋熊蕃《宣和北苑贡茶录》

熊蕃，建阳人。建安东30里，有凤凰山，山麓称北苑，广20里。宋太平兴国元年（976）遣使就北苑造贡茶。到宣和年间（1120—1125），北苑贡茶极盛，熊蕃亲见当时情况，遂写此书。蕃子克，于绍兴戊寅（1158）摄事北苑。熊蕃《贡茶录》只列各种贡茶的名称，没有形制，克乃绘图附入，共有38图。同时又把他父亲所作《御苑采茶歌》10首，也附在篇末。

序跋有：①宋绍兴戊寅熊蕃序；②淳熙九年（1182）熊克跋；③明徐𤊹跋；④清嘉庆庚申（1800）汪继壕后跋。

全书正文约1 800字，图38幅，旧注约1 000字。继壕按语有两千数百字。此书详述建茶花色沿革和贡品种类，并附载图形和大小尺寸，可以考见当时各种贡茶的造形。旧注和汪氏按语，荟萃群书，尤其便于考证。

从书中不仅可以了解当时各种贡茶沿革和造形，同时也可以知道当时封建统治阶级诛求无厌，残酷压迫和剥削劳动人民的情况。如记"贡茶极盛之时，凡有四千余色，四万七千一百斤有奇"。由此可见花色种类之多，数量之大，茶农茶工不知流了多少血汗！

贡茶："岁分十纲，惟白茶与胜雪，自惊蛰前兴役，浃（周）日乃成，飞骑疾驰，不出仲春（农历二月），已至京师，号为头纲玉芽。以下即先后以次发，逮贡足时，夏过半矣。欧阳修诗曰，建安三千五百里，京师三月尝新茶。"这样繁重的劳役给人民带来了多少苦难!

(十二) 宋唐庚《斗茶记》

唐庚，眉州丹陵（四川丹陵）人，为文精密，有文集 20 卷。这篇短文 400 字。政和二年（1112）和友人烹茶评比，写成这篇记。清陶珽重编印的《说郛》作一书收入。《古今图书集成·食货典》收入艺文中。

(十三) 宋赵汝砺《北苑别录》

这本书是赵汝砺在淳熙十三年（1186）做福建路转运司主管帐司的时候，为补充熊蕃《宣和北苑贡茶录》的不足而写。

全书正文约 2 800 多字。旧注约 700 字，汪继壕增注 2 000 多字。首序，次分御园、开焙、采茶、拣茶、蒸茶、榨茶、研茶、造茶、过黄、纲次、开畬、外焙等 12 目。记述御茶园地址 46 焙，采制方法，贡茶种类及其数量等。

书中："每岁六月兴工，虚其本，培其末，滋蔓之草，遏郁之木，悉用除之。……桐木则留焉，桐木之性，与茶相宜，而又茶至冬则畏寒，桐木望秋而先落；茶至夏而畏日，桐木至春而渐茂。"记述茶园管理，切实简要。

贡茶饰以金彩，"龙团胜雪为最精，而建人有直四万钱之语"。龙团胜雪正贡 30 銙，续添 20 銙，创添 20 銙，共 70 銙，280 万钱。由此可见封建统治阶级何等穷奢极侈。

"茶之入贡，圈以箬叶，内以黄斗，盛以花箱，护以重篚。……花箱内外，又有黄罗幕之，可谓什袭之珍矣"。贡茶包装这样浪费巨大，劳民伤财，至于此极矣。

(十四) 宋审安老人《茶具图赞》

《铁琴铜剑楼藏书目录》："《茶具图赞》一卷，旧钞本。不著撰人。目录后题咸谆己巳（1269）五月夏至后五日审安老人书。以茶具十二，各为图赞，假以职官名氏。"《欣赏编》本，前言《茶具引》后题"庚辰（1280）秋七月既望花溪里芝园主人茅一相撰并书"。因此，明胡文焕刻入《格致丛书》和《八千卷楼书目》误作茅一相作，别一书也。此书刊本很多，计有 9 本，各本说法不同，惟图和赞相同。此书并无多大价值，只是可以借见古代茶具的形制。

二、明清茶业著作

元代，茶业著作只有杨维真写的《煮茶梦记》。

到了明代，茶业著作盛极一时，有《茶谱》、《茶疏》、《茶笺》、《茶解》、《茶录》等 30 多种专著，极大地丰富了茶业科学知识。明末清初，冯可宾于 1655 年写《芥茶笺》，冒襄于 1683 年前后写《芥茶类钞》。

（一）明朱权《茶谱》

朱权是明太祖朱元璋第十七子，于 1440 年前后写《茶谱》一卷。全书约 2 000 字。前绪论，次分品茶、收茶、点茶、熏香茶法、茶炉、茶灶、茶磨、茶碾、茶罗、茶架、茶匙、茶筅、茶瓯、茶瓶、煎汤法、品水等 16 则。反对制造蒸青团茶杂以诸香，独创蒸青叶茶烹饮法。这 16 则都是记述蒸青散茶的烹点方法。绪论反对制团茶碾末说："然天地生物，各遂其性，莫若叶茶烹而啜之，以遂其自然之性也。予故取烹茶之法，末茶之具，崇新改易，自成一家。" 16 则是自成一家的记述。全叶冲泡方法，与唐宋团茶烹饮不同。

（二）明顾元庆《茶谱》

顾元庆，长洲（江苏吴县）人，明代大文学家，著作很多。看到钱椿年 1530 年前后写的《茶谱》，认为繁杂。在嘉靖二十年（1541）自序说："收采古今篇什太繁，甚失谱意，余暇日删校。"可见顾氏的《茶谱》（图 5 - 20）

图 5 - 20

是删改钱氏书而成的。

此书大体可分作两部分。前有茶略、茶品、艺茶、采茶、藏茶、制茶诸法、煎茶四要（择水、洗茶、候汤、择品）、点茶三要（涤器、熁盏、择果）、茶效等 9 则，共 1 200 字。后仍附王友石竹炉并发封 6 事。计图 8 幅，说明和铭赞共 1 200 字。

前部是古今篇什的删繁就简，浅显易懂。有些记述不仅是历史资料，而且可供研究人员参考。如艺茶、制茶诸法和茶效 3 则，都有研究的价值。

后附竹炉并分封 6 事的题名和铭赞很无聊，只是文人的游戏笔墨。

（三）明田艺蘅《煮泉小品》

水为万物生长不可缺少的要素，是人类日常生活中顷刻也离不开的。因此，古人对水的研究也较早。水源不同，烹茶的色香味也不同，好像"茶能知水性"。古人品水都离不开烹茶，水与茶的论述专著也不少，各人说法也不同。田艺蘅汇集历代论茶与水的诗文，分类归纳为 9 种水性，于 1554 年写成《煮泉小品》一卷。

全书约 5 000 字，分为源泉、石流、清寒、甘香、宜茶、灵水、异泉、江水、井水、绪谈 10 节。评论夹杂考据，偏奇难懂，无异于文人游戏笔墨，但也有些观察记事，说得事实。知其然而不知其所以然，应该补充说理。如"煮清泉白石，加以苦茗"。清泉内含何种矿物质烹茶，能治膏肓之病，值得研究。

"山居之民，多瘿肿疾，由于饮泉之不流者"。泉水不流，微生物聚而繁殖，就产生恶毒水味。

"水中有丹者，不惟其味异常，而能延年却疾"。丹是丹砂（朱砂即硫化汞）或是浅赤水，必须研究。

"固一水也，武夷则黄而燥冽，金华则碧而清香，乃知择水当择茶"。武夷青茶，金华绿茶，当然茶汤色香味不同。当时烹茶择水甚严，迷信名泉，远道汲水烹茶。屠隆《茶说》："李德裕（787—850，唐文宗太和七年即公元 833 年任宰相）奢侈过求，在中书时，不饮京城水，悉用惠山泉，时谓之水递，……有损盛德。"不谈其对茶类品质的无知，单就采取与众相反的见解而言，是可贵的。

山中泉水性质，依山上的被覆植物和地下产物而不同，有益或有害，持论相当切实。

（四）明陆树声《茶寮记》

陆树声，华亭（今上海松江）人。少年时在家种田，有暇即读书，嘉靖辛丑（1541）进士第一。官至礼部尚书，与严嵩不和。张居正当国时，他也不肯迁就。明史说他："端介恬雅，翛然物表，难进易退，通籍六十余年，居官未及一纪。"年97卒。

此书是他家居时（1570）和终南山僧明亮同试天池茶而写的。

《四库全书》存目。刊本有：《茶书全集》本，《宝颜堂祕笈》本、《夷门广牍》本、《续说郛》本、《古今图书集成》本、《丛书集成》本（系据《夷门广牍》本影印）。

此书前有引言性质的漫记一篇。后分人品、品泉、烹点、尝茶、茶候、茶侣、茶熏 7 则，统称"煎茶七类"；主要是讲烹茶方法以及饮茶的人品、伴侣和兴致的。连漫记合计约 500 字。烹茶、尝茶，有他自己的体会，反映出封建社会中所谓高人隐士的生活情趣。

《古今图书集成》本，前面漫记改为总叙，字文相同。后分云脚乳面、茗战、茶名、候汤三沸、秘水、火前茶、五花茶、文火长泉、报春鸟、酪苍头、沤花、换骨轻身、花乳、瑞草魁、白泥赤印、茗粥等 16 则，共约 340 多字，摘录前人短句。内容和其他各本不同，也不像《茶寮记》原文，可能是张冠李戴之作。

《夷门广牍》本附杂谈 18 条，也不像陆氏原作，抄陶谷的《清异录》，内容同《茶书全集》中的《荈茗录》，与涵芬楼本《说郛》中的《清异录》相同。

（五）明李时珍《本草纲目》

李时珍，湖广蕲州人，常入山采药，足迹遍及数千里，搜集生药数以百计，于 1578 年写成《本草纲目》。这本书虽是"药物学"，但论茶详尽，不下茶学专著。其中分释名、集解、叶（气味、主治、发明、附方）、茶子（气味、主治、附方）。集解字数最多，汇集前人论述茶树生态和各地茶产。李补充栽培方法，颇有现实意义。如："二月下种，一坎（穴）须百颗，乃生一株，盖空壳者多故也。畏水与日，最宜坡地荫处。清明前采者上，谷雨前者次之，此后皆老茗。"

其次，《发明》引述前人论饮茶损益，可为今研究茶叶药用的参考。主治各症，20 多服附方都是医药和茶叶科学研究的对象。

（六）明屠隆《茶说》

屠隆，鄞县人，卖文为生，下笔千言立就，写作很多。于1590 年前后写成《考槃余事》四卷，共 16 节，节称"笺"。喻政 1613 年编印《茶书全集》，抽取《考槃余事》中的《茶笺》部分，作为一书，改称《茶说》。《广百川学海》仍作《茶笺》，略有增删。删去洗器、熁盏、择果、茶效、茶具及人品等条，增入《山斋笺》的茶寮一条。

《茶说》共约 2 800 字，分 28 条，叙述茶叶品质、采制、收藏、择水、烹茶等。并指出当时 6 种名茶，最好的为"权势"占有："虎丘（指茶）最号精绝，为天下冠，惜不多产，皆为豪右所据，寂寞山家，无由获购矣。"

关于收藏茶叶和窨制花茶的方法，论述详细，可资参考。

（七）明高濂《八笺茶谱》

高濂，钱塘人，1591 年写成《遵生八笺》。所记皆资颐养供消遣之事，如饮馔、服食、赏鉴、清玩之类，共分 8 目，凡十六卷。

陆廷灿 1734 年编的《续茶经》卷下《九之略》"茶事著述名目"共列 72 种，《八笺茶谱》是其中之一。此书是从《遵生八笺》中抽出而成的。

全书大约 4 000 字，分论茶品、采茶、藏茶、煎茶四要（一择水、二洗茶、三候汤、四择品）、试茶三要（涤器、熁盏、择果）、茶效、茶具十六器、论水（石流、清寒、甘香、灵水、井水）；主要是抄集前人所言。但有两点不同：①论茶品记述各地名茶较详尽，有利于考据明朝的茶品和产地；②择果说明当时不宜杂以珍果香草。夺茶香者，有莲花、茉莉等 8 类；夺茶味者，有牛乳、枇杷等 5 味；夺茶色者，有杨梅、胶枣等 6 果。宜用者，有杏仁、瓜仁等 8 类。可为发展花茶生产的参考。

（八）明张源《茶录》

张源，包山（即洞庭西山，在今江苏吴江）人。顾大典序说他："隐于山谷间，无所事事，……每博览之暇，吸泉煮茗，以自愉快，无间寒暑，历三十年，疲精殚思，不究茶之指归不已。"于万历中，大约 1595 年前后写成《茶录》一卷。

全书共约 1 500 字，分采茶、造茶、辨茶、藏茶、火候、汤辨、汤用老嫩、泡法、投茶、饮茶、香、色、味、点染失真、茶变不可用、品泉、井水不宜茶、贮水、茶具、茶盏、拭盏布、分茶盒、茶道等 23 则，颇为简要。此书不是抄袭而成，反映出作者对于此道颇有心得体会。

（九）明许次纾《茶疏》

许次纾，钱塘人，于万历二十五年（1597）总结累积的经验写成《茶疏》一卷。全书约 4 700 字，分 36 则。论述产茶、品第、采制、收藏、烹点等方法，颇有心得。产茶与采制的论述比前人深入。尤其是"秋七、八月，重摘一番，谓之早春，其品甚佳，不嫌稍薄"。说明秋茶的品质不差，应提倡采秋茶。

　　论述杀青有两种方法，粗茶用蒸，细茶用炒。这是最先记载炒制绿茶的方法，有现实意义。

　　其他如"古人结婚，必以茶为礼，取其不移置子之意也"。也是前人所未曾记载的。

（十）明熊明遇《罗岕茶记》

　　熊明遇，江西进贤人。罗岕在长兴县境。此书大概写于1608 年前后知长兴县时。全编约 500 字，分 7 则，言及岕茶品质好，与产地和采摘有关系。

　　"山之夕阳，胜于朝阳。庙后山西向，故称佳"。说明茶山向西比向东好。茶山论南北向多，很少论东西向，值得研究。

　　"茶以初出雨前者佳，惟罗岕立夏开园，吴中所贵"。这与他处不同，有必要研究该地的具体自然条件。

　　"无泉则用天水，秋雨为上，梅雨次之"。我国有些地区，如宁波，饮食都用雨水，亦有研究之必要。秋天空气凉爽，微生物和尘灰较少，故秋雨比梅雨干净。

　　"茶之色重、味重、香重者，俱非上品"。香重浓而不清，味重苦而不醇，色重深而不净。谈论颇切实。这也是提倡饮淡茶不饮浓茶道理之一。

（十一）明罗廪《茶解》

　　罗廪，浙江慈溪人。从小好饮茶，不易得到名茶，就到各产地调查、比较，并在中隐山栽植茶树。经过 10 年的采制实践，于公元 1605 年写成《茶解》一卷。

　　据《茶书全集》本，全书约 3 000 字。前有总论，下分原（产地）、品（茶的色香味）、艺（栽培方法）、采（采摘方法）、制（制茶方法）、藏（收藏方法）、烹（烹茶方法）、水（关于饮用水的问题）、禁（在采制藏烹中不宜有的事情）、器（列举箪、灶、箕、扇、笼、悦、瓮、瓯、挟等用具）等 10 目。其中论断和描述，大都很切实。

此书论述有三点与他书不同：①茶园方向和间作对茶叶品质有影响。②论雨水的好坏比熊明遇深入一步。"梅雨如膏，万物赖以滋养，其味独甘，梅后便不堪饮"。③茶易吸气体，腥秽和气息之物不宜近。就是很好香物，也不宜近。

（十二）明冯时可《茶录》

冯时可，松江华亭人，隆庆五年（1571）进士。著述很多，为当时所重。1609 年前后撰《茶录》。有《续说郛》和《古今图书集成》两种刊本，内容相同。但《图书集成》在首加总叙二字，谅表明不是《茶录》全文，又是摘录或是《续说郛》编印者从冯氏其他著作中摘抄成书，并非冯氏自己编写的。

所存 5 条，不足 600 字。第一条说茶之各种别名。徽州松萝茶是虎丘僧人比丘大方前去制造的。第二条说陆羽写《茶经》是逃名，示人以处其小，无志于大也。第三条叙说入山采茶遇仙人的神话。第四条说山水以山勿太高，勿多石，勿太荒远。第五条说煎茶方法。没有自己的见解。

（十三）明陈继儒《茶董补》

陈继儒（1558—1639），上海松江人，29 岁时就烧掉儒冠，杜门著述，工诗善文，著述很多，名重一时。历奉诏征用，皆以疾辞。继儒曾为夏树芳《茶董》作序，此书是补《茶董》之不足，大概写成于《茶董》后不久。摘录群书的笔记杂考有关茶事，于 1612 年前后编成《茶董补》，分上、下两卷。全书约7 000多字。

卷上，从《因话录》、《纪异录》、《南部新书》、《蛮瓯志》、《世说》、《异苑》、《广陵志传》、《晋书》、《金銮密记》、《凤翔退耕传》、《杜阳杂编》、《伽蓝记》、《义光旧志》、《国史补》、《茶录》、《苕溪诗话》、《鹤林玉露》、《鸿渐小传》等书中摘录 18 则，补叙嗜尚。

从《茶经》、《尔雅》、《国史补》、《茶论》、《臆乘》、《茶谱通考》、《天中记》、《方舆胜览》、《广州记》、《本草》等书中摘录

10 则，补叙产植。

从《文献通考》、《北苑贡茶录》、《茶录》、《负暄杂录》、《天中记》、《唐史》、《云录漫抄》等书中摘录 8 则，补叙制造。

从蔡襄《茶录》、《鹤林玉露》、《茶经》等书中摘录 6 则，补叙焙瀹。

卷下，全部补叙诗文。集录唐宋文人诗歌杂文 37 则。唐代，录有李白、柳宗元、袁高、杜牧、韦应物、皇甫冉、钱起、皮日休、陆龟蒙、韦处厚、卢仝、李咸用、刘禹锡等 13 人的诗歌。宋代，录有丁谓、郑遇、苏轼、杨万里、斐汶等 5 人的诗文。内容比《茶董》丰富。

《茶董补》采录群书茶事，有神话，有传说，有记事，范围广泛，无异于一本"茶业外史"，不能说没有价值。

（十四）明徐𤏳《茶考》

徐𤏳，闽县人，以布衣终。𤏳博闻多识，善诗歌。万历年间（1573—1620）主闽中诗坛，积书鳌峰书舍，至数万卷。《茶考》详述武夷茶的兴衰。前宋开始，但未繁盛。至元朝大德年间（1297—1307），浙江行省平章高兴始采制充贡，创御茶园于四曲，建筑宫殿神堂各一，游亭 4 个。每当仲春惊蛰县官诣茶园致祭，采造先春、探春、次春 3 品，后又有旗枪、石乳诸品。团饼之贡每岁茶芽 990 斤，凡 4 种。

"嘉靖中（1522—1566），郡守钱嶫奏免解茶……御茶改贡延平……环九曲之内，不下数百家，皆以种茶为业，岁所产茶数十万觔。水浮陆转，鬻之四方，而武夷之名甲于海内矣。宋元制造团饼，稍失真味，今则灵芽仙萼，香色尤清，为闽中第一"。由此可知，取消贡茶，茶叶生产就兴旺。

（十五）明闻龙《茶笺》

闻龙，浙江四明人，于 1630 年编写《茶笺》一卷。全篇约 1 000 多字，分 10 则，谈论茶之采制方法、四明泉水、茶具及烹饮等。有一些亲身体验。论炒茶烘茶别有见解，有现实意义。

　　烘茶、藏茶要结合起来："吴兴姚叔度言，茶叶多焙一次，则香味随减一次，予验之良然。"茶为日常饮料，贮藏不好，就会发霉。现在饮者不善于藏茶，十有八九都饮霉茶，茶的香味俱失。藏茶方法很有必要研究。

　　苏东坡说："蔡君谟嗜茶，老病不能饮，日烹而玩之。"李时珍说："虚寒及血虚之人，饮之既久，则脾胃恶寒，元气暗损。"引起其他病症。闻龙说，老友周文甫自少至老，饮茶不止，每日饮 6 次，寿 85，无病而卒。现在有人饮茶有益，也有人饮茶有害，值得深入研究，可能与各人身体状况有关。

（十六）明周高起《阳羡茗壶系洞山岕茶系》

　　据《江阴县志忠义传》载："周高起字伯高，博学强识，工古文辞，居由里山，游兵突至，被执索资，怒詈不屈死，著有《读书志》。"

　　《阳羡茗壶系洞山岕茶系》是金武祥 1884 年在广州书肆获《茗壶系》钞本，1888 年汪芙生寄示粤刻丛书，中有《茗壶系》，后附《洞山岕茶系》一卷。因而校正为一书刻印。以上所言是金武祥光绪十四年（1888）6 月序于梧州。

　　义兴紫砂茶壶能发真茶的色香味，过夜不劣变，传说很久。是虚是实，还未考证，无从臆说。这个问题，《茗壶系》曾论及。

　　周高起前言说："至名手所作，一壶重不数两，价重每一二十金，能使土与黄金争价，世日趋华，抑足感矣。因考陶工、陶土而为之系。"

　　《阳羡茗壶系》分创始、正始、大家、名家、雅流、神品、别派数则。前述时大彬等 10 多个著名陶工的精心创作及其不同特点。后穿插异僧指示山中产五色土穴的神话。五色陶土做成茶壶，现出各种美丽色彩。

　　否认"过夜不馊"说："壶供真茶，正如新泉活火，旋瀹旋啜，以尽色声香味之蕴。故壶宜小不宜大，宜浅不宜深；壶盖宜盎不宜砥。汤力茗香，俾得团结氤氲。宜倾竭即涤去厥淳淳。乃俗夫强作解事，谓时壶质地坚洁，注茶越宿，暑月不馊。不知越数刻而茶败矣，安俟越宿哉。"

《洞山岕茶系》是1640年写成的。前总论，次分第一品、第二品、第三品、第四品、不入品和贡茶数则，后论岕茶品质。

总论主要说贡茶苦民："南岳产茶不绝，修贡迄今。方春采茶，清明日县令躬享白蛇于卓锡泉亭，隆厥典也。后来檄取，山农苦之。故袁高有'阴岭茶未吐，使者牒已频'之句。郭三益题南岳寺壁云：'古木阴森梵帝家，寒泉一勺试新茶。官符星火催春焙，却使山僧怨白蛇。'卢仝茶歌亦云：……'安知百万亿苍生，命坠颠崖受辛苦。'可见贡茶之苦民，亦自古然矣。"

次论产地不同而分品第，贡茶于万历丙辰（1616）僧稠荫游松萝，乃仿制为片。

后论："采嫩叶，除尖蒂，抽细筋炒之，亦曰片茶。不去筋尖，炒而复焙，燥如叶状，曰摊茶，并难多得。又有俟茶市将阑，采取剩叶制之者，名修山。香味足而色差老。"修山茶香味足很少闻见。不是岕茶独特品质，就是品评的错误，香味粗老与细嫩分不清。

第三节　我国历代茶书目录

自唐至清，茶业专著共有118部，约可分为三部分：①内容丰富的著作，如前节所述；②丛书中抽出的单行本或内容不实的著作；③失传而有书目可查的著作。

一、宋明茶书目录

宋陶谷970年撰《荈茗录》一卷。陶谷，邠州新平（今陕西彬县）人，博通经史。开宝三年（970）卒，年 68 岁。

此篇原是陶谷所写《清异录》37 类中的一类。喻政取"茗荈"一类，除去第一条（即苏廙《十六汤品》），将其余各条作为一种茶书，题名为《荈茗录》，印入他的《茶书全集》。《荈茗录》约近 1 000 字，分为 18 条，内容是关于茶的故事。其中 6 条比涵芬楼据明抄本排印的《说郛》所载《清异录》各该条多出若干字。

宋蔡宗颜 1150 年以前撰《茶山节对》一卷。见通志。又《直斋书录解题》说："摄衢州长史蔡宗颜撰。"

《茶杂文》一卷。《郡斋读书志》，"集古今诗文及茶者"（1151 年以前）撰。未注作者姓名。

明谭宣 1442 年撰《茶马志》。谭宣，蓬溪人，宣德七年（1432）举人。此书见《千顷堂书目》。

明陈讲 1524 年撰《茶马志》四卷。陈讲，遂宁人，正德十六年（1521）进士。此书乃其以御史身份巡视陕西马政时所作。茶马一卷，为目 9，纪以茶易番马之制。点马一卷，为目 3，纪行太仆寺各军卫稽核马匹之制。盐马、牧马各一卷。

此书见《千顷堂书目》典故类，亦即《四库全书总目提要》（政书类存目）所说《马政志》四卷。

明朱祐槟 1529 年前后撰《茶谱》十二卷。朱祐槟是宪宗朱见深的第六子，封益王，嘉靖十六年（1537）卒。此书见《丛书目录拾遗》，是《清媚合谱》之一（共有《香谱》四卷，《茶谱》十二卷），题作明河南益王涵素道人编，并注说："采辑论茶之作，是书可谓富矣。"

明钱椿年 1530 年前后撰《茶谱》。钱椿年，常熟人。此书大概是作于嘉靖中。赵之履跋《茶谱续编》说："友兰钱翁，好古博雅，性嗜茶。年逾大耋，犹精茶事。家居若藏若煎，咸悟三昧，列以品类，属伯子奚川先生梓之。"（见南京图书馆所藏旧钞本失名《茶书》）

顾元庆《茶谱》序说:"顷见友兰翁所集《茶谱》……但收采古今篇什太繁,甚失谱意,余暇日删校。"可见顾氏《茶谱》就是删改钱氏书而成的。清初钱谦益《绛云楼书目》有友兰翁《茶谱》。不见其他书目。《文艺丛书》中有钱椿年的《制茶新谱》,是否就是此书,不详。

明赵之履 1535 年前后撰《茶谱续编》一卷。

此书见《远碧楼经籍目》,抄本一册,题钱椿年撰。按钱椿年撰《茶谱》,续编是赵之履所撰,从赵之履跋《茶谱续编》可知之。

明胡彦 1550 年前后撰《茶马类考》六卷。胡彦,沔阳人,嘉靖二十年 (1541) 进士。《四库全书》存目,并说:"彦官巡察茶马御史,因历考典故及时事利弊,作为此书。"

明徐献忠 1554 年撰《水品》二卷。徐献忠,华亭(今上海松江)人,嘉靖举人。著书数百卷,卒年 77 岁。

此书《四库全书》存目,刊本有:《茶书全集》本,《续说郛》本,《夷门广牍》本。前后有田艺蘅序及蒋灼跋。

全书约 6 000 字。上卷总论,分源、清、流、甘、寒、品、杂说等 7 目。下卷论述诸水,自上池水至全山寒穴泉共 37 目,都是品评宜于烹茶的水。《四库总目》评论此书说:"有些说法,亦自有见。然时有自相矛盾者……恐亦一时兴到之言,不必尽为典要也。"

明徐渭 1575 年前后撰《茶经》一卷。徐渭,浙江山阴人,诗文书图皆工。1593 年卒,年 73 岁。

见《浙江采集遗书总录》说家类。《文选楼藏书记》说:"《茶经》一卷,酒史六卷,明徐渭著,刊本。是二书考经典故及各人韵事。"

明徐渭 1575 年前后撰《煎茶七类》一卷。《续说郛》本,《家居必备》本。全书约 250 字,分为人品、品泉、煎点、尝茶、茶候、茶侣、茶熏 7 则。内容完全和陆树声《茶寮记》中的"煎茶七类"相同,可能是《续说郛》误题。

明孙大绶1588年辑《茶经水辨》、《茶经外集》（图5-21、5-22）、《茶谱外集》3本。曾刻陆羽《茶经》（图5-23），以《陆羽传》（图5-24、5-25、5-26）、《茶经水辨》及《茶经外集》附刻于后。前有万历戊子（1588）王寅序。书端题明新都（今浙江淳安县境）孙大绶校梓。

图5-21

图5-22

图5-23

图5-24

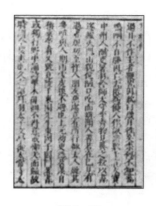

图 5 - 25

图 5 - 26

《茶经水辨》是抄合张又新《煎茶水记》（节录不全）、欧阳修《大明水记》和《浮槎山水记》等 3 篇而成。宋《百川学海》本，张又新《煎茶水记》已附刻欧阳修 2 篇记及叶清臣《述煮茶小品》。

《茶经外集》系合陆羽《六羡歌》、卢仝《茶歌》、皇甫曾《送羽采茶》、皇甫冉《送羽赴越》、僧皎然《寻羽不遇》、裴拾遗《西塔院》、范希文《斗茶歌》、王禹偁《观陆羽茶井》等诗歌 8 首而成，附刻在他所刊的陆羽《茶经》后。

《茶谱外集》是汇集吴正仪《茶赋》、黄鲁直《煎茶赋》、苏子瞻《煎茶歌》、刘禹锡《试茶歌》和蔡君谟《茶垄、采茶、造茶、试茶》及黄鲁直《惠山泉》、《茶碾烹煎》、《双井茶》等而成的，约 3 000 多字。《山居杂志》本和《文房奇书》本都说是孙大绶编的，但不见于南京图书馆所藏孙大绶校刊的陆羽《茶经》后。

明程荣 1592 年前后撰《茶谱》。程荣，歙县人。编刊《山房清赏》二十八卷，《四库全书》存目。《四库总目》说："是编列《南方草木状》至《禽虫述》凡十五种，多农圃家言。中惟《茶谱》为荣所自著，采摭简漏，亦罕所考据。"

明陈师 1593 年撰《茶考》。陈师，钱塘人，撰有《览古评语》、《禅记笔谈》等。此书只有《茶书全集》本，后有万历癸巳（1593）卫承芳跋。

此书约 1 000 字，分为 5 则，略有所见，随笔记下，没有作系统或全面的考证。末一则说："杭俗烹茶，用细茗置茶瓯，以沸汤点之，名为撮泡。北客多哂之。予亦不满，一则味不尽出，一则泡一次而不用，亦费而可惜，殊失古人蟹眼、鹧鸪斑之意。"这里反映古今烹茶法的变迁，可知当时已改煎茶为泡茶。后人冲泡次数增加，可能与他的批评有关。

明陈继儒 1595 年撰《茶话》。此书只有《茶书全集》本。杂录关于茶的言论和故事，共 19 则，约 750 字。其中有 11 则出自《太平清话》（撰于万历乙未，即 1595），7 则出自《岩栖幽事》。系别人从他所撰两书摘出编成。

明张谦德 1596 年撰《茶经》一卷。张谦德，昆山人，撰有《名山藏》、《清河书画舫》、《真迹日录》、《朱砂鱼谱》等书。

明万历刊本。南京图书馆有八千卷楼旧藏明钞本，与《野服考》、《瓶花谱》、《朱砂鱼谱》合订为《山房四友谱》。民国《美术丛书》本。

前有万历丙申（1596）自序。全书 2 000 多字。上篇论茶：分茶产、采茶、造茶、茶色、茶香、茶味、别茶、茶效 8 则。中篇论烹：分择水、候汤、点茶、用炭、洗茶、燔盏、涤器、藏茶、炙茶、茶助、茶忌 11 则。下篇论器：分茶焙、茶笼、汤瓶、茶壶、茶盏、纸囊、茶洗、茶瓶、茶炉 9 则。

明胡文焕 1596 年前后撰《茶集》一卷。胡文焕，钱塘人，撰有《文会堂琴谱》、《古器具名》、《古器总说》、《名物法言》等。校刊《百家名书》。《格致丛书》亦题胡文焕编，《四库全书》存目以为是"万历天启间（1621—1627）坊贾射利之本"。《琴谱》刻于万历丙申（1596）。

明程国宾 1600 年前后撰《茶录》一卷。见《澹生堂藏书目》

闲适类，《百家名书》本。

明程用宾 1604 年撰《茶录》四卷。程用宾，新都（今浙江淳安县境）人。北京图书馆藏有明刊本，前有万历甲辰（1604）邵启泰序。北京图书馆《古农书目》作四卷，即四集。首集 12 款，摹宋审安老人《茶具图赞》。正集 14 篇：原种、采候、选制、封置、酌泉、积水、器具、分用、煮汤、治壶、洁盏、投交、酾啜、品真。约共 1 500 字。末集 12 款，拟时茶具图说。计鼎、都篮、盒、壶、盏、罐、瓢、具列、火筴、篮、水方、巾等 12 种。有图 11 幅，内缺具列图。附集 7 篇：陆鸿渐《六羡歌》、卢玉川《茶歌》、刘梦得《试茶歌》、吴淑《茶赋》、范希文《斗茶歌》、黄鲁直《煎茶赋》、苏子瞻《煎茶歌》。

明屠本畯 1610 年撰《茗笈》二卷。屠本畯，鄞县人。此书《四库全书》存目。刊本有：《茶书全集》、《山居小玩》、《美术丛书》等本。前有万历庚戌（1610）薛冈序、辛亥（1611）徐㷆序及自序。后有范大远跋，并附所谓《茗笈品藻》4 篇。

全书约 8 000 字，分上下篇。上篇分溯源、得地、乘时、揆制、藏茗、品泉、候火、定汤 8 章。下篇分点瀹、辩器、申忌、防滥、戒淆、相宜、衡鉴、玄赏 8 章。

明夏树芳 1610 年前后撰《茶董》二卷。夏树芳，江阴人，万历乙酉（1585）举人。隐居数十年，年 80 卒。此书《四库全书》存目。有明刊本及《古今说部丛书》本。南京图书馆所藏明刊本（八千卷楼旧藏），前有冯时可序、陈继儒序、董其昌题词及自序，用不同书写体刻版，似乎是原刊本。《四库全书总目》说："是篇杂录南北朝至宋、金茶事，不及采造煎试之法，但撷诗句故实。"

此书分上、下两卷，约 3 000 字左右，摘录关于茶的诗句和故事，以人名为经，共 99 则（其中郑可简 1 则，有目无文）。只是消遣小品，很少参考价值。

明龙膺 1612 年撰《蒙史》二卷。龙膺，武陵（湖南常德）

人，万历庚辰（1580）进士。此书只有《四库全书》本。前有万历壬子（1612）他的门人朱之蕃题词。全书约6 000字。上卷，泉品述，下卷，茶品述。杂抄成书，无意义。

明徐𤊹1613年辑《蔡端明别记》及《茗谭》一卷。徐𤊹，闽县人。此两书都只有《茶书全集》本。前者是从其他20多种书上辑录有关蔡襄和建茶的文字汇编而成的，约3 500字。后者，《茶书全集》题名《茗谭》，不分卷。《全集总目》和《八千卷楼书目》都写作《茶谭》一卷，但《徐氏家藏书目》作《茗谈》一卷。此篇约1 600字，杂记有关茶的诗文、故事以及茶和水的品第，尤其是着重描写饮茶的清雅趣味。

明喻政1613年辑《茶集》二卷（附《烹茶图集》）和《茶书全集》。喻政，江西南昌人，万历二十三年（1595）进士。出知福州府。编印《茶书全集》的同时，编成《茶集》，印入《茶书全集》，刊本只有这一种。

《茶集》是选辑古人及当时人所写关于茶的诗文编成的。卷一收文10篇，赋2篇。卷二收诗百数十首，词5篇。约23 000字。后附《烹茶图集》，有唐寅所绘陆羽烹茶图1幅，题咏及喻政跋约共3 000字。跋作于万历三十九年（1611）。

《茶书全集》前有万历壬子（1612）周之夫序、谢肇淛序及癸丑（1613）喻政自序。此书只有原刊本，现在流传也很少。南京图书馆有一部，原系丁丙的八千卷楼旧藏。书名原只有《茶书》二字，周、谢二序和自序均作《茶书》，总目亦称《茶书》目录。"全集"二字是后人代为加上的。

周、谢二序都说取古人谈茶17种，但是实际有26种，都是前面所提及的比较有名的成卷著作。

明何彬然1619年撰《茶约》一卷。何彬然，蕲水人。此书《四库全书》存目。《四库总目》说："是书成于万历己未（1619）。略仿陆羽《茶经》之例，分种法、审候、采撷、就制、收贮、择水、候汤、器具、酾饮九则。后又附茶九难一则。"

明高元濬 1630 年前撰《茶乘》四卷。此书见《徐（㶿）氏家藏书目》（1630 年左右）及《千顷堂书目》。

明陈克勤 1630 年前撰《茗林》一卷。此书见《徐（㶿）氏家藏书目》及《千顷堂书目》。

明郭三辰撰《茶荚》一卷。见《徐（㶿）氏家藏书目》。

明黄龙德撰《茶说》一卷。见《徐（㶿）氏家藏书目》。

明万邦宁 1630 年前后撰《茗史》二卷。《四库全书》存目，并说："邦宁奉节人。天启壬戌（1622）进士。是书不载焙造煎试诸法，惟杂采古今茗事，多从类书撮录而成，未为博奥。"

明黄钦 1635 年前后撰《茶经》。黄钦，江西新城人，崇祯元年（1628）进士。隐居福山箫曲峰。自制箫曲茶，甚佳。福王时做南京礼部主事，清兵至遇害，时年 61 岁。

明王启茂 1640 年前后撰《茶金堂三昧》一卷。王启茂，湖北石首人。崇祯末，以明经荐，不就。此见《湖北通志·艺文志》谱录类。

明邓志谟 1643 年前后撰《茶酒争奇》二卷。北京图书馆有明刊本。约共32 000字。卷一是作者所写的茶和酒争辩的游戏文章。卷二辑关于茶酒的诗文。

明徐彦登 1643 年前撰《历朝茶马奏议》四卷。此书见《千顷堂书目》及《明史·艺文志》。

冯可宾 1655 年前后撰《岕茶笺》。冯可宾，山东益都人，天启壬戌（1622）进士。刊本有：《广百川学海》本、《昭代（本朝）丛书》本。全篇约1 000字。分为序岕名、论采茶、论蒸茶、论焙茶、论藏茶、辨真赝、论烹茶、品泉水、论茶具、茶壶大小、茶宜、禁忌等 12 则。《昭代丛书》本附录从别的书抄来的有关茶或冯可宾的资料 5 则，又有杨复吉跋。

二、清代茶书目录

清陈鉴 1655 年撰《虎邱茶经注补》一卷。陈鉴大概是广东人，移居苏州。《檀几丛书》有他的著作《操觚十六观》、《江南鱼鲜品》和《虎邱茶经注补》3 种。自序说："予乙未（1655）迁居虎邱，因注之补之。"

全书约3 600字。依照陆羽《茶经》分为 10 目。每目摘录有关的陆羽原文，即在其下加注虎邱茶事。此书专为虎邱茶而写，把有关资料聚集在一起，是其优点。但是编写体例过于别致，内容也很芜杂。

清刘源长 1669 年前后撰《茶史》二卷。刘源长，淮安人。其子谦吉于康熙十四年（1675）刻此书时，源长已卒。

《四库全书》存目，康熙十四年谦吉刊本。雍正六年（1728）其曾孙乃大重刊本。后有康熙中谦吉跋，雍正中乃大跋。前有康熙十四年陆求可序，十六年李仙根序，雍正六年张廷玉序。后并附刻余怀《茶史补》。

全书约33 000字，分二卷。卷一分茶之原始、茶之名产、茶之分产、茶之近品、陆鸿渐品茶之出、唐宋诸名家品茶、袁宏道《龙井记》、采茶、焙茶、藏茶、制茶；卷二分品水、名泉、古今名家品水、欧阳修《大明水记》、欧阳修《浮槎山水记》、叶清臣《述煮茶泉品》、贮水（附泸水、惜水）、汤候、苏廙《十六汤品》、茶具、茶事、茶之隽赏、茶之辨论、茶之高致、茶癖、茶效、古今名家茶咏、杂录、志地。共分子目 30。篇首又有各著述家及陆羽、卢仝事迹。大抵杂引古书，有些有用资料，但颇芜杂。

清余怀 1677 年左右撰《茶史补》一卷。余怀，福建莆田人。著书很多。嗜茶。原撰有《茶苑》一书，稿子被人窃去，后来看到刘源长《茶史》，因删《茶苑》为《茶史补》。全书共2 000多字，大抵杂引古书。

刊本有：康熙戊午（1678）刘谦吉刊本，雍正九年刘乃大重刊本，《昭代丛书》本。前二本都附刊在刘长源《茶史》后，是源长子谦吉移来附刊的。前有谦吉序。《昭代丛书》本增附沙苑侯傅及茶赞，又有杨复吉序。

清蔡方炳 1680 年前后撰《历代茶榷志》一卷。蔡方炳，昆山人，康熙戊午（1678）举人，博学鸿词。撰有《历代马政志》、《广治平略》等 6 部书。增订《广舆记》有康熙丙寅（1686）自序。

此书见《清通志》和《清通考》。

清冒襄 1683 年撰《岕茶汇钞》。冒襄，如皋人，幼有俊才，负时誉。明代荐用不就。入清后著书自娱，宾从燕游极盛一时。康熙三十二年（1693）卒，年 83 岁。

《昭代丛书》本，有张潮序和跋。又《冒氏小品四种》本，光绪三十四年（1908）刊。

全篇约 1 500 多字。记述岕茶的产地、采制、鉴别、烹饮和故事等。有一半是抄来的，其中取材于冯可宾《岕茶笺》的约占三分之一。张潮序论茶的古今之异，也很扼要。

清陆廷灿 1734 年撰《续茶经》三卷附录一卷。陆廷灿，江苏嘉定人，崇安知县。《四库全书》著录。有寿椿堂刊本，前有雍正乙卯（1735）黄叔琳序和自作凡例。

全书分上中下三卷，附录一卷，约共 70 000 字。以陆羽《茶经》另列卷首。分为 10 目。上卷续《茶经》的一之源，二之具，三之造。中卷续《茶经》的四之器。下卷又分上中下：卷下之上续《茶经》的五之煮，六之饮；卷下之中续《茶经》的七之事，八之出；卷下之下续《茶经》的九之略，十之图。另以历代茶法作为附录。自唐至清，茶的产地和采制烹饮方法及其用具，已经与陆羽《茶经》所说的大不相同。虽然所续只是把多种古书的有关资料，摘要分录，不是自写的有系统著作，但是征引繁富，便于参考，颇切实用。

清潘思齐撰《续茶经》二十卷。潘思齐，浙江仁和人。此书见光绪《杭州府志》卷一〇八。

清陈元辅撰《枕山楼茶略》。此书见《静嘉堂文库汉籍分类目录》。

醉茶消客辑《茶书》。南京图书馆藏旧钞本一册。全部是辑录有关茶的诗文。

清程雨亭1897年撰《整饬皖茶文牍》。程雨亭于光绪丁酉（1897）任皖南茶厘局。此书就是辑选在任职时的禀牍文告编成的。《农学丛书》石印本。约共14 000字。前有光绪戊戌（1898）罗振玉序。

三、失传的茶书目录

据万国鼎《茶书总目提要》，失传的茶书有26种，抄录如下。

唐陆羽《顾渚山记》二卷，760年前后撰。见《郡斋读书志》、《直斋书录解题》。唐皮日休《茶中杂咏》序说："余始得季疵书，以为备矣。后又获其《顾渚山记》二篇，其中多茶事。"

唐温庭筠《采茶录》一卷，860年前后撰。温庭筠，太原人。《新唐书·艺文志》小说类、《崇文总目》小说类、《通志艺文略》食货类、《宋史·艺文志》农家类等都著录。《通志》作三卷，其他各书都作一卷。嗣后即不见记载，大概佚失于北宋时。《说郛》、《古今图书集成》中虽有《采茶录》，但仅存辨、嗜、易、苦、致5类6则，共计不足400字。

五代蜀毛文锡《茶谱》一卷，935年前后撰。毛文锡，高阳（今河北高阳）人，唐进士。《崇文总目》、《读书志》、《书录解题》、《通志》、《通考》、《宋史·艺文志》等都有记载。晁氏说："记茶故事，其后附以唐人诗文。"清王谟《汉唐地理书抄》中有此书。宋丁谓《北苑茶录》三卷，999年左右撰。丁谓，江苏长洲（吴县）人。《崇文总目》、《通志》、《读书志》、《通考》、《宋史》都有记载。《读书志》、《通考》作《建安茶录》、《世善堂目》且作《建安茶录》一卷。书名和卷数都不一致。

《郡斋读书志》说："丁谓咸平中为闽漕，监督州史，创造规模，精致严谨。录其园焙之数，图其器具，及叙采制入贡法式。"
蔡襄《茶录》说："丁谓茶图，独论采造之本，至于烹试，曾未
有闻。"

宋周绛《补茶经》一卷，1012 年前后撰。此书见于《郡斋
读书志》、《直斋书录解题》，亦见于宋绍兴《秘书省续编到四库
阙书目》。

宋刘异《北苑拾遗》一卷，1041 年撰。《书录解题》说"庆
历元年（1041）序。"《秘书省续编到四库阙书目》、《郡斋读书
志》、《通志》、《通考》、《宋史·艺文志》都有记载。

宋沈立《茶法易览》十卷，1057 年撰。沈立，历阳（今安
徽和县）人。《通志·艺文略》、《秘书省续编到四库阙书目》、
《宋史·食货志》都说十卷。《宋史》本传说，沈立著《茶法要
览》。

宋吕惠卿《建安茶记》一卷，1080 年撰。吕惠卿，晋江人。
《郡斋读书志》、《通考》、《宋史》都有记载，但《宋史》作《建
安茶用记》二卷。

宋王端礼《茶谱》，1100 年撰。王端礼，吉水人。见江西
《吉水县志》。

宋蔡宗颜《茶谱遗事》一卷，1150 年前撰。见《通志艺文
略》食货类。

宋曾伉《茶苑总录》十二卷，1150 年前撰。《通志艺文略》
食货类作十四卷。《秘书省续编到四库阙书目》农家类、《文献通
考》作十二卷。

无名氏《北苑煎茶法》一卷，1150 年前撰。见《通志·艺
文略》食货类。

无名氏《茶法总例》一卷，1150 年前撰。见《通志·艺文
略》刑法类。

宋章炳文《壑源茶录》一卷，1279 年前撰。见《宋史·艺
文志》农家类。

无名氏《茶苑杂录》一卷，1279 年前撰。见《宋史·艺文志》农家类。

无名氏《泉评茶辨》，1545 年前后撰。见《天一阁藏书目录》抄本 1 册。

明朱曰藩、盛时泰《茶事汇辑》四卷，1550 年前后撰。朱曰藩，宝应人，嘉靖甲辰（1544）进士。盛时泰，上元人。见《徐氏家藏书目》、《千顷堂书目》食货类。并说一名《茶薮》。

无名氏《茶品要论》一卷，1610 年前后撰。见明祁承㸁《澹生堂藏书目》闲适类。

无名氏《茶品集录》一卷，同上。

明程伯二《品茶要录补》一卷，1643 年前后撰。见《千顷堂书目》食货类。

清鲍承荫《茶马政要》七卷，1644 年前后撰。安徽通志馆《艺文考》说，鲍承阴，歙人。见《绛云楼书目》及《传是楼书目》。绛云楼顺治七年（1650）失火烧毁，鲍氏至少应是明末清初的人。

万国鼎在 1958 年编的《茶书总目提要》还未收入的有：温从云、段碻之《补茶事》，释皎然《茶诀》三卷，裴汶《茶述》，沈括《茶论》，张文规《造茶杂录》，范逵《龙焙美成茶录》，罗大经《建茶论》，陆鲁山《品茶》一篇，桑庄茹芝《续茶谱》，李日华《竹懒茶衡》，卜万祺《松寮茗政》，吕仲吉《茶记》，周庆叔《芥茶别论》，邢士襄《茶说》，赵长白《茶史》，吴从先《茶说》，衷仲儒《武夷茶说》，朱硕儒《茶谱》（见黄与坚集），王象晋《群芳谱，茶谱》，佩文斋《广群芳谱·茶谱》等数十种。

历代茶业专书，自唐陆羽《茶经》至清末程雨亭《整饬皖茶文牍》共计 110 多种。其中茶法和杂记及其他 26，茶谱 15，茶录 13，茶经 9，煎茶品茶 9，水品 5、茶论、茶说、茶史各 4，茶笺，茶记、茶集、茶书各 2，茶疏、茶考、茶述、茶辨、茶事、茶诀、茶约、茶衡、茶铛、茶乘、茶话、茶荚、茗谭各1。绝大多数都是大文豪或大官吏所作。上至宋徽宗皇帝,下至清末"明季诸生"刘长源。由此可见历代茶业与政治、经济和文化有密切关系。

专门研究者,除陆羽外,罕有其人。栽茶和蒸青制茶的研究,始于唐陆羽;品茶研究,始于宋蔡襄;炒青制茶研究,始于明朝,以许次纾的《茶疏》、闻龙的《茶笺》较有现实意义。品茶品水著作,有些可供今天审评茶叶参考。

日本东方文化研究所佐伯富于昭和十六年(1941)6月搜集我国宋朝茶业史料,编成《宋代茶法研究资料》一大本。重磅道林纸16开精装本。凡例3页,总目次311页,我国宋代茶法历史资料901页,计1 215页。可见外国人对我国茶史研究是多么重视。

从这些古书中,不但可以详细看到我国茶业的起源、发展及兴衰,历代茶品、煎茶方法的变迁,而且可以具体了解历代茶业与政治、经济、文化的关系,劳动人民的创造发明以及封建统治阶级的贪婪残忍。如能把这100多本茶书汇集印成一部"历代茶业全书",作为后人学习茶业的基本知识,那是对发展茶叶生产很有价值的一件工作。

第四节　国外茶业文献提要

各国的茶业文献,浩如烟海。作者收集到的有限,很可能还有很多更能说明问题或更为重要的论述,未被发现而漏选。

有系统的比较全面的茶书,如栽培学或制茶学,是记述各国茶叶生产发展情况及其全部技术措施的专著。为节省篇幅,提要从略,仅记书名和著作人,以便读者查阅。

茶叶化学的著作已另编入《茶叶化学发展史》,不在这里重复。

一、18 世纪以前的茶业文献

从我国历代的茶业著作中，可以看出我国茶叶生产和茶叶科学，早已十分发达，对世界茶业的发展和茶业科学的进步做出了宝贵的贡献。18 世纪以前，国外茶业文献仅限于记述有关我国茶事的见闻，或摘抄我国介绍茶叶生产经验的书籍，以供本国发展茶叶生产的参考。

1191 年日僧长永齐著《种茶法》，内容很简单，但为日本茶书的鼻祖。

1191 年日本寺僧荣西来我国留学，回国后著《吃茶养生记》，为日本第一部茶书。说饮茶可以治病养生。经此宣传，向为僧侣及贵族所专享受的茶叶，逐渐普及于民间。

1559 年，威尼斯著名作家拉摩晓（1485—1557）著《茶之摘记》、《中国茶摘记》和《旅行劄记》3 书出版，是欧洲最早述及茶叶的著作。书中记载波斯开兰自印度萨迦（Sakkar）返威尼斯后说："大秦国有一种植物，其叶片供饮用，众人称之曰中国茶，视为贵重食品。此茶生长于中国四川嘉州府（今四川乐山县）。其鲜叶或干叶，用水煎沸，空腹饮服，煎汁一二杯，可以去身热、头痛、胃痛、腰痛或关节痛。此外尚有种种疾病，以茶治疗亦很有效。如饮食过度，胃中感受不快，饮此汁少许，不久即可消化。故茶为一般人所珍视，为旅行家所必备之物品。"

1567 年，俄国人彼得洛夫和雅里谢夫向本国介绍报导茶树的新闻，为俄国茶事记载之开端。

1588 年，罗马出版马费（Giovanni Maffei）用拉丁文写的《印度史》。书中记载日本人饮酒，常用沸水混以茶叶粉末。所用茶叶制造甚精，饮时备有盖碗。迎送宾客时，常常捧茶奉敬。

1597 年，伊朗巴亨（Johann Bauhin）著《植物学》，述及种茶概要。

1598 年，伦敦出版荷兰旅行家林楚登（Jan Hugo Van Linschooten，1563—1635）用拉丁文写的《航海与旅行》，内有茶事记载。1595—1596 年，荷兰出版林楚登用荷兰文写的《旅行谈》。在荷文书刊中，这是最早述及茶叶的著作。从书中可以概括了解日本早期饮茶的习惯与仪式。

1598 年，《旅行谈》一书由作者本人译成英文《林楚登旅行记（Linschofen's Travels）》在英国出版，为英国首先记载茶的文献。当时英国人称茶为"Chaa"。

1610 年，罗马出版德立高特（Padre N. Trigault）编的《里采（Padre M. Ricci，1552—1610）在中国的日记》。里采自 1601 年至死，曾任当时中国政府的科学顾问。他的茶叶记述，不仅详及茶价，而且比较中日两国制茶和泡饮方法。

1623 年出版的瑞士博物学家巴亨（Gaspard Banhin）《山茶植物（Theatri Botanic）》一书有茶的记载。

1635 年，德国医生罗斯托克（Rostock）出版鲍利（Simon Pauli，1603—1680）《滥用烟茶之评论》。书中说："一般所称茶的功效，或只适于东方；在欧洲气候条件下，其功效则已消失。如用作医药，反有危险。凡饮茶可以折寿，尤以 40 岁以上之人为然。"事实充分证明这种论断是完全错误的。

1662 年，伦敦出版戴维斯（John Davis）译《大使游记（Travels of the Ambassadors）》，说波斯语茶字亦由汉语演变而来。1633 年，荷尔斯坦（Holsten）公爵在出使波斯时写的报告说，波斯人极嗜饮茶，茶叶是向蒙古人购来的。

1662 年，伦敦出版荷兰驻波斯公使亚丹·奥列林斯（Adam Olearins）著《公使旅行记》一书，称波斯民间颇多名贵茶叶，用水煮沸，俟其苦味泡出而呈黑色时，乃加以茴香、茴香实、丁香及糖等，混合饮用。

1665 年，阿姆斯特丹出版尼安列柯（Jean Nienlekoe，1630—1672）著《出使中国皇朝记》，记述他于 1655 年出任驻中国代表，曾参加中国政府在广州城外为招待各国公使举行的宴会。宴席开始时，端上若干瓶茶，供各公使饮用。先以半握茶叶投于清水，乃煎至剩三分之二，再加以热牛乳，其量约为四分之一，略加食盐，乘其极热时饮之。

1679 年，医学家彭得科（Cornelis Bontekoe）所著《咖啡·茶·可可》一书译成多国文字出版，风行欧洲。

同年，海牙出版彭得科所著《茶叶美谈》一书，劝人每日饮茶 8～10 杯，但即使饮 50 杯乃至 100 杯，甚至 200 杯亦属无碍，并说他自己亦常如此大量饮茶。彭得科是应荷兰东印度公司之请，而撰写颂扬茶叶之文章。以此扩大宣传，帮助东印度公司开展茶叶贸易。

二、20 世纪以前的茶业著作

18 世纪初期，许多国家传教士来我国传教。他们在旅居我国期间，亦学习饮茶，并向国外介绍我国茶叶生产情况。到了 18 世纪中期，我国茶叶开始输出，于是不少国家争先恐后地发展茶业，出版茶业著作，介绍我国栽茶制茶的经验，以指导本国的茶叶生产。

1713 年巴黎出版、1733 年伦敦出版雷瑙杜德（Eusèbe Renaudot）译《印度和中国古代记事》（Ancient Account of India and China，两个 9 世纪阿拉伯旅行家讲述，附有注释和插图）。书中说茶叶在中国是普遍饮料，中国人以沸水冲茶，饮其液汁；并说饮茶可以防百病。阿拉伯人称茶为"thah"。

1750 年，伦敦出版苏格兰医学家肖特（Thomas short，1690—1772）著《论茶、糖、牛乳、酒和烟》。说欧洲人最初（1610）订购绿茶，后改武夷茶。

1790 年，里斯本出版《Flora Cochin Chinensis》。若干植物学家认为鲁利罗（Joao de Loureiro，1715—1796）所定名的广东变种（Variety Cantonensis）亦颇重要。广东变种高约 4 英尺，枝条甚密，叶为披针形，有锐齿，平滑而较厚，甚短，花单生，果实三房及三裂。

1818 年，伦敦出版斯威特（Robert Sweet，1783—1835）著《Hortus Sububanus Londonensis》。记述茶树学名，最初以 Thea 与 Camellia 二属合并，而冠以 Camellia 之名。

1822 年，德国博物学家兼物理学家林克（Heinrich Frederick Link，1767—1851）著书，采用斯威特的分类法。

1848 年，伦敦出版鲍尔（Samuel Ball）著《中国茶叶的栽培与制造》，认为依据古代习惯及传说，多数药用植物以及茶叶的发现，应归功于神农氏，故推定茶叶起源于神农时代，当非凭空判断。

1871 年，加尔各答出版瓦斯通（J. F. Waston）著《印度茶叶制造审评》，记述 1865 年和 1868 年发明干燥机。

1872 年，伦敦出版麦内（Edward Money）著《茶叶栽培与制造》，主张制茶的 12 道工序应减至 5 道工序。干燥时间应从 20 小时减至 4 小时。

1873 年，费城出版爱丁格（F. M. Etting）著《1773 年费城茶会》，记述当时费城抗茶会反抗印花税法，拒绝英国茶叶入港的情况。

1874 年，伦敦出版《孟加拉茶叶汇报》，记述茶商争夺开垦茶园的情形。

1877 年，加尔各答出版贝尔登（Samuel Baildon）著《阿萨姆的茶树》，提出印度是茶树原产地，认为中国与日本约在1 200余年以前，由印度输入茶树。这种看法毫无根据。他不知道中国两三千年前就已开始饮茶。

1878 年，伦敦再版麦内著《茶叶栽培与制造》。同年还有哥罗尼尔摩尼著《红茶说》（多田元吉评注）、多田元吉著《红茶制造纂要》出版。

1880 后，一个无名制茶家写信给加尔各答罗里（Lawrie）公司，内云："锅炒与文火干燥二法，约自 1871 年起即不再采用。余认为暂缓装箱之茶仍须采用锅炒。老种植者亦常用锅炒焙自用之茶，因可使之耐久而味美。"

1884 年，波士顿出版德拉克（Francis S. Drake）著《茶叶》，记述 1760 年至 1765 年妇人赴会常各携茶杯、碟、匙，杯为上等瓷器，形甚小，如普通葡萄酒杯。该书还记述英国政府利用东印度公司统制殖民地的茶叶，颁布茶叶法，横征暴敛，引起殖民地人民的怨愤，爱国妇女也积极投入反对茶叶法的斗争。

1885 年，爪哇植茶者索卡波密农业协会秘书蒙特（G. C. F. Mundt）著《锡兰与爪哇》，介绍考察锡兰（今斯里兰卡）茶业的结果。

1887 年，伦敦出版怀德（J. Berrey White）著《印度茶业五十年盛衰记》。

1893 年，上海出版在北京俄国公使馆工作的德国著名植物学家布勒雪尼杜（Emil Bretschneidor，1833—1901）著《Bolanicon Sinicum》，说《世说》记载惠帝司马衷（290—306 年在位）的岳父王濛好饮茶，显系指茶而言。

1894 年，印度茶叶试验场出版罗曼（C. E. J. Lohmann）著《茶叶调查报告（第一次）》。记述在植物园农业化学实验室内研究茶树栽培的情况。

1896 年，在中国教会工作的医生多格逊（John Dudgson）著《中国的饮料》（The Beverages of the Chinese），据《康熙字典》解释荼字："久为荼即古代之茶，但不知荼有几种，惟槚、苦荼之荼即现今之茶。孙炎说荼并非清净植物，亦非苦菜。"

1898 年至 1924 年，班伯（M. K. Bamber）著《关于茶叶化学与农业》，并与金福德（A. C. Kingford）合著《爪哇、台湾和日本茶业报告》。

1898 年，伦敦出版瓦特（George Watt）著《茶树病虫害》。茶叶生产发展初期，就研究病虫害问题，这与茶业发展之迅速不无关系。

三、20 世纪 60 年代以前的茶业著作

20 世纪初的文献，主要记述我国茶业历史和各国茶叶生产的发展。20 世纪 30—40 年代的文献，大部分记述茶业科学技术的发展。50—60 年代的文献，都是专门著作。近年来茶叶生产迅猛发展，同茶业科学技术的研究成果有直接关系。

1902 年，波士顿和东京出版勃林克莱（F. Brinkley）著《中国的历史、艺术和文学》（China，its History，Arts and Literature），说公元 5 世纪末，土耳其商队出现于华北边疆地区，中国茶叶首先成为输出品。其后，阿拉伯人从乌兹别克蒙古人那里购买中国茶。

1904 年，霍奇逊（James Hutchison）著《中国台湾乌龙茶栽培与制造报告》。

1907 年，科伦坡再版班伯和金福德合著的《爪哇、台湾和日本茶业报告》。详细阐述修剪茶树的时期和方法。

1907 年，瓦特（Geogre Watt）发表《茶叶和茶》（Tea and Tea Plant）论文，载于皇家园艺学会杂志第 32 卷。

1908 年，伦敦出版曼、瓦特合著《茶树病虫害之研究》，详述印度茶树病虫害和防治方法。

1908 年，纽约出版瓦特著《印度的商品生产》（Commercial Products of lndia）。说尖萼变种恐为制茶用茶树中之最热带性者，是产于新加坡及庇南（Penang）的一种茶树。把茶的学名定为"Camellia Thea Link"。

1909 年，日本译村真著《制茶论》，是日本最早研究制茶的著作。

1909 年，纽约出版厄利（Alice Morse Earle）著《新英格兰古时习俗与时尚》。记述新英格兰采制茶叶与古时情形相同，因缺乏烹制茶叶知识，发生许多意外事件。在沙伦（Salem），将茶叶煮沸很久，俟成为极苦煎汁，不加牛乳和糖而啜饮；或者用

盐加牛酪而食。亦有若干城市，将茶液弃掉，仅食煮后之叶。

1913 年，陈德勒（S. E. Chandler）定茶的学名为"Camellia Thea"。（见伦敦出版的《皇家学院公报》卷 2）

1914 年，加尔各答出版霍庇、卡奔德合著《现代茶树修剪方法》（Some Aspects of Modern Tea Pruning），详述剪枝方法。剪枝分 5 个步骤：①剪去所有弱枝及不能生长的小枝；②除去死株及断枝；③产量甚多的新株，其嫩枝只留一二枝，最外的枝条如非必须修剪则保留；④刈去修剪后新抽小侧枝，以减少侧枝的生长，而留少数强壮枝条；⑤新出芽一律剪至 6 英寸长。

1914 年，加尔各答出版霍庇著《波斯里海省的茶树栽培》（The Cultivation of Tea in the Caspian Province of Persia），记述伊朗茶叶生产方法。

1914 年，纽约出版勒次（Albert E. Leach）著《食物检验和分析》（Food Inspection and Analysis），记述着色茶叶的色料性质。

1916 年，巴达维亚出版李普曼（S. Leefmans）著《茶蚊之研究》，记述茶蚊生长的规律及其防治办法。

1916 年，加尔各答出版霍庇著《爪哇、苏门答腊茶叶生产概况报告》（Report on Certain Aspects of the Tea Industry of Java and Sumatra）。报告中说，在巴达维亚及布林加州的广大产茶地区，几全为第三纪的土壤，而大部分包含最近由玄武岩及安山岩火山所分解的火山土。

1919 年，芝加哥出版南尼斐（Bernard Lanufer）著《Irano-Sinica》。译茶为"Sax"，系由广东语"茶叶"直接演变而来。

1919 年，茂物出版柯汉（C. P. Cohen）著《Handelingen van net Eerste Ned》。说茶芽能产生一种胶质，倘一锯齿脱落时，在叶上遗一棕色疤痕，而有一小叶脉通至疤痕。

1920 年，加尔各答出版乔治（Charles G. Judge）著《绿茶》，记述印度绿茶制法。

1922 年，加尔各答出版巴尔德（Laud Bald）著《印度茶之栽培与制造》。作者认为发育不良的芽叶，是由于根部养分供给不足或过度采摘造成的，经相当时期的休眠还能再行活动而向上发育。反对从速采去的众论。

1922 年，卡品忒、库柏（H. R. Cooper）合著《影响茶叶品质的因素》（Factors Affecting the Quality of Tea），载《印度茶业协会季刊》第 2 部。文章说，采叶放在篮中数小时，堆积过多，中间发热，茶叶变红，影响茶叶品质，多酚类物质往往减去一半。

1922 年，加尔各答出版巴尔德著《印度茶的栽制》（Indian Tea，Its Culture and Manufacture），详述茶籽选择、播种数量、苗圃播种距离和每英亩株数，以及红茶制法。

1922 年，科伦坡出版梅彼特（H. J. Meppett）著《制茶理论与实践》（Tea Manufacture，Its Theory and Practice），说揉捻方法，愈慢愈好，普通每分钟四五转。过分萎凋叶，酌情于揉捻时泼入一勺水。

1923 年，伦敦出版安德纽（E. A. Andnews）著《防治茶蚊的因子》。

1923 年，巴达维亚出版考社尼（A. A. M. N. Keuchenius）著《茶树无性繁殖》（Vegetative Propagation of Tea），记述各种无性繁殖方法，如顶接法、长方芽接法、直干压条法、压条法及插枝法等的结果。同时指出，半裂接枝法、盾形芽接法、包被芽接法、连枝接枝法及冠接法等，不适用于茶树。

1923 年，科伦坡出版茶叶研究所所长彼茨（T. Petch）著《茶树病害》（The Diseases of the Tea Bush），记述 60 余种病害，并指出在普通茶树生长环境里，亦会有病虫发生。定期剪枝和有规则地进行施肥，有助于抑止病害。茶丛渐老时，病害亦渐增加。

1923 年，科伦坡出版怀德海著《Notes on the Artificial

Withering of Tea Leaf》。利用烘干机的废余湿热空气送至楼上萎凋室调节相对湿度或空气干燥力。

1923 年，格林尼许（Henry C. Greenish）著《食物和药品检查》（The Microscopical Examination of Food and Drugs），记述茶叶特征、叶边的锯齿及其脱落后的疤痕。

1924 年，基克霍芬（A. R. W. Kerkhoven）著《茶园水潭》（Wash in Tea Gardens），认为设置蓄水潭对山区茶园极为有用。第一，大雨后，水潭能容蓄相当水量，使水能有时间渗入地下；第二，雨水冲去表土，在水潭中沉积后，再可挖出而移于地面。渗透性不大之土壤水潭能积满一日或一日以上的水量。水之储蓄，对防止冲刷，则极重要。

1924 年，《印度茶业协会季刊》第 3 部载库柏著《茶园苗圃》（Tea Nurseries），介绍如何建立和管理苗圃。

1924 年，《印度茶业协会季刊》第 4 部载哈利（C. R. Harler）著《锡兰茶业》（Tea in Ceylon）。文章指出斯里兰卡茶园土壤化学性质与阿萨姆不同。

1924 年，《热带农业》（The Tropical Agriculture）第 13 卷第 6 期刊彼茨著《遮荫植物》（Cover Plants）。文章说，栽植豆科植物宜覆土，目的在于防止土壤冲刷，并使土壤肥沃。

1925 年，马德拉斯南印度种植者协会科学部出版梦多（D. G. Munto）写的《1924—1925 年度报告》（Report on Tour in for 1924—1925 year），报告大吉岭气候。

1925 年，科伦坡出版罗德福尔（H. K. Rutherford）著《锡兰种植者》（Ceylon Planters）。书中写道，茶树连续采摘一年以上，元气大损，故须施行剪枝，除去多余之枝干。剪枝在茶园管理中很重要。在阴雨连绵的茶区，剪枝须长年进行。剪枝时期视高度、土壤、品种、耕耘及采摘而异，普通每隔 1～3 年进行一次。

1926 年，《印度茶业协会季刊》第 1、2 部刊出卡奔德、哈利合著《红茶制造的基本原理》。

1926年，科伦坡出版伊里奥特（E. C. Elliott）和怀德海合著《锡兰茶业》（Tea Planting in Ceylon），记述有少数茶园专以老茶树剪枝刈下之枝干，繁殖成茶树。虽生长良好，但此法仍未被普遍采用。

1926年，日本译村真著《茶叶化学》。他汇集很多茶叶化学分析资料，编成世界第一部茶叶化学专著。

1928年，《印度茶业协会季刊》第2部（专刊）载哈利著《红茶制造的水分变化》（Moisture During the Manufacture of Black Tea），记述印度制造红茶过程中的水分变化：鲜叶约77％，萎凋叶约66％，"发酵"叶约66％，毛火叶约30％，足火约3％，装箱约6％。

1929年，伦敦出版鲍尔写的《农业部报告》。报告说，坦噶尼喀西南高原，雨量丰富，适宜植茶，有生产优良茶叶的前景。这是当年一篇重要的农业报告。

1931年，《印度茶业协会季刊》第3部载腾斯塔尔（A. C. Tunstall）著《重剪与茎部病害》（Heavy Pruning and Stem Disease）。指出茶树受到多数微菌之袭击，大都由于耕作不善。所以，注意栽培方法，亦可抑制微菌之生长。经研究后进行采摘或修剪时，如留叶较多，亦可防止严重的病害。

1932年，《印度茶业协会季刊》第2部刊出曼（Harold H. Mann）著《佐治亚州茶业的新发展》（The Recent Tea Development in Georgia）。文章引佐治亚州权威人士的话说，该州可使机械制茶达到完全自动化的程度，而世界其他地方均未达到这一目标。

1932年，团斯（J. J. B. Deuss）著《Overdruk nit het Nedrlandse》，说茶叶着色如混有铅，则绝不能作为饮料，仅可作为提取茶素之用。

1933年，伦敦出版曼著《尼亚萨兰茶树栽培及发展》（The

Cultivation of Tea and its Development in Nyasaland）。记述尼亚萨兰（即马拉维）茶叶生产及发展状况。

1933 年，伦敦出版曼著《坦噶尼喀高原茶的栽培和发展》（Report on Tea Cultivation in Tanganyika Territory and it Development），介绍发展该地区茶叶生产的政策。

1933 年，哈利（C. R. Hanler）著《茶的栽制》。

1934 年，日本田边贡著《实验茶树栽培及制茶法》。全书分总论、茶树栽培和制茶法 3 部分。

1935 年，日本武居三吉、山本亮发表研究红绿茶香气的专文，对茶的香气阐述颇详。

1935 年，纽约出版威廉·乌克斯（William H. Ukers）著《茶叶全书》（All About Tea），共 6 篇。第一篇谈历史方面，从我国茶之起源到世界各国栽茶成功；第二篇谈技术方面，从茶叶特性一直到制茶机器之发展；第三篇谈科学方面，从茶字源学一直到茶与卫生；第四篇谈商业方面；第五篇谈社会方面；第六篇谈艺术方面。最后是附录。全书计 54 章，1 152 页，约 60 万字，是世界上篇幅最多的茶业著作。所搜资料包罗万象，为研究世界茶业历史的良好参考资料，惜欠系统性的记述。

1937 年，日本出版村要三郎著《手制茶与机制茶》。

1939 年，日本法藏馆出版荣西禅师著、诸冈存源校注《吃茶养生记》。

1939 年，莫斯科出版加利茨基（Б. А. Галицкий）著《茶叶压造工厂水分设备的建设应用与供应》。

1941 年，日本东方文化研究所出版佐伯富编《宋代茶法研究资料》。

1943 年，日本河出书房出版加藤博著《茶之科学》。该书包括茶类，世界茶叶产销概况、茶树栽培、制茶、茶化、茶的鉴别和贮藏等内容；并发表了有关茶叶化学的研究成果，分析茶树生育与水分、咖啡碱，"单宁"（现称多酚类化合物）、可溶分、蛋白质、粗纤维、粗灰分、醚浸出物的变化。指出在制茶过程中，蛋白质、咖啡碱趋向于逐渐减少；反之，醚浸出物显著增加。在新梢生育中，减少的成分为粗蛋白、咖啡碱、"单宁"、全氮量，增加的成分为醚浸出物、粗纤维。覆下芽的咖啡碱、全氮量显著多，氨基酸也多，但"单宁"、粗纤维因日光而少量减少。遮断日光，茶芽明显呈浓绿色，叶绿素显著增加。还有胡萝卜素，也是覆下茶园多。

1948 年，莫斯科出版巴赫达捷（K. E. Бахтадзе）著《茶树生物学、选种及良种繁殖》（Биология，Селекцчя и Семеноводство Цайного Растения）。

1949 年，莫斯科出版卡瓦拉茨卡娅，亚库洛娃、康达利娅等著《植茶》（Кулътура Чая），1954 年金义暄译为《茶作学》，由中华书局出版。书中突出米丘林农业生物学在茶作学上的应用。

1950 年，莫斯科出版别列兹诺伊（И. М. Бережной）、伊凡诺夫（А. Н. Иванов）、谢里茨基（И. М. Селецкий）等著《茶树培植》（Кулътура Чая）。主要记述等高条植和留叶采摘。

1950 年，别列兹诺伊著《苏联的茶叶》。主要内容是介绍苏联茶叶发展历史，论述茶树生物学和茶树繁殖方法以及栽茶技术。

1950 年，日本东京地球出版株式会社出版石川正夫著《最新茶树栽培及制茶法》。第一章总论，记述日本饮茶栽茶的历史、茶叶性状和种类。第二章茶树栽培，评述病虫害的防治。第三章制茶，介绍日本蒸青绿茶的手工和机器制法，以及红茶的制法。第四章谈茶业经营问题。

1951 年，日本加藤祐也著《茶业读本》。内容有日本茶业历史、茶树栽培、制茶贩卖、茶叶检验、世界茶叶产销情况、各国饮茶风俗习惯、茶的药效、茶道等。

1952 年，东京出版押田干太著《茶论》。书中详述日本茶树栽培和蒸青绿茶制法。

1953 年，莫斯科出版契赫伊泽（И. И. Чхаидзе）著《外喀尔巴阡地区的茶树栽培》（Культура Чая В Закардатбе）。

1953 年，中华书局出版英国巴尔德著《印度茶的栽培和制造》（Indian Tea，Its Culture and Manufacture，张堂恒译）第 5版，即由哈利逊（C. J. Harrison）全部修正的版本。内容偏重茶树栽培和红茶制法。

1954 年，莫斯科出版基斯利克夫著《茶及其在新区的栽培》（Чай и его Культура В Новых Районах）。

1954 年，莫斯科出版乔马济泽（Т. С. Джомарджидзе）著《茶厂设备》（Оборудование Чайиых Фабрик）。主要是阐述制茶机器的构造原理和操作方法，特别是详述萎凋机的原理和操作。

1954 年，苏联柯巴喜泽（Д. Н. Кобахидзе）著《苏联茶场虫害》（Вредиые Насекомые Чайных Плантаций СССР）。记述格鲁吉亚发生温室蓟马、欧洲蝼蛄和各种介壳虫的性状及防治方法。

1955 年，霍卓拉瓦（Хочолава И. А.）著《Технология Чая》。钱梁、黄清云译成《制茶工艺学》，于 1957 年 10 月由科学技术出版社出版。这是苏联第一本《制茶学》，内分：第一章，茶树的植物学特征；第二章，茶叶主要成分；第三章，优良产品对原料的要求；第四章，原料基地与茶厂的联系；第五章，从制造方法来看茶叶的主要分类；第六章，红茶的制造（本章内容很多）；第七章，绿茶的制造；第八章，青砖茶的制造；第九章，关于苏联茶叶的品质问题。这本书化学分析数字很多，可供参考。

1956 年，科伦坡出版岂美塞德（E. L. Kevised）著《锡兰茶叶制造》（Tea Manufacture in Ceylon）。陈舜年根据 1958 年第 2版（修订本）译为《锡兰红茶制造》，于 1964 年由财经出版社出版。本书特点是：

第一，有些制茶工作者还假定茶叶的主要成分是单宁或单宁酸，认为在"发酵"过程中，单宁被酵母和细菌"发酵"，因而失去其收敛性和苦味，获得色泽和香气。这个概念是错误的，因为茶叶并不含有任何单宁或单宁酸。

第二，酶的氧化作用依赖于氧气的供给和一种胶质物的发展。果胶转化到果胶酸的进程，比氧化物质的氧化稍慢。所以氧化作用应在果胶酸缓慢地氧化以前尽速地进行，这是很重要的。如叶中含果胶较多，在揉捻和"发酵"的较前阶段即可促进"发酵"的速度。品质好的鲜叶，果胶比较丰富的，"发酵"的氧化部分必须以重揉的方法尽可能地加速进行。

第三，详述揉捻盘棱骨的改进及各种图形。为了改进揉捻效率，设计圆锥形或圆柱形的"顶芯"（Cone），揉盘螺旋的刀切棱骨，增加细茶的生产。

1957 年，日本岛根农科大学教授押田干太著《茶编》，东京养贤堂发行。主要内容是：

第一章总论，吃茶的起源及茶树原产地，栽培的起源及现代主要产地。第二章性状、分类及制茶种类。第三章栽培。第四章制茶法：第一节谈绿茶制法；第二节谈红茶制法。

1958 年，莫斯科出版杰姆哈泽（К. М. Джемухадзе）著《制茶的生物化学检验原理》（Оснобы Биохимического Контроля Чайного Производства）。

1958 年，莫斯科出版包库采娃（М. А. Бокучава）著《茶与制茶的生物化学》（Биохимия Чая И Чайного Производства）。

第六章　制茶的发展

第一节　制茶发展的历史条件

茶性味苦，古时曾有一段时期，在某些地方叫苦菜。把茶变为普通饮料，必须经过加工，改变它的性质。在加工过程中，历代劳动人民不断总结经验，革新技术，改进工艺，以逐步提高茶叶品质。

我国是最早栽茶制茶的国家。制法的精巧以及茶类的多样化，是世界其他产茶国家所不及的。我国制茶之所以能够得到迅速发展，固然是得利于优越的自然环境，但与一定的历史条件和广大茶农茶工的辛勤劳动也是分不开的。印度的自然条件与我国西南茶区相差不大，可是直到19世纪初才发现野生茶树，比我国发现野生茶树的时期晚三四千年。

一、唐前的历史条件

据《神农本草》记载，神农尝百草疗疾，茶是其中之一。茶叶既然有治病的功效，自然就会引起人们的重视。但在当时，野生茶树不多，茶叶不容易得到。物以稀为贵，人们视茶叶为珍贵物品是很自然的事。

到了周朝（公元前11世纪—前256），开始设置管茶的官吏。不仅把茶叶用在丧事上，而且推广作为祭祀用品。这些事例，都是珍视茶叶的具体表现。当时人民最尊敬祖先，积极创造敬献祖先的珍贵祭品。这样，制茶技术也就得到了发展的机会。为了随时供丧事之用，必须采取晒干收藏的技术措施。

贵重的物品，大家都想了解和享用，这也是在情理之中。

据《晏子春秋》，战国时代，即公元前 6 世纪，我国人民就把茶叶作菜食了。

到了西汉，茶叶变成高贵饮料，为皇帝贵族所独享。西汉后期，成为主要商品之一。到了东汉，名医华佗《食论》说，饮茶益思。于是饮茶就逐渐普及民间。

晋朝，饮茶的记事很多。公元 3 世纪至 4 世纪，西晋张载、左思、郭璞等人的著作里都曾提及茶事。特别是郭璞（276—322），把对茶树的认识写在《尔雅注》里，阐明茶树的性状。既然对茶树有了一定的认识，也就必然要研究茶叶栽制技术。

东晋，饮茶的记事也不少。饮茶有清醒除眠的功效，人们早已知道了。饮茶风气也逐渐扩大，尤其是贡茶的出现，更引起人们对茶叶的重视。元帝时，温峤都督江州，官于宣城，上表贡茶 1 000 斤，是贡茶最早的记载。

东晋传入佛教后，六朝佛教盛行。和尚通过饮茶解除坐禅瞌睡，所以大力提倡饮茶。那时，茶树大都栽在寺院和宫庙内。为了使茶味适合众多和尚的需要，逐年改进制法，也是必然的事。

到了北魏，张揖《广雅》已经说明了饼茶的制法。

二、唐宋的历史条件

茶叶既然随着制法的改进，逐渐成为良好饮料，封建统治阶级当然是要独占的。到了中唐，就建立"贡茶"制度，劳动人民每年生产高级团茶进贡皇室。贡茶制度是封建统治阶级对劳动人民进行残酷剥削的手段之一。

贡茶制度引起士大夫和有闲阶级对茶叶的重视，使他们更加钻研茶叶知识。这对制茶技术的发展，也起了一点作用。当然，制茶技术改革主要是靠广大劳动人民的生产实践。

　　肃宗至德、乾元年间（756—760），回纥入朝驱马市茶，开展茶马交易；德宗建中元年（780），天下茶税什取其一；穆宗长庆元年（821），增天下茶税，百钱增五十。茶既是当时封建统治者的主要税入，所以对茶叶生产相当重视。

　　唐代，表面上都是太平无事，大力提倡写文章。文人学士遂饮茶以清醒头脑，增长写作的思维能力。一部分文人以茶为写诗著文的对象。如李白写《玉泉山仙人掌茶诗》，柳宗元写《竹间自采茶诗》和《为武中丞谢赐新茶表》，吕温写《三月三日茶宴序》，皮日休写《茶中杂咏序》，刘禹锡写《西山兰若试茶歌》，韦应物写《喜园中茶生诗》，白居易写《睡后茶兴忆杨同州诗》，以及温庭筠写《采茶歌》，等等。这样，就造成饮茶和研究茶叶的浓厚空气。茶叶栽制技术也随之成为科学研究的对象，得到了很快的发展。陆羽《茶经》对制茶和栽茶的理论、技术，均有详细阐述。

　　当时，卢仝作《茶歌》宣传饮茶的好处，使饮茶风气传播到民间，甚至成为交际手段。劳动人民对饮茶的好处当然也有了亲身体会，于是更加努力搞好茶叶生产，改革制茶技术，从而促进了茶业的发展。

　　到了宋代，饮茶更为普遍。王安石议茶法说："夫茶之为民用，等于米盐，不可一日以无。"制茶和贸易都有了很大发展，茶叶成为重要商品之一。各大都市茶坊林立，甚至小市镇也有茶铺、茶坊。这些茶坊往往成为"行会"商人的聚集所。

　　茶叶品质提高，生产发达，更加引起封建统治阶级的贪求无厌，于是就提高"贡茶"数量和质量要求。当时的"贡茶"都是专门设置官厂制造的。昭文馆大学士、封晋国公（宋太宗赵炅至道时）丁谓，宋仁宗赵祯时累官知谏院蔡襄等都亲自参加研究制茶技术，以便用顶好的茶叶进献，讨好主子。徽宗赵佶为享用"贡茶"，也写了一本《大观茶论》，提倡研究茶叶生产技术。这在客观上对制茶工艺的改进也起了一定的作用。

三、明清的历史条件

明代，茶叶生产不仅涉及国家财政收入，而且对扩充军备也有一定影响。茶叶易军马，这是"以茶治道"政策。明太祖起兵江左，惟马是急，颇重"茶马交易"。茶叶除易马外，有时还易取粮食以赈荒赡于军。明代，茶叶不仅有很大的经济意义，而且在政治上也成了统治阶级可以利用的武器。皇室统制西北茶销，设立茶官专门管理和研究统制产销办法。这些措施间接地刺激了制茶技术的发展。茶业专著也随之大量出现，达 50 多种，这又进一步推动了茶叶生产的发展。

清顺治二年（1645），产地茶课改征税银；官茶来源，全赖向茶商征收本色（即征茶叶实物）。当时，蒙古已非其敌，无须严行茶马交易。康熙四年（1665）乃改变茶法，用茶叶搭放饷银，银七茶三，或折价变卖，以充兵饷。

清代，饮茶风气更为普及，深入民间。嗜好饮茶者，从起居、坐卧、饮食，乃至应酬都离不开茶叶。市街乡里的茶楼、茶馆，生意兴隆。饮茶的人愈多，制法愈加精巧，研究改进制茶技术的工作也就愈加深入。

清末，帝国主义侵入中国，掠夺我国经济资源，茶叶便是主要对象之一。武装的外国商船直接闯入茶区附近的港口，抢走茶叶。从此，茶叶成为主要出口物资之一。许多国家的人民喜爱饮茶，我国茶叶出口年年增加。到光绪十二年（1886），茶叶出口达 130 多万公担。出口的增加也刺激了制茶技术的革新。

第二节　制茶技术的发展

在长期的栽茶制茶实践中，我国劳动人民创造了丰富多彩的茶类，不仅满足了国内的需要，而且对人类也做出了一定的贡献。

从野生的鲜叶发展成为日用饮料，经历了几千年的历史过程。就制茶方法而言，也是由浅入深，由低级向高级发展，不断改进，不断变化，不断完善。制茶技术的发展，大致可分为 4 个时期：

①制茶开始时期：从春秋到东汉，即公元前 770 年至 220 年，以晒干为主，经历 900 多年；②制茶发达时期：从三国到南宋，即 220 年至 1279 年，从蒸青团茶到蒸青散茶，经历 1 000 多年；③制茶兴旺时期：从元代后期至清代后期，即 1280 年至 1850 年，从绿茶到各种茶类，经历 500 多年；④制茶机械化时期：从 1850 年至 1950 年，从绿茶到红茶，经历 100 多年。

这是指各个时期的开始而言，其实各个时期互相交错，不能机械地划分。如西晋郭璞《尔雅注》说："冬生叶，可煮作羹饮。"说明当时已有不经晒干而生煮羹饮作为药用的情况。这就难以划分开始时期了。4 个时期的划分，虽有历史资料为依据，但也只是初步的尝试。

一、晒干与生煮羹饮

自从氏族社会神农时期（大约公元前 2 000 多年）发现野生茶树的鲜叶可以解毒后，鲜叶必然如同其他中草药一样，生煮羹饮以治病。但是，没有历史资料印证这一事实，也谈不上制法，所以不能作为制茶开始时期。

周朝设置管茶官吏，聚集茶叶，以供丧事之用。春秋时代，以茶为祭品。这就必须晒干，以便随时可用。晒干，经过强烈的光热作用，内质起了很大变化，类似现在一部分白茶制法。明代田艺蘅《煮泉小品》说：芽茶以火作为次，生晒者为上，亦更近自然。生晒是原始的制茶法。

这个时期很长，大约有 1 000 年的历史。其间必然会有不经晒干而生煮羹饮以治疾病的事例。有人把叶子吃下去，说明茶叶可食。所以春秋中期，晏婴炙三弋五卵茗菜，是指不经晒干的鲜叶，如现时零买的新鲜蔬菜。

这个时期的制茶方法，历史资料仅有西汉末期王褒遣家僮去武阳买茶的记载。武阳是当时四川茶叶的初级市场。茶叶集中到市场，必然要晒干，才不会腐烂。晒干是保持鲜叶不腐烂的技术措施，可以说是制茶的开始。

何时开始生煮羹饮，无史料可稽考。根据郭璞《尔雅注》"冬生叶，可煮作羹饮"以及《晋书》"吴人采茶煮之，曰茗粥"，可知在西晋（265—316）前后，就有生煮羹饮的方法。

二、制造饼茶碾末泡饮

从生煮羹饮发展到制饼碾末，目的是改进茶味、方便贮藏。饼茶，又叫团茶或片茶。制法虽有不少变化，但这种形式是有相当长的历史了。

张揖《广雅》："荆巴间，采茶作饼。"可见北魏至西魏以前（386—551），四川民间就有制饼碾末泡饮之法，为郭璞所未知。

关于这种制法和饮法，东晋十六国北魏拓跋珪时期（386）已有具体史料："蜀鄂间居民制茶成饼烘干，然后捣成碎末，和以水。"说明制法已有进步了。唐宋以来，茶为人家一日不可少的饮料，鲜叶都是先制为饼片，临用碾碎。唐卢仝所谓"首阅月团"，宋范仲淹所谓"碾畔尘飞"等诗句都是描写那时制茶饮茶的情景。

三、蒸青制绿茶

饼茶的青草气味很浓。为了去掉青草气味，人们经过反复研究和实践，发明了蒸青制法。陆羽《茶经·三之造》："晴采之，蒸之，捣之，拍之，焙之，穿之，封之，茶之干矣。"又《茶经·九之略》："其造具，若方春禁火（清明前二日）之时，于野寺山园，丛手而掇。乃蒸，乃舂，乃复以火干之。则又棨（一曰锥刀，柄以坚木为之，用穿茶也），朴（一曰鞭，以竹为之，穿茶以解茶也），焙（凿地深二尺，阔二尺五寸，长一丈，上作短墙，高二尺，泥之），贯（削竹为之，长二尺五寸，以贯茶焙之），棚（一曰栈，以木构于焙上，编木两层，高一尺，以焙茶也，茶之半干，升下棚，全干升上棚），穿（江东淮南剖竹为之，巴山峡川，绲谷皮为之，江东以一斤为上穿，半斤为中穿，四两五两为小穿，峡中以一百二十斤为上穿，八十斤为中穿，五十斤为小穿），育（以木制之，以竹编之，以纸糊之，中有隔，上有覆，下有床，傍有门，掩一扇，中置一器，糠煨火，令煴煴然，江南梅雨时，焚之以火）等七事皆废。”

陆羽《茶经》说明制茶方法，复杂的分为 6 步骤，简单的只有 3 步骤。蒸后，制饼穿孔，以便贯串烘焙。《新唐书・食货志》：“贞元（785—805）江淮茶为大模，一斤至五十两。”当时的饼茶，小的重 1 斤，大的重 50 两。

劳动人民创造了味道良好的蒸青团茶。封建皇帝闻知以后，就强占民营茶园为己有，改为“御茶园”，强迫茶农制造“贡茶”。

王钦若、杨亿编《册府元龟》：“开成三年（838）三月，以浙西监军判官王士玫充湖州造遣使，时湖州刺史斐克卒，官吏不懂进献新茶，不及常年，故特置使以专其事，后宰臣反对，罢之。”这是封建皇帝派官员监造贡茶的开始。

制饼茶去掉青草味后，又产生了茶汁苦涩的问题。于是改进制法，将鲜叶先洗涤而后蒸青，蒸后压榨，除去茶汁，然后制饼，降低苦涩味。

赵佶《大观茶论》：“涤芽惟洁，濯器惟净，蒸压惟其宜，研膏惟熟，焙火惟良。饮而有少砂者，涤濯之不精也；文理燥赤者，焙火之过热也。”这说明到了宋时，饼茶制法与唐朝不同。茶芽必先经过洗涤而后蒸青，并用力压榨，除去苦涩，然后才能制饼。

北宋末，赵佶大观、政和、宣和年间，南宋初，赵构绍兴年间，"贡茶"制法分蒸茶、榨茶、研茶、造茶、过黄、烘茶等工序，制作精细。茶芽采下来，先浸泡水中，然后蒸；蒸好后用冷水冲洗，使其很快冷却，可保持绿色不变。冷后先用小榨去水，再用大榨压去茶汁，夺茶真味。榨水榨汁的次数有多有少。去汁后放在瓦盆内兑水研细，造饼烘干。烘干次数根据饼片厚薄而定，自 10 次至 15 次不等。团茶外形无奇不有。

这些技术措施，有好有坏。好的方面，用冷水很快冲洗，可以保持绿色，现在制蒸青绿茶时，冷水改用风吹，是在这个基础上改进的。坏的方面，榨水榨汁，夺茶真味，降低茶叶质量。蒸青团茶制法之所以被淘汰，原因也在于此。

四、蒸青团茶发展到炒青散茶

这个阶段，自宋至元约经 300 多年。先是从蒸青团茶改为蒸青散茶，保持茶叶原有的香味；然后改进为炒青散茶，利用干热发挥茶叶的馥郁美味，这是制茶工艺的重大改革。

（一）由蒸青团茶到蒸青散茶

制造蒸青团茶，苦味未能完全去掉，茶香不正，于是在生产实践中进一步改革制法。蒸后不揉不压，直接烘干，蒸青团茶改为蒸青散茶，保持了茶的香味，香气纯正。日本现今制造的碾茶，就是我国当时的蒸青散茶。但当时饮用，不碾成碎末，而是全叶冲泡。

宋太宗太平兴国二年（977）已有腊面茶、散茶、片茶 3 类，制法不同。片茶即《茶经》所说的饼茶。腊面茶既蒸且研，比饼茶进步，是建州（今福建建瓯）特产。散茶蒸后不捣不拍，而非饼形的散叶茶。

《宋史·食货志》："茶有二类，曰片茶，曰散茶。片茶蒸造实卷摸中串之，惟建剑则既蒸而研，编竹为格，置焙炉中，最为精洁，他处不能造。有龙凤、石乳、白乳之类十二等。……散茶出淮南、归州，江南、荆湖，有龙溪、雨前、雨后之类十一等。"

明邱濬在宪宗朱见深成化二十二年（1486）写成的《大学衍义补》说："元世祖至元十七年（1280）……其茶有末茶（团茶），有叶茶（散茶）……《元志》犹有末茶之说，今世惟闽广间用末茶，而叶茶之用，遍于全国，外夷亦然，世不复知有末茶矣。"由此可知，碾茶已不再时兴了。这是制茶的很大改革。促成这种改革的主要动力，是广大人民希望减少制工的麻烦和保持茶叶的真味。

《明会典》："洪武二十四年（1391）九月，诏建中岁贡上供茶，罢造龙团，听茶户惟采茶芽以进，有司勿与。天下茶额，惟建宁为上，其品有四，曰探春、先春、次春、紫笋。"这是具体说明散（叶）茶愈来愈多，封建统治阶级饮腻了饼茶而下令禁止碾揉为大小龙团了。

此后，就是芽茶和叶茶的区别。芽茶很细嫩，或叫细茶；叶茶比较粗老，或叫粗茶。四川的茶叶，当时已运往陕西加工。《明会典》："正统九年（1444）题准起倩四川军夫给与口粮，将减半茶四十二万一千五百斤，陆续运赴陕西接界襃城茶厂。"这里"茶厂"二字，是历史上最早的记载。

（二）由蒸青散茶到炒青散茶

蒸青制法自唐历宋而至元代，虽然没有多少改变，但是往下的几个步骤和茶的外形，则几度变换。元代散茶多，而片茶少。全叶冲泡，能鉴别茶的优劣。人们很注重茶的香气，感到蒸青制法不够理想，乃进而改为炒青。何时何人发明炒青制法，尚待进一步考证。不过，据日本资料，光宗赵惇绍熙元年（1190），荣西和尚来我国留学，将釜熬茶制法引进日本，说明宋代就有炒青制法了。日松下智《全国铭茶总览》载："公元1406年（明朱棣永乐四年即日本应永十三年），荣林周瑞禅师自中国归国，带回茶种并引入制茶技术……明朝是中国锅炒茶的全盛时代，由此锅炒茶传播到九州各地。"

明代广泛采用锅炒杀青，这在明代茶业专著里都有详细记述。由是可以推论锅炒杀青至迟在元代就开始了。

田艺蘅《煮泉小品》（1554）说"以生晒不炒不揉为佳"。高濂在神宗朱翊钧万历十九年（1591）写的《遵生八笺》说："若天池茶，在谷雨前收细芽，炒得法者，青翠芳馨，嗅亦消渴……又如……六安，茶品亦精，但不善炒，不能发香而味苦。茶之本性实佳，如杭之龙井茶，真者天池不能及也，山中仅有一二家炒法甚精，近有山僧焙者亦妙。"

许次纾在万历二十五年（1597）写的《茶疏》说："生茶初摘，香气未透，必借火力，以发其香，然性不耐劳，炒不宜久。……炒茶之器，最嫌新铁……炒茶之薪，仅可树枝，不用干叶。"

闻龙在崇祯三年（1630）写的《茶笺》说："茶初摘时，须拣去枝梗老叶，惟取嫩叶。又须去尖与柄，恐其易焦。此松萝法也。炒时须一人从傍扇之，以祛热气。否则色香味俱减……扇者色翠，不扇色黄。炒起出铛时，置大瓷盘中，仍须急扇，令热气稍退，以手重揉之，再散入铛，文火炒干入焙。"

明末黄宗羲《咏余姚瀑布岭茶》有"一灯儿女共团圆，炒茶已到更阑后"的诗句。

明代茶叶专著，记述炒青制法很详细，且都着重在香气方面。当时，人们不断地研究如何改进炒法以提高香气。以前的蒸青制法不能发挥茶的固有香味，而且研水榨膏，杂以香药，完全失掉了茶的真香。蒸青改为炒青是一项很重要的发明，不仅克服了蒸青程度难以掌握的弊病，而且充分发挥了茶叶原有真香，同时还降低了制茶工本。由此可见，炒青方法能够沿用到现在，不是没有原因的。

（三）由炒青到各种名茶

炒青发明后，劳动人民在实践中体会到，采用不同处理方法，得到不同结果。在炒制烘青绿茶时，发现烘干香气不如炒干。又在炒干的过程中，发明了炒青绿茶的制法。随着制茶技术的不断革新，茶叶花色越来越多。如松萝、龙井、珠茶、瓜片等名茶相继出现。虽然都属于炒青绿茶，但品味不同，各有特点。

龙井茶制造的开始时代，根据在龙井寺发现的古书记载，是在北宋时代，离现时已有1 000多年了。北宋的龙井可能是团茶，不是现在的叶茶。

关于徽州炒青，明冯时可（隆庆进士）《茶录》载："徽郡向无茶，近出松萝茶，最为时尚，是茶始比丘大方。大方居虎丘最久，得采制法，其后于徽之松萝结庵，采诸山茶于诸庵焙制，远迩争市，价倏翔涌，人因称松萝茶，实非松萝所出也。……松郡佘山亦有茶，与天池无异，顾采造不如，近有比丘来，以虎丘法制之，味与松萝等。"

募化和尚叫大方。大方原产于歙县老竹岭半山中，这个茶名是否从和尚大方而来的，值得研究。如果与这个和尚有关系，大方的开始制造年代，也应当在那个时候。

古时的龙井茶，如果像现在的扁形茶，大方应在龙井之后，与上面所说比较符合。如从制茶技术发展来说，现在的扁形龙井茶，或有可能在大方之后，因龙井的制造技术比大方进步，可以说是大方的发展。照这样说法，古时的龙井茶就不是现在的扁形龙井茶了。根据发现的古书记载，北宋就有龙井茶。那时还没有炒青制茶，是不可能像现在的龙井茶的。这些问题还有待于进一步研究。

黄山毛峰是何时开始制造的？也值得研究。许次纾《茶疏》："若歙之松萝，吴之虎丘，钱塘之龙井，香气浓郁，并可雁行，与岕颉颃。往郭次甫亟称黄山，黄山亦在歙中，然去松萝远甚。"这说明黄山茶在当时已相当著名了。历史上的黄山云雾，就是现在的黄山毛峰。毛峰制法，是各茶区制造烘青的滥觞。

外销屯绿的起源，据皖南"中茶公司"编的《皖南茶业概况》所载，是在太平天国时期，当时婺源东乡经营绿茶的私人茶号有俞德昌等4家，各制箱茶千百箱不等，都运到香港出售。后来海外市场扩大，消费者增多，经营者也多，产区扩大至休宁等县。到了1896年，又由黟县茶商余伯陶在屯溪市长干塝创设福和昌茶号，改进技术，在珍眉中提取"抽珍"花色，运到上海出售。经过审评，认为这是难得的创新，誉满茶界。同年，某一茶号应当时帝俄的需要，制成"特贡"花色试销，也得到良好的结果。于是各茶号都纷纷仿制这种花色。到了1917年左右，各种花色都有一定的市场：乌龙贡熙销苏联，乌龙珍眉销欧洲各国，凤眉、娥眉、珠茶等花色销美国。

五、从绿茶发展到6大茶类

清代以前，都是炒制绿茶。以上所述，就是绿茶制法的沿革。龙团茶就是现在团茶的雏形，在宋太祖开宝年间（968—976）就开始制造了。咸平元年（998）设置龙凤模型制造团茶，在团茶面上加饰龙凤花纹，花纹都是用金装饰的。这种团茶制法便是日后制造砖茶和云南饼茶的始源。小龙团是上等龙团茶，其制法的改进，就是现在珠茶的滥觞。庆历（1041—1048）中，蔡襄在龙凤茶的基础上改制为小龙团。所以说，龙团茶始创于丁谓，形成于蔡襄。

三色细芽的小芽、拣芽和中芽，以及郑可简的银线水芽，经过演变而成为今天的龙井、莲心、雀舌和雨前茶。福鼎的白毫银针、六安的攀针也都是由三色细芽演变的。唐宋时，制法稍精的，就是碾茶。

杀青后揉捻、烘焙，开始于元末明初。当时研究绿茶制法风气很盛，有些制法实际上已经接触到绿茶以外的茶类了。如田艺蘅试制结果，认为以生晒不炒不揉为佳，就是制造红茶和白茶的开端。因此，制茶种类日多一日。以绿茶制法为基础，经过不断演变，遂有现在的种种复杂的制法。现在各地生产绿茶虽有种种不同方法，但除扁形茶外，都脱不了炒、揉、烘3道工序。有的是反复，有的是简化，与绿茶的最初制法都有联系。

炒青绿茶的发展，可以说是制茶工业领域里的大革命。从炒青绿茶发展到各色茶类的时间上的顺序如何，未看到确切记述。如果根据现今各色茶类的制法来判断，可能是黄茶、黑茶在先，白茶、红茶和青茶在后。

（一）从炒青绿茶发展到黄茶和黑茶

从绿茶先发展到黄茶抑黑茶，还不能做出结论。唐朝名茶寿州（今寿县）黄芽，中唐就已远销西藏。代宗大历十四年（779），淮西节度使李希烈赠宦官邵光超黄茗 200 斤。这都说明安徽在唐代就出产黄茶。但那时是团茶，不是现在的叶茶。"黑茶"两字在宋神宗熙宁年代（1068—1077）就已出现了，但是指四川绿毛茶加工做色为黑茶，不是现在湖南安化的黑茶。

《明会典》："穆宗朱载垕隆庆五年（1571）令买茶中马事宜，各商自备资本。……收买真细好茶，毋分黑黄正附，一例蒸晒，每篦重不过七斤。……运至汉中府辨验真假。黑黄斤篦各令称盘。"这是四川的黑茶和黄茶蒸压为长方形的篦包边销茶，每包 7 斤，运往陕西汉中出卖。是由粗绿毛茶演变而来的。

咸丰十一年（1861）绿茶、黄茶和花茶从海路输入俄国。《甘肃通志·茶法》："光绪三十三年（1907）附十一案茶叶课银疏所云：何拉善王因蒙人喜食黄黑晋茶（山西不产茶，山西帮茶商贩运湖北羊楼洞砖茶，西北习惯叫晋茶），不食湖茶（湖南安化黑茶），咨商改办前来。……且蒙古向为甘私引地，既不愿食湖茶，亦拟援照南商运销伊塔晋茶章程，责成宁商改办川字黄、黑二茶，俾顺蒙情，而保引额。"这里所说不是现时的黄茶和黑茶，而是湖北羊楼洞的老青压造的青砖茶和红茶末压造的米砖茶。

现时所指的黄茶是安徽霍山的黄大茶、湖南岳阳的君山银针，等等。黑茶是指湖南安化的黑茶。按现时的制茶技术来说，应当是黄茶在先，黑茶在后，因为黑茶的加工技术比黄茶复杂。

　　鲜叶杀青后，不及时揉捻，揉捻后不及时烘干或炒干，而堆积过久，都会变黄。炒青杀青温度低，蒸青杀青时间过长，都会发黄。在制造绿茶过程中，很难避免这些缺陷，绿茶贮藏不好也会变黄。

　　绿茶内质的特点是制止或限制类黄酮化合物的酶促和非酶促氧化，如果变黄就是类黄酮化合物氧化，色香味与绿茶不同，别有可口风味。在炒制绿茶的实践中，就有意或无意发明了黄茶类。

　　安化黑毛茶的加工，鲜叶比较粗老，杀青叶量又多，火温不高，杀青后叶色已变为近似黑色的深褐绿色。揉捻后渥堆，从四川绿毛茶洒水堆积做色 21 天，改进为 10 多个小时做色。烘干用七星灶，是唐时用棚的改进。黑茶当在明末清初开始制造的，比黄茶为迟。

（二）从绿茶发展到红茶

　　由绿茶发展到红茶的可能性比较大些，可从以下几个方面来说明。《广雅》："荆巴间采茶作饼成以米膏出之，欲饮先炙令赤色。"这说明三国魏时茶饼经过烘后会变红色。鲜叶机械损伤变红，提高了人们对制茶的认识。由是绿茶发展到红茶可无怀疑了。

　　田艺蘅说生晒好。生晒就是日光萎凋，鲜叶经过日光萎凋后变得柔软并散发出一种兰花的清香，是绿茶所没有的。这是质的很大变化，也是人们所要求的。

　　首先发明的是小种红茶。日晒代替杀青，是杀青的简化，是在炒青基础上的进一步发展，揉捻后发觉叶色变红更快，于是逐渐认识了变色的规律。人们便在揉捻后堆放片刻，使其发红更明显，质的变化更大，而后炒和烘，则色香味完全改变。

　　工夫红茶是以后简化制法的成果。由生晒、揉捻而直接晒干，简单而又省工。至于何时何地何人发明制造红茶，没有确切的记载，无从肯定。

乌克斯在《茶叶全书》第 3 章《传教士与旅行家的记述》中说，传教士中有葡萄牙人柯鲁兹神甫，是到中国传播天主教的第一个人，于 1556 年（明世宗嘉靖三十五年）到达中国。1560 年左右回葡，以葡文写成有关茶叶的书，旋即出版。内说："凡上等人家皆以茶敬客。此物味略苦，呈红色，可以治病，为一种药草煎成的液汁。"呈红色就是指红茶汤。由此可见 1560 年以前，就有红茶了。

林奈（Carl Von Linné，1707—1778）在 1762 年第 2 版《植物种类》中，把茶树分作两个品种。一为 Thea Bohea（武夷）种，代表红茶；一为 Thea Viridis 种，代表绿茶。当时武夷星村小种红茶极负盛名，故以武夷名红茶种。可见林奈订学名时，就有红茶了。

英国植物学家希尔（John Hill，1716—1775）也分红茶种、绿茶种。可见 18 世纪中期就生产红茶了。由是可以初步得出结论：福建武夷山首创小种红茶制法，时间是在 16 世纪末与 17 世纪初之间。

福建红茶，清同治年间（1862—1874）产量很多，政和一县就有数十家私营小茶厂（毛茶加工厂，因此称工夫红茶），出茶多至万余箱。道光八年（1828），日本把我国台湾省红茶样品送到伦敦和纽约市场。台湾制茶方法都是从福建传入的，福建工夫红茶的起始，当然也比台湾工夫早。乌克斯说，最初制红茶是在 1851 年。这是不正确的。

祁门工夫红茶是光绪二年（1876）从福建传入的。先在历口试制，翌年传到闪里。日人诸冈存源在《茶与文化》中说，红茶是明末（1643 年以前）在祁门开始创制的。这一说法是无根据的。

1936 年祁门茶叶改良场编写的《祁门茶业》说是光绪二年（1876）开始由绿茶转制红茶。

1916 年 3 月 15 日《农商公报》第 20 期政事第 9 页《奏折》

（第 119 号，12 月 21 日）说："安徽改制红茶，权舆于祁建，而祁建有红茶，实肇始于胡元龙（大地主）。胡元龙为祁门南乡的贵汐人，于咸丰年间（1851—1861）即在贵溪开辟荒山五千余亩，兴植茶树。光绪元、二年间（1875—1876），因绿茶销路不旺，特考察制造红茶之法，首先筹集资本六万元开设日顺茶厂，改制红茶。"

乌克斯《茶叶全书》亦说："祁门于 1880 年开始改制红茶。"

1950 年，中国茶叶公司屯溪分公司编写的《皖南茶叶概述》说："1875 年盛产绿茶，运往两广地区销售，大都摹仿福建安溪茶的采制方法，叫安茶。1875 年从福建罢官回籍的官僚资本家余干臣在至德尧渡街设立红茶庄试制红茶成功，翌年在祁门历口设分庄试制。1878 年又增设红茶庄于闪里。同年，祁门南乡有大园户胡仰儒采自园鲜叶试制红茶，先后创造出祁红试制的良好成绩，相率仿制，掀起了一个由安茶改制祁红的伟大的生产转变运动。"

祁门工夫红茶比福建小种红茶晚 200 多年。之所以能后来居上，是因为毛茶加工特别精细。工夫红茶的鲜叶加工是小种红茶的简化，毛茶加工是小种红茶的多次反复，所以叫工夫红茶。祁门红茶是后起之秀，诸冈存源说是发源地，是不符合实际的。

（三）从绿茶结合红茶发展到青茶

青茶种类很多，制法繁简差异很大。最简单的是白毛猴（白毫莲心）；最繁的是武夷岩茶，中间的是摇青乌龙。事物的发展是先简后繁，叙述青茶的起源，当然要从白毛猴说起。

1939 年陈椽负责福建示范茶厂政和毛茶加工厂生产政和工夫红茶和白毫银针，以及研究白茶白牡丹、银针和青茶白毫莲心的制法。访问 80 多岁的范列五先生（创造白毫莲心的老茶人）时，范说："光绪初年（1875）各县工夫红茶衰败，乃渐发明一种非红非绿的，'半发酵'茶。兴起初时，销路很好，仿效的日多。安溪开始创制是采乌龙品种的鲜叶，因此叫乌龙茶。后来传到闽北和台湾各地。"当时台湾乌龙出口为伦敦市场、印度、斯里兰卡的红茶的拼和茶。所谓以台湾乌龙益其香，政和工夫增其味，白琳工夫润其色。正如现时四川省茶叶研究所、西南农学院和茶叶公司移植摇青技术试制花香或高香红碎茶一样。从此也可看到红茶在先，青茶在后。

茗叟在浙江《茶叶季刊》1978 年第 2 期发表"红茶与乌龙孰先"有关制茶发展史的论述。作者不讲制茶的定义和概念，不顾史实，说唐朝就发明青茶制法（青茶类与乌龙茶类的辩解，参阅作者在《茶业通报》1979 年第 1、2 期发表的《茶叶分类的理论与实际》一文），是不正确的。茶叶分类的理论，茶类发明的先后，是研究茶业历史的中心问题，亦是有关我国茶业科学水平的问题，一定要研究清楚，得出正确的结论。

福州最早经营青茶的中州高丰茶栈，创立于同治元年（1862）。这与范列五口述的时间相差不远，可以初步肯定乌龙青茶是在咸丰年间（1851—1861）开始生产的。安溪劳动人民在清雍正年间（1723—1735）创制的青茶首先传入闽北，然后传入台湾。

同治十年（1871），台湾制造乌龙茶试销美国，因美国禁止"劣茶"输入而受到排斥。遂于光绪七年（1881）简化乌龙茶制法，由厦门茶商改制如安溪的包种茶，品质靠近绿茶，远销南洋各地。

青茶制法是先日光萎凋而后炒青、揉捻及烘干。乌龙青茶萎凋后摇青做青，是工夫红茶日光萎凋技术的提高，由简到繁。乌龙青茶制法传到闽北后，更进一步提高技术措施，摇青做青改为筛动做青，这就是岩茶的制法。闽北的制茶技术，自古以来创造发明最多。制法精巧，工艺高超，绝不是偶然的。

红茶结合绿茶由简到繁制乌龙青茶；乌龙青茶由繁到简制包种；乌龙青茶的技术提高一步，制岩茶；岩茶的简化制白毫莲心……都是适应客观的需要而出现的进步。工夫红茶品质下降，绿茶遭到印度红茶冲击，销路都不好，影响人民的生活，这就推动了制茶技术的革新，青茶随之出现。

（四）从红茶结合青茶发展到近代的白茶

近代白茶是指由大白茶树种采制的茶。大白茶树的芽叶和梗都披有很多白毛，是其他品种所少见的；树态较一般的小叶树为高大，所以得名。

大白茶树最早发现在政和。起源有两种传说：一说，光绪五年（1879）铁山乡农民魏春生院中野生一棵树，初未注意，后来墙塌压倒，自然压条繁殖，衍生新苗数株，很像茶树，遂移植铁山高仑山头；一说，在咸丰年间（1851—1861）铁山乡堪舆者走遍山中勘觅风水，一日在黄畲山无意发现一丛奇树，摘数叶回家尝试，味道和茶叶相同，就压条繁殖，长大后嫩芽肥大，制成茶叶，味道很香。由于生长迅速，人们争相传植，逐渐推广。

《政和县志》："清咸同年间（1851—1874）草茶最盛，均制红茶，以销外洋。嗣后逐渐衰落，邑人改植大白茶。"说明光绪前就有大白茶，光绪初年发源于铁山。

福鼎大白茶树，传说是光绪十一或十二年（1885 年左右）林头乡陈焕在大姥山峰发现而移植住宅附近山上。到底是当地野生的，或是从政和传去的，无可断定。

白茶自古有之。宋赵佶《大观茶论》："白茶自为一种，与常茶不同，其条敷阐，其叶莹薄，崖林之间，偶然生出。虽非人力所可致。正焙之有者不过四五家，生者不过一二株。"于是白茶遂为第一。白茶与当时的一般茶树不同，好像现在的大白茶树与小茶树有很大区别一样。北苑即现建瓯，是政和邻近地方，偶然吻合。当时的白茶可能就是现今的大白茶种。

白茶最初是指"白毫银针"，简称银针或白毫，古时称芽茶。后来发展到白牡丹、贡眉和寿眉。银针是大白茶的肥大嫩芽制成的，形如针，色白如银，因叫银针。古时叫芽茶，是否与银针相同，还待考证。明田艺蘅《煮泉小品》："芽茶以火作者为次，生晒者为上。"不仅说明很早就有芽茶，而且指出了两种制法的好坏。

闻龙《茶笺》："田艺蘅以生晒不炒不揉为佳，亦未之试耳。"说明与现在的白茶制法完全相同。

福鼎制造银针，据传是陈焕在光绪十一年（1885）开始的。第一年仅采叶 4～5 斤，外形特异，卖价比一般的高 10 倍以上，引人注意，逐渐获得发展，至光绪十六年开始外销。

政和在光绪十五年开始生产银针。当时下里铁山周少白看到白毫工夫受欧美欢迎，就试制 4 箱运到福州洋行探销。翌年，又与邱国梁合制 4 箱，运往国外销售。销路很好，以后愈制愈多。

上述是口头传说。如据同治十三年（1874）左宗棠奏以督印官票代引办法第 7 条："所领理藩院茶票，原止运销白毫、武夷、香片、珠兰、大叶、普洱六色杂茶，皆产自闽滇，并非湖南所产，亦非'藩眼'所尚。"如果这里是指白茶，那么福建的白茶在 1874 年就有了，与政和发现大白茶树的年代相近。所以，可以初步断定白茶是在 19 世纪 50—60 年代开始创制的。

白茶是从古代绿茶的三色细芽、银丝水芽和明朝的白毫小种红茶（俗叫白尾工夫）发展而来的。田艺蘅说不炒不揉为佳，也是对工艺改革的一个贡献。近代白茶制造技术牵涉到许多方面，也可说是在绿茶和红茶的基础上逐步发展形成的。

六、毛茶加工发展再加工茶类

我国在发明 6 大茶类的同时，还努力扩充茶类的花色，创造了各种花茶和蒸压茶，使茶叶生产不断向前发展。

（一）窨制花茶的创始和发展

窨制花茶的历史虽然不长，但茶引花香增益味道，自古有之。宋蔡襄《茶录》："茶有真香，而入贡者微以龙脑（香料）和膏，欲助其香。建安民间试茶皆不入香，恐夺其真。若烹点之际，又杂珍果香草，其夺益甚，正当不用。"可见在1 000多年前的宋初贡茶，是加龙脑香料制造的。民间制茶不加香料，恐夺茶的真香，而在烹煮时掺入香草。虽然方法不同，但以花增加茶的香气，是相同的。

制茶加香料和现行窨花的道理是一样的；泡茶临时加花也是普遍现象，古今相同。现在的次等花茶都是在制好后加入花干，冒充花茶，这与以前烹煮时加香草也是相同的。

古时窨制花茶，有几种方法。明顾元庆《茶谱》（1541）："橙茶，将橙皮切作细丝一斤，以好茶五斤焙干，入橙丝间和，用密麻布衬垫火箱，置茶于上，烘热，净棉被罨之三两时，随用建连纸袋封裹，仍以被罨焙干收用。"详细说明了花茶制法，虽与现行窨花制法稍有不同，但可证明用香花窨茶的事实。

《茶谱》又说："莲花茶，于日未出时，将半含莲花拨开，放细茶一撮纳满蕊中，以麻皮略絷，令其经宿，次早摘花，倾出茶叶，用连纸包茶焙干。再如前法，又将茶叶入别蕊中，如此数次，取其焙干收用，不胜香美。"这种方法比现今还精细，是数窨一提的规范。

程荣在1592年前后写的《茶谱》说："木樨、茉莉、玫瑰、蔷薇、兰蕙、橘花、栀子、木香、梅花皆可作茶。诸花开时，摘其半含半放，蕊之香气全者，量其茶叶多少，摘花为拌。花多则太香而脱花韵，花少则不香而不尽美。三停茶叶，一停花始称。假如木樨花须去其枝蒂及尘垢虫蚁。用磁罐一层茶、一层花投间至满，紫箸扎固入锅，重汤煮之，取出待冷，用纸封裹置火上焙干收用，诸花仿此。"可知各种香花都可熏茶，花的种类比现在还多。过去的方法与现在不同的地方，就是入锅重汤煎之。但现行的方法也只是以前的改进罢了。

古时窨制花茶，何时自制自饮，何时成为商品，还未找到历史资料。现时的商品花茶源于咸丰年间（1851—1861）。当时，北京汪正大商行来长乐用茉莉熏制鼻烟，烟的香味很好。长乐茉莉花来自广州，花色清白，香气浓郁。长乐茶号如李祥春等就用茉莉花熏茶，试制结果很好。古田帮茶号万年春也进行仿效。但当时花很少，规模不大。

福州开始种植茉莉花，是北门外战坂乡一二农民把长乐的花种栽为盆景，供人观赏，有时也摘卖为妇女妆饰品，产量很少。后来花茶销路日盛一日，逐渐推销到华北各地，花茶商号日益增多，长乐产花供不应求，福州闽侯农村也继战坂之后，争种茉莉，很快遍及全县。到光绪中（1880年左右）开设花茶厂大量窨制。

花茶销华北，以天津为集散地。天津茶商来福州设厂的，叫天津帮。徽州或北京茶商来福州设厂的，叫平徽帮。他们最初在广州开设茶厂，运徽州茶到广州窨花，剥削茶工极甚，茶工屡屡反抗，于是茶商巨贾在1890年被迫把工厂迁至福州，运大量皖茶来福州窨花，福州遂成为熏制花茶的中心。以后又扩大到建瓯、宁德、安溪及四川成都、安徽徽州、台湾台北，除台北外产量很少。苏州虽然在光绪年间也开始建立花茶工场，但产量也很少。一直到了抗日战争时期，福州花茶不能运到华北，苏州花茶生产乃兴旺起来，取代福州。新中国成立后，为满足广大人民的生活需要，东南各省主要城市都建立了花茶厂，扩大了花类。除茉莉花外，还有珠兰、白兰、柚花、栀子、代代等，但以茉莉花为最多，花茶品质也最好。

（二）蒸压茶类的发展和演变

古时西北交通困难，茶叶运到市场，再转运销区，时间短则数月，长则一两年。为了便于运输和交易并能够耐久贮藏，势必要设法制造蒸压茶。明初西北茶马交易为"治边"的重要政策。当时的茶叶主要是叶茶，体积庞大，运输不便，容易霉烂。只有压缩体积，才能消除种种困难。而压缩，必需蒸热才能紧实。这就是四川晒青开始蒸压为边销茶推销西北的起因。

《明会典》记载茶事，首先就提及蒸压茶："茶课国初招商中茶，上引五千斤，中引四千斤，下引三千斤，每七斤蒸晒一篦，运至茶司，官商对分，官茶易马，商茶给卖。"虽然没有提及在何地加工，但从朱祁镇正统九年（1444）题准起倩四川军夫，把茶陆续运到陕西界褒城县茶厂的记载，可知当时四川茶叶运到陕西加工，如湖南安化黑茶运到泾阳加工一样。

《明史·食货志》："凡易马，正德十年（1515），以每年招易，'番人'不辨称衡，止订篦中马，篦大则官亏其值，小则商病其繁。令巡茶御史王汝舟乃酌为中制，每一千斤定三百三十篦，以六斤四两为准作，正茶三斤，篦绳三斤。"这是茶封的开始，后演变成泾阳砖茶。

《西宁府志》："顺治二年（1645）每引百斤，征茶五篦，每篦五斤。"至此已成现时茶封（泾阳砖茶）的形状。以后青砖茶、米砖茶和黑砖茶都是在筑造泾砖的基础上，改用机器蒸压而成，是筑泾砖茶技术的发展。

青砖茶压造历史，迄今已有 200 多年了。最初不叫砖茶，而叫帽盒茶。经人工用脚踩制成椭圆形的茶块，形状与旧时的帽盒一样。每盒重量正料 7 斤 11 两至 8 斤不等，每 3 盒 1 串。经营这种茶的山西人，叫盒茶帮。咸丰年间改用半人力的螺旋压机。

1900 年，羊楼峒茶区红茶国外市场受印度红茶冲击无销路。山西茶商大批在羊楼峒设庄改压青砖茶，扩大边销。1913 年改用蒸压机，大量生产青砖茶。1910 年至 1915 年是老青茶产制最旺时期，压造的老青砖茶几乎全部为俄商所抢购而侵入边销市场。当时，俄商阜昌、顺丰、新春、惠昌等茶号在羊楼峒设庄，在汉口设厂，年压造砖茶 40 余万箱，运往我西北市场倾销。山西茶商也增至 30 余家，年压砖茶也达 30 余万箱，合计达 70 余万箱之多。

十月革命后，俄商停业。山西茶商维持边销，年产降至 8 万余箱。1925 年，苏联在汉口成立协商会，在羊楼峒托华商兴商茶号收购老青茶，在汉口设厂压造，产量回升至 30 余万箱。

1937 年，抗日战争开始后，日本帝国主义侵占羊楼峒茶区，大肆摧残我国民族茶业，同时设立制茶株式会社，在羊楼峒和汉口设厂压造砖茶，年产 5 万箱，运我西北市场倾销，推行经济侵略政策。1939 年，国民党政府为维持青砖茶市场，由"中茶公司"设立屯溪砖茶厂，利用绿茶产品，仿制青砖茶。抗日战争胜利后，国民党政府与美国签订《中美商约》，阻碍茶叶外销，边销无路，年产量降至 2 万余箱。

米砖茶压造历史只有 100 多年。米砖茶是在青砖茶的基础上发展起来的。1842 年（道光二十二年）8 月 29 日，清朝政府和英国签订了中国近代史上第一个丧权辱国的不平等条约——《南京条约》。除赔款和割让香港外，并开放上海、福州、厦门、宁波、广州为通商口岸。英、俄、日帝国主义就相继侵入我国主要茶区，抢运茶叶，破坏茶叶生产。

19 世纪 70 年代，俄商开始在福州设厂压造米砖茶。随后，英国洋行也连设 3 家砖茶厂，采用英国进口的机器压造。咸丰十一（1861），汉口开放为对外通商口岸。俄商又在汉口开设砖茶厂，同时改进砖茶压造技术，后来改用蒸汽压力机，1878 年使用水压机。1879 年，米砖茶生产达到高峰，年产 1 370 万磅，大部分为俄销。当时，宁红、湖红等后起之秀，质量比闽红好。羊楼峒茶区在 1850 年前后的最盛时期有 70 多家茶号，出产红茶达 30 万箱，每箱 25 公斤，都被英俄洋行抢购一空。

1891 年，俄商认为福州砖茶汤色不浓，味道淡薄，不耐烹煮，不合要求，因而转向汉口、九江设厂压造米砖茶。1891—1901 年的 10 年间，俄商在九江大量压造米砖茶，1895 年达

872 931磅，于是福州砖茶厂也相继停工，纷纷移设于汉口、九江。后因汉口压造米砖茶的半成品来源丰富，就都集中在汉口压造。米砖中心产地由福州而移到汉口，福州只剩南台致和砖茶厂了。

俄商在汉口设砖茶厂后，大量压造米砖茶，兼压造青砖茶。1915年，俄商在汉口有4家茶厂，华商只有兴商茶厂。到1927年，国民党政府断绝中苏邦交，俄商回国，汉口米砖茶生产停顿下来。抗日战争期间，福建红茶销路困难。1942年"中茶公司"在福州设立砖茶压造站，压制米砖茶运香港转销苏联。新中国成立后，青砖茶和米砖茶都集中在赵李桥茶厂大量生产，以满足边销的需要。

黑砖茶压造的历史很短，是在抗日战争时期开始的。黑砖茶的创制是以青砖茶的生产为基础的。黑茶是安化的特产，原来以甘引、陕引运往陕西泾阳筑造泾砖茶。抗日战争期间，交通隔绝，运输阻塞。虽有少数茶商设法从襄河北运转紫荆关，再转折运泾阳加工，但崇山峻岭，路途艰难，有三四年尚未运到者。即或运到一点，数量很少，不能满足西北地区的需要。如果由湖南入川经广元、宝鸡再转泾阳，路程既远，险阻又多，经济和时间都很浪费。因此，泾砖茶的毛茶中断，西北边销茶叶匮竭，于是在安化设立砖茶厂，改进压造方法。

1939年3月，湖南成立茶叶管理处，在安化江南坪仿效青砖茶的压造技术，试验压造黑砖茶。1940年3月，设立砖茶厂开工压造。经过反复试验，成绩不错，这就增强了改制黑砖茶的信心。

1941年1月，湖南省砖茶厂在桃源沙坪设立分厂，1943年5月改为沙坪工作站。1942年6月改为"国营中茶公司"湖南砖茶厂，10月增设硒州分厂。1943年商营两仪砖茶厂在江南坪建成，压造小型京砖茶。

抗日战争胜利后，国营砖茶厂停业，改由省农业改进所安化茶场设立砖茶部。1946年8月成立湖南制茶厂，安化茶场并入研究单位。从此以后，砖茶压造就成为官僚资本和当地豪商争夺的阵地，所谓"官商合营"了。

1946 年硒州设立私营华湘和华安砖茶厂。1947 年 4 月，成立安化茶叶公司，在小淹和东坪设制茶厂。江南坪开设私营安泰和天义庆砖茶厂。1948 年两仪茶厂和原制红茶的大中华茶厂都改压造 2 公斤的黑砖茶。短短 10 年，发生了如此复杂的变化。由这件小事也可以看到旧中国政治的腐朽，官僚富商互相争利，根本谈不到改进技术，发展茶业。

七、制茶技术发展受到阻碍

我国历代劳动人民创造了很多的制茶方法，制茶技术发展很快，居于世界产茶国家的前列。但近百年来，由于外受帝国主义抢掠，内遭封建主义摧残，制茶技术不仅停滞不前，而且落后于他国，茶业几乎破产。

世界资本主义产茶国家，制茶历史很短，方法单调，而且都是近百年来引入我国制茶技术，加以资本化和机械化而开始本国的茶叶生产的。虽然成本很低，但品质远不及我国茶叶。因此想尽办法，采取种种野蛮手段，力图控制我国的茶叶生产和销售，阻碍我国制茶技术向前发展。

国内反动统治阶级对茶工茶农进行残酷剥削，只知巧取豪夺，哪管茶叶生产。从 1910 年开始，各地军阀长期混战，茶农大批逃亡，不少茶园荒芜。自 1937 年至 1949 年，国民党的外汇政策是奖励入口，压制出口，使出口茶商蒙受很大打击。农商茶叶交易停滞不前，茶农生活日益穷困，茶叶生产日趋衰落。在这种情况下，当然谈不上改进制茶技术，发展茶业科学，实现茶叶生产机械化了。

八、古今中外都有白茶树

据 1980 年 7 月 18 日报载，在浙江天目山区安吉县山河公社下溪大队，生长着一棵奇异的白茶树。有人就此发表谈话："茶树本身呈白色，国内外罕见，确是珍闻。其中的奥妙，很值得我们探讨研究。"其实白茶树古今中外都有，不足为奇。

1064年前后，宋子安《东溪试茶录》："茶之名有七。一曰白叶茶，民间大重，出于近岁，园焙时有之，地不以山川远近，发不以社之先后。芽叶如纸，民间以为茶瑞。取其第一者为斗茶（评比茶），而气味殊薄，非食茶之比。今出壑源之大窠者六。壑源岩下一，源头二，壑源后坑，壑源岭根三。"其他林坑黄漈、丘坑、毕源、佛岭尾、沙溪之大梨漈上、高石岩、大梨、砰溪岭根等处各1株。宋时建瓯东溪共有白叶茶树14株。

1107年，宋徽宗赵佶根据福建北苑（今建瓯）的白茶树，写《大观茶论》："白茶自为一种，与常茶不同。其条敷阐，其叶莹薄，崖林之间，偶然生出，虽非人力所可致。正焙之有者不过四五家，生者不过一二株……芽英不多，尤难蒸焙，汤火一失，则已变而为常品。须制造精微，运度得宜，则表里昭澈，如玉之在璞，他无与伦也。浅焙亦有之，但品格不及。"

宋熊蕃1121—1125年间写的，其子熊克1158年增补的《宣和北苑贡茶录》："至大观初，今上亲制茶论二十篇，以白茶与常茶不同，偶然生出，非人力可致，于是白茶遂为第一。"

湖北远安鹿苑名茶，产于湖北远安鹿苑寺（1225），至今已有750多年的历史。首先是一和尚栽植，当地村民见茶叶浓醇，也在山前屋后移栽繁殖。不久后，人们又在鹿苑寺观音岩上发现白茶树3棵，色白芽壮，品质超群。至今还有白茶树1棵，生长于苦竹幽溪山旁。该地风光秀丽，景色宜人。古碑歌云："苦竹无殊紫竹林，何须海岛拜观音，幽溪更胜普陀岸，了却凡心见佛心。"由此可见我国古今都有白茶树。

我国以前的茶树都是丛栽，一丛多棵。因品种混杂不同，同一茶丛中有不同形态、不同叶色的茶树，也是常见的。如安徽休宁（著名茶区）茶山上，有一丛半边绿半边白的茶树。这与古时的发现相同。

安徽涌溪火青名茶起源于明朝。据传泾县刘金，外号罗汉先生，一天在弯头山发现一丛（数株）半边黄半边白的茶树，当地农民叫白茶，或叫金银茶，就把茶树上的细嫩茶芽采回，创制涌溪火青，每年进贡皇帝。不仅我国古今有白茶树，国外古今也有白茶树。

18 世纪末，日本福冈星野村三板就有一棵白叶茶，是从江户幕府（1603—1865）末期黄金山正念寺门前的一棵白叶茶树繁殖的。

日本乌屋尾忠之 1978—1979 年写的《白叶茶特性遗传分析》（日本《茶业技术研究》1979 年第 57 号）说："白叶茶变异来自薮北种（日本从中国茶树原生皋芦种培育的著名绿茶品种）的两个劣性基因。"

薮北、骏河川濑、早山馨（茶农林 31 号）、金矢绿 4 个品种人工杂交育种规律如下：薮北×骏河川濑无论杂交或逆杂交都是 7：1 的白叶种；薮北×早山馨无论杂交或逆杂交都是 7：1 的白叶种；薮北×金矢绿无论杂交或逆杂交都是 15：1 的白叶种；早山馨×骏河川濑杂交是 3：1 的白叶种（图 6-1、6-2 系白叶茶）。

图 6-1

图 6 - 2

白叶茶具有两个遗传基因组支配的二重劣性特性。白叶全部是因以薮北及其第二代为杂交亲本组合而产生的，白叶变异体全部起源于薮北的叶杂遗传基因。白叶的特性系通常的核内遗传基因产生的，而与细胞核无关。

白叶茶的特性是，在最初发芽的第一生长期中出现缺乏叶绿素的白色或黄色幼叶。这白叶随着叶的展开逐渐以主脉为中心，生长恢复成绿色。白叶生长及硬化时的残留有白色部分，但在下一个生长期（相当于夏季）以后，大体上变成正常的绿叶。翌年春茶期再度出现白叶，第二年以后，这些白叶再度变为绿叶，如此周期反复。

白叶茶在夏季 15～18℃气温下，人工照明恒温器内萌芽，也会产生白叶。白叶系低温反应而产生的。如紫苜蓿、牧草、棉，在低温下，叶绿素变异体，称作变绿（Virescent）。白叶茶也是同种变异体。

茶树有因放射线照射或其本身偶发的叶绿素变异，与仅在春季因缺乏叶绿素而产生的白叶不同；也与因斑纹或发芽时高温诱发肥大而产生的白叶不同。

据乌屋尾忠之说，日本从现在几个茶园繁殖出来的茶树，成叶形态和树势有了变异，但与从薮北分离出来的相同。白叶茶树的成茶，与遮荫的玉露茶滋味一样受欢迎。

日本薮北种与金矢绿杂交或逆杂交，不仅分离出 3∶1 的白叶茶，而且也分离出 3∶1 的皋芦种。我国云南是茶树原产地，皋芦是茶树原种。皋芦种很早就传入日本，至今仍叫皋芦，或叫唐茶、南蛮茶（指云南茶）。日本传入皋芦种后，以人工杂交育种方法，繁育许多优良品种，薮北著名绿茶种，为其中之一。薮北与其他品种杂交，分离出 3∶1 的白叶茶种。我国茶树品种繁多，如果以南方的品种与北方的品种进行人工杂交，也同样分离出皋芦种和白叶种，这是毫不奇怪的。其中没有什么奥妙可探讨，只要运用茶树遗传理论去实践就能分离出白叶茶树。

第三节　制茶机械的发展

采用机器制茶，提高生产效率，以我国为最早，唐代已有制茶水车。宋神宗元丰六年（1083），宋用臣管理汴河堤岸，就利用汴河水推动茶磨（图 6-3）。汴河亦叫汴渠，即浪水。首受黄河，古道由河南郑州、开封、归德经江苏旧徐州合泗入淮；今道由商丘流经安徽宿县、灵璧、泗县入淮。水流急，流量大，故用水力机械碾磨，制造团茶。

图 6 - 3

一、最早的制茶机器

《宋史·食货志》下六:"元丰(1078—1085)中,宋用臣都提举汴河堤岸,创奏修置水磨,凡在京茶户擅磨末茶者有禁。"又说:"元丰中修置水磨,止于在京及开封府界诸县,未始行于外路。"元祐(1086—1094)中,一度废止。"及绍圣(1094—1098)复置,其后遂于京西郑、滑(今河南滑县)、颖昌府(今河南许昌市)、河北澶州(今河南濮阳县南)皆行之","岁收二十六余缗。四年(1097)于长葛等处京、索(今荥阳县)、洧水河增修磨二百六十余所。"这里说明了在何时何地应用水磨制茶。

元王祯《农书》(1315):"水转连磨……须用急流大水,以凑水轮。其轮高阔,轮轴围至合抱,长则随宜,中列三轮,各打大磨一盘。磨之周匝俱列木齿,磨在轴上,阁以板木,磨旁留一狭空,透出轮辐,以打上磨木齿。此磨既转,其齿复旁打带齿二磨，则三轮之力，互拨九磨。其轴首一轮，既上打磨齿，复下打碓轴，可兼数碓……尝到江西等处，见此制度，俱系茶磨。所兼碓具，用捣茶叶，然后上磨。"这是介绍茶磨的构造和作用，并指出茶磨已从河南推广到江西了。由此可见，利用水磨制茶，自宋至元已有 300 多年的历史，而且规模不小，"互拨九磨"。

水转连磨是碾制团茶的主要工具，与现在的水力揉捻机的作用相同。这种半机械化的碾茶作业，为什么不能发展为完全机械化呢？当时，封建统治阶级设置茶磨，只不过是为了增加茶税收入，更苛刻地剥削茶户。如果无助于达到这个目的，就必然取缔茶磨。

《宋史·食货志》：徽宗崇宁四年（1105）改令磨户承岁课。"五年，复罢民户磨茶，官用水磨，仍依元丰法。"当时茶业由官僚豪商操纵，茶工受尽剥削和压迫。茶户茶商无利可图，没有能力投资去制造进步的生产工具。

1672 年，日本山代省上林弥偶然用烘焙机干燥绿茶。由于当时日本茶业尚不发达，未能引起重视，因此制茶机械的发展还不如其他国家快。

1774 年，英国约翰·瓦德海姆（John Wadham）发表制茶机器设计图案，以后各种制茶机器相继出现，于是逐渐趋向于动力代替人工。

咸丰年间，羊楼峒压造帽盒茶改用半人力螺旋压力机，汉口砖茶厂用蒸汽压力机压造青砖茶。同治年间，福州砖茶厂用英国进口的压力机压造米砖茶。1878 年汉口砖茶厂用水压机压造米砖茶。

1870 年前，印度烘制红茶都用我国的手工方法。1870 年后，应用机器制红茶，并改用室内萎凋和室内"发酵"的方法。这在制茶史上是一大进步。其后，斯里兰卡、印度尼西亚相继仿效，于是制茶工艺与我国大不相同了。

19 世纪末，日本茶业渐趋繁荣，重视机械制茶，发明了制绿茶的机器，与印度相颉颃。而在这 100 年期间，我国茶业因为遭受封建主义和官僚资本的双重剥削，加之帝国主义的侵略和掠夺，内乱外患，所以不仅不能发展机器，甚至原有的手工制茶也一天萎缩一天，几乎破产。直到新中国成立后，才创造出来了许多新式制茶机器，茶叶生产获得迅速发展。

二、使用烘干机

烘干机最先应用于红毛茶生产。经制茶工人不断改进，日渐完善。但是与我国最近发明的电汽烘干机和三层抖筛式烘干机相比大为逊色。下面略述国外烘干机发展经过。

茶叶烘干，虽有其特殊性，但是与其他商品的干燥原理是相同的。把咖啡烘干机略加改造，就能烘干茶叶。这是烘茶应用机械最早的作法。开始时，烘干是采用木炭火炉的旧式干燥方法，后来改造旧热气的烘干机，红绿茶可以通用。

1854 年英国查尔斯·亨利·奥利维（Charles Henry Olivier）、1856 年狄肯逊（Benjamin Dickinson）分别在英国设计、制造烘干机。1868 年狄肯逊又对自己创造的烘干机加以改进。这台烘干机把茶叶放入抽屉式内的盘上，用人工或牛力或机动开动风扇，送进热空气通过叶面而进行萎凋，燃料消耗少，且不占很大位置。

1870 年，厄塞克斯（Essex）和吉布斯（Alfred Gibbs）发明农产品、矿产品、化学品的干燥机，也可以烘干茶叶。70 年代初期，基克霍芬（R. E. Kerkhoven）设计的烘茶机是炉中热气先在铁板下通过，再通至烟囱。

1873 年，印度麦内中校（Edward Money）发明用热空气代替炭火的火炉，装置在大吉岭的索姆茶厂。用热空气烘茶，室内温度可以降低，没有恶臭的木炭烟味，并且可以节省人力物力。

1876 年，印度卡察茶园马克梅金（Thomas Mc Meekin）创造烘茶机（图 6-4）。同年，马肯齐（T. W. Mackenzi）发明蒸

图 6 - 4

汽烘焙，用木材和杂草等为燃料。

1877 年，戴维逊（Davidson）发明第一台西洛谷（Sirocoo）式的分格火炉。一格和烟筒相通用以泄烟，另一格一边和空气相通，一边和烘箱相通，利用生火烟囱的热，再通过烘箱。翌年，又创造第一号西洛谷上引（Up drift Sirocoo）烘茶机，也是根据这种原理。

1880 年，杰克逊（William Jackson）创造万尼逊（Venetion）式烘茶机（图 6 - 5）。采用管状火炉，并装风扇送热气至

图 6 - 5

烘箱，叶盛放框内，不需要用手摊叶，和西洛谷上引烘茶机相同。内装置有孔的金属板，分上下层，可用拉柄把上层的茶叶放到下层。国内有些茶厂采用这种烘茶机。

不久以后，戴维逊又设计出来下引西洛谷（Down drift Sirocoo）烘茶机。中有风扇，热气由火炉通过而至烘箱的顶端，复由室顶下降，叶框用手放入。底部由杠杆逐步推上至顶面，乃用手取出。设计的原理，叶向热气流通的对面方向移动，烘焙强度渐高，所遇到的空气也更热，湿气也更少。后来又设计斜框式烘茶机（Tilting Tray Drier）。

1884 年，杰克逊应用吸力风扇的原理，吸引热空气从叶盘上升，设计成功大型自动胜利式（Victoria）烘茶机，改进了构造，扩大了容量，技术标准超过了以前各种烘茶机。该机内有纲带式有孔条板置放在锁链上，锁链在齿轮上回转，齿轮就在烘箱的侧边。这种原理为多数自动烘茶机所通用。但是，最早适合实用而且卓见成效的，为胜利式烘茶机。

1885 年，勃朗（John Brown）发明勃朗式烘茶机。同年，康勃吞（H. Compton）以及翌年吉布斯都在烘茶机方面有所创造。

1887 年，戴维逊发明应用热空气烘焙蔬菜的烘干机，翌年加以改良而成为烘茶机。1887 年，英格兰甘苏鲍洛甫（Gainsborough）和汤普逊（Henry Thompson）创造自动上引式烘茶机。

1892 年，英格兰萨利（Sarrey）和鲁滨逊（Edward Robinson）创造的烘茶机，在一箱内装置转动的有孔圆筒，热空气从下向上通过圆筒。

1893 年，夏佩（C. J. Sharpe）创造烘茶机，烘帘面为若干行有孔的扇形框，搁置在外角上，依垂直的轴回转，各框有可在框钮上转动，而倾其茶叶于周围各处。这是一种上引式的烘茶机，可与纲带式的烘茶机交互运用。但是，空气的分配和茶叶的摊布颇有困难，所以很少采用。同年，杰克逊和戴维逊改良万尼逊式和胜利式烘茶机，都很成功。

1894 年，杰克逊又创造模范式（Paregon）烘茶机，样式与胜利式相似，但功效较大。该机对茶叶入口装置和空气加热器，均已改良。继后，杰克逊又创造新的万尼逊式烘茶机。机型较大，框改为倾斜的排列。

1896 年，锡兰科伦坡保斯狄得（T. M. Boustead）和斯蒂文逊（T. S. Stevenson）都创造电热烘茶机。保斯狄得的烘茶机有铁丝圈卷于瓷板上。一种形式系把茶叶放置发热板上面或下面的筛上；另一种形式系把茶叶放于连环带上，连环带经过发热板的上下。同年，杰克逊改良烘茶机内热空气烘箱的发热器。吉布斯和沙顿（G. W. Suiton）合作创造另一种烘茶机。

1897 年，鲁滨逊发明自动烘茶机。同年，戴维逊发明自动循环烘茶机，茶叶入口装置的原理，与新式循环压力烘茶机相同，不同的是吸入空气吹入烘箱。

1900 年沙顿创造的烘茶机，有数个同轴心的旋转的圆筒，空气供给器用蒸气或电力加热。

1907 年，戴维逊、汤普逊、吉布斯、葛利斯（T. U. F. Gres）、伯利（Tames Hewelt Barry）都创造有新的烘茶机。戴维逊创造西洛谷式循环链圈压力烘茶机。汤普逊改良杰克逊的胜利式烘茶机，称权力式烘茶机（Power Drier），纲带在齿轮上方和下方均可应用，以增加烘焙面。当条板移至齿轮附近而回转至左齿轮下边时，条板能自行转动，茶叶落于下边的上面，再向前转动至近右齿轮，条板又回转而落于第二纲层的上面，因此，各层纲带都向同一方向而回转。并采用两个风扇，以平衡烘箱中的热气。

伯利、吉布斯合作设计的烘茶机，叫吉布斯—伯利烘茶机。烘箱为一圆筒，轴稍倾斜，在滚筒上徐徐旋转，圆筒内有棱线。当茶叶倾入圆筒的上端时，即为许多棱线所阻，携转至上面，又因筒身倾斜而再落下，茶叶由此排出。热气发自火炉的炭火，由风扇扇入筒内，但无很大成效。

1908 年，爪哇波舍萨（K. A. R. Besocha）发明电热烘茶机。1909 年，戴维逊又发明西洛谷密闭斜盘压力烘茶机（Tilting Tray Pressure Drier）（图 6 - 6）。

图 6 - 6

1910 年，杰克逊改良的烘茶机效果很好，从前系用吸入热空气的原理，现改应用向上压力的原理。有两种新式烘茶机：

1. **不列颠金**（Britannia）**烘茶机。** 与胜利式比较，并无多大进步。不过应用汤普逊的方法，使循环纲带上下两层同时可负载茶叶烘焙。汤普逊式的自动框装置是一弹簧齿轮，使每一框或条板都能急转向下。杰克逊为解决这一困难，改用重阔而滑的条板。

2. **帝国牌**（Empire）（图 6 - 7）**上引压力烘茶机。** 茶叶入口和出口装置以及火炉的构造都有改进。热气分散系用压力控制，热空气用风扇由多管炉抽出，压入通过烘箱的湿叶，由顶端放出，以代替抽出热空气。这样，热气可普遍分散于烘箱内，各处可以得到均匀干燥。纲带的构造，没有改变。

1914 年，戴维逊也采用自动式纲带，与汤普逊的设计相同，

图 6 - 7

应用茶叶自动入口分摊器，创造循环锁链压力烘茶机，内部空气压力比外部大。

　　1930 年，法 布 利 奇 （T. R. Farbridge） 发 明 马 地 布 拉（Multibru）烘茶机。该机的特点是节省燃料。30 年代，烘茶机主要是改制成功西洛谷双重斜盘压力烘茶机。该机便于用手工调节，烘箱大两倍，分为两部而单独操作，具有大型循环带压力烘茶机的效能。

　　最近，许多国家采用大型自动烘茶机。日本静冈县茶叶指导所创造万能式烘茶机 （图 6 - 8），无论毛火、足火或复火都很适用。

　　日本蒸青绿茶使用的烘茶机样式很多，有抽屉式、

图 6 - 8

回转式（圆筒式）、柜式（户棚式），一般都用抽屉式。抽屉式用埋火较简单。是在木框铁板制的室中装置数层的干燥棚插入干燥框，热风在放茶叶区之间迂回，在室的上部装置排气口。但火温和换气各层各部不能一律。如装置风扇使烘箱内空气循环均匀，并且使用电热，缺点就可解除。

回转式是一个横置的圆筒，筒内中轴上装有翻炒手和筒内侧相接，以翻炒茶叶。一端置火炉，由导管把热风自一端吸引入筒中，再从另一端排出。

三、使用揉茶机

制茶的特殊技术是揉捻工艺。改造一般的农产品加工机器不能适用于揉捻，因此使用揉茶机比烘茶机推迟 10 多年。最早是卡察茶园纳尔逊（James Nelson）试用机械揉捻。用两台面相向，茶叶放在两台面中间，前后同时运动，得到与手揉的相同效果。但是，茶叶在两台面中间容易散开，乃用白裤截去两脚管，内盛茶叶，扎缚两端成袋状，放在两台中间，数人坐在台上，以增加压力，而另由数人把上面的台前后推拖，使袋中的茶叶卷捻。因此，发明了纳尔逊袋形揉茶机。最早发明的揉捻机是一个长而重的木箱，两侧有围框，使在一长木台面上作前后交互移动；移动系用手摇。

1867 年，英国肯蒙特（James C. Kinmond）创造揉茶机，其构造是上下两木盘，上盘以偏心回转于固定盘上，盘面刻用凸出条，作为棱骨，由中心辐射引长至周围。在这粗糙面上，钉白帆布。茶叶闭置盘内，直接夹在两叠盘中间揉捻。机器的动力，可用畜力、人力或蒸汽。如一部机器装置两对盘，每日就可制茶 750 公斤，4 对则加倍。机长 4.88 米，阔 1.52 米，高 1.37 米。

1870 年，霍尔（A. Holle）在爪哇巴拉甘萨拉克设计的揉茶机（图 6-9）是一个圆木台，上面另木台可以旋转，且可自由上下。茶叶夹在两台的中间，上台用牛力旋转，直至茶叶揉好为止。但困难的是如何放入茶叶。后来基克霍芬把机器改为倒转，使下台旋转，而茶叶则由固定的上台孔隙投入，才解决了这个困难。但用该机揉捻后，还要用人工再揉捻。

图 6 - 9

1872 年，杰克逊设计的揉茶机是在上面加线簧联动机，以调节由螺丝推下板条的压力。这是应用最完善的揉茶机的开端，也是最初制成的直交揉茶机。后来逐步改良，才创造出现在使用的速动揉茶机。

1874 年，利尔（Willion Stewart Lyle）把纳尔逊的揉茶机改为旋转运动，袋形揉捻器是一木制有盖的圆筒或圆鼓，架于横轴上，放在圆柱状鼠笼式的筒中，箱底有数个木制揉捻棍，都在铁杆轴上自由旋转，叶放入袋中成为肠形。推开筒的一部，把茶袋次第投入揉棍内，圆鼓被压揉棍，回转揉捻。茶叶在袋中跟随回转，达到揉捻效果。当筒门开放时，拽出茶袋，揉捻也就自动停止。这种揉茶机曾风行一时。

1876 年，马克来肯发明一种揉捻台，台有小缝隙，茶叶在台上揉捻时，较细的通过缝隙而落于台下。但须轻轻揉捻，是其缺点。同年，狄肯逊也创造一种揉茶机，但只用于代替手工。该机有一大箱，中放石块，放在盛入茶叶的粗布袋上揉捻。另外，肯蒙特的揉茶机也进一步得到改良。同年，杰克逊发明的第一部揉茶机也在爪哇吉萨拉克茶园使用。

1879 年，杰克逊又创造回转筒揉茶机。翌年，锡兰科伦坡威塔尔（Whittall）父子公司制造第一台揉茶机，是锡兰采用揉茶机的开始。

1886 年，杰克逊为解决简单化的揉茶机，在垂直的位置上加一曲柄，改用倾斜的联动器管理。翌年，就完全改变这种型式，使曲柄作简单的回转。揉捻台就架在三曲柄上面。这种新设计的机器，叫"方

图 6 - 10

型速动揉捻机"（图 6 - 10），应用很广，风行 20 多年。

1888 年，林肯（Lincoln）、理查逊（John Richardson）发明玻璃面的揉茶机。该机的结构，圆板能在圆筒内依水平轴回转，上下两板向反对方面回转，又可用螺丝校正中间距离。但叶在两板面的分布，不如肯蒙特式和杰克逊式能得"8"字形的揉捻。同年，汤普逊也创造出新的揉茶机。

1892 年，勃朗创造三动式（Triple action）揉茶机（图 6 - 11）。揉筒、揉盘、压力器，在揉捻时都可转动。当施压力于上部揉筒时，这种联合运动可使茶叶不致停滞。同年，杰克逊对揉茶机的构造，有两项改良。

1895 年，杰克逊、戴维逊都改进揉茶机的构造，1896 年又改进了装置。

图 6 - 11

　　1900 年，阿萨姆葛黎格（J. U. F. Greig）和帕尔曼（W. F. Perman）对揉茶机的构造，都有很好的改进。1903 年，艾登（A. H. Ayten）创造绿茶揉捻机，以便仿制日本的针叶茶。1902 年至 1904 年，杰克逊创造改良型揉茶机。

　　1907 年，杰克逊创造单动式金属揉茶机，效率较方形速动揉捻机还要高。用金属代替木料，机械寿命较长。1909 年又发明双动式揉茶机（图 6-12）。

图 6-12

1915 年，戴维逊在改良揉茶机的构造方面也获得很大的成绩。

1927 年，英格兰布拉德福特（Bradford）道林（Berer Dorling）公司制造兰加（Lanka）式揉茶机，采用沙顿所发明的不锈钢皱面揉捻台。同年，又出现改良揉茶机，叫西洛谷揉茶机，可以减少耗损和破裂。

1928 年，麦克威廉（A. L. McWilliam）创造新的双动式揉茶机。1930 年，马歇尔公司创造顶部开口的揉茶机，以适应开始揉捻不用压力的需要。

1931 年，揉茶机获得最显著的发展，其标志是马歇尔公司创造的马歇尔—保斯里特盐水冷却揉茶机（Marshall - Bouslead brine - cooled roller）。同年，科伦坡商业公司创造 C. C. C. 单动揉茶机。华尔克父子公司也创造出最经济的揉茶机，性能和 80 年代科伦坡经济揉茶机相同。

（一）苏联设计的揉茶机

为了实现制茶机械化，苏联科学院茶叶工业研究所做出 3 种连续揉捻的模型，并且完成了实验工作。

沙尔科夫（В. Шарков）创造连续操作式揉茶机。该机由几个独立的揉筒和一个共同的揉盘组成，以筒下面的联络槽或通过圆筒上面的输送器把茶叶转送另一个揉筒，最后，揉筒通过分筛机。每个揉筒内装置倾斜的平面板，阻挡未揉好的叶子转移至另一揉筒，并代替压力器的作用。

卡卡拉什维里（А. Какалашвили）式连动揉茶机，是一个能转动的滚筒。筒内装置螺旋形的铁质板条和揉手与筒相反的转动。萎凋叶通过盛叶漏斗进入滚筒，揉捻后，从漏斗流入分筛机。

（二）日本绿茶揉捻机

1866 年，高林谦三创造高林式绿茶揉捻机。该机构造简单，揉盘上装置无底的揉筒，筒内嵌入可以加减揉压的中盖，揉盘中凹，装置放射形或弯曲圆凸条，揉筒和揉盘偏心回转。有的揉筒和揉盘朝相反方面同时回转；有的只是揉筒单独回转。

1885 年，日本上克夏义改造揉检机两件装置。

（三）使用揉捻解块机

1887 年杰克逊创造的揉捻解块机，是一回转倾斜的筒状筛。筛有 13 厘米的网眼，筒的中央有一耙状的杵，转动很快，由开口的一端放入成团的茶叶被杵捣散，小叶通过网眼落下。

1890 年，戴维逊也发明解块机（图 6 - 13）。1894 年，伦敦高乌（W. Gow）也创造解块机。

1932 年，科伦

图 6 - 13

坡商业公司创造 C. T. C. 式揉捻解块机和鲜叶筛分机。该机是根据锡兰马赫特尼茶园恩莱（Neville L. Anley）所定鲜叶等级而设计的。

（四）使用揉切机

1926 年，阿萨姆卡尔麦斯（T. A. Chalmes）创造轧茶机。

1931 年，马克舍（William McKercher）和马歇尔父子公司创造 C. T. C. 压碎、撕折、碎切机（图 6 - 14）。设计该机，是为了制造优等的橙黄碎白毫。机身装有两个与轧布相同

图 6 - 14

的棱骨的滚筒。中间一个滚筒每分钟约转 700 次；另一个约转 80 次。把略经揉捻的叶放入机内，经过滚筒时，不仅轧细而且能改变形状，被压出的茶汁能立刻再被吸收。

四、使用萎凋机

1885 年勃里安斯（A. Bryans），1886 年厄塞克斯、吉布斯，1888 年戴维逊都创造萎凋机。

1894 年，戴维逊改良萎凋机的构造。1897 年，鲁滨逊设计出利用于热空气的人工萎凋装置。1900 年，色顿（G. W. Sutton）也创造出萎凋机。

1907 年，葛黎格（J. U. F. Greig）和 A. F. Greig 合作制成萎凋机。1908 年爪哇马拉巴茶园布查（K. A. R. Bosscha）制造的萎凋机是一个长八角柱的铁丝纲筒，鲜叶放入筒内，吹入 50℃的热空气，并以慢速度使筒旋转约 30 分钟。同年，比格（J. Begg）改进萎凋机内的摊布器。

1909 年，霍登（T. Howden）改进萎凋机。1927 年，马歇尔公司创造马歇尔萎凋机（图 6-15）。该机效率高，能控制绝对湿度，容易管理。

图 6-15

1934 年，马尔达列什维里（Мардалейшвили）式萎凋机室是苏联发明的第一部人工萎凋机。采用通风机通过风管打进横过萎凋室的风道，由此通过风道壁的孔，空气就透过萎凋架上的摊布鲜叶。在风道的两面分布着 19 层横档的萎凋架子。萎凋室可摊鲜叶 800 公斤，以 8 小时的萎凋计算，在 24 小时内可萎凋 2 400公斤鲜叶。采用吸风式萎凋室，小部分的干风分布很不均匀。

1935 年，创造 B. T. И. 卧式机台。经过调节的空气能透过厚层的鲜叶，在一定时间内调换空气流通的方向，可保证全部叶层的均匀萎凋，每台机器日夜生产能力为1 900～2 100公斤鲜叶。机台的空气流通也不够均匀，特别是对老嫩混什的鲜叶，会引起萎凋不均匀的现象。但是比马尔达列什维里式萎凋机室要好些。

1950 年，格鲁吉亚托拉斯的茶厂大部改用沙尔科夫的井坑式机台。该机台由 18 个横风管组成。风管的排列如棋盘的次序，垂直地列成 3 行，高 5～6 米。鲜叶由上装入，落到风管的空隙间萎凋，以 6 小时的萎凋计算，每昼夜生产能力约为6 000公斤鲜叶。

1954 年，创造快速萎凋机（图 6 - 16）。100 页带式干燥机，萎凋只要 2～3 小时，每昼夜生产能力为4 800～7 200公斤鲜叶。快速萎凋不能制出高级茶。

图 6 - 16

霍卓拉瓦赞成这种萎凋方法。他说："中国的日光萎凋不超过 1～2 小时也是快速萎凋。采用日光萎凋的'祁红'，品质不次于甚至超过采用自然萎凋的著名的大吉岭红茶。"这种萎凋的时间，虽然比日光萎凋长或差不多，但是日光萎凋的温度比较低，没有限制通风和积聚水蒸气的缺点，同时进行光化作用，破坏叶绿素，而且采用可以有效控制渥红程度的技术措施和有效的烘焙措施。因此，这种萎凋不能与中国日光萎凋技术相比，品质不如中国日光萎凋的红茶，是肯定无疑的。

五、日本蒸青绿茶使用的机器

日本蒸青绿茶应用的机器，有蒸青机、水干机（图 6 - 17）、粗揉机、揉捻机、再干机、中揉机、精揉机、热风火炉和烘茶机等。有的前已述及，不再重复。

1973 年，为了满足日本人民的需要，我国生产蒸青煎茶，输往日本。从日本进口成套蒸青制茶设备 5 套，其中分两个类型：一是 60K型，安装在浙江蒋堂、江西河口、安徽宣郎广 3 所茶场，是自动控制的脉冲式连续生产设备；另一种类型是 300K，

图 6 - 17

安装在福建松溪郑墩、浙江余杭两所茶场，每小时加工鲜叶 300 公斤，连续生产，自动控制。但这 5 套设备都是旧式的，特别是滚筒蒸青机尤为落后，再干机上的精揉机不能连接，要用手工搬动。没有实现自动化、连续化，就不能达到生产指标。因此，详述蒸青机、粗揉机和精揉机的构造，以便加以改进，是很有必要的。

（一）使用蒸青机

1885 年高林谦三创造鲜叶蒸青机以后，各种蒸青机相继出

现。有高林式、寺田式、臼井式、丸太式、大正式、栗田式、爱国式、秋叶式、富士式、铃木式、森田式等等。构造大同小异。大致可分为送带式（图6-18）、回转式（滚筒式）和搅拌式（图6-19）。搅拌式构造简单，现不采用。回转式蒸汽外散，需要蒸汽量较多。比较起来，以送带式为最好，普遍采用。

图6-18　　　　　　　　　　　　图6-19

　　送带式又称帘式，是长方形的木箱，由竹片制成的通入循环送叶帘，从其他发生蒸汽罐中，把蒸汽导入蒸箱内。蒸箱内送叶帘的上下各装置一支有很多孔的蒸汽扩散管。一端放入鲜叶，回转帘拖过蒸箱蒸热到他端出口，立刻由风扇吹冷。

　　用小型蒸汽机或简易蒸汽发动机使蒸机自身发生动力，把所排气送入蒸箱内，叫自动送带式蒸青机。蒸箱内回转帘移动的快慢和蒸汽压力相随伴，就是操作技术不熟练者使用起来也很容易，且可以单独运转。但除蒸汽压力适合的情况外，蒸箱内温度较低，从外部调节回转帘移动速度比较困难，很难得到适合的蒸度。

　　蒸箱的蒸汽由蒸汽罐送入，回转帘转动，用其他动力传导，叫他动送带式蒸机。蒸箱的蒸汽良好，而且回转帘容易调节。

　　回转式蒸青机有两个类型：一是从蒸箱内回转螺旋型搅拌手

输入茶叶。回转手直接装在釜口,构造简单,但有叶子着附于搅拌输送器上的缺点。尤其是长梗的芽叶更容易卷附在搅拌手上。另一类型是把圆筒型的金属网置放成某种角度倾斜回转,自然地输送蒸叶。变更倾度,就可以调节茶叶输送速度。茶叶的搅拌输送是随着回转而进行的。但是茶芽常常悬在网目上,容易发生郁蒸。

回转式蒸青机设备比送带式简单,并且有些搅拌作用。需要蒸汽量较多,所以都用他动式蒸青机。

1980年,斯里兰卡狄恩(Horace Drummond Deane)设计出应用蒸汽机器。该机外形是六角木箱,长270厘米,直径90厘米。边缘包铸铁,有轴承支于架上,由动力转动,小型的手摇,蒸汽从箱的两端打入。

(二)使用粗揉机

1898年高林谦三创造高林式粗揉机。静冈志太郡六合村八木多作采用热气装置粗揉机。现在已有五六十种样式的粗揉机(图6-20)。大致可分为两个类型:

一为箱型固定式,是圆弧形的箱型揉室。室的内壁附有竹片,旁边的一端有热风吹入口,由热风通过揉室加热,促进水分蒸发。另一端装置吸引排气风

图 6-20

扇,把湿空气排出机外,使热空气能流转不息。有轴贯通揉室的中央,轴上装有和揉室底斜度相符合的弯曲揉手和翻叶棒,每2~3根合一组,以140角度装置。由中轴连带揉手和翻叶棒的回转,压迫茶叶在由底部到上部时,揉手就轻轻摩擦,起揉捻作用。同时受翻叶棒不断搅散,并为侧部进来的热气所

干燥。揉手的压力应适合于茶叶性质，为此另装弹簧条，调节压力。

一为筒型回转式。揉筒内装置揉手，揉手对于中央主轴的垂直面成 45°或 90°角，有个不同的倾面，从左端揉手到右端揉手成螺旋线，使揉捻扩大加多。回转筒同装弯曲弹簧条调节揉压。通入热气，揉筒和揉手共连转动而完成粗揉操作，并兼作打叶机用。

如把揉筒和揉手以同一方向作一回转数时，就有干叶作用，叶干、粗揉可以同时进行。只把揉手回转或两者回转数不同时便成轻揉；逆回转时，便成重粗揉。但缺乏运转中检视粗揉程度的简单机构，在处理上很不便。

筒型回转粗揉机未应用前，蒸叶的气干作用是用打叶机。打叶机有望月式、栗田式、臼井式等，构造大致相同，都是圆形的气干筒，横架而回转。在贯穿中央的主轴上连着杓子形散叶手，茶叶靠筒的旋转而移动，同时被散叶手所搅散。一面输送热风而行叶干。

（三）使用精揉机

1894 年，静冈庵原郡由此町望月发太郎首先发表精揉机制造方案。1896 年创造精揉机。1899 年静冈市臼井喜一郎创造臼井式精揉机（图 6-21）。其后，栗田式和其他各种精揉机相继出现。

图 6-21

精揉机是凹下圆弧形结构，上有锯齿的揉盘和相对的揉手以及扫叶装置，揉盘下是茶炉。茶叶随着揉手往返运动而自然旋转。被挤出在揉盘外的叶子，由弧形状的往来扫茶手和它成直角地往来运动的输送手，再入揉室。这样反复操作和揉盘加热，逐渐干燥。随着精揉程度进展而加减揉压，可在揉手上加一重锤。揉盘和揉手的形态与茶叶形状很有关系，尤其是锯齿的锐钝、间隔和深度，当选择摩擦度较少的。

六、炒青绿茶使用的机器

炒青绿茶应用的机器，有杀青机、水干机、揉捻机和缔炒机。最早亦是日本首先使用，但 100 多年没有改进。近年来，我国创造了滚筒连续杀青机（图 6 - 22）和槽式连续杀青机，以及各种炒干机，大大超过了日本的水平。

（一）锅式杀青机

1898 年原崎源作创造的节省人力的补火锅炒机（图 6 - 23），是在高边铁釜上面横贯一轴，轴上附炒手。由齿轮转动，使炒手往复摆动，完成杀青操作。

1902 年，科伦坡威塔尔（Whittall）公司创造米退礼兹

图 6 - 22

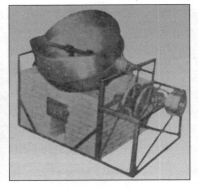

图 6 - 23

（Mitraillense）式釜炒机。同年，阿列恩（Alleyn）发明相似的釜炒机，内部装有架子，以防茶叶坠落时破碎。因不加热，必须补火。

1902 年，歇勃得（Charles U. Shepard）设计一种杀青机。该机为可旋转的圆筒，内有凸缘，一端有用以吹入热气的导管和漏斗。茶叶由漏斗放入，遂在圆筒内旋转。筒内热空气的温度逐渐降低，茶叶流入他端的箱内。

1903 年，乔治（Charles G. Judge）发明连续杀青机。1904 年，沙顿发明锅炒揉捻机，内有一蒸汽烧热的平台在固定的平框上旋转。

1952 年，苏联阿希安·洛米那捷（O. Aщиан. Г. Ломиналзе）试制连续杀青机（图 6 - 24）。杀青室内装置四层转运器，扇形供叶器通过输送带，把叶子带进杀青机的转运器。杀青室外装有摊放和冷却用的三层转运器。有压缩和吸风的循环导管系统。

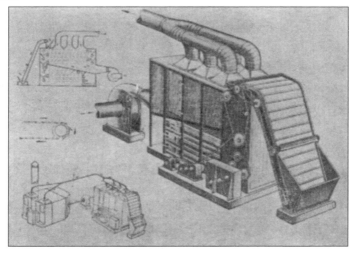

图 6 - 24

（二）水干机和缔炒机

水干机的主要构造，是一个圆筒和火炉。圆筒的构造和回转式干燥机相同。不过火炉装在筒下，火焰直达筒壁，使茶叶接触高温，产生香气。

缔炒机构造与杀青机很相似，但炒手是用铁板制成，釜形较大，底呈圆锥形。

（三）热风火炉

1907 年，东京铃木藤三郎和原崎源作创造输送热气的热风火炉。构造的重要部分是：最下部为火室，上连 4～5 个烟管，其中一个烟管接以肘曲烟筒，烟管上面，罩以蝶形铁板，外围薄铁筒，上覆以盖，由火炉各部所传导的热，把所触的冷空气烧热，然后导入于制机内，因无直接火焰吹入，制茶品质不致受损害。

七、毛茶加工使用的机器

毛茶加工应用的机器，首先是筛分机，其次是切茶机、装箱机等。伦敦沙拉吉（Atred Sarage）最早创造茶叶筛分机。1854 年首先造成茶叶和咖啡的筛分——切碎——拼堆合用机。以后，各种类型机器相继出现，不断改进，有些机器逐渐被淘汰了。

（一）使用筛分机和碎切机

1859 年，佛兰西斯（Edward Francis）继沙拉吉之后也创造出茶叶专用的筛分机。1860 年，沙拉吉改良其筛分机。

1873 年英国庞佛里（Josiah Pumphrey），1877 年肯蒙特、佛洛根（J. P. Brougham）都创造有筛茶机。1888 年杰克逊创造第一台筛分机。该机有两个台，上台在下台的上面摇动，上面的筛眼是 127 毫米，下面是铁丝网。

1891 年戴维逊，1899 年杰克逊，1906 年伯德里特（C. P. Bartlett）都创造或改良筛茶机。1908 年，菲敏（G. Firmen）在筛茶机入口处改装适当的漏斗。

1914 年，杰克逊改制筛茶机（图 6 - 25）。1926 年，摩尔创造柯达（Chota）筛茶机（图 6‐26），为平面循环转动，操作连续不断。1932 年，科伦坡华尔克公司创造六角形和圆筒形改良筛分机。

图 6‐25

图 6‐26

　　碎切机最早是里德（Georg Reid）式碎切机。1860 年，沙拉吉创造碎茶机。该机是一个回转的有齿圆筒，并附有固定的刀。1887 年，杰克逊创造第一台碎茶机。1891 年戴维逊，1892 年伦敦格济世机器公司和三普美公司都创造有新的切茶机。1893 年伯德里特改良的切茶机，有一个三刀过钉器，可取出落入滚筒内的铁钉及其他夹杂物，以免损伤刀口和内部构件。同年，勃朗创造一种碎茶机，其特点是纵切而不是横切。

　　1896 年，戴维逊和英国布里司托尔铁工厂伯德里特（John Bartlett）都制造出改良的切茶机。1900 年，伯德里特（C. P. Bartlett）改良切茶机，翌年得到很好的成绩。1902 年，阿列恩创造绿茶切茶机。1906 年伯德里特（C. P. Bartlett），1915 年华尔克（Gerald T. Walker）都创造有新的切茶机。

（二）使用拼和机和装箱机

1855 年，沙拉吉创造分离或混合不同种类的茶叶、咖啡等的机器。1872 年，伯德里特（John Bartlett）创造茶叶混合机。1891 年，伯德里特（C. P. Bartlett）加以改良，使茶叶从中轴倾出，提高效率。以后进一步改良，使茶叶倾出经过内面的沟槽，并附设刀和筛，防止茶叶倾出有粗细不同。

1895 年，伯德里特（C. P. Bartlett）改良茶叶拼和机，经中央的斜沟排出。1899 年，华特逊（C. H. Watson）和华尔克合作创造茶叶拼和机。1900 年，英国柏涅（Roher Burus）创造茶叶混合机（图 6 - 27）。同年，伯德里特（C. P. Bartlett）改良茶叶混合机，1906 年又改良茶叶拼和机，都很成功。

1894 年，戴维逊和马吉利（F. G. Maguire）创造装箱机。该机是一摇动的平台，用足踏动，以后加以改良，不用足踏。1895 年和 1896 年，戴维逊都创造有新的茶叶装箱机（图 6 - 28）。

图 6 - 27

图 6 - 28

1898 年，杰克逊创造第一台茶叶装箱机。该机的特点是平台装在括弧形钢弹簧上，其间并无任何连接器，一面使平台迅速震动，其震动传至在箱内的茶叶，震动落实。

1901 年，印度温恩斯兰德（F. E. Winsland）和摩尔合作创造茶叶装箱机。1927 年，勃里顿（Briton）创造勃里顿式装箱机，外形像磅秤，茶箱放在震动不停的铁板上，茶叶自上端漏斗而入搅拌筒，经搅手拌匀后，由下端出口漏入箱中。箱因受铁板震动，摆动不停，箱内茶叶也因震动减少空隙，装得结实。同时可装一箱或两箱，也可装小箱或大箱。

1932 年，西洛谷密闭装箱机出现，其构造大致与以前的装箱机相同，但所有旋转部分和承轴都是密闭的。该机不用压力而用摇荡或振荡方式，使茶叶能自然集聚而装入箱中。操作虽然简单，但使用的机器必须完善，动作必须轻捷，机器回转也要有很快的速度。

（三）使用拣梗机和风选机

1860 年，摩拿（Henxyde Mornay）发表拣梗机的设计图案。1888 年，杰克逊创造拣梗机。1920 年，摩尔德来顿（Myldleton）创造茶梗抽出机（图 6 - 29）。该机由两个叠置的长方形浅盘组成，形状像抖筛机，每盘放上一片有乳头状孔的金属板。1877 年，勃隆汉（J. P. Brongham）根据簸茶原理创造簸茶机。1907 年，麦克唐纳（John McDonald）创造偏斜式风扇机（图 6 - 30），能避免茶叶在簸扬和筛分时发生灰色。

1894 年，杰克逊和戴维逊都创造有包装机。1895 年，加拿大拉金（P. C. Larkin）创造茶叶

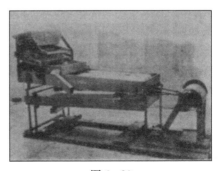

图 6 - 29

包装机，把纸包放入箱内，密封其底。这箱和纸包夹入模型内，放在活塞的顶端，茶叶倾入漏斗的容器中，然后流入箱内，由活塞压紧把箱移去，摺叠顶面封裹。1905年，英格兰里尔的格伯·戴（Job Day）公司发明茶叶包装机。

图 6 - 30

（四）使用着色机和磨光机

最初的磨光机是日本茶叶公司设计的、用手摇动的机器，主要构造是一明轮在金属沟上转动。金属沟或以木炭加热或不加热均可。茶叶放在沟内用手转动明轮。

1901年，华特逊改造成为自动磨茶机。1902年，斯里兰卡伯特勒（William Butler）和印度乔治同时创造车色磨光机。伯特勒的着色方法，需用两具机器，一是狭长转动的鼓形混合机，干燥的绿茶在机中转动2～3小时，先使平滑，然后送入着色机。该机是一个较小的旋转筒，筒边为细小的线网。随后即将茶叶补火装箱。乔治式磨光机用同一机器完成着色、磨光、补火等步骤。

同年，阿李恩和格利美（J. Grieve）创造乌龙茶车色机。1904年，戴维逊公司也创造绿茶磨光机。同年，沙顿创造磨光用的蒸汽双层筒。日本创造的磨光机，圆筒内壁用锡制成，由筒旋转，茶在内中打滚，并且因壁面的凸凹而增加摩擦力。

（五）使用联合机

1903年，斯里兰卡斯脱利汀（G. Streeting）、塔米（H. Tarrer）和马克倭（F. E. MaCkwood）三人合作创造旋转的加热容器，有刮刀、活门和漏斗，以适应蒸煮、干燥、炒焙和着色。1900 年乔治创造的机器大致相同，是有中心蒸汽加热箱的联合机。

　　1904 年沙顿创造的锅炒—揉捻机，有一个蒸汽平台在固定的平框上旋转。1930 年，巴特曼（C. S. Bateman）创造碎切—拣选联合机，以后又改进成为自动摩碎—拣梗联合机。同年，伯德里特创造碎切—筛分机，内有双切、单切和直切等装置。

第七章　茶类与制茶化学

第一节　茶类的发展与划分

我国茶叶生产历史悠久，茶区分布很广。在不同的自然条件下，培育着数以百计的优良品种。茶叶品种适制性很广，有的品种适制一种茶类，有的品种适制两三种以上的茶类。品种不同，制茶的品质也不同。品种多，茶类也就相应地增多。

我国劳动人民发挥了无穷的智慧，创造了各种不同的制法。制茶化学变化不同，制成的茶类也就各色各样，有绿茶、黄茶、黑茶、白茶、青茶和红茶，以及再加工的花茶和压造茶等。每种茶类制法，在同一工序中又有不同的变化，因而制茶化学变化也有差异，色香味也各有千秋，形成数种以至数十种茶叶。因此，我国现有茶叶达数百种之多。

一、茶类起源与划分

茶的异名很多，到了唐代才统一为茶。最初是鲜叶烹煮羹饮或晒干，都叫茶。到了东汉末期，制作为饼，就叫饼茶。到了唐初，蒸青制茶，叫团茶。

陆羽《茶经·六之饮》："饮有觕（粗）茶，散茶、末茶、饼茶者，乃斫，乃熬，乃炀，乃舂，贮于瓶缶之中，以汤沃焉。"据陆羽的记载，在当时或者更早，就有 4 种茶叶。饼茶是指经过蒸青的。其余的茶有两种可能：一是鲜叶直接晒干；一是经过处理的蒸青饼茶。乃斫是指粗大的饼茶或晒干粗叶都要先切细；乃熬是指散叶茶，饼茶松散或晒干散茶容易吸收水分，要先锅炒；

乃炀是指饼茶碾碎过久或晒干末茶受潮失味，要先烘焙；乃舂是指整个的饼茶要先碾碎。

宋代，蒸青团茶发展到蒸青散茶。《宋史·食货志》："茶有二类，曰片茶，曰散茶。"这两类茶叶制法不同，外形也不同。蒸青团茶像饼片，名为片茶。蒸青后直接烘干的，叫做散茶。

建、剑（建瓯南平）的片茶最好，有龙凤、石乳、白乳之类12等。虔、袁、饶、池、光、歙、潭、岳、辰、澧等州，江陵府、兴国临江军的片茶，有仙芝、玉津、先春、绿芽之类26等。

淮南、归州、江南、荆湖的散茶，有龙溪、雨前、雨后之类11等。

马端临《文献通考》记载，根据外形不同而分为3类：①片茶，如龙团；②散茶，如雨前；③腊茶，如腊面。

元代，团茶逐渐被淘汰，散茶发展很快，根据鲜叶老嫩不同而分为两类：①芽茶，如探春、先春、次春、紫笋、拣芽；②叶茶，如雨前。

元代以前的茶叶，都属于蒸青绿茶类。鲜叶直接晒干的属白茶类，但品质与现在的白茶类不同。到了明代，冲破绿茶的范围，发明红茶制法，制茶品质恰与绿茶相反。明代还有黄茶和黑茶，如穆宗隆庆五年（1571）记载："收买真细好茶，毋分黑黄正附，一例蒸晒。"这里的黄茶可能是指羊楼峒的老青茶变黄的，而不是现在的黄茶。黄大茶制法也是在明代发明的。明代就有绿茶、黄茶、黑茶、白茶和红茶5大类。

到了清代，制茶技术相当发达，除5大茶类的内容更加丰富外，还发明了青茶类。茶叶花色万紫千红，茶类达到很高水平，为世界上茶类最多的国家。

二、历代茶叶分类梗概

茶叶是食用商品，品质最为重要，说到茶叶就自然要谈及品质的好坏。品质差异主要是由于制法不同，因此理想的分类方法必须。兼顾两个因素：一方面必须表明品质的系统性，另一方面也要表明制法的系统性。同时，在传统的、通俗的分法基础上加以系统化，便于实际运用。如果不能表明制法和品质的系统性，那么，即使便于实用，也只是人为的分类，而不能满足科学研究的要求。因此，研究茶叶分类要先从两方面着手：①研究各种茶叶制法的互相联系；②研究各种茶叶品质的异同。反过来说，茶叶分类是研究制茶技术和品质的第一步工作。不懂得制茶技术和品质差异，对制茶分类就没有发言权。

茶叶分类应该以制茶方法为基础。从这种茶类演变到那种茶类，制法有很大改革。这要经过相当长的历史时期。在这个时期里，制法逐渐革新、变化，茶叶品质也不断变化，因而产生许多品质不同、但却相近的茶类。由量变到质变，到了一定时候，就成为一种新茶类。

每种茶类在制法上都有其共同的特点。如红茶类都有一个促进黄烷醇氧化的渥红过程；绿茶类都有一个制止黄烷醇氧化的杀青过程；黑茶类都有一个堆积做色过程。如果两种茶叶品质很相似，表明其制法也很相近，彼此有较密切的关系。反之，如果两种茶叶品质区别较大，则其制法也不相近，品质的联系差异就较大。例如小种红茶和工夫红茶的品质，区别不大，制法相似；而工夫红茶和切细红茶区别较大，切细红茶揉捻时，要边揉边切或不经萎凋过程，制法与工夫红茶有很大不同。茶叶类型不同，主要是由于制法不同。茶叶分类应该以制法为根据，才能有完整的、合理的系统。

茶叶分类又要结合茶叶品质的异同。品质的特点，首先是形状差异很大，特别是我国绿茶类，更是如此。如珠茶、眉茶、片茶、尖茶等等。其次是色泽的区别，包括干看的叶色、湿看的汤色和叶底。绿、黄、黑、白、青、红的分类，不但色泽不同，而且制法和品质也各有系统。

我国历代都未研究茶叶分类，只是凭借人们的意愿给予一个称呼，未能表明茶类的不同特点，亦未达到分类的要求。到了唐代，已有蒸青团茶（绿茶）和晒干叶茶（白茶）两类茶叶。但陆羽未能区别，仅从烹饮角度按形状分为 4 种茶叶。这种分法没有表明茶类的不同特点，不能作为分类标准。

宋代，蒸青团茶逐渐发展到蒸青散茶，俗分为片茶、散茶和腊面茶（贡茶）3 类。这 3 种茶叶制法不同，品质也不同，但都属于绿茶类，或者作为分类的"目"，不是分类的"纲"。

明初，绿茶分芽茶和叶茶两类，未及白茶。明朝后半期已有 5 大类茶叶，然仅分绿茶和红茶两类，未及黄、黑、白等茶类。

到了清代，6 大茶类都有了。为了应用起见，也曾依俗称归类。如按产地不同，分为平水茶（绿茶）、武夷茶（青茶）、祁门茶（红茶）；按销路不同，分为内销茶（绿茶类）、外销茶（红、绿类）、侨销茶（青茶）、边销茶（黑茶）等；按制法不同，分为"发酵"茶（红茶），不"发酵"茶（绿茶）、半"发酵"茶（青茶）；按制茶季节不同，分为春茶、夏茶、秋茶、冬茶等。但制法相同，有时也可以制出季节不同、品质相同的茶叶。按品质不同而分为红茶、绿茶、青茶、花茶、蒸压茶亦不妥。绿茶、青茶都有花茶；绿茶、黑茶、红茶都有蒸压茶，这两种茶都不能单独各成一类，而且未及白茶、黄茶和黑茶。上述分类方法都有缺点，不符合分类的科学原则。

三、近代制茶分类系统

各种茶叶品质不同，制法也不同。红茶与绿茶的品质有明显的区别，制法也显然不同。红茶的化学变化大，内质变化也多。绿茶的化学变化小，内质变化也少。其他茶类则在两者之间。

内质变化，黄烷醇氧化比较明显，依其氧化的程度、快慢、先后而有不同的色泽。制法相近，黄烷醇氧化程度也相差不大，黄烷醇含量相差有限，汤色浓度也相近似。如青茶制法靠近白茶，黄烷醇变化相差不大；黄茶制法靠近黑茶、黄烷醇变化也不大；绿茶与红茶的制法大不相同，黄烷醇变化相差很大。从表7-1可以看出。

表7-1　6大茶类黄烷醇含量比较　　　　　　毫克/克

茶　　别	黄烷醇	L-表没食子儿茶酚	D·L-没食子儿茶酚	L-表儿茶酚+D·L-儿茶酚	L-表儿茶酚没食子酸酯	L-表没食子儿茶酚没食子酸酯	总　　量
绿茶	鲜　叶	18.99	8.11	11.61	88.58	31.09	158.38
	毛　茶	11.50	4.68	6.35	61.14	25.04	108.71
	减少（%）	51.12	42.29	45.31	30.97	19.46	31.36
黄茶	鲜　叶	25.84	7.64	11.92	79.42	25.57	148.39
	毛　茶	12.63	3.13	6.75	22.86	10.48	55.85
	减少（%）	51.12	59.13	43.37	71.16	59.01	63.04
黑茶	鲜　叶	26.22	10.88	12.50	60.02	32.20	141.82
	毛　茶	7.02	3.65	3.92	16.68	7.41	38.68
	减少（%）	73.23	66.45	68.06	72.21	76.09	72.73
白茶	鲜　叶	36.70	23.74	24.32	40.62	122.56	247.94
	毛　茶	1.83	0.76	7.59	14.77	31.13	56.08
	减少（%）	95.01	96.80	68.71	63.39	74.84	76.83
青茶	鲜　叶	34.46	7.03	12.79	24.38	63.91	142.57
	毛　茶	5	3.69	4.1	8.15	16.97	37.91
	减少（%）	85.48	47.51	67.94	67.49	76.58	73.41
红茶	鲜　叶	29.00	11.05	7.34	18.74	81.84	147.93
	毛　茶	0.10	无	无	1.10	2.5	3.70
	减少（%）	99.64	100	100	94.13	96.95	97.59

由于气候的影响，白茶萎凋时间较长，青茶做青时间较短，黄烷醇氧化变化则白茶大于青茶；如果情况相反，则白茶小于青茶。黑茶渥堆，湿坯渥堆时间短，黄茶干坯堆积时间长，黄烷醇变化，黑茶大于黄茶，可见湿热作用大。

黑茶以 L-表没食子儿茶酚没食子酸酯减少 76.09％为最多，以 D·L-没食子儿茶酚减少 66.45％为最少。黄茶以 L-表儿茶酚没食子酸酯减少 71.16％为最多，L-表儿茶酚＋D·L-儿茶酚减少 43.37％为最少。制法不同，黄烷醇变化也不同。根据制法和品质的不同，参照习惯上的分类，按照黄烷醇含量的次序，可分为绿茶、黄茶、黑茶、白茶、青茶、红茶 6 大类。这样排列，既保留了劳动人民创造的俗名，分类比较通俗，容易区别茶类性质，而且符合茶叶内在变化由简到繁、由少到多的逐步发展的规律，加强了分类的系统性和科学性。

（一）绿茶分类纲目

绿茶品质特点是绿色绿汤，要求黄烷醇全部不氧化或少氧化。为此，就采取高温杀青破坏酶促作用，制止催化黄烷醇的氧化作用。虽然高温也有催化黄烷醇氧化作用的可能，但时间很短，变化不显著，与酶的催化作用大不相同。

绿茶制法，一般是经过杀青、揉捻、干燥 3 道工序。杀青是绿茶制法的特点。根据通常采用的杀青方法的不同，分为炒热杀青和蒸热杀青两类。

绿茶形状不同。依其形状的类型，分为圆条形、圆球形、扁条形、片形、尖形、针形、花形和不定形 8 类。片形茶又可分为整碎整片，如瓜片、碾茶；碎片，如秀眉、蕊眉。不定形茶，如像拳状的贡熙和摺叠厚片的熙春即是。花形茶，如菊花茶即是。

成茶经过窨花，改变色香味，归纳为窨花茶类。依窨花种类不同，再分茉莉花茶、玉兰花茶、珠兰花茶、杂花花茶，突出香味的不同。

半成品再经过蒸和压，成为各种不同的团茶，归纳为压造茶类。依其形状不同，可分为方形茶、团块茶。方形茶又有长方形和四方形之分。团块茶很复杂，有各式各样的形状。最常见的是圆面包形而底内凹陷或小臼形的沱茶。

绿茶分类：

1. 炒青茶类

（1）圆条形——珍眉雨茶、毛峰、毛尖、碧螺春、银峰、七星茶（罗源）、清水茶（宁德天山）、郁雾茶（古田白溪）、苦茶（宁德虎溪）。

（2）圆球形——珠茶、玉绿茶（日本）、泉岗辉白、涌溪火青。

（3）不定形——贡熙、特贡、熙春。

（4）片形——瓜片、秀眉、芯眉。

（5）针形——松针、雨花茶、庐山云雾、信阳毛尖。

（6）扁条形——龙井、大方、旗枪。

（7）尖条形——猴魁、贡尖、魁尖（奎尖）。

（8）花形——菊花茶。

2. 蒸青茶类

（1）圆条形——苏联绿茶、日本眉茶。

（2）圆球形——日本玉绿茶。

（3）不定形——日本、印度的贡熙和副熙。

（4）片形——日本碾茶、印度秀眉。

（5）针形——恩施玉露、日本玉露、日本煎茶。

（6）椎脊形——广西巴巴茶。

3. 窨花茶类

（1）茉莉花茶——茉莉烘青、三窨茉莉、重窨茉莉。

（2）白兰花茶——白兰烘青。

（3）珠兰花茶——珠兰毛峰、珠兰三角、珠兰大方、珠兰烘青。

（4）杂花花茶——玳玳花茶、柚花花茶。

4. 蒸压茶类

（1）方茶——普洱方茶。

（2）圆面包形——沱茶。

（3）四角方形——四川毛尖、四川芽细。

（4）圆饼形——小饼茶、香茶饼。

（二）黄茶分类纲目

黄茶品质特点是黄色黄汤，要求绿色消失，黄色显出。黄茶不像绿茶那样彻底破坏酶促作用。制法基本上与绿茶类似，但是经过闷堆或久摊工序，促进变黄。黄茶制法的特点是闷黄过程。根据闷黄先后和时间长短的不同，可分为湿坯闷黄和干坯闷黄两类。湿坯闷黄又分揉前闷黄、揉后闷黄和揉后摊放。干坯闷黄又分毛火后堆积闷黄和毛火后纸包足火闷黄。毛火后闷黄又有大茶和小茶的区别，即黄大茶和黄芽。

黄茶分类：

1. 炒青茶类

（1）揉前堆积闷黄——台湾黄茶、沩山白毛尖。这是制法不同的区别。

（2）揉后堆积闷黄——黄汤。这是制法不同的区别。

（3）揉后久摊闷黄——远安鹿苑、蒙顶黄芽、菊花茶。这是形状不同的区别。

（4）毛火后堆积闷黄——黄大茶、黄芽、莲芯。这是制法不同的区别。

（5）纸包足火闷黄——君山银针。此以形状为主。

2. 蒸青茶类

揉前堆积闷黄——沩山白毛尖。

（三）黑茶分类纲目

黑茶品质特点是叶色油黑或褐绿色，汤褐黄或褐红，要求部分黄烷醇迟缓氧化，但黄烷醇的氧化主要不是靠酶促作用。茶类不同，催化作用的因素也不同。一般制法是堆积变色。

炒青、揉捻后渥堆，为湿坯堆积做上。烘干的毛茶筛分后，半成品蒸压为篓包茶，有天尖、贡尖、生尖；蒸压为定型茶，有黑砖茶、花砖茶和柱状的花卷茶（现已停止生产）。半成品炒压为定型茶，有茯砖茶。

半干毛茶沤堆为干坯堆积做色，通风自然干燥，如湖北的老青茶。半成品蒸压成各种形状，如云南大七子饼圆茶、心状紧茶（现改压小砖茶）；半成品蒸压踩成大篓包，如六堡茶。

已做色的半成品，蒸压成各种形状，经长时间的干燥，再起变化，加深色泽。定型茶有像元宝形的康砖茶、枕头形的金尖、四川茯砖茶；炒压成篓包茶，如四川方包茶。

黑茶分类：

1. 湿坯渥堆做色茶类　以形状区别为主

（1）蒸压篓包——天尖、贡尖、生尖。

（2）蒸压定型——黑砖茶、花砖茶、花卷茶（现已停止生产）。

2. 干坯沤堆做色茶类　以形状结合内质为主

（1）散茶——老青茶、苏联老茶。

（2）蒸压成型——大七子饼茶、心状紧茶。

（3）蒸压篓包——六堡茶。

3. 成茶堆积再做色茶类　以制法区别为主

（1）蒸压——康砖茶、金尖、四川茯砖茶、青砖茶。

（2）炒压——方包茶、安化茯砖。

（四）白茶分类纲目

白茶品质特点是白色茸毛多，汤色浅淡。要求黄烷醇轻度延缓的自然氧化，既不破坏酶促作用，制止氧化，也不促进氧化，听其自然变化。一般制法是经过萎凋和干燥两道工序。干燥可用晒干或风干，也可用烘干。白茶制法的特点在于萎凋工序，可分全萎凋和半萎凋。依鲜叶不同，可分芽茶和叶茶。

白茶分类：

1. 全萎凋茶类　以制法和形状的不同区分

（1）芽茶——政和银针、福鼎白琳银针。

（2）叶茶——政和白牡丹。

2. 半萎凋茶类 **以制片和形状的不同而分**

（1）芽茶——白琳银针、土针、白云雪芽。

（2）叶茶——水吉白牡丹、贡眉、寿眉。

（五）青茶分类纲目

青茶品质特点是叶色青绿或边红中青，茶汤橙红色。要求黄烷醇轻度或局部逐渐氧化。先促进酶的催化作用，后破坏酶的催化作用。正规制法是经过萎凋、做青、炒青和揉捻、干燥等工序。青茶制法的特点是做青，在搓捻时完成理化变化。

做青擦破边缘细胞，促进酶的催化，叶边黄烷醇氧化，形成中青边红的茶类。动作不同，品质也不同。分筛青做青和摇青做青。

萎凋而不擦破细胞，先促进黄烷醇的酶促氧化，而后炒青制止氧化，制成叶色青绿的茶类。外形成卷条为散茶，条形扎缚成捆为束茶。

窨花有桂花花茶、树兰花茶、栀子花茶。

青茶分类：

1. 筛青做青茶类 **以产地、制法、品质的不同而分**

（1）岩茶——大红袍、铁罗汉、单丛奇种、名丛奇种。

（2）洲茶——奇种、小种。

（3）山茶——建阳水吉和建瓯的乌龙和水仙。

2. 摇青做青茶类 **以产地、制法的不同而分**

（1）闽南青茶——铁观音、乌龙、色种、梅占、奇兰。

（2）台湾青茶——乌龙、包种。

（3）广东青茶——水仙、浪菜、凤凰单丛。

3. 萎凋做青茶类 **以制法和形状的不同而分**

（1）散茶——莲芯、白毛猴（白毫莲芯）、苏联青茶。

（2）束茶——龙须。

4. 窨花茶类

（1）散茶——桂花花茶、树兰花茶、栀子花茶。

（2）团茶——龙团香茶（用青茶窨香花揉压成圆球形）。

（六）红茶分类纲目 红茶品质特点是红色红汤，严格说是深橙黄色或金黄色。要求黄烷醇较深刻的氧化。先以酶促氧化为主，后以自动氧化为主，经过萎凋、揉捻、渥红、干燥4道工序。制茶的特点是室温自然变化或热化。根据制法、外形和内质的不同，分为小种红茶、工夫红茶、分级红茶、切细红茶、窨花红茶、蒸压红茶等6类。

小种红茶经过萎凋、揉捻和渥红、锅炒（或不炒）、毛烘、拣剔、足烘等工序。条索粗大乌褐。分为湿坯熏蒸和毛茶熏蒸。湿坯熏蒸是毛烘时燃烧松木烟烘。福建崇安桐木关范围内的产品有自然的松木香味，称正山小种或星村小种。毛茶熏蒸是仿星村小种，粗大的工夫红茶用松木烟烘，称工夫小种或副小种或烟小种，如福安坦洋小种。

工夫红茶经过萎凋、揉捻、渥红、干燥4个工序。毛茶加工很精细，粗大做小，不分花色，分叶茶和芽茶。叶茶是整叶工夫，如外销祁门工夫、宁州工夫、政和工夫等；芽茶是细嫩工夫，如内销紫毫、君眉等。

分级红茶经过的工序和工夫一样。毛茶经过筛分分级，分为几个花色，分整叶茶和碎叶茶。整叶茶，如白毫、橙黄白毫；碎叶茶，一般揉捻方法生成的碎茶，外形碎细粒状，如碎白毫、碎橙黄白毫等。

切细红茶是在揉捻过程中，边揉边切，以产生细茶为主，分半叶茶、细茶、碎片3类。半叶茶是叶不完整，没有完全切碎的半叶或少许未切碎的整叶，有白毫、碎橙黄白毫。名称虽与分级红茶相同，但产量少，完全无破损的叶也不多。细茶为颗粒状的细茶卷条经过揉切而成，有细白毫、细橙黄白毫。名称虽与分级红茶相同，但生产量大，成颗粒状的多。碎片是碎片状茶，有花香、碎橙黄白毫花香等。

窨花红茶有杭州的玫瑰红茶和1958年福建新产的香红茶。

蒸压红茶有花香压成而不分洒面洒底的小京砖茶，有以花香为洒面、以杂碎片为包心的米砖茶，或称红砖茶。

红茶分类：

1. 小种红茶　以制法不同而分

（1）湿坯熏蒸——正山小种（星村小种）。

（2）毛坯熏蒸——工夫小种（坦洋小种和政和小种）。

2. 工夫红茶　以形状不同而分

（1）叶茶——祁门工夫、政和工夫、白琳工夫、坦洋工夫、台湾工夫、宁州工夫、宜昌工夫、湖南工夫。

（2）芽茶——金芽、紫毫、红梅（红龙井）、君眉。

（3）片茶——正花香、副花香。

3. 分级红茶　以形状不同而分

（1）叶茶——白毫、橙黄白毫、白毫小种。

（2）细茶——细白毫、细橙黄白毫、花细橙黄白毫、花香。

4. 切细红茶

（1）半叶茶——白毫、橙黄白毫。

（2）细叶茶——细白毫、细橙黄白毫。

（3）碎片——花香、碎橙黄白毫花香、白毫花香。

5. 窨花红茶　以形状不同而分

（1）散茶——玫瑰红茶、茉莉红茶。

（2）团茶——香茶饼（红茶末，窨花压成的）。

6. 蒸压红茶　以形状不同而分

（1）砖茶——米砖茶、小京砖茶。

（2）团茶——凤眼香茶（红茶窨在揉压成团球形）。

第二节　历代名茶

茶叶命名是茶叶分类的重要程序之一。一种茶叶必须有个名称。命名与分类有时可以联系起来，如工夫红茶，前者是命名，后者是分类；又如白毫银针或岩茶水仙，前者是分类，后者是命名。

一、历代茶叶命名

茶叶名称很文雅，通常都带有描写性，以形容其形状为最多。如紫笋、雀舌、珍眉、贡珠、虾目、松针、瓜片、莲芯、银针等。其次是形容色香味的，如白岳金芽、黄芽、辉白等指其干色；黄汤、橘红等指其汤色；巴东真香、兰花、秋香、香片等指其香气；木瓜、绿豆绿、苦茶等指其滋味。

这样命名的茶叶古时最多，数以百计。各地的名茶则冠以该地名称，这在我国古代也极为普遍。唐代名茶如寿州黄芽、绍兴日铸，宋代名茶如六安龙芽、顾渚紫笋，这些茶名现已不用。杭州龙井、洞庭碧螺、武夷岩茶等，今仍袭用。另外，也有根据制茶技术的特点而命名的，如炒青、烘青、晒青、工夫、窨花茶等等。

茶树品种很多，各有特点。根据茶树品种命名的茶叶也不少，如马龙、水仙、铁观音、梅占、桃红、名丛、奇种等等。茶叶还有依采制时期不同而命名的，如探春、次春、明前、雨前、春尖、春中、春尾、谷花等。更有依销路不同而命名的，如腹茶、边茶、苏庄茶、鲁庄茶等。此外，也有根据茶叶与创制人的关系而取名的，如熙春、大方等。

这些根据茶叶特点而定的俗名，优点是指出了茶类品种的不同，使人容易识别；缺点是从个人主观意志出发，没有全面考虑，以致造成不少混乱情况。有时同一类茶叶有几个名称，如高级绿茶就有毛峰、雀舌、莲芯、龙芽、麦颗、峰翅等许多名称，其实都大同小异。也有茶类不同、品质相差很大而名称相同的茶叶，如红茶有小种，青茶也有小种；绿茶有莲芯，青茶也有莲芯；绿茶有银针，白茶和黄茶也有银针；绿茶有贡尖，黑茶也有贡尖。这些名称比较混乱，在研究分类时都要加以仔细审定，改换俗名，重新定名。

二、李肇《唐国史补》的名茶

李肇在唐宪宗元和（806—820）中为翰林学士。所著《唐国史补》说："常鲁公使西蕃，烹茶帐中，赞普问曰：此为何物？鲁公曰：涤烦疗渴，所谓茶也。赞普曰：我处亦有。遂命出之，以指示曰：此寿州者，此舒州者，此顾渚者，此蕲门者，此昌明者，此湖湖者。"

第32世藏王（吐蕃国）赞普松赞干布在唐太宗贞观十五年（641）娶文成公主。文成公主随带名茶入藏。当时名茶都是蒸青团茶。

寿州黄芽产于安徽霍山，品质优美。舒州名茶据陆羽《茶经》记载，产于安徽太湖县潜山。顾渚山名，在今湖州长兴县西北。茶芽萌茁紫而似笋。研膏紫笋烹之，有绿脚垂下。

蕲门团黄产于湖北蕲春县。昌明产于四川剑阁以南，西昌昌明神泉县西山。

《唐国史补》："风俗贵茶，茶之名品益众。剑南有蒙顶石花（产于雅州蒙山顶），或小方，或散牙（谷芽），号为第一。湖州有顾渚之紫笋。东川有神泉小团昌明兽目（产于四川东川县）。峡州有碧涧明月、芳蕊茱萸寮（湖北宜昌）。福州有方山之生牙。夔州有香山（又名真香，今四川奉节县）。江陵有南木（产于荆州，今湖北江陵县）。湖南有衡山。岳州有湖湖之含膏。常州有义兴之紫笋。婺州有东白（产于东阳县内东目山）。睦州有鸠坑（产于桐庐县山谷）。洪州有西山之白露（产于洪州西山，洪州即今南昌县）。寿州有霍山之黄牙。蕲门有蕲门团黄，而浮梁之商货不在焉。"

唐代名茶还有仙崖石花产于彭州，今四川彭县；绵州松岭，绵州即今四川绵阳县；仙人掌茶产于湖北荆州玉泉寺，即今之当阳县，其茶如仙人掌状；宣州瑞草魁产于今之郎溪鸦山。

三、宋代名茶

《宋史·食货志》："茶之产于东南者……雪川顾渚生石上者，谓之紫笋，毗陵之阳羡，绍兴之日铸，婺源之谢源，隆兴之黄龙、双井，皆绝品也。"

双井在江西修水县西 31 里，宋黄庭坚所居之南溪，士人汲以造茶，绝胜他处。欧阳修《归田录》："草茶盛于两浙，两浙之品，日注为第一。自景祐（北宋仁宗赵祯年号，1034—1038）以后，洪州（南昌）双井白芽渐盛，近岁制作尤精……其品远出日注之上，遂为草茶第一。"

宋叶梦得（1077—1148）《避暑录话》："草茶绝品惟双井，双井在分宁县（即修水），其地属黄氏鲁直家也。元祐（1086—1094）间，鲁直力推赏于京师，族人交置之，然而岁仅得一二斤耳。"

周辉（或作辉）《清波杂志》（宋光宗绍熙四年，即 1193 年张贵谟序）："双井因山谷而重。苏魏公尝云：'平生荐举不知几何人，惟孟安序朝奉，岁以双井一斤为饷。'盖公不纳苞苴，顾独受此，其亦珍之耶。"更可见双井茶珍贵。

苏东坡《寄周安儒茶诗》有"未数日注卑，定知双井辱"之句。陈后山赠山谷诗有"君如双井茶，众口愿共尝"之句。周益公《山谷词记》："撷白芽于双井，灿浮瓯之云乳。"可知当时双井茶脍炙于名公巨卿之口。

双井茶采于清明谷雨时为芽茶，采于立夏时为子茶，采于小满芒种时则为红梗、白梗。双井茶除宁州工夫外，还有贡品、乌龙、白毫、花香等名称，又有双井白毛之称，总称洪州双井，或黄隆双井，并有一种砖茶，专销欧美各国。

绍兴日铸或名日注茶，产浙江绍兴县东 50 里的日铸岭，宋时极负盛名，即今之平水茶。

宋代名茶还有临江玉津，产于江西清江县的临江；袁州金片，又名金观音茶，产于今之宜春县；建安青凤髓，产于今之建瓯；北苑茶，产于建瓯苑凤山，宋时贡品名北苑先春；雅安露芽，产于四川蒙山顶；纳溪梅岭，产于泸州，今四川泸县；巴东真香，产于湖北巴东县，火煏作卷结为饮，易令人不眠；龙芽，产于六安，即毛峰之一种，杨万里诗有"午睡起来情绪恶，急呼蟹眼瀹龙芽"之句。方山露芽传到宋代还是名茶；玉蝉膏茶，又名锭子茶；五果茶，产于云南昆明县，颇负盛名。

四、马端临《文献通考》所记载的名茶

建剑产头金、骨金、次骨、末骨、粗骨。宋建州即今之建瓯，宋南剑州即今之南平。

虔州产泥片。虔州即今江西赣县治。

袁州产绿英金片。袁州即今江西宜春县。

歙州产早春、华英、来泉、胜金。歙州即今安徽歙县。

潭州产独行、灵草、绿芽、片金、金茗。潭州即今湖南长沙。

江陵产大拓枕。江陵即今湖北江陵县。

岳州产大巴陵、小巴陵、开胜、开卷、小开卷、生黄翎毛。宋改岳州属县巴陵，即今湖南岳阳县。

澧州产双上绿芽、小大方。澧州即今湖南澧县。

光州产东首、浅山、薄侧。光州即今河南潢川县。

归州产清口。归州即今湖北秭归县。

荆湖产雨前、雨后、杨梅、草子、岳麓。宋分荆湖南北路。黔阳、沅陵、辰溪产都濡、高株。溆浦、宝庆、茶陵都产名茶。荆湖南路即湖南北路，治长沙。荆湖北路，治武昌，即今武昌县樊山。

淮南产龙溪、次号、末号、太湖（均为散茶）。宋初为淮南路，治扬州，即今江苏江都县治，统扬、楚、濠、寿、光、黄、蕲、舒、潢、庐、和、滁、海、泗、亳、宿、泰、通等18州，

及建安、涟水、高邮、无为 4 军，利丰、海陵 2 监。绍熙
（1190—1194）中分淮南为东西两路，东路仍治扬州；西路治庐
州，今安徽省合肥县治。

江南产茗子。宋置江南路，治昇州，即今江苏江宁县治。统
昇、太平、宣、歙、池、饶、信、抚、江、洪、袁、筠、吉、虔
14 州，及广德、南康、兴国、临江、南安、建昌 6 军。天圣
（1023—1032）中分江南为东西两路。东路仍治昇州，西路治洪
州，今江西南昌县治。

饶池州产仙芝、嫩蕊、福合、禄合、运合、庆合、指合（均
为片茶）。饶池州即今江西浮梁和安徽贵池以及青阳九华山。

五、明代名茶

明代茶业专著很多，达五六十种，记载茶名也多。其中以顾
元庆于明世宗嘉靖二十年（1541）撰《茶谱》和屠隆于明神宗万
历十八年（1590）前后撰《茶笺》以及许次纾于万历二十五年
（1597）撰《茶疏》记载较多。

（一）顾元庆《茶谱》

顾元庆藏书万卷。著有《云林遗事》、《夷白斋诗话》、《瘗鹤
铭考》和《山房清事》等 10 余种。王穉登往访之，年 77，犹吟
对不倦。

《茶谱》："茶之产于天下多矣，若剑南有蒙顶石花，湖州有
顾渚紫笋，峡州有碧涧明月，邛州有火井思安，渠江有薄片，巴
东有真香，福州有柏岩，洪州有白露，常之阳羡，婺之举岩，丫
山之阳坡，龙安之骑火，黔阳之都濡高株，泸川之纳溪、梅岭之
数者，其名皆著。品第之，则石花最上，紫笋次之，又次则碧涧
明月之类是也，惜皆不可致耳。"

蜀州丈人山产麦颗、鸟嘴。蜀州即今成都。

袁州界桥产云脚。袁州即今江西宜春县。

湖州产绿花、紫英。湖州即今浙江吴兴县。

洪州产白芽。洪州即今南昌。

宣城丫山产瑞草魁。丫山形如小方饼，横坡茗芽产其上。山之东为朝日所灼，其茶最盛。太守荐之京洛人士，题曰丫山阳城横纹茶，又名阳坡横纹。宣城即今安徽宣城县。杜牧《题宜兴茶山》有"山实东吴秀，茶称瑞草魁"诗句。

六安州产小岘春。六安州即今六安县英山。

峡州产茱萸藔、芳蕊藔、明月藔、涧藔、小江团。峡州即今湖北宜昌。

邛州产火井、思安。邛州即今四川邛崃县。

雅州蒙顶山产石花（谷芽）。雅州即今四川雅安县，蒙顶山在四川名山雅安之间，属名山界内。蒙山在汉代种茶制茶，晋代开始作贡茶。历史上生产的名茶，团茶有龙团、凤饼；散茶有雷鸣、露种、雀舌、白毫等。12世纪生产甘露、石花和黄芽。名茶石花、黄芽，都属黄茶类，在唐代已驰名全国。石花每年入贡，列入珍奇宝物，收藏数载其色如故。《名山县志》载："蒙顶茶味甘而清，色黄而碧，酌杯中，香云幂覆，久凝不散。因此，自古以来有蒙顶石花，天下第一之称。每岁采贡茶三品六十五斤。"

宋宣和二年（1120）创造万春银叶，政和二年（1112）创造玉叶长春，都是贡茶，属蒸青团茶。

1950年，蒙山设立茶叶试验场，1959年恢复名茶生产。仿古传诸名茶特点，结合现代制绿茶技术，生产甘露（又名米芽）、万春银叶、蒙顶石花、玉叶长春和蒙顶黄芽，列为省内名茶。品质特征是细嫩多毫，全芽整叶，香高味醇，汤色清澈。

建州产先春、龙焙和石崖白。建州即今建瓯县。

渠江产薄片。渠江即今湖南新化、溆浦、安化一带。

福州产柏岩。福州即今福州鹤岭。

剑南产绿昌明。剑南即今四川剑阁以南。

金华产举岩碧乳。金华即今浙江金华县。

（二）屠隆《茶笺》

屠隆于万历五年（1577）曾官颍上知县，礼部主事。撰有《鸿包》、《考槃余事》、《游具杂编》、《由拳》、《白榆》、《采真》和《南游》诸集。

《茶笺》："茶品与茶精稍异，今烹制之法，亦与蔡（襄）陆（羽）诸前人不同。"

苏州虎丘——色白香高，真精绝。屠隆《茶笺》："最号精绝，为天下冠，惜不多产，皆为豪右所据，寂寞山家无由获购矣。"

苏州天池——天池峰出产名茶。屠隆《茶笺》："青翠芳馨，唉之赏心，嗅亦清渴，诚可称仙品，诸山之茶，尤当退舍。"

西湖龙井——狮子峰距西湖3里，名为老龙井。狮子峰产品最好。依采摘时期不同，分为头春茶，采于清明前，称明前，形如莲芯，又称为莲芯；二春茶，采于谷雨前，称为雨前，芽如枪，叶如旗，又称为旗枪；三春茶，采于立夏时，附叶二片，形似雀舌，称为雀舌；四春茶，采于三春后一月，叶已成片，又称为硬片，是龙井茶的最粗品。

屠隆说："龙井不过十数亩，外此有茶，似皆不及。大抵天开龙泓美泉，山灵特生佳茗，以副之耳。山中仅有一二家，炒法正精。近有山僧焙者亦妙。真者，天池不能及也。"

常州阳羡——阳羡县名，秦置，隋改义兴，即今之宜兴县南。茶产于县境东南35里的茶山，与顾渚山相连。唐时与顾渚紫笋齐名，或名义兴紫笋。唐时入贡，极为名贵。该山又名唐贡山。

屠隆说："阳羡俗名罗芥，浙之长兴者佳，荆溪稍下。细者，其价两倍天池，惜乎难得，须亲自采收方妙。"

皖西六安——产地为安徽六安、霍山、金寨等县，为有名绿茶区。最著名的有毛尖、雀舌等，极为珍贵，色香味都好，旧时列为贡品。每年四月八日进贡后，乃敢先卖。张达源说："此茶能清骨髓中浮热，陈久者良。"许次纾说："大江以北，则称六安。然六安乃其郡名，其实产霍山县之大蜀山也，茶生最多，名品亦振于南，山陕人皆用之。南方谓其能消垢腻，去积滞，亦甚宝爱。"

屠隆说："六安品亦精，入药最效，但不善炒，不能发香，而味苦，茶之本性实佳。"

浙西天目——天目山在临安县西北 50 里，与于潜县接界，为浙江全省山水之主脉。山有两目，东天目在临安，西天目在于潜。山有两峰，峰顶各一池，左右相对，故名天目。双峰高度相等，约4 000尺。山上寺宇宏大，茶产丰富，名山名茶，相得益彰。

屠隆说："天目为天池、龙井之次，亦佳品也。《地理志》云，山中寒气早覆，山僧至九月即不取出。冬来多雾雪，三月后方通行，茶之萌芽较晚。"

（三）许次纾《茶疏》

据《茶疏》序说，吴兴姚绍宪有茶园在顾渚，自少到老，熟悉茶事。每逢茶期，次纾必到姚家汲金沙、玉窦二泉，细啜而品第茶的好坏。绍宪把生平习试秘诀都教给他，所以次纾的茶理最精。

《茶疏》："江南之茶，唐人首称阳羡，宋人最重建州。于今贡茶，两地独多。阳羡仅有其名，建茶亦非最上，惟以武夷雨前最盛。近日所尚者，为长兴之罗岕，疑即古人顾渚紫笋也。……若歙之松萝、吴之虎丘、钱塘之龙井，香气浓郁，并可与岕鹰行。往郭次甫亟称黄山，黄山亦在歙中，然去松萝远甚。往时士人皆贵天池。天池产者，饮之略多，令人胀满。"云南普洱亦是明朝名茶，次纾不知也。

武夷岩茶——武夷在崇安县南 20 里，周围 120 里以产岩茶著名。尤以慧苑坑、大坑口、牛栏坑三条坑范围以内为最好。始于唐朝，及宋而盛。宋、元、明三代均为贡茶。品质冠全国。茶树品种很多，有数十种，以天心岩的大红袍品种最为著名。《本草纲目拾遗》："武夷茶色黑而味酸，最消食下气，醒脾解渴。"单杜可说："诸茶皆性寒，胃弱食之多停饮。惟武夷茶性温不伤胃，凡茶癖停饮者宜之。"《救生苦海》："乌梅肉、武夷茶、干姜为丸服之。治休息痢。"

云南普洱——普洱县并不产茶，而产茶地区为前普洱府所属车里、佛海等11县，集中于普洱、思茅等县制造，故名。茶性温味香，今凡旧普洱属各地所产者，皆称普洱茶。惟以易武（镇越）及倚邦、蛮崮所产者味较佳胜，制为大、中、小3等，销行国内为药用。大者一团5斤，如人头式，名人头茶，每年入贡，民间不易得也。赵学敏《本草纲目拾遗》说：普洱茶"味苦性刻，解油腻、牛羊毒，虚人禁用，苦涩，逐痰下气，刮肠通泄。普洱茶膏，黑如漆，醒酒第一，绿色者更佳，消食化痰，清胃生津，功力尤大。"

赵学敏《本草纲目拾遗》说："普洱茶膏能治百病，如肚胀受害，用姜汤发散，出汗即愈。口破喉颡，受热疼痛，用五分嘬口，过夜即愈。受暑擦破皮血者，研敷立愈。"

《百草镜》："闷瘄者有三：一风闭；二食闭；三火闭。惟风闭最险。凡不拘何闭，用茄梗伏月采，风干房中焚之，内用普洱茶二钱煎服，少顷尽出，费客斋子患此，已黑暗不治，得此方试效。"

歙县黄山——黄山为国内名胜，名山名茶，如武夷岩茶。峰高多雾，名为黄山云雾，或名黄山毛峰，形状粗大，香味汤色类似杭州烘青。粗老鲜叶，制为像粗珠茶的龙团。上等黄山茶，色泽微呈金黄，叶多幼嫩而少卷曲，条索平直多现白毫。馥香特殊，汤色微黄而鲜明，极少沉淀，叶底嫩黄。

新安松萝——或名徽州松萝或瑯源松萝，产于安徽休宁北乡的松萝山。《滇行纪略》："徽州松萝茶，旧亦无闻。偶虎丘有一僧往松萝庵，如虎丘法焙制，遂见嗜于天下。"故有恨此茶不逢虎丘僧人之句。《本经逢源》："徽州松萝，专于化食。"《秋灯丛话》："北贾某，贸易江南，善食猪首，兼数人之量，有精于岐黄者见云，问其仆曰，每餐如是，有十余年矣。医者曰：疾将作，凡药不能治也。俟其归，尾之北上，将以奇货，久之无恙，复细询前仆曰：主人食后，必满饮松萝数瓯。医爽然曰：此毒惟松萝可解。怅然而返。"

六、清代名茶

清代名茶，有些是明代流传下来的，如武夷岩茶、西湖龙井、黄山毛峰、徽州松萝等。有些是新创造的，如苏州洞庭碧螺、岳阳君山银针、南安石亭豆绿、宣城敬亭绿雪、绩溪金山时雨、泾县涌溪火青、太平猴魁、六安瓜片、信阳毛尖、紫阳毛尖、舒城兰花、老竹大方、安溪铁观音、苍梧六堡、泉岗辉白和外销"祁红"、"屯绿"等等。

洞庭碧螺——江苏太湖洞庭东山所产的上等绿茶，全部是嫩芽，外形细嫩卷曲，似螺形，色泽绿褐，蒙披白毛，香气低，汤色碧翠澄澈，叶底细嫩微白。汤色深碧，味极幽香，称为碧螺春。据清王应奎《柳南随笔》和俞曲园《茶香室三抄》说洞庭碧螺是清圣祖玄烨（康熙十四年，1675）游太湖时题名的。

石亭豆绿——产于福建南安石亭，或称不老亭，系一种炒绿，简称石亭绿。有绿豆味，或称石亭豆绿。风行南洋各地，已有百年之久。

敬亭绿雪——据《宣城县志·光绪本卷六》："松萝处处皆有，味苦而薄，然所产甚广，唯敬亭绿雪，最为高品。"说明敬亭绿雪早在清代光绪年间就已大量采制。创造年代，必定在光绪年间以前。

琅源松萝，古人评价很高，为屈指可数的全国名茶。敬亭绿雪品质超过琅源松萝。

在旧中国，茶园荒芜，祖国名茶非但不能发展，反而停产失传。新中国成立后，百废具兴，多年湮没无闻的敬亭绿雪也恢复生产了。

敬亭绿雪属绿茶烘青尖茶，它的制成是我国劳动人民智慧的结晶。《宣城县志》有"酌向素瓷浑不辨，窄疑花气扑山泉的诗句。《茶名大全》："敬亭毛尖，产安徽宣城县敬亭山。茶品细嫩，有白毫处其上，不易多得。每年运苏州、镇江等处，销售甚广。"

恢复试制的敬亭绿雪，外形如雀舌，芽叶肥壮，花香扑鼻，滋味醇和，回味香甜持久，叶底匀嫩鲜亮。在绿色清汤中，茶芽垂直下沉，根根向下，连续冲泡3～4次后，味不淡薄，香不减低，尤以二泡为好。

涌溪火青——火青起源于明末清初。据传，当时涌溪刘金在弯头山发现一丛半边黄半边白的茶树（当地农民叫白茶或金银茶），遂采茶树上的细嫩芽叶，制造涌溪火青，每年进贡皇帝。

据说在咸丰年间（1851—1861），火青极盛一时，年产量最高达百余担，高级火青占20%左右，销售国内各大城市，颇受消费者欢迎。旧中国时期，火青失传。解放后，才恢复生产。1958年出产高级火青110余斤，1959年生产200余斤。

火青制法近似圆茶。外形如小螺丝，一颗颗卷转，像浙江的平水珠茶和泉岗辉白，但较细嫩而精巧。由于制工不精，结果很像贡熙。近来改制成腰子形，独创一格，颇有特色。白毫很多，色泽润翠。初次冲泡，质重下沉，无飘浮的叶片，滋味醇厚而回甜，香气清高，叶底匀嫩。

六安瓜片——又名齐云瓜片。齐云是山名，又叫齐头山，在金寨麻埠附近。金寨未建县前，为六安一部分，著名的瓜片产于齐云山，因此叫齐云瓜片，历史上也叫六安瓜片。茶叶而叫瓜片，是因为叶形像瓜子，并不是大小也像瓜子。现在由于炒工不精，片茶很难成瓜子形，都是成折条状。

齐云瓜片叶色宝绿而泛微黄，白毫多，油润光泽，香高味醇，汤色清澈，叶质浓厚耐泡，以第二泡香味为最好。瓜片所以能有这些特色，除受齐云山的自然环境影响外，最主要的原因是采制技术精巧。

太平猴魁——猴魁产于太平黄山山脉的猴坑。四周高山环抱，地势高耸，净是陡坡峡谷。茶园多分布于坐南朝北的阴山上，每天日光直接晒到的时间仅5～6小时，而且云雾笼罩，终年湿润。土壤理化性也适宜于茶树生长，因此出产好茶。1915年在巴拿马举行万国展览会，猴魁参加展出，获得好评，荣膺一等金质奖章和奖状。1916年猴魁参加江苏省的陈赛会，也获得一等金牌。

猴魁色泽苍绿一致，白毫多而不显露，叶底匀净发亮，叶主脉粉红色。嫩度高，都是大小相称的一芽二叶初展。汤色淡绿，香气高爽，味浓而回甜，冲泡三四次，味道不淡，比一般内销茶耐泡。

信阳毛尖——河南信阳毛尖主要产于信南、信西两地。信西位于高山地区，云雾弥漫，土质肥沃，大部分土壤属于乌沙土，鲜叶质地好，所产毛尖品质较好。信阳毛尖以车云山所产的品质最好，是信阳毛尖的主要产地。

信阳毛尖属绿茶针形茶。外形：细紧，圆结，光滑，挺直，色泽翠绿，白毫显露，不带老片老梗。内质：汤色鲜绿明亮，香气鲜高，滋味鲜浓，回味甘甜耐久，叶底嫩绿匀整，不带红梗红叶，忌黄叶。

舒城兰花——兰花茶名的来源，有不同说法。一说芽叶相连在枝上，形状好像一枝兰花；一说是正当山中兰花盛开时采制，茶叶吸附兰花香。据传，清代以前，当地的绅士极为讲究花茶生产，河棚地区曾把兰花栽在茶丛中间或茶园周围，使制成的茶有兰花香味。

兰花茶有大小两种。舒城的晓天、七里河、梅河、毛竹园等地，主要出产大兰花。舒城的南港和沟二口、庐江的汤池、桐城的大关等地，主要出产小兰花。舒城晓天白桑园产品最为著名，为兰花茶的上品。庐江汤池、二姑尖的产品，品质也不差。

大兰花以1芽4～5叶为最好。1芽6叶较差，6叶以上的，就嫌粗老了。小兰花1芽2～3叶制成比毛尖大。新中国成立后改制炒青，产量很少。舒绿有持久的兰花香，滋味浓醇，叶肉厚，呈嫩黄绿。由于品质优美，因而在市场上得到很高评价。

老竹大方——亦叫针片，经过手力拷扁，又叫拷方，是属扁形的内销绿茶。形状像龙井，但较粗大；又因卷成条索而后拷扁，不像龙井那样扁薄而平直；色比龙井油黑。上等龙井与大方比较，容易辨别。低级龙井与上等大方就容易混淆，很难区别。

大方原产于歙县南乡，邻近的浙江淳安唐村区、临岐区、昌化顺溪一带也大量仿制。产量以歙县的老竹铺、三阳坑为最多。品质以老竹岭半山中的老竹大方为最好，是清代的贡茶。

大方的特征是扁平匀整，色泽深绿如竹叶，汤色淡杏绿，有熟栗子香，味浓而爽口，叶底黄绿，是内销绿茶。近年来已改制炒青，产量很少。

泉岗辉白——泉岗又名前岗，位于浙江嵊县东北四明山脉的复扈山麓，离县城60余里，是高山地区，常年受云雾笼罩，气候寒冷，但土质肥沃，排水良好，茶树生长旺盛，向以出产上等绿茶著名。

辉白是一种圆形的上等绿茶，名闻全国。主要特征是色泽带辉白，香高，味浓，叶底嫩翠，无红梗红叶，品质优异，市场评价很高。

庐山云雾——庐山在江西星子县西北，九江县南。古名南障山，一名匡山，总名匡庐。周景武《庐山记》说"高二千三百六十丈（786.6米）"。《南康旧志》说"高七千三百六十丈（2533.3米）"。近人有说其山之绝顶，高于平地4500尺（1500米）者。实测之，则距海平线2500英尺（约802米）。庐山产茶始自汉朝，唐宋无闻。到了明太祖朱元璋屯兵于天池峰附近时，该地所产之茶叶乃闻名全国。茶树生于云雾缭绕之山坡，难见茶树真面目，故称云雾茶。品质特点是芽叶肥嫩，绿润多毫，香高味浓，汤色碧亮，耐泡，回味甘甜。云雾茶为十大名茶之一。

君山银针——君山在洞庭湖中，自然条件优越，土壤深厚肥沃，气候温和，雨量充足。尤其是在春夏之间，湖水蒸发，湿气弥漫，更适宜于茶树的生长。因此历代都出名茶。

君山茶因品质不同，分为尖茶和蔸茶。尖茶如芽剑，白毛茸然。清乾隆四十六年（1781）起，每年纳贡18斤，名曰贡尖。君山银针系从君山尖茶演变而来的。

君山银针，国内驰名已久，但是无人研究，因此被误认为绿茶。君山银针不仅是黄色黄汤，而且制法也与绿茶不同。依制茶分类原则，应该归入黄茶类。新中国成立后，恢复生产。1952年生产25公斤，1960年增至56公斤。1956年作为中国名茶在莱比锡国际博览会上展出。品质特点是芽尖肥壮，满披茸毛，干色金黄，香清高，味甜爽，汤色橙黄。冲泡后，芽尖向汤面悬空竖立，继而徐徐下沉杯底，状似春笋出土，又似金枪直竖。

安溪铁观音——闽南青茶产地以安溪为中心。茶叶都以品种名称命名，主要有铁观音、乌龙、毛蟹、奇兰、黄棪、梅占等。其中以铁观音最为著名。据传，铁观音品种是100年前安溪魏姓茶农发现后，用无性繁殖法传播的。近年来，茶名除保留铁观音和乌龙外，其余品种归并为色种。

优良的铁观音，条索紧结，肥壮匀整，色泽润亮，香气醇厚甘鲜，汤色绿黄，叶底柔软鲜亮。铁观音名闻东南亚各国，为优良的青茶，与闽北武夷岩茶齐名。

苍梧六堡——原产于广西苍梧县六堡乡，现在产区包括苍梧、贺县、横县等县，是一种药用黑茶，销东南亚各国和香港地区。六堡茶越陈越好，陈年六堡茶有一种特殊香气。品质标准是褐色成块，汤红亮，味纯爽，有槟榔味。

祁门红茶——简称祁红，在国际茶叶市场上早已享有良好声誉。产区包括安徽祁门，东至黟县和石埭出产的红茶也属祁红。

现在的江西浮梁红茶原来亦属祁红。

祁红内质香气似果香，高级好茶又似花香。香高持久，滋味甜醇浓香，汤色叶底红嫩明亮。外形特征是条索紧细，芽叶多，色褐红，有光彩。品质超过印度名茶——大吉岭红茶。

屯溪绿茶——简称屯绿。比祁红早出名，很久以前就称誉于国际茶叶市场。屯绿产区包括休宁、歙县、绩溪和祁门凫溪口。现在的江西婺绿和浙江遂绿过去都属屯绿。

高级屯绿，条索匀整壮实，形状美观，色绿带灰发亮，香气高而持久，滋味浓醇，叶底嫩绿厚实。滋味苦涩为绿茶的通病，但屯绿则无此缺点，所以在国外市场上深受欢迎。

第三节　制茶化学的发展

茶业科学研究的中心内容是茶叶化学，开展茶叶化学研究工作也比较早。19世纪30年代就已开始分析商品茶的成分，其目的是求得化学成分与茶价的关系。研究某种化学成分的含量能与茶师评级相符，是为了用化学分析代替感官审评。100多年来总是有人抱有这样的企图，但至今还没有人能达到这个目的。最近有人想以"理化审评"来代替感官审评，一试数试，未能成功。要攀登这个高峰，必须有丰富的有机化学、物理化学、生物化学、近代仪器分析知识和茶树栽培学、制茶学以及茶叶检验等科学的理论基础，并结合现代的分子化学和光电化学，深入茶叶生产实践，才有可能成功。

一、茶叶化学研究内容

茶叶化学研究可分为三大部分：①探讨茶叶的化学成分（如现在已发现红茶含有300多种化学成分）；研究各种成分的分析方法，以及制茶过程中化学成分转化机理和茶树生长过程中化学成分的生成与转化。这是属于理论化学研究。②探讨合理的栽培技术措施，以利于有效成分的生成和转化，使茶树生长旺盛。这是属于生物化学范畴。③研究合理的制茶技术措施，引起内在化学成分的转变，以利于茶叶品质的提高，满足人们生活的需要。这是属于应用化学的物理化学范围。

苏联学者把三者混为一谈，统称"茶叶生物化学"。有人照样硬搬，分不清有机化学与生物化学，分不清理论化学与生物化学，分不清物理化学与生物化学，分不清有机体与有机物。因此引申"发酵"与呼吸联系和"发酵"是"无氧生物氧化"等等。

制茶化学主要是热、光、力的作用。现代的成分分析亦以物理分析为主，都是物理化学。研究茶叶化学应从物理化学入手，才能深入下去，从而提高茶叶品质，充分发挥经济价值。

茶叶品质的好坏，除鲜叶质量外，主要取决于制茶技术措施是否合理。制茶技术是外因引起内在化学成分的转化。如果忽视研究制茶过程中化学变化的规律，优良的鲜叶就不能发挥有利的经济价值。100多年来，茶叶化学研究都是偏重于研究制茶化学的分析。

二、最早的制茶化学分析

国外有人要以化学分析代替感官审评，虽然未见成功，但对茶叶各种成分的分析和分析方法，以及研究制茶化学和茶树生物化学，都有很大的促进作用，为开展茶叶化学理论研究、发展茶叶生产打下了坚实的基础。

1820年，瑞士林基（Runge）在咖啡中发现咖啡碱。1827年，英国乌德利（P. Oudry）首先在茶叶中发现咖啡碱，名为"茶素"（Theine），或名茶碱。

1838年，麦尔德尔（C. J. Mulder）发现茶中的咖啡碱，正如查比斯特所证明的那样，与咖啡中所含的咖啡碱同为一物。1892年，费舍（Emil Ficher）以三氧基、二氧嘌呤组合而成事实的例证，使大家公认二者乃为一物。

1838年，麦尔德尔（P. Mulder）对商品成茶进行分析。1843年，庇尔奇特（E. Pelgot）在巴黎发表商品茶成分分析方法，并提出鲜叶和成茶的蛋白质为15％。

1845年，庇尔奇特研究结果表明成茶中含氮素为5.5％，其中五分之一为茶碱（指咖啡碱，下同）的氮。叶中含粗蛋白质26％，包含蛋白质、氨基酸、氨基化合物及其含氮化合物。纯蛋白质为15％，包括不能用酒精和2％醋酸的混合物所抽提的含氧物。

1847年，罗来特（F. Rochleder）在莱比锡（Leipzig）和海德堡（Heidelberg）分别说明在茶中发现"单宁"，并从武夷茶中分离出"武夷酸"（Bohelc acid），从绿茶中分离出没食子酸。

1861年，哈斯惠茨（H. Hasiwetz）和马林（Malin）在茶中发现没食子酸，在中国茶中获得一种黄色结晶物质（Quescetin）。哈斯惠茨证实武夷酸乃是没食子酸、草酸、单宁和槲皮黄质（Quercitrin）等的混合物。

1867年，哈斯惠茨从红茶中分离出没食子酸、黄酮醇和槲皮素，同时还推测槲皮素在茶中是以呈槲皮素的鼠李糖甙状态存在的。

1879年，勃里司（A. W. Blyth）在伦敦出版《掺杂茶的分析及化学性质》。书中写道："茶叶成分包括茶素（咖啡碱）'单宁'、没食子酸、草酸、武夷酸、槲皮真黄质、精油（Essentia）、木质（Woody）、叶绿素、胶质、茶脂、腊质（Wax）、蛋白质、灰分、色素（Colorig）和槲皮黄质酸（Quercitrinous）等物质。"并引用德里琴道夫对苏联市场上多数红茶的分析，说明了茶叶中所含咖啡碱、"单宁"、氮素、碳酸钾、磷酸和水溶物的百分数。这种分析只能表明茶叶是多种物质，不能评定茶叶品质的高低。但这是最早分析茶叶的全部成分，是有价值的参考资料。

1880年后，对茶叶成分的分析，已经有了较为完善的方法，而且进一步分析鲜叶的成分。1886 年，凯林尼（O. Keliner）首先详述鲜叶各个时期的成分。1887 年，凯林尼在伦敦发表详细的分析结果；他每隔一定时期，便采集鲜叶进行分析。

1887 年，日本古在油泽分析日本茶粗蛋白质在 37%～39%，并认为氨基酸对绿茶品质的好坏占有重要位置。

1888 年，柯塞尔（A. Kossel）从茶叶中分离出茶碱（Theophylline，$C_7H_8N_4O_2$）可可豆碱同素异构体，并发现氨基酸对绿茶品质的好坏占有重要位置。日本绿茶分析有粗蛋白质、纯蛋白质和氨基酸。

1890 年，古在油泽对鲜叶、绿茶，红茶的咖啡碱、"单宁"、全氮量、蛋白质、咖啡碱氮、氨基态氮、可溶分粗蛋白质、粗纤维、粗灰分、醚浸出物等进行分析比较。"单宁"鲜叶多，其次绿茶，红茶最少。水浸出物绿茶最多，其次鲜叶，红茶最少。其他差异不大。可溶性"单宁"和热水浸出物皆发生显著变化。在制红茶过程中，可溶性"单宁"失去 8%，约为总量的三分之二。

1893 年，锡兰班伯（M. Kelway Bamber）于每 10 000 份茶中制出 3 份芳香油。在初期烘焙过程中，芳香油继续增加，嗣后乃减少。班伯并说此物为无机物，具有高析光度的不规则油滴。

1890 年，隆伯（P. Van Romburgh）在 100 磅茶叶中提得 3 毫升或 0.6% 的芳香油。

1896 年，隆伯用 446 磅鲜叶与水蒸馏，得微量芳香油，成滴状而聚集于蒸馏液中，有强烈的茶香。在 26℃ 时比重为 0.866，并略具旋光性。蒸馏液中含有甲醇和易挥发物，有醛性反应，并含有内酮，其主要结构为己六醇（Heritol）茶精油蒸馏大部分在 170℃ 以下腾沸，沸点为 160～165℃。沸点高于 170℃，含有小量的水杨酸甲酯（冬青油），呈无色液体，具有茶香。在 153～154℃ 间（760 毫米）蒸馏所得者，初步分析化学式

为 $C_6H_{12}O_6$。

1899 年，隆伯、罗曼（C. E. J. Lohmann）采用两种简单方法抽出茶中咖啡碱。用热水和三氯甲烷抽提，几乎把咖啡碱全部抽出。他们研究咖啡碱以何种状态存在于茶叶中，最后认为是结合状态。发现鲜叶与成茶中咖啡碱含量相同。既说咖啡碱含量相同，又说咖啡碱在制造中分解，这是自相矛盾的结论。

1900 年，奈宁加（A. W. Nanninga）研究爪哇茶"单宁"组成，详述一生糖从茶中分离而出者，可能为槲皮黄质。花黄素族与花青素族的物质亦存在于茶叶中。花黄素与花黄酚色质（Flavonol Pigment）为成分相似的黄色物质。槲皮黄质为在茶中发现的花黄酚的一种衍生物，此乃一种生糖质，加水分解时生成槲皮真黄质（四羟基花黄酚）和鼠李糖。

三、红茶"发酵"机制的争论

茶叶开始是以绿茶形式出现的。到了 16 世纪前后，中国发明红茶制法，武夷星村小种红茶输出国外，引起热烈争论：为什么绿色的鲜叶可以变为红色的茶叶。

1887 年在加尔各答出版的《茶叶百科全书》内有种植者辩论"发酵"性质的记述。有人认为可与大麦发芽时，淀粉质水解相比；有人认为乃是腐败开始的一种作用。这是争论红茶机制的开始。

1890 年，古在油泽自茶中分离出细菌，首先提出微生物发酵说："鲜叶变红是微生物作用，与工业上一般微生物发酵相同。"但其他学者经过实验后加以否认。

1892 年，隆伯、罗曼、奈宁加 3 人先后在爪哇从事研究工作。他们在爪哇出版的《荷兰杂志》上发表《在制红茶过程中的化学变化》一文，对红茶化学性质与"在制"中成分之变化作了系统的叙述。

1893 年，班伯著《茶的化学与农艺》，系统研究茶叶化学

"在制"中的化学变化。认为这种变化是一种纯粹的化学变化，并无微生物或酵素参与其间。他称"氧化"过程，不称"发酵"过程。

1900年，班伯在锡兰，奈宁加在爪哇分别分离一种相同的酵素，同时证明制茶变红是这种酶的作用。班伯在"发酵"已经四五小时的叶中，发现大量的酪酸菌。

1901年，日本麻生亦证明茶叶中含有一种酶。同年牛顿（C. R. Newton）亦证明"发酵"是酶的作用，并定名为茶酶（Thease）。

1902年，班伯和来特（H. Wright）发表酶的"发酵"学说。

1903年，印度瓦格尔（H. Wahgel）从茶叶中分离出细菌，认为茶叶"发酵"是细菌作用。

1901年至1904年，印度茶业协会曼（Harold H. Mann）研究制红茶如何发生变化，每年都发表"发酵"研究论文。最后结论是，茶叶变红，不是微生物作用，而是"茶单宁"氧化的结果，是叶内氧化酶的催化作用引起的。曼极力反对微生物"发酵"说。认为三氯甲烷有杀菌功效，在三氯甲烷饱和的空气中，实验证明三氯甲烷并不能阻碍"发酵"，而且能获得更鲜明的叶底与色泽，因此认为"发酵"与微生物无关。

曼无意中发现消毒"发酵"可获得鲜明的色泽和叶底，于是主张采用消毒"发酵"法，消灭一般的微生物，使不致妨害"发酵"的进行和结果。但用消毒法制红茶，有时结果不好，香气亦异。于是瓦格尔、印度董塔尔（A. C. Tuntall）折中微生物说和酶的作用说，而发表其香气与微生物有相当关系的理论。因此，酶促作用就为研究红茶制法的中心内容。但当时科学界对于溶解酶的性质，认识不清，就不能更明确地应用以解释红茶"发酵"的原理。其后对于酶的研究逐渐深入，酶的学说亦渐为各学者所支持。同时，曼研究大吉岭红茶"发酵"，发表论文，承认酶的作用，于是酶促作用的学说乃能成立。

1907 年，伯纳得（C. Bernard）讨论"发酵"3 种理论，即化学作用、酶的作用、微生物作用。认为酵母细菌在茶叶"发酵"中极为重要，并与奈宁加辩论这个问题。

1908 年，曼发表茶叶中分离酶的方法。用愈疮木树胶反应，测定酶的活性在 25～75℃之间，大约相同；在 78℃慢而弱；在 78℃以上则无反应。这种酶可以控热，如在 80℃以上，保持若干时间，这种酶仅暂时消失其能力而不会破坏。

卫尔忒（H. L. Welter）证明酸类能阻碍酶的作用，1 000 份重量的叶子，用 1 份硫酸已足使"发酵"完全停止，碳酸能使"发酵"作用变慢。又证明酵母菌破坏后，"发酵"仍然发生。因此肯定红茶"发酵"的机制是酶促作用，而不是微生物作用，20 多年的争论到此才停止。

四、从"单宁"到儿茶酚

从 1847 年罗来特在茶中发现"单宁"后，"单宁"就为研究酶促氧化的基质对象。过去茶叶的苦涩味，也认为是一团不明的"单宁"的作用。据实验证明，不能发生鞣革作用，就称为假单宁，日本改为"茶单宁"，以便与一般单宁有所区别。

1867 年，虽然哈斯惠茨已从红茶中分离得到没食子酸、黄酮醇、槲皮素，但没有引起其他科学家的重视，仍继续研究"单宁"为基质对象。如勃理司、奈宁加等分离"单宁"的同时，也发现茶中有大量黄色物质，但都未深入研究。曼也同样停留于"单宁"的研究。

1903 年，柏罗克忒（H. R. Prokter）把"茶单宁"分为没食子"单宁"类和儿茶酚类。这就从"单宁"的研究转向儿茶多酚类。到了 1926 年，日本辻村博士首先从日本变种中分离出 L-表儿茶酚。1936 年 N. 奥希马从锡兰变种，1939 年 B. 捷斯从阿萨姆变种，1950 年 M. 扎普罗米托夫从格鲁吉亚变种，1952 年又从爪哇变种分离出 L-表儿茶酚。

1934 年辻村又分离出 L-表没食子儿茶酚。1936 年奥希马、1939 年捷斯从台湾变种，1952 年扎普罗米托夫从爪哇变种也分离出 L-表没食子儿茶酚。

1935 年辻村又分离出 L-没食子儿茶酚没食子酸酯（L-GCG）。1939 年捷斯从锡兰变种，1948 年 A. 布莱德弗里特、M. 品利从爪哇变种，1952 年扎普罗米托夫、奥希马和品利从台湾变种也分离出 L-表没食子儿茶酚没食子酸酯。1936 年奥希马、1939 年捷斯从爪哇变种，1947 年弗洛哈列捷尔从中国变种，1948 年 A. 库尔萨诺夫从日本变种都分离出没食子酸。

1937 年奥希马从日本变种，1953 年 T. 那卡巴雅什从台湾变种分离出山奈酚。

1948 年布莱德弗里特和品利从锡兰变种，1952 年扎普罗米托夫从台湾和格鲁吉亚变种分离出 L-表没食子儿茶酚没食子酸酯和 L-没食子儿茶酚没食子酸酯。

1948 年品利从格鲁吉亚和锡兰变种中分离出 d.L-儿茶酚。同年布莱德弗里特从锡兰和格鲁吉亚变种中，1952 年扎普罗米托夫从日本变种中，奥希马从阿萨姆变种中分离出 d.L-没食子儿茶酚。

勃拉德菲尔德（Bradfield）分析斯里兰卡绿茶。绿茶的水提脱去咖啡碱，用乙酸乙酯连续抽提，大约有 80% 的多酚类化合物抽提物溶于含水的乙醚中，醚溶液用硅胶柱分部层析，可将各部分分离。勃拉德菲尔德鉴定这些物质，并用绿茶重量百分数表示，其代表性的产率如下：

L-没食子儿茶酚	1.80%
d.L-没食子儿茶酚	0.89%
L-表儿茶酚	0.49%
d.L-儿茶酚	0.18%
L-没食子儿茶酚没食子酸酯	5.54%

L-表没食子儿茶酚没食子酸酯　　　　　　0.72%

L-表儿茶酚没食子酸酯　　　　　　　　　1.16%

分离出来的量占绿茶总量的 10.78%，是多酚类化合物含量的主要部分。因此以后也就不再把这些多酚类化合物认为是"单宁"了。儿茶酚这一名称，由于难以区别其 6 个空间异构的儿茶酚和相应的没食子儿茶酚已不完全适用，因而现在把这些化合物，称为黄烷醇类（Flavanols）。

勃拉德菲尔德法分离出来的黄烷醇的产率，为绿茶黄烷醇相关数量的概略测定。但由于含水的醚对黄烷醇的抽提不完全，仅能粗略表示其真实值。由米亚塔齐从斯里兰卡鲜叶中分离出来的各个黄烷醇数量可能和未抽提的含量相近似。

L-表没食子儿茶酚　　　　　　　　　　　2.35%

d-没食子儿茶酚　　　　　　　　　　　　0.37%

L-表儿茶酚　　　　　　　　　　　　　　0.63%

d-儿茶酚　　　　　　　　　　　　　　　0.35%

L-表没食子儿茶酚没食子酸酯　　　　　　10.55%

L-表儿茶酚没食子酸酯　　　　　　　　　2.75%

茶中黄烷醇类含量不仅制茶与鲜叶不同，而且各个黄烷醇含量，亦因茶类不同差异很大。依其结构不同，未发现的还不少。黄烷醇类易于氧化。所称"茶单宁"主要就是指这类化合物，"茶单宁"名称就被抛弃了。

五、从多酚类化合物到黄酮类

"茶单宁"主要是儿茶多酚类，其余是微量的复杂的酚类化合物。30 年代后，多酚类化合物相继在茶中发现有 30 多种。1940 年林孚（Lamb）、史里郎加（H. B. Sreerangchar）就提出多酚类化合物这个名称，分为儿茶多酚类和黄酮醇类。

1951 年，P. 卡尔特拉特、E. 劳勃茨从阿萨姆变种中分离出咖啡酸。同年 D. 伍德从日本变种，1953 年奥希马、那卡巴雅什、劳勃茨从阿萨姆变种中分离出芸香甙（槲皮素-3-鼠李葡萄糖甙）和槲皮鼠李甙（异槲皮甙）。

1953年，奥希马、那卡巴雅什从阿萨姆变种中分离出3-葡萄鼠李山奈甙、3-葡萄山奈甙（紫云英甙）、三葡萄山奈甙（葡萄糖甙基的结合部不明）、槲皮酚和槲皮葡萄甙。同年又分离出三葡萄槲皮甙（葡萄，槲皮甙葡萄糖基结合不明）和3-二葡萄鼠李槲皮甙。同年劳勃茨和伍德，1955年卡尔特拉特、A.弗鲁德、A.威廉姆斯都从阿萨姆变种中分离出绿原酸（3-金鸡纳咖啡酸）。

1954年，卡尔特拉特、劳勃茨从阿萨姆变种中分离出双没食子酸。

1955年，劳勃茨、弗鲁德、威廉姆斯从阿萨姆变种中分离出异绿原酸（5-金鸡纳咖啡酸）。同年又分离出对香豆酸和对-香豆基金鸡纳酸，以及茶没食子系（没食子酸金鸡纳酸）。

1956年，劳勃茨、卡尔特拉特、伍德从阿萨姆变种中分离出隐色青芙蓉花青酚。1957年又分离出隐色飞燕草酚。这些物质通常可用花白素（Leucoanthocyanins）鉴定。

50年代末期，劳勃茨还发现茶中有新绿原酸、鞣花酸、5、7-二羟基香豆素、L-表阿福素、异槲皮素、飞燕草素-3-苄糖甙、杨梅酮-3-葡萄糖甙、飞燕草素-3-鼠李葡萄糖甙、槲皮素-3-鼠李二苄糖甙、飞燕草素-3-鼠李二葡萄糖。1962年劳勃茨归纳为黄酮醇类（Flavonols）。

1968年，日本坂本裕在绿茶中发现黄烷酮类，分离出4个黄色色素：皂草素（牡荆素-7-葡萄糖甙，即异牡荆甙）、牡荆甙、巢菜甙-1和巢菜甙-3。那些含有牡荆甙的C-葡萄糖基残基及其他在绿茶汤中发现具有很相似结构的18种黄烷酮。

黄烷醇、黄酮醇、黄烷酮和花白素（花青素）总称为黄酮类或黄碱素类，即过去所谓"茶单宁"。科学不断地向前发展，从"茶单宁"到儿茶多酚类到多酚类化合物到黄碱素类再到黄酮类，是科学家们经过 100 多年的探讨而取得的成果。茶叶是由很复杂的有机物所组成的，化学研究没有止境。

1926 年，日本辻村博士首先发现茶中的 L-儿茶酚后，这类物质在茶中连续不断地被发现。到 60 年代，在茶中已发现 11 种儿茶多酚类。如根据这类化合物构造式推论，这类化合物在茶中可能有 24 种之多。这类化合物的名称和概念，随着科学的发展必将有所变化。但是，如果起用过时的不科学的茶鞣质或茶单宁，那就不对了。

有人把儿茶多酚类缩写为"儿茶素"或"茶多酚"。前者是分不清儿茶酚与儿茶素的概念和内容的区别。在有机化学中，只有"酚"的分类，而无"素"的分类。儿茶酚是有机化学的科学概念，儿茶素是商业上的药品名称。后者是画蛇添足，其实多酚类化合物在其他植物中亦含有之，不是茶中单独有的，无须加"茶"字。据此类推，茶咖啡碱、茶蛋白质、茶糖类等等名称都不正确。

第八章　饮茶的发展

第一节　国内饮茶的发展

茶叶、咖啡、可可为人类的三大饮料。世界上饮茶最为普遍，历史也最悠久；饮茶对人体健康的作用最大，茶叶产量和消费量也最多。而且，茶叶的生产和消费，现在仍在继续增长，是其他饮料所不能比拟的。

饮茶的作用，约可分为五个发展时期：①从神农时期到春秋前期，作为祭品；②从春秋后期到两汉初期，作为菜食；③从西汉初期到西汉中期，发展为药用；④从西汉后期到三国，成为宫廷高贵饮料；⑤从西晋到隋朝，逐渐成为普通饮料；至唐宋遂为"人家一日不可无"[①] 了。这是指主要的作用而言。其实各个时期互相交错，不能机械地划分。

茶作饮料的开始时期，古人所见不同，所说的时期也不同。有人根据《三国志》记载孙皓以茶代酒密赐韦曜，认为饮茶始自三国。唐斐汶《茶述》说，饮茶之风尚起于东晋（317—420），而盛于唐代。明王象晋（1599—1659）在 1621 年写的《群芳谱》说，饮茶由药用转变为饮料，最初当在隋代（581—618）。

茶作饮料，各个时期的饮法不同，因而对饮茶的概念，各人也不同。五个时期的初步划分，是以历史资料为依据的。

---

① 明邱濬：《大学衍义补》。

一、饮茶从无到有

茶作饮料,始见于西汉。王褒(西汉宣帝刘询谏议大夫)《僮约》规定,家僮既要在家里烹茶,又要去武阳买茶,来成都出卖贸利。武阳,县名,汉置,西魏改为隆山,故城在今四川彭山县东 10 里。当时是有名的茶叶初级市场。西汉时,茶叶已成为商品,但不知制法,多把茶和蔬菜共煮而食之。唐皮日休说,陆羽以前,言茗饮者,必浑以烹之,与夫瀹蔬者无异也。

《僮约》订于公元前 59 年,距今已有 2 000 多年了。那时饮茶已普及于士大夫阶层,而茶叶开始作为饮料,当然比王褒写《僮约》的年代更要早很多。

《广阳杂记》引《赵飞燕别传》讲了成帝(刘骜)死后,皇后梦中见帝,帝赐茶饮的故事。从这一记载里,可知西汉时,在西北的皇宫内,茶叶已是特殊的饮料。

西汉常有饮茶之说,饮茶始于西汉可以肯定。但开始时是帝王将相的专利品,未及民间。因此,陆羽《茶经·六之饮》说:"茶之为饮,发乎神农氏(应该说是神农时期),闻于鲁周公,齐有晏婴,汉有扬雄、司马相如,吴有韦曜,晋有刘琨、张载、远祖(陆)纳、谢安、左思之徒,皆饮焉。滂时浸俗,盛于国朝,两都并荆、谕间,以为此屋之饮。"陆羽所谓饮茶又是另一概念,与现在的饮茶不同。

到了东汉,饮茶进一步发展,饮茶方法也有改进。曹魏时(220—265)张揖《广雅》:"赤色饼茶捣末置瓷器中,以汤浇覆之,用姜、葱、橘子、芼之,其饮醒酒,令人不眠。"这也可作醒酒之药解释。

三国,茶叶已是皇宫的普通饮料。《吴志·韦曜传》说,东吴最后的皇帝孙皓(242—283,在位自元兴元年至天纪四年,264—280)每次宴客要坐到日落,不论酒量多少,都限饮 7 升,饮不完也要入口后再吐出。韦曜素饮酒不过 2 升,初见孙皓,孙皓特别礼待，减少酒量，以茶代酒。因此，宋杜小山（名耒，字子野，号小山。见《宋诗记事》卷六五），有"寒夜客来茶当酒"的诗句。

刘琨（271—318）给兄子刘演信说："吾体中愦闷，常仰真茶，汝可置之。"

西晋武帝太康年间（280—289）作《三都赋》的左思《娇女》有"吾家有娇女……止丁为茶莉剧，吹嘘对鼎䥴"的诗句。说明饮茶在妇女中间也普及了。

西晋张载（字孟阳，武帝司马炎时，即公元265年至290年佐著作郎）《登成都白菟楼诗》有"芳茶冠六清，溢味播九区"的诗句。晋四王起事（300—303），惠帝司马衷蒙尘返洛阳，黄门张孟阳以瓦盃盛茶上至尊。

到了东晋，市上已有煮好的茶汤零售。《广陵耆老传》说，晋元帝时（317—323）有老姥每旦独提一器茗，往市鬻之。

东晋桓温（明帝司马绍时为荆州刺史，孝武帝宁康元年，即公元373年卒）性俭，每宴饮，唯下七奠盘茶果而已。饮茶是招待高贵宾客的礼节。

《晋中兴书》说，吏部尚书陆纳款待上宾卫将军谢安（东晋孝武帝司马曜时为将帅），只设茶果而已。

到了南北朝（420—589），佛教盛行，和尚坐禅破睡，饮茶发挥了很大功效。饮茶风气流传各大小寺庙，茶叶生产都掌握在寺庙的大和尚手里。推广佛教的同时，也推广了饮茶。饮茶和佛教是分不开的，因此俗语说"茶佛一味"。

《宋录》："豫章王子尚，诣昙济道人于八公山，道人设茶茗，子尚味之曰，此甘露也，何言茶茗。"饮茶为"上流"社会不可缺少的交际方式。

二、饮茶从有到普遍化

到了唐代，发明蒸青制茶，茶叶品质提高了，饮茶风气普及民间。唐人认为，春中始生嫩叶，蒸焙去苦水，末之乃可饮，与古所食殊不同也。

陆羽《茶经》引《桐君录》："西阳、武昌、庐江、晋陵好茗，皆东人作清茗，茗有饽，饮之宜人。"弘君举《食檄》："寒温既毕，应下霜华之茗。"

唐代宗李豫时（762—779）封演《封氏闻见记》："南人好饮之（茶），北人初不多饮。开元中（723 年左右），泰山灵岩寺有降魔师，大兴禅教。学禅，务于不寐，又不夕食，皆许其饮茶。人自怀挟，到处煮茶。从此转相仿效，遂成风俗。"

佛教深入民间，饮茶风气益盛。唐时，南方饮茶已很普遍，而北方有些地方则认为是奇异风俗。后来，北方人向南方人学习，逐渐也有了饮茶的习惯。

东汉华佗《食论》已经指出，长期饮茶，可以提高思维能力。于是饮茶就为脑力劳动者所爱好。到了唐初（618 年后），文人学士饮茶成癖，大开饮茶风气。有些人就著文写诗，宣传饮茶的好处。随着茶叶生产的大发展，饮茶风气愈加盛行。

太宗贞观十五年（641），文成公主出嫁第 32 世藏王松赞干布，带去当时湖南岳州的名茶"㴩湖含膏"，饮茶习俗传到西藏。

到了中唐（766—840），北方饮茶逐渐普及，江南大批茶叶长途运往华北。《封氏闻见记》载，开元中（728 年左右），"自邹、齐、沧、棣，渐至京邑城市，多开店铺煮茶卖之。不问道俗，投钱取饮。"也养成饮茶习惯了。到处有茶馆，可以随便用钱饮茶，茶叶已不是贵族和士大夫阶层所特有的享受品了，而成为普通百姓的日常饮料。封建社会有句俗语："开门七件事，柴米油盐酱醋茶"。饮茶在人们生活中的重要，可想而知。这句俗语流传已有相当长久的历史。据《封氏闻见记》，"按古人亦饮茶耳，但不如今人溺之甚。穷日尽夜，殆成风俗，始自中地，流于塞外。"

到了 8 世纪中叶，东南出产的茶叶大量向北方推销。至肃宗至德（756—758）、乾元（758—760）年间，茶马交易开始后，茶叶更进一步向西北推销。

德宗建中时（780 年后），康藏少数民族也开始到四川买茶。各地名茶大量运销西北。李肇《唐国史补》说，藏王用四川昌明（今彰明）所产名茶招待唐使。同时发展以茶换马的"茶马交易"。

到了唐末（905 年前），发明蒸青散茶，类似日本现在的碾茶，但是全叶冲泡。当时，饮用散茶已相当普遍，逐渐成为人家不可缺少的日常饮料。于是订出审评茶叶色香味的方法，辨别茶味的好坏。所以当时"斗茶"（茶叶品质比赛）很盛行。蔡襄（1012—1067）是宋代最有名的品茶专家。

《金史》：金章宗泰和六年（1206）"尚书省奏：茶，饮食之余，非必用之物，比岁上下竞啜，农民尤甚，市井茶肆相属。商旅多以丝绢易茶，岁费不下百万……遂命七品以上官，其家方许食茶。"

三、饮茶从普遍化到生活必需品

边区少数民族多食肉类，饮茶更为生活所必需，有"宁可一日无油盐，不可一日无茶"的俗语。南宋淳熙四年（1177），吏部阎苍舒向朝廷陈茶马之弊时，就提到这种情况。可见边区人民饮茶习惯，也有很长的历史了。

金宣宗元光二年（1223），省臣以国蹙财竭为由，颁布法律，禁止河南、陕西人民饮茶，以免每年妄费民银 30 余万，流入南宋。但是人民不顾禁令，继续饮茶，茶叶交易仍愈来愈旺盛。

到了元代（1271—1368），开放西北茶市，饮茶风气普及边区少数民族，边茶开始大量生产。

到了明代（1368 年后），制茶技术不断改进，茶叶品质进一步提高，茶类增多，学者们总结茶叶生产经验和饮茶好处的专著陆续出现，促进饮茶风气更加普及。

明邱濬《大学衍义补》说：茶之名，始见于王褒《僮约》，而盛于陆羽《茶经》。唐宋以来，成为人家一日不可无之物。

许次纾在 1592 年写的《茶疏》说：古人结婚必以茶为礼。可见茶在此前已是一种珍贵礼品，人人喜欢的饮料。

到了清代，饮茶的盛况空前。睡觉、起床、吃饭前后以及应酬送礼，都离不开茶叶。市街乡村到处可见茶楼茶馆。

第二节　国外饮茶的发展

世界各国的饮茶风气，都是先后从我国传入的。5 世纪末，土耳其商人至蒙古边境以物易茶，这是我国茶叶正式外销的开始。6 世纪末，我国文化和佛教传入日本后，常有航船载运少量茶叶至日本，这是我国茶叶海运出口的开始。

日本松下智《全国铭茶总览》："从高松塚古坟看，也受朝鲜半岛影响。公元 600 年就从唐朝传来饮茶的风习。当时，朝鲜饮茶遍及各地。"这一记载与我国史料相符。

但是，我国文化开始输入日本是在汉昭帝刘弗陵时期（公元前 86—前 74）。汉武帝元封三年（公元前 108），在汉朝境外原来朝鲜卫右渠统治地区，设置玄菟、乐浪、真番、临屯 4 郡。后来刘弗陵废真番、临屯，只留玄菟、乐浪两郡。乐浪海外的倭人（在日本），分立百余小国，通过乐浪得与中国接触，汉文化开始输入日本。1956 年日本福冈市长说，汉时中国茶叶就传到福冈了。这话是否确实，还待进一步考证。但从上述历史资料中可以初步推论日本是第二个最早的饮茶国家。

一、我国邻近国家饮茶历史的推考

世界各国的饮茶历史，以我国邻国为最早。中国丝绸，在战国时期已闻名世界。自通西域后，汉与中亚的交通更畅，丝绸输出也更多了。我国茶叶生产比丝绸早，在公元前 2、3 世纪就已成为主要商品之一，是否也同丝绸一起输出国外，有待于进一步查考。

与我国西南部接壤的缅甸、越南和老挝的边境地区，饮茶历史应是最早的。但未找到具体资料，只是有很早就利用茶叶作为食料的记载。这些国家的野生茶树类似我国原始的皋芦种。

据 1815 年拉悌和 1816 年加登记载，阿萨姆和上缅甸所发现的茶树，系集团而有规则栽培的，当地人已用来制茶，并非散漫或单独的野生茶树，而未被土人所利用。未利用的野生茶树仅云南蒙自有之。印度阿萨姆东北部生和斯（Singphos）乡村中有茶树生长，土人采集鲜叶，学习缅甸方法制茶。这些事实，19 世纪初期到上阿萨姆旅行的欧洲人都是知道的。

茶树分类学家斯多得在中印边境交通孔道考察时所见到的茶树，系从我国云南移入。当地土人采用的制茶方法，也是云南人所传授的。

9 世纪末期，阿拉伯商人出入于我国各港口，贸易十分兴盛，其中当然包括茶叶买卖，饮茶风气也随之传到许多阿拉伯国家。

到了明初，航海事业有了很大发展，为饮茶风气向外扩大创造了有利条件。航海家郑和率领的船队，从明成祖永乐三年（1405）至宣宗宣德八年（1433）7 次下西洋，把茶叶运到东南亚各国和一部分非洲国家，大开海外的饮茶风气。

二、欧洲国家开始饮茶

16 世纪初期，葡萄牙侵入我国，欧洲人开始学习饮茶。到了清代末年，帝国主义列强的武装商船直接侵入我国茶区，抢运茶叶回国。

自神宗万历三十五年（1607）荷兰船队从爪哇来澳门运去绿

茶、1610年转运欧洲、开欧洲饮茶风气后，中国茶叶不断地输往欧洲各国。1618年，我国茶叶从西北陆路输入苏联。1650年，饮茶风气传到英国咖啡馆。1657年，英国有一家咖啡店出售由荷兰转口的中国茶叶，每磅售价6～10英镑，只有贵族宴会才能饮用。此后，中国茶叶大量输入欧洲，饮茶风气逐渐遍及欧洲各国。有些国家养成嗜好，有些国家偶然试饮。

三、美洲国家开始饮茶

美洲的饮茶习惯是由荷兰人传入的。1640年荷属新爱姆斯丹（即今纽约）的荷兰侨居贵族首先饮茶，所以该地人民开始饮茶也比较早。以后，荷兰人不断带茶叶至纽约。自1660年至1680年，饮茶风气陆续传到各地。1690年在波士顿最先出售中国红茶。1700年开始用牛乳和乳酪掺茶饮用。

1678年，英国东印度公司把4 717磅茶叶从万丹运到美洲各地，使饮茶风气进一步扩大。

1712年，波士顿的包尔斯东药房出售中国绿茶。1784年，美国快轮开始来我国直接运载茶叶回国，于是我国茶叶大量输入美国，饮茶风气遍及美国各地。

四、饮茶历史的发展与消费量

世界各国的饮茶历史，有早有迟，甚至还有最近才开始饮茶的国家。饮茶历史长短相差数百年。历史长的，茶叶消费量也大；历史短的，消费量也少。

欧洲饮茶以英国发展为最快，消费量也最多。英国人饮茶像吃饭一样，有早茶、午茶和晚茶之分。每人每年平均消费量超过4.5公斤。大洋洲以新西兰发展较快，消费量也多，每人每年平均3.5公斤。美洲以加拿大发展较快，消费量也多，每人每年平均3.5公斤。非洲以摩洛哥发展较快，消费量比其他非洲国家多，每人每年平均1.5公斤，这些国家较之亚洲任何国家的消费量都高出几倍。亚洲以我国为最多，但按目前我国茶叶生产水平计算，每人每年平均还不到 0.25 公斤，还不如饮茶历史短的国家。因此，党和政府十分重视发展茶叶生产，以满足全国人民生活的需要。

第三节 国内饮茶的方式方法

我国饮茶已有几千年的历史。在这漫长的时间里，饮茶的风俗习惯和烹煮的方式方法，以及烹饮的器具，都经历了许多变化。时代不同，民族不同，地区不同和气候不同，烹饮方法也不同，形形色色，各有特点。

茶叶烹饮方法，也随着茶叶生产技术的改进和茶类的发展而不断变化。最早发现野生茶树时，是采集鲜叶，在锅中烹煮成羹汤而食，作为药剂。这时候的烹饮方法和器皿很简单。鲜茶味道苦涩，与吃药相同。

春秋时代，茶叶作为蔬菜，与煮饭菜相同，没有什么特别的烹饮方法和器皿。茶叶与饭菜调和，降低了苦涩味。但是还有苦味，因此叫苦菜。

最早饮茶，方法非常简陋，调制也不适口。但茶叶发展成为饮料，是跃进一步。人们用茶叶招待来访宾客。宴请客人时，先端茶赏饮，然后用餐。

南方订婚礼节中，常常以茶为暗示物，即以一株不能移植的茶苗，表示须从种子抽芽开始。求婚一方，即暗示一新抽芽的茶苗，而非一移植的茶苗，从一而终。

一、秦汉时代烹饮饼茶的方法

到了秦汉时期，采来的鲜叶经过加工，改变了原来味道。据魏张揖《广雅》载，采鲜叶作成饼状茶团，沾沫米膏，炙炭火无焰直接烘干变赤色。泡饮方法是捣成碎末放入瓷壶，并注入沸水，加上葱姜调味。这时候已有专门的烹（如烧菜汤）饮方法。在茶叶里掺入其他食物，调和苦涩味。饮茶，半为药用，半为款待宾客，已有简单的专用器皿了。

二、唐代烹饮蒸青团茶的方法

到了唐初，不仅加入葱姜，而且加入枣子和薄荷调味。这样，盖着草青味，尝不到茶叶的真香。到了采用蒸青制法时，去掉饼茶的草青气味，香味良好，所以逐渐成为普遍饮料，烹饮方法也有很大改变。

中唐陆羽时期，烹饮方法很讲究。《茶经·四之器·五之煮》详细记述了当时的烹饮方法和所用器皿。

陆羽说：茶叶分粗茶、散茶、末茶、饼茶4种花色。粗茶要先击细，散茶要先干煎，末茶要先炙焙，饼茶要先捣碎，然后入瓶中，注入开水烹煮。这是说明茶叶花色不同，烹煮前的处理方法也不同。

关于烹煮方法，他说：煮茶与烹茶同，但用锅较大，听到微微有声，气泡像鱼目，是一沸；烧壶缘边的气泡像连珠涌起，是二沸；腾沸像波浪做声，是三沸；过了三沸，就嫌老了，不能饮。煮到一沸时，就加盐调味。煮到二沸时，出水一瓢，用竹筷环激汤心，稍顷，腾沸溅沫，倒入所出水止之。这样，就发育茶叶精华。煮茶三沸，所有内含物一齐浸出，许多有毒物质也煮出，所以不好饮。

关于饮茶方法，他说：每炉烧水1升，酌分5碗。至少3碗，至多5碗。设使人多，要10碗，就分两炉。茶汤要趁热连饮。冷饮，则香味散失。如饮一半，香味更差。汤色嫩绿，香味至美，入口微苦，过喉生津，就是好茶。这样饮法有一定的科学道理。

关于泡茶用水，他说：山水最好，其次江水，井水最差。山中慢慢流出的泉水，是经过深厚土层的过滤、日光的曝晒、含有充足新鲜空气的活水，当然是好的。江水中混有多量的杂质，是比山水差。井水不见天日，性阴冷，又无接触流通空气，水中杂质不能氧化，盛井水的缸底，常存有一层沉淀。因此，井水不如江水。

根据陆羽品评天下的水，庐山康王谷水帘水第一，桐庐严陵滩水第十九，及至雪水（不可太冷）第二十。《煎茶水记》作者张又新以及他的前辈刘伯刍说，较宜茶的水，凡7等。扬子江南零水第一，淮水最下第七。由此可知当时是如何重视泡茶的用水。龙井茶，虎跑水，是历来称赞茶水相宜的俗语，但不易普及大众。

苏廙《十六汤品》把茶汤分为16种，玄乎其玄。但是其中所谓开水温度不同，水未全开或超过十沸，泡茶时续时断，倒茶先后不同，茶具不同，茶汤味道也不同，是符合事实的。

综上所述，可以看出唐时对影响茶汤是否可口的因素有深入的研究和分析。当时，生活讲究的家庭都备有24件精致茶具，全套的碾茶、泡茶、饮茶器具。同时还有收藏器具的精巧小橱子，可以携带，以便与人斗茶（评比茶叶的好坏）。

唐李匡乂《资暇集》："崔宁（蜀相，大历末即775年入朝，建中时即780—783年，被缢杀）之女，以茶杯无衬，病其烫指，取楪子承之，既啜而杯倾，乃以蜡环楪子中央，其杯遂定……人人为便，用于代，是后传者更环其底，愈新其制，以至百状焉。"这是茶杯有底环的开始。

《清稗类钞》："宫中茗碗，以黄金为托（楪子新状），白玉为碗。孝钦后（李豫皇后）饮茶，喜以金银花少许入之，甚香。"《乾淳（乾道、淳熙，1165—1189）岁时记》："茶（贡）之初进御也，翰林司例有品赏之费，皆漕司邸吏赂之，间不满欲，则入盐少许，茗花为之散漫，而味亦漓矣。禁中大庆会，则用大镀金氅，以五色韵果簇钉龙凤，谓之绣茶，不过悦目，亦有专其工者，外人罕知。"宋时皇帝御前赐茶，皆不建盏，用大汤氅，色正白。但其制样，似铜叶汤鳖耳，铜色黄褐色。《东坡后集》从驾景灵宫诗："病贪赐茗浮铜叶"[①]。

《癸辛杂识》："长沙茶具，精妙甲天下，每副用白金三百星（衡器上记数之识点叫星，用金银时代，即以星为数）或五百星，凡茶之具悉备，外则以大缕银合贮之。赵南仲丞相帅潭日，尝以黄金千两为之，以进上方。穆陵大喜，盖内院之工所不能为也。因记司马公与范蜀公游嵩山，各携茶以往，温公以纸为贴，蜀公盛以小黑合（木），温公见之曰：景仁乃有茶具耶。蜀公闻之，因留合与寺僧而归，向使二公见此，当惊倒矣。"

《清波杂志》："凡茶宜锡，窃意若以锡为合，适用而不侈，贴以纸则茶味易损，岂亦出杂以消风散，意欲矫时弊耶。"

三、宋以后泡茶方法

到了宋代，发明蒸青散茶制法。饮用散茶时，不碾成碎末，全叶冲泡；不用盐调味，重视茶叶原有香味。当时订有鉴赏茶叶色香味的方法，辨别茶叶品质的好坏，所以斗茶很盛行。人们对烹饮方法特别讲究。蔡襄在皇祐元年至五年（1049—1053）间写的《茶录》是当时的代表作。《茶录》分上下两篇：上篇茶论，论茶色、茶香、茶味、藏茶、炙茶、碾茶、罗茶、候汤、熁盏、点茶等烹茶技术；下篇论器，详述茶焙、茶笼、砧椎、茶钤、茶碾、茶罗、茶盏、茶匙、汤瓶的性质和用法与茶汤品质的关系。

宋时茶室兴盛，名称雅致，如八才子、纯乐、玢珠、菀家室、二与二、三与三等。茶室每饰以芬芳鲜花，并罗列"名雷花"所制的葱茶和肉羹茶出售。

到了明代，烹饮方法更加考究，很多茶业专著都有详细记述。例如，陈师1593年写的《茶考》载："杭俗烹茶，用细茗置茶瓯，以沸汤点之，名为撮泡。北客多哂之，予亦不满。一则味

---

① 　程大昌：《演繁露》。

不尽出，一则泡一次而不用，亦费而可惜，殊失古人蟹眼鹧鸪斑之意。"反映了古今烹茶法的变化。

许次纾 1592 年写的《茶疏》说"量茶五分"，其余按比例增减。茶壶宜小，不宜过大；小则香气易保存，大则容易散失，大约以盛容半升水为度。独自饮用，茶壶愈小愈好。关于烹煮技术，说水一入铫，就赶快烹煮，听到像松叶摇动声音，就开盖查看老嫩。起泡像蟹眼，水有微涛，就是恰好；大涛鼎鼎，到于无声，就已过头；过头汤老而香散，决不堪用。关于泡茶技术，则说，茶壶茶杯要用开水洗涤，用布巾擦干。茶杯残渣，必先倒掉，然后再斟。这样烹饮方法，到现在还流行于闽南、粤东各地。

明文震亨《长物志》："构一斗室，相旁山斋，内设茶具，教一童专主茶役，以供长日清谈，寒宵兀坐，幽人首务不可废者。""茶瓶茶盏不洁，皆损茶味，须先时洗涤，净布拭之，以备用。""茶洗：以砂为之，制如碗式，上下层，上层底穿数孔，用洗茶，沙垢皆从孔中流出，最便。""茶铫汤瓶：有姜（人名）铸铜饕餮兽面火铫及纯素者，有铜铸如鼎彝者，皆可用。汤瓶铅者为上，锡者次之，铜者不可用。形如竹筒者，既不漏火，又易点注。瓷瓶虽不夺汤气，然不适用，亦不雅观。""候汤：活火煎，缓火炙。活火谓炭火之有焰者。始如鱼目为一沸，缘边泉涌为二沸，奔涛溅沫为三沸。若薪火方交，水釜才炽，急取旋倾，水气未消，谓之嫩。若水逾十沸，汤已失性，谓之老，皆不能发茶香。"

关于茶壶选择："以砂者为上，盖既不夺香，又无熟汤气。供春（明朝著名女造壶专家）最贵，第形不雅，亦无差小者。时大彬（初自仿供春得手，喜作大壶，见图 8-1）所制又太小，若得受水半升而形制古洁者，取以注茶，更为适用。其提梁卧瓜、双桃扇面、八棱细花、夹锡茶替、青花白地诸俗式者俱不可用。锡壶有赵良璧（人名）者，亦佳。然宜冬月间用。近时吴中归锡、嘉禾黄锡，价然最高，然制小而俗，金银俱不入品。"由此可见明朝茶壶样式之多。有的现在还可看见（图8‑2），大多数被淘汰掉。

图 8‑1

图 8‑2

对茶盏选择："宣朝（地名）有尖足茶笺，料精式雅，质厚难冷，洁白如玉，可试茶色，盏中第一。世庙有檀盏，中有茶汤果酒，后有金篆大醮檀用等字者，亦佳。他如白定等窑，藏为玩器，不宜日用。盖点茶斟茶须熁盏令热，则茶面聚乳，旧窑器熁则易损，不可不知。又有一种，名崔公窑，差大，可置果实，果亦仅可用榛、松、新笋、鸡豆、莲实，不夺香味者，它如柑、橙、茉莉、木樨之类，断不可用。"

　　清初有一种鸡蛋糖茶。把两个新鲜鸡蛋黄搅匀，加入砂糖，倒入泡好的茶汤，在饥饿而不及正式备餐时调和饮用。

　　清顺治十三年（1656），在福临皇帝招待荷兰公使的宴会上，曾以热牛乳掺入茶中饮用。

四、我国边区少数民族饮茶方法

　　清代中叶，西藏僧俗早餐时，每人要饮茶5～10杯，每杯185毫升。当最后一杯至半时，就在茶中加入面粉调成粉糊，倾入事前准备好掺拌起泡沫的茶汤，作为食品。10人早餐，砖茶和苏打约各30克，加水1升，烹煮1小时，过滤后掺入开水1公斤，再加食盐140克。全部倾入一个狭细圆筒形的搅拌器中，加入牛乳搅拌，使成为一种细匀油腻的褐色汤汁，然后倾入茶壶，以供饮用。在午餐时，生活好的家庭，又备茶饮，佐以麦饼，并有麦面奶油和糖混合的糊。

　　茶壶，有的是银制的，有的是铜镀银，有的是黄铜制的，饰以花叶和动物图样，都是浮雕或缕丝的细工饮茶用具。个人自用的茶杯是瓷制的，或树节刻成的。

　　边区兄弟民族的饮茶方法，不仅古时与汉族不同，现在也与汉族不同，这是因为饮茶的目的和要求不同。川藏高原的各民族男女老幼，僧侣和一般人，都以茶叶为生活必需品，饮量很大，每人每天要饮浓茶20～30杯（5升左右），才能防止喉咙干渴。每日饮茶至少15～20杯，有人甚至饮至70～80杯。特别是藏族人民，如不饮茶就感觉精神不振，体软力乏，饮食不消化。一般的藏民，每天一定要熬茶，每餐后都要饮茶，或边餐边饮，以茶代汤。生活富裕的家庭，熬茶日夜不息，把茶壶放在炭炉上，随时取饮。

　　边区兄弟民族烹饮方法是熬茶（像熬中草药），不是泡茶。原因有二：一是茶类不同，不像内地汉族饮用散茶，而是饮用各种不同的紧实砖茶，开水冲泡很难浸出；二是高原气压低，沸水不到 100℃，如果用冲泡法，茶汁不易泡出，因而用锅煮熬。西藏喇嘛寺的大茶锅，口径达 1.5 米以上，可盛水数担。所用茶碗有用金银镶饰的，可见茶叶的珍贵。

现在的藏民，最喜欢喝美味的"糌粑茶"或"酥油茶"。先把茶叶放在锅内加水煮沸，滤出茶汁，倒入先放有酥油和食盐的茶桶内，再用一个特制的搅拌工具插入茶桶内，不断搅拌，使茶汁与酥油混成白色浆汁，就可饮用。在外放牧时，把砖茶捣碎放入一小土罐内，加入清水、盐和酥油煮沸，用竹棒不断地搅拌，使油与茶混合，倒出饮用。人们对茶叶非常珍惜，要熬到茶汁已尽方止，茶渣作为牲口饲料。

生活较差的家庭，每逢年节，或亲友来访时，才制酥油茶。日常饮盐茶，即在熬煮时加入适量食盐。有时招待汉人饮茶，就不加食盐或酥油。

蒙族人民喜欢饮奶茶。喜欢与牛奶一同煮饮。奶茶是先把砖茶捣碎，抓取约 15 克，放入盛水 2～3 公斤的铜壶或铁锅内，用开水（或冷水）冲泡后，烹煮数分钟，掺入 1～2 杓奶子（约为水的五分之一），放入一把青盐，就成咸甜可口的奶茶。冬天，挤不出奶子时，就不加奶子。一般的蒙民，每日早起就煮好一壶奶茶。习惯上都爱饮热茶，煮好的奶茶，就放在微火上，以便随时取饮。每人盛一碗热奶茶，一边喝茶，一边吃炒米和酪蛋子，直至吃饱为止。有的把炒米、酪蛋子和酥油泡在茶汁内，连茶带炒米一齐吃。这是最好的早餐。除正餐外，如从外面放牧回来，也要增加一次奶茶。如果晚餐吃了牛羊肉，要喝完茶才能睡觉。一般人每日至少饮茶2～3次，多至5～6次。富裕的家庭，一壶茶叶最多饮两次，一般只饮一次，泡汁就不要了。经济较困难的家庭，须连续煮饮 3 次。一般青年人多饮淡茶，老年人爱饮浓茶。蒙民招待客人，以茶为上品。当客人走入蒙古包，献完鼻烟和酥油礼（见面礼）后，接着就端上奶茶、炒米、酪蛋子，作为款待客人的食品。

五、昔人谈论饮茶方法

《东坡志林》："唐人煎茶用姜，故薛能诗云：盐损添常戒，姜宜煮更夸……近世有用此二物者，辄大笑之。然茶之中等者，若用姜煎，信佳也，盐则不可。"

《鹤林玉露》卷之三丙编："余同年李南金云：《茶经》以鱼目涌泉连珠为煮水之节，然近世瀹茶，鲜以鼎镬，用瓶煮水，难以候视，则当以声辨一沸、二沸、三沸之节。又陆氏之法，以未就茶镬，故以第二沸为合量而下末，若以今汤就茶瓯瀹之，则当用背二涉三之际为合量，乃为声辨之……然瀹茶之法，汤欲嫩而不欲老，盖汤嫩则茶味甘，老则过苦矣。若声如松风涧水而遽瀹之，岂不过于老而苦哉！惟移瓶去火，少待其沸止而瀹之，然后汤适中而茶味甘。"

《云林遗事》："莲花茶，就池沼中，早饭前，日初出时，择取莲花蕊略破者，以手指拨开，入茶满其中，用麻丝缚扎定，经一宿，明早莲花摘之，取茶纸包晒，如此三次，锡罐盛，扎口收藏。"

《广阳杂记》："古时之茶，曰煮、曰烹、曰煎。须汤如蟹眼，茶味方中。今之茶，惟用沸汤投之，稍着火，即色黄而味涩，不中饮矣。乃知古今之法亦自不同也。"

《清稗类钞》："花点茶之法，以锡瓶置茗，杂花其中，隔水煮之，一沸即起，令干。将此点茶，则皆作花香，梅、兰、桂、菊、莲、茉莉、玫瑰、蔷薇、木樨、橘诸花皆可。诸花开时，摘其半含半放之蕊，其香气全者，量茶叶之多少以加之。花多，则太香而分茶韵；花少，则不香而不尽其美，必三分茶叶，一分花，而始称也。"

据《群芳谱》载：上好细茶，忌用花香，及夺真味，是香在茶中，实非上品也，京津闽人皆嗜饮之。冯正卿《岕茶笺·论烹茶》说，先以上品泉水涤烹器，务鲜务洁，次以热水涤茶叶；水不可太滚，滚则一涤无余味矣。以竹箸夹茶于涤器中，反复涤荡，去尘土、黄叶、老梗，使净，以手搦干，置涤器内盖定，少顷开视，色青香烈，急取沸水泼之。夏则先贮水，而后入茶叶；冬则先贮茶叶，而后入水。

饮芥茶者，壶以小为贵。每一客，壶一把，任其自斟自饮，方为得趣。盖壶小则香不涣散，味不耽搁。况茶中香味，不先不后，只有一时。太早则未足，太迟则已过，见得恰好一泻而尽，化而裁之，存乎其人，施于它茶，亦无不可。此冯正卿言也。

《清稗类钞》："茶之功用，仍恃水之热力。食后饮之可助消化力。茶中妨害消化最甚者，为制革盐。此物不易融化，惟大烹久浸始出，若仅加以沸水，味足即倾出，饮之无害也。吾人饮茶颇合法，特有时浸渍过久，为可忧耳。久煮之茶，味苦色黄，以之制革则佳，置之腹中不可也。青年男女年在十五六岁以下者，以不近茶为宜。其神经统系，幼而易伤，又健于胃，无需茶之必要，为父母者宜戒之。"

"湘人于茶，不惟饮其汁，辄并茶叶而咀嚼之。人家有客至，必烹茶，若就壶斟之以奉客，为不敬。客去，启茶碗之盖，中无所有，盖茶叶已入腹矣。"

昔人谈论饮茶方法，讲事实，无可厚非。然古时，是煮茶、烹茶、煎茶，熬茶，与现在的冲泡不同。除有些理论还可适用于少数民族地区外，大多与泡茶无关。这里主要是把历史资料汇集起来，供研究参考。

1. **汤嫩则茶味甘，老则过苦。**联系泡茶时间来看，泡茶要快，香味好，泡时过久，内含物全部浸出，则味苦涩。

2. **上好细茶，忌用花香，夺茶真味。**茶叶与鲜花的香味不同，在人体中作用也不同。如果鲜花香味，盖着茶叶香味，则不是饮茶而是饮花了。失去饮茶的作用。就是粗茶，如果制法和泡法改进，也不难饮，砖茶就可以说明这个问题。近来采制粗放，质量不高，因而花茶的销路很广，到处建立花茶厂，生产花茶，供应市场需要。这是权宜之计，舍本逐末，浪费人力物力，绝不是制茶工业发展的道路。若要提高茶叶的香味，还是以改良品种为本。福建安溪黄棪品种，自然花香很浓，已大量推广繁殖，这是根本的办法。

3. **茶中有制革盐妨碍消化。**这种说法是受有些外国人错误宣传的影响。经过近代茶叶化学分析，茶中有"单宁"之说已被推倒了，而是已发现的 30 多种类黄酮化合物。

4. **男女青年十五六岁以下不宜喝茶。**这值得研究。国内外有些地区，茶为药用，如福建、香港等地均用茶治病；夏天，茶为却暑饮料；英国人在午后，全家茶餐。说男女青年不宜近茶是不恰当的。如果说平时少饮或不饮浓茶，则比较符合事实。茶味苦涩，儿童不饮，这是事实，但属陈旧观念。如果采制和冲泡都合理，去掉苦涩味，有些儿童也喜欢饮淡茶。

六、现在的泡饮方法

我国现在的饮茶方法，以闽南的云霄、漳州、东山、厦门和广东的汕头等地为最考究，设置有专用的饮茶器具，即所谓烹茶"四宝"：一是玉书茶碨，赭色扁形薄瓷的水壶，容水约 4 两，水沸碨盖一开一阖，卜卜有声，好像叫人泡茶；二是汕头风炉，烧开水的火炉，娇小玲珑，可以调节通风；三是孟臣罐，用江苏宜兴紫泥制成，色红，容水 1 两多；四是若深瓯，饮茶杯，白色反口的小磁杯，杯沿绘画，有蓝色花纹，杯底有"若深珍藏"四字。以前用河北定县生产的"纯白定瓯"，现在都用专销闽南各县大小与"若深白定"相同的江西特制茶杯。

"四宝"既备，就可品茶。先取清洁的泉水，洗涤茶具，等待茶碨水开，用开水先烫孟臣罐、若深瓯，继而放入茶叶，茶量约为罐容量的六七分，冲入开水，水冲满至罐口，就拿罐盖刮去罐口的泡沫，然后加盖。以中指托杯脚，拇指按杯边，把杯放入另一盛满开水的杯中，杯在开水中转荡。时间不能过一分钟，就取孟臣罐倒茶入杯内，普通一罐配以 4 杯水量。倒茶时，4 杯杯口相接，循回倒注，各杯茶汤浓淡才能平均。乘热连饮四五杯，也就是每罐茶叶冲泡四五次。每泡茶多水少，茶汤浓厚，故杯汤虽少，也能解渴，所谓在精不在多也。这种艺术饮茶，称为品茶，是其他地区所未见，所看不惯的。其实，这样饮茶节约茶叶和开水，饮到香高味醇而无害的浓茶，可以满足解渴的要求，无可厚非。

第四节　国外饮茶的方式方法

各国饮茶的历史，随中国茶传入的先后而长短不同。日本最先传入中国茶，饮茶历史也较早；其次是伊朗和印度。欧洲最早饮茶的人，是 16 世纪到中国和日本的耶稣教士。

17 世纪初，海牙东印度公司有少数"高贵"人士，视饮茶为珍奇事物，只在会见贵宾或举行典礼仪式时才饮茶。1635 年，茶叶成为荷兰宫廷的时尚饮料。到 1680 年，荷兰许多主妇于家中设茶室，以茶和饼招待来客。

17 世纪中叶，英国少数贵族时常泡制中国茶作为一种万能妙药，或用来招待客人。宫中饮茶是 1661 年查理二世（Charles Ⅱ，1630—1685）娶卡特林公主时开始的。其他欧洲国家开始饮茶的时期，则依东印度公司运入中国茶叶的先后，而有所不同。

美洲饮茶，是从荷兰和英国的富裕侨民自备美丽的茶具与本国的时尚茶具进行竞赛开始的。当时，饮茶是上层社会的一种待客礼仪。

泰国的土著人最先采用茶叶。远古时代，他们把鲜叶煎沸作为药用。其后，北部的掸族采野生茶叶，或蒸或煮，制成小束，以供咀嚼。再后，制成球形茶团，和盐、油、大蒜、猪油及干鱼同食。这种风俗，现在依然保持。饮用的土产暹罗茶，即叫茗，和盐及其他调味品嚼食。

相传丕郎族食一种醃茶，是把野生的鲜叶煮好，经过搓捏，然后用纸包好，或用竹筒贮藏，埋地下数月，使其"发酵"。在举行婚礼或其他隆重的宴会时，才掘出来敬客。

一、日本"茶道"

饮茶刚刚传入日本时，仅限于在佛寺中烹煎作为一种药物。僧侣和俗人都把茶看做是神圣的药剂，清净纯洁，可医百病。后来，茶叶逐渐成为社会上的普通饮料。人们学习我国宋代的烹饮方法，将茶叶碾碎为细末，加入开水，用竹筷搅汁成泡沫。

15世纪，在足利义政时期（1435—1490），与茶相伴而发展起来的美学理论逐渐形成一种信条，一种礼仪，一种哲学。于是就出现了作为宗教仪式的茶会。禅宗僧徒在庄严的达摩像前行饮茶礼，奠定了著名的"茶道"仪式的基础。

茶道在茶室内举行（图8-3）。茶室本为会客室的一部分，用屏风隔开，谓之"围"。后来成为茶室，再后发展成为独立的"茶屋"，谓之"数寄屋"。京都银阁寺最早的茶室，至今仍吸引大批游客及巡礼者。

茶道最早是在寺院中举行，整个仪式非常庄严。后来传入城

图8-3

市俗间，在花园中僻静的小屋内举行，周围环境像似郊野，仪式严格依照规则和时定礼节进行，穿插有最简单的动作表演，其中含有一种微妙的哲学意义。这种风俗到现在还未改变。

日本人的习惯，每次请客不超过4人。首席客人，一般皆选择精于茶道者，作为其余诸客的发言人。茶碗是最重要的饮具，颇为品茶者所重视。有唐津烧、萨摩烧、相马烧、仁清烧、乐烧等制品，皆正合用。尤以乐烧最为茶客所珍重。乐烧的构造非常实用：涂有一层海绵状的厚糊，不易传热；表面粗糙，易于掌握；边沿微向内卷，可防外溢；敷釉光滑，适合口唇。但绿茶的泡沫仍如同在黑色粗瓷中一样明显。

洗茶碗用具（水翻）、搅茶竹帚（茶筅）、茶杓和擦拭茶碗的紫色绢巾（袱纱）等泡茶物器，皆按规定程序，一样一样地取入茶室。袱纱摺叠如定式，用后收在主人怀中。主人取入各物后，与众互致敬礼，礼仪正式开始。先把各物洗拭，然后主人自绢袋中取出一茶罐，放二杓半"末茶"于茶碗中。用杓盛热水倾注碗中末茶。滚水太热，茶汤太苦（内含物容易全部浸出），必须先移入"汤冷罐"。将充足热水注放茶上则成"浓茶"，其浓度几乎像豆羹，用帚急搅，使其顶层起沫，然后奉与主要客人。客人吮吸，且问此茶从何而来，并赞颂茶好。饮茶时，吸气作响，亦为一种礼貌。

首席客人饮毕，茶碗传给下一位客人。如此依次传递，最后乃达到主人饮。茶碗须托于左手掌中，以右手扶持之。使用茶碗的规定方式：第一，客取碗；第二，举碗齐额；第三，放下；第四，饮茶；第五，再放下；第六，回复第一的原位。主人饮毕，自谦茶劣，常向客人致以歉意。最后，空碗（茶碗常为一贵重古物）乃由众客辗转观赏，于是礼式完毕。

这种茶礼直到现在对社会生活仍有影响。主人仍以末茶奉敬贵客，先以热水注入客人杯中，然后以小刀尖端满挑末茶，撒入各杯，搅拌至有泡沫而浓厚如羹汤，以供饮用。大家未婚闺女，欲学习古代茶礼，熟悉礼节，至少须要 3 年时间。

无论男女老幼都经常饮茶，可谓全国一切工作都在饮茶中进行。大部分是饮绿茶。各大旅馆、饭店、汽船及铁路餐车中，亦有多种国外红茶。饮茶用无柄的茶杯，不加糖或牛乳。泡茶用刚开后，冷至 160~170°F 左右的热水，注入预先烫热的茶壶，使茶叶在其中浸泡 1~5 分钟。

在铁路车站，小贩用小绿瓶盛热茶汤叫卖，每瓶一品脱①，瓶盖即为玻璃杯，以供饮茶。饮时吮吸作响，为普遍的习惯。亦有褐色小壶盛泡好的进口红茶，连瓶出售。

饮茶舒适愉快，风气遍及全国，深入民间。一般认为在家接待宾客颇不大方，所以请客饮茶都在茶室、俱乐部或饭店。茶室是日本人生活中必不可少的场所，普通饮用粗叶制成的"番茶"。每年约消费本国产量的四分之三以上，约6 500万磅。

二、亚洲其他国家和地区的饮茶方法

朝鲜过去大部分人饮用日本茶。茶叶放入锅中沸水烹煮，饮时佐以生鸡蛋及米饼。边喝茶，边吸蛋，蛋吸尽，乃食米饼。现在，有些人改饮中国茶，饮茶方法与我国相同。

苏联西伯利亚地区饮用中国砖茶和叶茶。饮茶方法与苏联其他地区相同。

蒙古人饮茶方法，是捻碎砖茶，用高台地带的咸性水煮沸，加入盐和脂肪而制成羹汤，过滤混入牛乳、奶油及玉蜀黍粉。

越南饮茶方法与我国相同。但喜饮强烈有刺激性的极热浓茶，不注重香气，亦不饮甜茶。住户门前常放一个大茶壶盛茶，供来客及过路人饮用。

缅甸饮盐醃茶，名为"里脱丕克脱"。新婚夫妇合饮一杯浸于油中的茶叶所泡成的饮料，以祝伉俪的美满姻缘。现在还有以

---

① 品脱为非法定计量单位。1 品脱＝0.57 升。

腌茶为茶食的情况。

马来西亚和新加坡饮用中国青茶、绿茶及斯里兰卡红茶。华人多饮无糖青茶，欧洲人依英国习惯饮红茶加糖和牛乳。

印度人原来不饮茶。由于茶税委员会不断宣传饮茶的好处，就逐渐养成饮茶习惯，喜饮热茶。过去，普通老百姓仅饮用茶末及最低级的茶，而生产的大量茶叶均由英国茶园主运销英国。近年来，饮茶风气遍及全国。每个杂货铺、火车站都有茶摊，街头还有小贩叫卖茶汤。这样，茶叶输出大量减少，本国消费茶达400多万担。在印度的英国居民则饮用最好的印度茶以及小量的斯里兰卡茶和爪哇茶。

斯里兰卡农村居民饮茶，加入棕榈汁制成的粗糖（Jaggery），不加牛乳。工人和贫民每天早上到茶棚购买一汤匙浓厚茶膏，临时用开水泡饮。

伊朗人可以不食肉或蔬菜，惟每日必须饮茶7～8杯。本国产量不足自给，75％的用茶都自中国、印度、印尼输入，大部分为绿茶。

阿拉伯人饮用绿茶。每个咖啡馆都设有茶桌，在抽屉中贮有茶叶和用以击碎茶叶的槌子。不少阿拉伯国家的大城市里有摩尔式建筑的华美茶室。茶叶及糕饼质量，不亚于伦敦、巴黎、纽约的华丽茶室的供应。叙利亚和黎巴嫩的茶叶消费，全靠输入。泡饮方法如英国。巴勒斯坦泡茶方法如英国，但饮时则似苏联。

在土耳其，街头小贩出售俄式泡制茶，盛于玻璃杯内。饮用器具有俄式黄铜茶缸、轻便桌、茶盘、玻璃杯、汤匙和碟子，以及柠檬片。同时还有欧式茶壶，供西方顾客使用。

克什米尔（Cashmere）地区喜饮搅茶和苦茶（Cha Tulch）。苦茶系于夹锡的铜壶中烹煮，加入碳酸钾、大茴香和少许盐。搅茶则于苦茶中加入牛乳搅拌。

中亚地区饮用乳酪红茶（Vumah Cha），即把茶叶放入夹锡铜壶中煮成很浓茶汁，煮沸时加入乳酪，并以碎面包浸于茶中。

克什米尔亦有人饮用乳酪茶。

三、荷兰饮茶的发展及其方法

中国茶叶开始输入欧洲时，价格昂贵，一般人不能饮用。茶叶为贵族和荷兰东印度公司的要人所独享。输入茶叶的同时，还输入中国的薄如蛋壳的精致茶壶、茶杯，配套使用。到了1637年前后，有些富商的妻子开始以茶请客。东印度公司乃命令每只货船携带若干罐中国茶或日本茶回国。

1666年，茶价稍有降低，每磅售价200～250弗洛林，相当于80～100美元，仅富人有条件饮茶。其后，输入量增多，价格抑低，饮茶始普遍一些。从1666年至1680年，饮茶逐步普及全国。富有家庭都布置一间专用茶室。经济困难的市民，尤其是妇女，则在啤酒店饮茶，组成所谓饮茶俱乐部，形成一般妇女饮茶热，为当时作家写作的题材。1701年在阿姆斯特丹上演的喜剧"茶迷贵妇人"就是一例。

饮茶宾客多在午后2时光临，主人郑重接待，礼貌周全。寒暄后，客人足靠火炉准备饮茶。女主人即从镶嵌银丝的小瓷茶盒中取出各种茶叶，放入小瓷茶壶中，每个茶壶皆配有银制的滤器。女主人照例请每位客人自选其所好的茶，然后放入小杯。如果有的客人喜欢在茶中加入其他饮料，则由女主人以小红壶浸泡番红花（Saffron），另用较大的杯盛较少的茶递与该客，请其自行配饮。

饮茶时须咂吸作响，以表示赞赏女主人的美茶。谈话内容则限于茶及与茶同进的糖果饼干。客人饮多者达10～20杯，少者亦有4～5杯。饮茶后，并进白兰地酒和葡萄干及糖而啜食。

茶会的狂潮使无数家庭委靡颓废，妇女多因嗜好闲游而委家事于佣人。无数为夫者，归家发现其妻委弃纺车而出游，则忿然而往酒店，家中时常争吵。因而社会上攻击饮茶。

近时主妇烹茶，先取初沸开水冲泡，等五六分钟后，把茶壶放入茶套内，保持温暖，随时可以饮用。

在各地咖啡馆、饭店及多数酒吧间内都可饮茶。较大的咖啡馆中，虽有多种清淡或含酒精的饮料，但半数以上的男性顾客通常习于饮茶。稍较繁华的市区，茶室随处可见，午后及晚间都可饮茶，规模可与美国相比，但无专门卖茶店铺。

在家庭中，普通是早餐时饮茶，午饭后饮茶者也不少。下午、傍晚及晚饭后，多数家庭都有饮茶习惯。午后茶为家家户户的惯例，男女老少以至外宾都饮午后茶。

四、英国饮茶的发展及其方法

1661 年，葡萄牙公主卡特林嫁给英王查理二世，把饮茶风气带入英国宫廷。当时，茶在伦敦咖啡馆中专供男子饮用，除单身妇女不能入内外，并无其他特别礼节。茶汤用小桶装盛，像啤酒。但宫廷贵族，由于受荷兰王室以及卡特林王后饮茶的影响，有自己特殊的饮茶习惯。1664 年，东印度公司向英国国王进献两磅中国茶，每磅价值 40 先令。可见当时茶叶是非常珍贵的。

1714—1729 年，乔治一世时期，中国绿茶随武夷小种红茶进入英国市场，饮茶风气逐渐在英国流行，茶价亦降至每磅 15 先令。但英国人仍视茶为贵重物品，在家中设置装潢富丽的茶箱。茶箱用木料龟板、黄铜或银制成，分为盛绿茶与盛红茶两格，加锁珍藏。据勃鲁宾脱（Humphrey Broadbent）说，1722 年时，习惯的饮法是把足供一杯或数杯的茶叶，放入茶壶内，然后注入沸水浸泡片刻，再续添沸水，至各人认为适当时而止。

茶壶为高价的中国瓷器，容水量不超过半品脱。茶杯容量则很少超过一大汤匙。稍大些的钟形银茶壶颇为安妮（Anne Stuart）女王（1702—1714 年在位）欣赏。女王在位时，考究人士都以茶代替早餐时的麦酒。1785 年，伦敦茶价仍很高。茶叶浸泡数次，以尽其味。由此而规定武夷小种红茶泡 3 次，工夫茶泡 2 次，普通绿茶、贡熙或珠茶则泡 3～5 次。

在爱丁堡（Edinburgh），自约克（York）公爵夫人传入饮茶后，许多人以饮茶为时髦风尚。贵妇人之间饮茶，要饮干后才能再斟；茶匙搅过后，应竖立杯中，不能平放在碟中，饮时普遍都用碟。

英国诗人拜伦（George Gordon Byron，1788—1824）是盎格鲁—撒克逊作家中的茶客，饮茶时加乳酪。

英国政治家葛拉德士顿（Willian Ewart Gladstone，1809—1898）为著名饮茶家，曾说自己于午夜至凌晨 4 时之间所饮的茶，较之下议院任何两位议员饮茶量的总和还多。

名将威灵顿（Arthur Wellesley Wellington，1769—1852）在滑铁卢时，曾告部下，茶能清净头脑，使他无所误谬。

当时社会上饮茶，有许多专门概念，如一盘茶（A dish of tea）、茶时、厚茶（high tea）或肉茶（meat tea）等等。一盘茶，在午餐后饮用，相当于一杯茶、一碗茶、一盘牛乳和一小杯咖啡；另一含义是，茶初到英国，有些人不懂饮法，把全部茶叶放入锅中烹煮，然后环坐而食茶叶，佐以奶油及盐，亦有些人嗜好这样饮用。茶时是指接待宾客的时间，或指与早餐同时饮茶。以肉及其他美味物品与茶同食的一餐，叫厚茶或肉茶。正餐后饮茶，何时开始，还未考证。

（一）午后茶起源

午后茶起源于 18 世纪。1763 年，在哈罗门（Harrowgate）诸贵妇轮流供给午后茶与咖啡。到第七世裴德福（Bedford）公爵夫人安娜（Anna，1788—1861）时，人皆食丰富的早餐，午餐则类似野餐，直到 20 时始进晚餐，中间并无其他饮食。晚餐后，则在会客室饮茶。公爵夫人别出心裁，规定 17 时进茶及饼干，说这样可以产生消除沉思的感觉。此后，午后茶就成为一种时兴的礼仪了。

女伶肯勃丽（Fanny Kamble）在《晚年生活》中说，最早饮午后茶，是 1842 年在鲁特兰（Rudland）公爵的贝尔福别墅

（Belvoir Castle）。她不信这种习惯会起源于更早时期。

到了 1830 年，在利物浦（Liverpool）、伯明翰（Birming ham）和普列斯顿（Preston）都常举行茶会，参加者多至 2 500 人。在放茶具的桌上，陈列有鲜花和常青植物，布置非常雅致。

（二）近代饮茶风俗

泡茶用银壶、瓷壶或陶壶。泡中国茶常用瓷壶或陶壶。有的茶壶并装有浸泡筐（infuserbasket），以便于冲泡后取出叶底。

个人饮茶，备有单用茶壶。将一茶匙茶叶放入预先烫热的茶壶中，然后开水冲泡，约 5 分钟即可饮用。如不用浸泡筐，则把茶汤注入另一热壶，使之与叶底分开，以免浸过久而味过涩。一般不用茶袋，以便于浸出茶汁。富有人家在茶杯或茶壶内装有滤器，用来取出叶底。

普通饮茶都加入牛乳或乳酪。多数人用冷牛乳掺和，但也有喜热饮者，茶杯中先放牛乳，然后注入茶汤并加糖调味。在苏格兰，因乳酪淡薄，故与牛乳交互使用。在英格兰西部，牛乳很浓厚，就不用乳酪。亦有少数人喜饮俄式茶，在杯中放入一片柠檬。

咖啡馆和饭店，以茶壶供茶。壶的大小不同，适于 1 人、2 人、3 人或 4 人使用。习惯上常以一只与茶壶相称的罐，盛热水供应客人，以备向壶内添水。这样，茶可多泡数次。

在英国社会中，每个阶层都有其特殊的饮茶习惯。上层社会的午后茶，为一天中聚会的最好时机。晚间饮茶，富有家庭常在很迟的夜餐以前，贫困家庭则在很早的夜餐以后，一早一迟，恰为同一时间。

有佣人的家庭，则有进一杯早茶的习惯，作为醒睡及兴奋剂，然后开始一日的工作。许多旅馆亦有供应早茶的习惯。

工人劳动时间长者，于清晨 5 时半饮茶一杯。他们很早起床烧火泡茶，自饮一杯，另以一杯给其妻，然后上工。两个多小时后，在工作单位早餐亦饮茶。如系 8 小时工作制，工人都在家用早餐，十之八九都要饮茶。

有些人临睡前要饮一杯茶，佐以少许面包及干乳酪。新闻出版业和其他夜班工作者，则在通夜开门的咖啡室饮茶。夜间看守修路工具的工人，独坐在木屋中的灯光下进餐饮茶。

早茶和午茶比较普遍，乃至及于家庭仆人、店员及有职业的妇女。中午饮茶习惯不常见于富家。但在以午餐为主，有肉、蔬菜和甜食的中下层社会里，午餐后饮一杯茶则很普遍。上中层社会的著名的"5时茶"（five o'clock tea），通常提早在午后4时或4—5时之间饮用，为最简单的一餐，仅有一杯茶和糕点或饼干。如以午餐为主餐，每日第三餐即以茶为名。普通人的茶餐一般较富有者的5时茶为丰富，因其后不再进晚餐了，只是在下班回家后喝点茶，吃些点心。星期六下午及星期日到郊外游玩时进午后茶餐。

在英国南部，有流动汽车茶店，在乘车集中的地方停驻供茶。伦敦高级茶室数以百计，互相竞争，布置讲究，以吸引妇女顾客。至于小型茶室，市区比比皆是，且常有乐队演奏或跳茶舞。

夏天伦敦，到处都有舒适爽快的茶室，饮午后茶。公园设有露天茶室。旅馆、剧院、电影院及俱乐部都供应午后茶。各种社交和年会如无午后茶，就失去英国的特色。饭馆大多昼夜有茶供饮。多数高级饭店，虽备有各种酒类，但实际上都专于午后茶。铁路车站、月台茶车及茶室，生意兴隆，常常客满。

英国人必须随时饮茶，始感愉快。英国较重要的铁路沿线都有供茶设备，小自简单的茶盘，大至华丽的茶车或茶室，应有尽有。1879年，伦敦与里兹间的大北铁路首先装备餐车，供应饮茶。其他线路相继仿效，并进而供应茶篮。茶篮中有搪瓷衬盘，除茶外，还有热水、牛乳、面包与奶油、饼及水果。茶篮于列车到站后，送上车厢，大量供应，不分昼夜。茶篮用完则放置一旁或座位下，到了大站时，专门有人收拾，送还原来发出的车站。

在轮船上，按时供应午后茶。1927年，皇家航空公司首先设立"空中茶"。在工厂，茶车把茶送到车间，一般在11时饮茶。许多工厂、商店或办公室的工人和职员，如在工作时间不供给茶饮，则可按规定时间外出到附近茶店饮茶。

英国是世界最大的茶叶消费国，每人每年约消费10磅茶叶。饮茶方法的讲究，为其他国家所不及。泡茶饮茶是一种艺术，全国男女老幼都知道如何泡制一杯可口的好茶。

五、欧洲其他国家饮茶风俗

欧洲饮茶，以荷兰为最早，其次英国，再次苏联。饮茶方法，英国最考究，荷兰学习英国，差异不大。苏联饮茶方法另有一套，俗称为"俄国式"。法国泡制方法和英国相同。德国家庭尚未养成饮茶习惯，仅在咖啡馆或酒吧间可饮"英国式"茶。其余诸国，饮茶历史很短。泡制方法，东欧学习"俄国式"，西欧学习"英国式"。

（一）苏联饮茶风俗

俄国人在16世纪末期，开始学习饮茶。泡制方法最初与我国边区少数民族相同，其后自成俄国式的饮茶法。泡水用铜或黄铜或银制华丽大茶缸，缸中竖立一个金属直筒，筒中放炭，用以烧水。筒有四足和小铁格，顶上有碟形盖，以承茶壶。茶壶常放在烧热缸上，以备注入玻璃高杯中，饮"俄国式"茶。有时不用玻璃杯而用瓷杯或有柄的大杯。

茶缸未放在桌上时，先注满水。而后燃着直筒中的炭，并另加一格于顶上，以减低火焰。待水开时，就是足够40余杯的一缸香茗，乃送入室内，放在女主人右侧的银盘上。

聚会饮茶，男主人坐在桌的一端，女主人则坐在对面的一端管理茶缸。把一小壶泡茶放在缸上，等茶叶泡至相当浓时，女主人即把壶中的茶注入每一杯中，约及其四分之一，后以缸中沸水注满其余四分之三。玻璃杯装有带柄的银托。备有柠檬时，每杯放入一片，不掺入牛乳及乳酪。

每个客人有两只小玻璃碟，一盛果酱，一盛糖。桌上另放一个大盆子，盛大块糖。客人用糖夹从大盆中取糖，移放小碟，以小银钳夹碎。

农民饮茶不掺糖，每喝一口茶，先食一些糖。或者茶中掺入一汤匙果酱，以代柠檬。在冬天，有时掺入一汤匙甜酒，以防感冒。农民用碟饮茶，有时用碟托玻璃茶杯。

大多数人每日仅进一顿丰实餐食。早餐仅食面包和饮茶，午餐和晚餐合并为一顿，于午后 3—6 时之间进丰盛餐食。除睡眠时间外，有茶就终日不断饮用。

茶室遍及都市、乡镇和农村。不分日夜，可随时饮茶。茶室已代替帝俄时代的酒店。现在火车上，清晨饮茶免费供给，旅客都感方便。

（二）法国饮茶风俗

普通法国人很少饮茶，而饮廉价的酒。饮茶者大多是资产阶级人士，以及英、美、苏诸国侨民。所以在繁华城市，茶叶消费量还是比较大的。

泡制方法同英国一样，普通不用茶袋。饮茶在下午 5—6 时之间，往往推迟晚餐。旅馆、饭店和咖啡馆的午后茶，通常加入牛乳及砂糖或柠檬。茶客常有连饮两杯者，是因佐茶的糕饼过于甜腻。

巴黎人对"5 时茶"开始不感兴趣，后来逐渐亦养成了这个习惯。1900 年，尼亚尔（Neal）兄弟文具店内，设置两个小茶桌，供应顾客茶和饼干。自后，午后茶对很多巴黎人来说乃渐成为每日生活中不可移易的习惯了。午后茶一般在下午 4 时半至 5 时半供应。现在，巴黎茶室之多，可同咖啡馆和饭店相比。

（三）德国饮茶风俗

大多数德国人尚未养成饮茶习惯，午后茶流行不广。一般是在晚餐后，饮"英国式"茶，且仅限于上层人士。泡制方法与英国并不一样，而且常常不备专用泡茶壶。只是在柏林、汉堡、慕尼黑等大都市的头等旅馆、咖啡馆和酒吧间里供应"英国式"茶饮。饮茶用的玻璃杯，附有茶漏（tea egg），即穿孔的茶球，以作浸泡之用。在东部各省的家庭中，或有用俄式铜茶缸者。这些地方的富有人家多饮午后茶。

主妇喜欢买 50 克、100 克或 150 克的袋装茶，或四分之一磅或半磅的盒装茶。在乡间，则多销售 10 克或 20 克的小袋廉价茶。茶叶以红茶为主，从亚洲各国进口；过去亦曾出售我国的政和白毫银针。每人平均年消费量仅五分之一磅。

六、美洲国家饮茶风俗

美洲饮茶以美国为最早，消费量亦较大。其次是加拿大，为西半球著名的饮茶国。过去，美洲其他国家都以饮用咖啡为主，只有阿根廷、巴西、秘鲁自产、自销、自饮少量茶叶。近来有些国家，如墨西哥、乌拉圭、智利和委内瑞拉，亦销中国中档红茶。但多数国家尚未养成饮茶习惯。最近几年，咖啡业不景气，饮茶有所扩展。

（一）美国饮茶风俗

在 19 世纪，美国人有晚餐以茶为主的习惯，茶叶消费量很大。至 1897 年达到最高峰，每人平均为 1.5 磅。后来，城市居民以午餐代替晚餐，饮茶为咖啡所取代，茶叶消费量大大减少。

美国家庭主妇喜饮袋装茶。袋装茶有一磅装，半磅装，四分之一磅装和一两半装。在大都市，一两半装销路最广。普通城市则主要销售四分之一磅装和半磅装。一磅装销路不广，只为少数人所需要。

美国不同民族，饮茶量亦不同。有些地区饮茶很多，有些地区很少；有些地区饮茶有季节性，如南部诸州，冬季稍饮热茶，夏季则饮大量冰茶。酷暑时节，到处都是饮冰室。近年来，在食谱上正式列入热茶和冰茶，大众饮茶有了新的发展。

袋茶和茶团的传入，更有利于饮茶的普及。袋茶泡饮简便，茶汤清净可口，不仅限于家庭泡饮，而且适于旅途饮用。袋茶有用杯泡饮和用壶泡饮的不同。用壶泡饮分量为 2～4 杯。杯泡每磅分装 200 袋，壶泡则多少不等；红茶每磅分装 150 袋，绿茶每磅分装 100 袋。冰茶用的茶袋，容量为 1～4 两，1 两的袋茶可泡 1 加仑[①]水。

泡茶方法与英国相同。浸泡 3～10 分钟，通常为 5～7 分钟。大多数人早餐不饮茶，午餐时饮茶；亦有些人早餐和午餐均饮茶。午餐时，冬季饮热茶，夏季饮冰茶。在冬季，茶壶大半自厨房取来，茶叶已全部浸透，饮时无别物，只佐以烘脆的面包和家庭自制的果酱。在夏季，则在走廊上饮冰茶。

美国主妇喜欢在固定的茶几上摆设茶盘，款待客人品茶，而不习惯于在茶车上饮茶。

20 世纪 20 年代，午后茶随着跳舞热而恢复，饮茶风俗更加普遍。大中城市都开设有各式茶室，名为茶园，实为小吃场所。纽约有茶室 200 家，全国茶室和茶园之数则在 2 400～2 500 之间。茶室环境比较幽静，不像普通饭店那样嘈杂扰攘。

大都市的社交界人士经常到高级旅馆的餐厅饮午后茶，其中有红茶、绿茶和乌龙茶，佐以糖、乳酪、柠檬。旅馆供茶时间，一般在午后 3—6 时，晚间 8—12 时。

全国沿海及内河汽船，远洋巨轮，以及主要铁路线上的火车，在供应餐饭时都供给茶饮。游览车大多供给午后 4 时茶。较大城市的办公室和工厂车间都有茶饮。许多商业部门都有午后茶的休息时间。

（二）加拿大饮茶风俗

加拿大茶叶消费量很大，每人每年平均几达 4 磅，主要饮红茶，绿茶只销于盛产木材地区。泡茶方法是先烫热陶制茶

---

① 加仑为非法定计量单位。1 加仑＝3.79 升。

壶，放入一茶匙的茶叶相当于两杯的茶汤，然后开水冲泡 5～8
分钟。茶汤注入另一热茶壶供饮，通常加入乳酪和糖，很少加
入柠檬或单饮茶汤。一般在用餐时和临睡前都饮茶，多用茶袋
泡茶。

主要都市的大旅馆和剧院，都供给午后茶。冬季竞技时期，
乡间村镇沿路都有应时开设的茶室、茶馆。夏季避暑胜地亦有午
后茶供应。许多百货商店备有茶室，以午后茶款待顾客，招揽
生意。

铁路的餐车，供给饮茶办法如英国。航行汽船不供应茶饮，
但旅客可以随时向服务员索取。

七、大洋洲的饮茶国家

大洋洲的主要饮茶国家澳大利亚和新西兰，畜牧业都很发
达，肉食多，所以如同我国边区少数民族一样，茶也是主要食品
之一。据 1969 年 3 月统计，澳大利亚有羊 174 600 000 只，牛
20 772 000 头，猪 2 285 000 头。

畜牧业也是新西兰的重要经济部门。1969 年 1 月，有羊
49 940 000 只。1970 年 1 月，有牛 8 840 000 头，猪 580 000 头。
1969—1970 年度生产黄油 233 000 吨。1968—1969 年度出产羊毛
332 000 吨。

这两个国家开始饮茶比较早，饮茶量亦比较大。尤其是居住
在空旷地区的四餐肉食的牧场工人，有机会就必须饮最浓厚的
茶汤。

（一）澳大利亚饮茶风俗

澳大利亚为世界上饮茶最普遍的国家之一，每人每年平均消
费量几近 8 磅，稍逊于英国。在许多家庭和旅馆中，每日早餐
前、早餐时、上午 11 时、午餐时、下午 4 时、晚餐时及就寝前
共饮茶 7 次。所有部门、公司和商店，都在上午 11 时和下午 4
时向职工供应茶饮。

普通家庭泡制方法同新西兰一样。山区游牧民族则有特殊煮茶方法。早晨起来，立即用烟熏黑的锡罐烧水，放入一掬茶叶，任其煎煮，直至同时所煮的腌肉烧熟时，茶已煮好，就可供早餐用。食后，把锡罐放在微火炉上，等天晚回家时，再燃烧，将文火烹煮终日的浓黑茶汤煨热取饮，顿觉快乐。

大城市的茶室，如伦敦、纽约一样，供应早茶和午后茶，主要餐馆亦供应早茶和午后茶。悉尼的旅馆宿费按星期计算，其中包括午后茶钱。

饭店用大缸泡茶，很便宜；饮午后茶时，常有音乐助兴。在火车上，头等车厢旅客的早茶和午茶都免费供给；二等车厢旅客不能进入休息车，而在卧车厢饮茶。此外，车上还于早晨 7 时就各搭客的铺位，供茶一次。茶用刚沸的开水泡制，泡 3～4 分钟后移入预先烫热的茶壶供饮，最后供给一壶热水。

（二）新西兰饮茶风俗

新西兰如澳大利亚一样，每日也须饮 7 次茶。每人每年平均消费量约 7.5 磅，比澳大利亚稍少些。泡茶有用茶袋者，但主妇多采用英国式泡制方法。山区牧民则好用烹煮法。

饮茶常用两只壶，一壶盛茶，一壶盛热水。茶汤浓淡，按照饮者口味调剂。一般都饮浓茶。新西兰虽为世界最大的乳酪产地之一，但大多数人偏爱用牛乳调和茶味。

早晨起身时，饮茶一大杯，佐以一片抹奶油面包，或一片饼干。早餐时又饮茶一大杯，上午 11 时饮早茶。90％的人都在午餐时饮茶，下午 4 时又饮茶。最后，晚餐时和睡觉前各饮茶一次。80％的家庭每日饮茶 7 次，每次 1～3 大杯；90％的人每日饮茶 6 次；99％以上的人每日至少饮茶 4～5 次。

重要城市都有很多茶室，等级不同，服务对象也不同。大百货公司常常设有华丽的茶室，每日上午 11 时和下午 4 时特别拥挤。有的茶室附设餐馆，除供早茶和午后茶外，并供应小食。

早茶同午后茶一样,都是进行社交活动的机会。镀镍的茶壶,分为1人、2人和4人用几种不同规格。装茶用机器秤量,力求分量准确。饮茶时佐以夹肉面包和饼等食品。

八、非洲的饮茶国家

摩洛哥以中国绿茶为宝贵的饮料。尤其是摩尔人(Moors),无论地位高低,都以绿茶为膳食中的主要食物。红茶仅供侨居的欧洲人饮用。摩尔人用玻璃杯饮茶,掺糖,其浓度之大几成糖浆,并配以强味的薄荷。

阿尔及利亚亦饮中国绿茶。山区居民饮茶时加入大量薄荷和糖。欧洲侨民泡茶方法很像英国。

埃及大多饮红茶。山区居民用玻璃杯泡茶,饮时加糖,不加其他食物。侨居的欧洲人泡茶、饮茶都如英国方法。由于受欧洲的影响,不少居民对"5时茶"亦习以为常。

南非的习惯是在清晨起身时、午前11时、午后以及每餐后都要饮茶。泡法饮法像英国一样。

九、大力发展茶叶生产,扩大茶叶贸易

由于气候和饮食方面的原因,许多国家的人民每天都需要饮茶,这与我国边区少数民族的习惯相同。对于他们来说,茶叶是日常生活的必需品,不能可有可无。

任何地区和民族,除有特殊情况外,每天都可以泡饮适量的淡茶,这对身体健康只能是有益无害。新中国成立以来,饮茶进一步普及,内销旺盛,供不应求,可以表明饮茶很有好处,许多人过去不饮茶,现在也喜爱饮茶了。

据外贸部国际贸易研究所《国际贸易消息》(1970年第557期)报道,世界茶叶年消费总量为135万吨,相当于6 500亿杯(每杯2.7克)茶叶。以325 000万人计算,平均每人200杯(540克)。1971—1973年平均每年每人茶叶消费量:爱尔兰

4 000克，英国3 650克，新西兰2 600克，加拿大940克，澳大利亚2 200克，伊拉克2 100克，约旦1 000克，突尼斯950克，摩洛哥760克，荷兰650克，美国380克，丹麦370克，波兰330克，瑞典260克，瑞士250克，联邦德国160克，法国90克，意大利55克。

近年来，茶叶销路扩大，有取咖啡而代之的趋势。由此可见国外饮茶越来越多。我国茶叶生产潜力很大，要大力提高产量，扩大外销，满足国外人民的需要。为此，就要了解国际茶叶市场情况，更要了解各国人民饮茶的风俗习惯。

饮茶方法，我国最简单，亦切实用。既可尝到茶叶的真香，又有利于身体健康，值得进一步向国外介绍。但是要提倡饮淡茶，不要饮浸泡过久的浓茶。饮过浓厚的茶不但尝不到好茶的香味，而且有害于身体。

第五节　饮茶用具的发展

我国陶瓷艺术与茶叶同时传到国外，最先传至日本。日本饮茶典礼，采用涂釉陶器，但亦重制造精美的瓷茶具。其次传入欧洲，系荷兰船只载运茶叶返欧时，随带精巧的瓷器。这类瓷器后来便成为荷、英、法、德等国发展瓷业的蓝本。

一、我国茶具的发展

我国在唐时就发现了制造坚硬半透明釉瓷器的材料并掌握了一套制法。其他国家虽然也早有陶器制品，但美术瓷器的形状与色彩均不能与我国比拟。我国出口的绚烂多彩的瓷器乃是一切美术陶器的源泉。英国博物院藏有宋朝建窑的茶碗，瓷为淡黄色，里面涂釉，斑纹多彩，有涂饰的圆形浮雕，外呈黑色，并有褐色龟板纹。北京故宫博物院藏有唐、五代、宋的茶碗（图8-4、8-5、8-6）。

图 8 - 4

图 8 - 5

图 8 - 6

明太祖洪武二年（1369），在制瓷业中心景德镇设立工场，专造皇室茶礼所需要的上等瓷器（图8-7）。清朝乾隆的60年间（1736—1795）景德镇的瓷工技巧已达到高峰。故宫有康熙、雍正、乾隆时代的茶壶茶碗（图8-8、8-9、8-10、8-11、8-12）。

图8-7

图8-8

图 8 - 9

图 8 - 10

明朝阳羡（宜兴）茗壶，盛极一时，闻名全国。周高起于崇祯十三年（1640）著《阳羡茗壶系》说："近百年中，壶黜于银锡及闽、豫瓷而尚宜兴陶。又近人远过前人处也。陶曷取诸其制以本山土砂，能发真茶的色香味。不但杜工部云，倾金注玉惊人眼，高流务以免俗也。至名手所作。一壶重不数两，价重每一二十金，能使土与黄金争价，世日趋华，仰足感矣。固考陶工陶土

图 8 - 11

图 8 - 12

而为之系。"

　　茗壶系分创始、正始、大家、名家、雅流、神品、别派等系。创始，是金沙寺僧，闲时学习陶缸瓮者，搏其细土，加以澂练；手捏为坯，规而圆之，刳使中空，踵傅口柄盖的，附陶穴烧成，人遂传用。

正始，以供春为首。供春亦作龚春，为吴颐山女僮。吴颐山读书金沙寺，供春于差役闲时，窃仿老僧心匠，亦淘细土，手捏圆茶壶，后为宜兴最著名的陶工。所传世的为栗色，闇如古金铁，很不易得。

正始系除供春外，还有董翰始造菱花式，赵梁多提梁式，以及袁锡和时朋是万历年间四大名家，都是供春的后裔。董文巧创新，而其余3家多古拙。正始还有李茂林制小圆式，朴素而精致。

大家，首推时大彬。制造茶壶，用陶土或杂砺砂土。依据土色不同，制造各式茶壶。不尚好看，而朴雅坚粟。技术巧妙。初仿供春作大壶，后游娄东，闻陈眉公等论茶，乃作小壶，前后诸名家，并不能及。所造茶壶，以柄上拇痕为标志。

名家，李仲芳是时大彬的第一高足，制度渐趋文巧，后到金坛，与文巧竞赛。世传大彬壶，亦有仲芳制作的，当时人说李大缾是大名。名家还有徐友泉，原来不是陶工。徐要他父亲好友时大彬作泥牛为戏，大彬不肯，便夺壶土而出，适见树下眠牛将起，尚屈一足，注视捏塑，很像眠牛，大彬一见惊叹，如子智能，异日必超过吾。因学制造茶壶。变化壶式，仿古酒壶，配合土色所宜，技巧移人心目。有汉方、扁觯、小云、雷提、梁卣、蕉叶、莲方、菱花、鹅蛋、分裆、索耳、美人、垂莲、大顶莲一回角六子等样式。泥色有海棠红、硃砂、紫定、窑白、冷金、黄淡、墨沉香水、石榴皮、葵黄、闪色、梨皮等名。种种变异，妙出心裁。然晚年常自叹说，吾的精终不及时的粗。无论当时或后世，徐友泉的名声都不如时大彬。

雅流，欧正春多以花草果物为规范，式样精研。邵文金仿时大彬的汉方独绝，壶名尚寿。邵文银作品坚致不淹。蒋伯荂、欧正春、邵文金、邵文银都是时大彬的学生。

陈用卿与时大彬同工，但工龄和技巧都不如时大彬。所造茶壶样式精致，如莲子、汤婆钵盂、圆珠等，不规而圆，极其巧妙。题款仿钟太傅帖意。

雅流名家还有仿时大彬、李仲芳作品的陈信卿，仿诸家作品的闵鲁生和仿供春、时大彬的陈光甫。

神品，陈仲美原为景德镇陶工，后来宜兴，好配壶土制造玩具，如香盒、茶盂、狻猊炉、辟邪镇纸。制造茶壶像花果缀以草虫，或龙戏海涛，伸爪出目。沈君用壶式上接欧正春一派。壶式像物，不尚正方圆，配土很妙，色像涂金。

别派，万历间人邵盖、周后谿、邵二孙，时大彬弟子陈俊卿，天启崇祯间人周季山、陈和之、陈挺生、承云从、沈君盛等善仿徐友泉、沈君用。崇祯时人沈子澈所制茶壶古雅浑朴，常制菱花壶，铭曰石根泉、蒙顶叶、漱齿鲜、涤尘热。

明代宜兴紫砂茶壶驰名中外，到现在还被视为珍品，壶式有数十种之多。紫砂陶土造成茶壶素坯，有很微细的间隙，形成半透膜性，空气流通，嫌气性细菌不易繁殖，因此盛放茶汤过夜而不馊（图 8-13）。

图 8-13

二、国外茶具的发展

(一)日本茶具

日本自 13 世纪开始,饮茶风气就已盛行。加藤左卫门来我国研究制瓷业返国后,乃开始注意瓷业。加藤通称为藤四郎,卜居濑户,历代制陶业都保持濑户陶器生产的传统。

1510 年五郎太夫来我国景德镇研究瓷器制造,1515 年回国。他把景德镇制造青瓷白瓷的技术和所需的原料,带回国内,在陶土著名的有田设窑制造,是为日本烧制瓷器的开端。在中国时,化名吴祥瑞,所制瓷器亦称祥瑞。制品仅限于采用中国的技术和材料,没有什么突出创造,但以后成了稀有而昂贵的瓷器。

16 世纪末,有了"茶道"仪式以后,陶器制造业随之兴起。当时不少"茶道"大师都有自造的瓷窑,制品成为无价之宝。东京有一小茶罐,售价20 000美元;有一名匠仁清(清右卫门)所绘饰的茶碗,售至25 000美元以上;无饰黑茶碗则将近33 000美元。模仿中国"建安"天目山制品的曜变天目茶碗,外面涂釉黑色光彩,内面虹霓彩色泡沫状花,价值81 000美元。

"茶道"所用茶碗,碗坯粗糙多孔,涂以导热不良的乳酪状低火釉,因而众客递相传饮时,能保持茶的热度,而不烫手。其釉适于口唇,其色彩浅者为淡橙红色,浑至浓黑色,色调颇奇异。

日本陶器以产地命名,分乐烧、高取烧、有田烧和伊万里(Imari)。伊万里的式样后来很不规则,瓷器粗糙而色灰,但在欧洲颇流行。

(二)欧洲茶具

中国的茶壶、茶杯由荷兰人输入欧洲后,1650 年荷兰德尔夫(Delft)著名陶工启赛首先模仿中国的样式,制造涂锡釉而有花饰的茶具,叫"法扬"(Faience 译音),类似中国青白瓷器。坯身是用淡黄色的泥土制成,于第一次烧后即浸入白色的锡釉中。底彩绘后，敷一层透明铝釉，再烧第二次。约至 17 世纪中叶，出现成套茶具。法国、德国一些制造"法扬"的人，常常把自己的产品冒充为中国的茶具。18 世纪中叶，丹麦、瑞典、挪威的陶工继续制造"法扬"。这种早期的欧洲茶壶，现在保存尚多。

1710 年德国迈森（Meissen）著名陶工坡特泽制成与中国、日本不同的真瓷茶壶茶杯，称为德列斯登（Dresden）瓷器，其工厂直至 1863 年还存在。1761 年，普鲁士腓德烈大帝自迈森招雇工人，在柏林设立皇家瓷器厂。现在柏林出产的瓷器，类似迈森的产品。荷兰、丹麦和瑞典所制造的成套茶具，都属"德国式"。法国则生产特殊的半透明玻璃瓷器。文生（Vincennes）有几家瓷器工厂大规模仿制日本伊万里茶具，后来茶具的外观和式样都有所发展。塞佛尔（Sèvres）瓷器以底色驰名，有深蓝、玫瑰、豆绿、苹果绿等色。

英国茶具的制造始于 1672 年前后。富尔罕（Fulham）陶工知威特（John Dwight）模仿我国宜兴瓷的高火红色茶壶，造出英国最早的茶壶。随后，伦敦南部蓝贝斯（Lambeth）亦制造出锡釉的"法扬"茶壶。17 世纪末，蓝贝斯、布里斯托尔（Bristol）及利物浦均仿造德尔夫的精致的茶杯茶壶。英国制造"法扬"一直延续至 18 世纪末期，始为本国的乳酪色陶器所取代。

1690 年左右，斯塔福郡（Staffordshire）著名荷兰陶工伊利（Elers）制成盐釉茶具。以砂土为坯身，上釉时则投盐于窑中。曾在富尔罕与知威特合作的陈德利（John Chandler）协助伊利制成赤色茶壶。

1740 年至 1780 年，斯塔福郡陶工威尔顿（Thomas Whieldon）在小芬顿（Little Fenton）建立工场，生产茶具。他所制的茶壶亦为现代一些美术博物馆所珍视，大力搜求。

韦得格伍得（Josiah Wedgwood，1730—1795）制造乳酪色茶壶茶杯，最精致的为"王后窑"（Queen's Ware）。同时创造

"碧玉窑"（Jasper Ware），其底不上釉，色彩有蓝、绿、黑等，花饰为白色古典式。茶壶茶杯的样式多数模仿希腊、罗马的宝石和花瓶。他还制一种黑陶土器，亦不上釉，在艺术上的成就很大。

1750 年到 1755 年，布里斯托尔和普利茅斯（Plymouth）都设立瓷器厂，模仿制造中国的真瓷器。上釉制品虽有光彩，但无趣味（图 8‑14 是 1770 年无柄茶杯）。

图 8‑14

1780 年前后，希洛普郡（Shropshire）的考格利（Caugh-ley）市仿造中国著名的白地蓝花花纺杨柳式瓷器。斯塔福郡各厂亦都有仿造（图 8‑15 是 1885 年英国自动倒茶的茶壶）。

图 8‑15

（三）精美的银茶具

17世纪，欧洲上层社会饮茶都用瓷茶壶。不久，银匠就创造纯银茶壶、茶匙。1755年至1760年间开始创造镀银茶壶，有很高的艺术性。英国早期的银茶壶以18世纪的产品为最别致，大量输往美洲殖民地。由于当时茶叶珍贵，早期的银茶壶多半很小。有灯形，有梨形，以灯形为最早，从1670年就开始制造。

梨形银茶壶初见于安妮女王时期，流行于各个时代。美国波士顿考尼（John Coney，1655—1722）首先创造梨形茶壶，为美洲最早的茶壶。到乔治一世时期（1714—1727），一般都用朴素的梨形茶壶，后来则饰以当时流行于法国的罗可可（Rococo）式雕镂。

18世纪前半期，人们崇尚嘴口尖细而直的球形有脚的茶壶。后半期的茶壶，嘴尖细而弯曲，壶柄像早期的银茶壶，多为木制，但也有少数为银制而嵌象牙，以防传热。

1770年格拉斯哥（Glasgow）的银匠创造梨形倒转的茶壶，饰以浮雕花纹，仿拟"罗可可"，但崇尚单纯的银茶壶。壶为八角形或椭圆形，各边侧垂直作直线，底平，壶嘴尖细而直，柄作涡卷形，盖为圆顶形（图8-16）。

图8-16

　　银制茶具样式根据时代划分为：伊丽莎白式、意大利文艺复兴式、路易十四世式、路易十五世式、路易十六世式、雅各宾式、安妮女王式、乔治一世式、乔治三世式、塞拉顿式、殖民地式、列维尔式、维多利亚式等。

第九章　茶与医药

第一节　茶药起源于《神农本草》

茶的起源，首先见于《神农本草》，神农时期距今已有4 000多年了。《神农本草》是世界第一部药物书，记录中草药的起源和治疗疾病效用，茶是其中之一。历代所有《本草》则都是《神农本草》的发展。引证药性，则按先后次序分述神农、黄帝、岐伯、雷公、桐君、扁鹊、季民、医和、一经等。例如：人参的性味，神农甘小寒，黄帝、岐伯甘无毒，桐君、雷公苦，扁鹊无毒。中草药定性味，朴硝神农无毒，女萎神农苦，紫葳神农酸，玉泉神农甘，矾石神农、岐伯辛有毒。《神农本草》记载有毒的中草药超过 70 种，或为 72 种。

一、《本草》起源

陆羽《茶经·七之事》开头就说："三皇炎帝神农氏，周鲁周公旦。"正如鲍尔在 1848 年写的《中国茶的栽培与制造》一书所说："推定茶叶起源于神农时期当不是凭空的判断。"《神农本草》既是最早记录中草药和茶的起源，所以也就是《本草》的起源。

在原始社会，我国劳动人民翻山越野寻找食物，往往因误吃有毒物质而生病。在同疾病做斗争的过程中，我们的祖先历尽艰辛，不断探索，力求认识食物。有时，病人由于吃了某些物质使疾病减轻或消失，于是就把有毒、无毒、解毒的各种植物，牢记在脑中，互相传告。这就是《本草》知识的萌芽。但在原始社会中，人类生产活动范围狭小，《本草》知识的积累受到了很大限制。加之没有文字，因而大部分已经失传。

到了春秋战国时代，即奴隶社会向封建社会过渡时期，随着生产力的发展，《本草》知识的积累也越来越多。诸子百家把一些《本草》知识记载于一些书中，如杂家著作《神农本草》等，较系统地总结了战国以前劳动人民取得的《本草》经验，为我国《本草学》奠定了基础。《神农本草》早已失传，何时何人所著，史书传载不一，后面将专题详论。

关于本草，班固《汉书·游侠传》说：楼护"少随父为医长安，出入贵戚家。护诵医经、本草、方术数十万言。"本草之名，盖见于此，是尤不然也。刘向《世本》曰，神农尝百草，以和药济人，然亦不着本草之名，皆未臻厥理。

晋皇甫谧《帝王世纪》："炎帝神农氏……尝味草木，宣药疗疾，救夭伤人命，著《本草》四卷。又岐伯，黄帝臣也。帝使岐伯，典主医病，经方、本草、问素之书咸出焉。"

南北朝刘宋（420—479）范晔《后汉书》："常读《帝王世纪》曰，黄帝使岐伯，尝味草木，定《本草经》，造医方，以疗众疾，则知草木之名，自黄帝、岐伯始。其《淮南子》之言，神农尝百草之滋味，一日遇七十毒，亦无本草之说，是知此书，乃上古圣贤具生知之智，故能辨天下品物之性味，合世人之疾病之所宜。后之贤智之士，从而和之者。又增广其品，至千八十二名。"

从范晔论述中可以看出，古人建立的《本草》基础，应当是指《神农本草》。但范晔混为一谈，没有分别加以说明。

陶弘景《本草经集注》序："旧说称《神农本经》，余以为信然。昔神农氏之王天下也……宣药疗疾，以拯夭伤之命。但轩辕以前，文字未传……药性所主，当以识识相因，不尔何由得闻。至于雷桐，乃著在编简。此书应与《素问》（战国时的著作）同类。但后人多更修饰之尔。秦皇所焚，医方卜求不预，故犹得全录，而遭汉献（帝）迁徙，晋怀（帝）奔迸，文笈焚靡，千不遗一。今之所存，有此四卷，是其本经。……疑仲景（张机）、元化（华佗）等所记。"

梁有《神农本草》五卷，雷公集注。《神农本草》八卷，陶隐居集注。

本草之名，自黄帝、岐伯始，其补注总叙言，旧说《本草经》者，神农之所作，而不经见。东汉班固《汉书·平帝纪》：元始五年（公元5）"征天下通知逸经……方术·本草……教授者"，但见本草之名，终不能断自何时何代而作。

"班固《汉书》引本草、方术，而《艺文志》阙载，贾公彦引《中经簿》，有子仪（周末人）《本草》一卷，不言出于神农。"

"仲景、元化后，有吴普、李当之，皆修此经。当之书出少行用。《魏志·华佗传》言，普从华佗学。《隋书·经籍志》称，《吴普本草》，梁有六卷。《嘉祐本草》云，普修《神农本草》，成四百四十一种。赵萱监修《唐书·经籍志》尚存六卷。今广内不复存。惟诸书多见引据其说，药性寒温，五味，最为详悉。是普书宋时已佚。今其文惟见掌禹锡所引。"

"本经旧名本草，又名本草经，又名神农本草，又名神农经，又名神农药经，又名白字本草，又名朱字神农本经，又名神农本经，虽有数名，实皆一本草耳。故以单名本草者，古且正矣。而其名义，未甚明白。惟谢肇淛曰，神农尝百草以治病，故书亦谓之本草……其不曰本草，而曰本草经者，自陶弘景始也。弘景有《名医别录》，与《神农本草》合而一之，所谓《本经》者，对其《别录》而言耳。"

"兹考本经之所从来，盖方于神农氏尝百草。然上古结绳为政，未著文字，以识相付，无有成书也。逮于先秦之时，有子仪者，乃扁鹊弟子，著《本草经》，以垂于世，是为本草权舆。逮汉孝平帝徵天下通知本草者，而始见于天下，然诵本草者，楼君卿及方士七十余人耳，其他未之闻也焉，则亦未广行于世也。所以《汉书·艺文志》佚其目。降至后汉，传者稍多。王逸采注《楚辞》苴蓴，高诱又释《淮南子》王瓜，而今之本草，绝无其语，则知王高二氏所引确为子仪（或作子义）《本草经》。及至魏曹之世，有李当之者出，修《神农本草》三卷。然后《本草经》始属神农氏。或疑当之所修者，即《李氏本草》。……今奋然断之曰，神农尝定，子义辑录，李当之论广，而后以《本草经》全矣。"

关于《神农本草》，历代考证均未得出明确结论。一是《神农本经》、《神农本草》、《神农本草经》三者分不清；二是《神农本草》写作年代无定论；三是《神农本草》作者是谁，意见分歧。

既然众说纷纭，莫衷一是，故有必要加以论述。根据历代史料分析，可以初步论定：《神农本草》或称《神农本经》，后人增广为《神农本草经》。《神农本草》写作年代是战国时代。至于是何人写作，尚待继续考证。

二、《神农本草》是何时的著作

《神农本草》是世界第一部《药物学》。对这部古书的著作时期，古人各持所见，议论分歧，未能肯定。

晋皇甫谧说，神农著《本草》四卷。颜之推《家训》说，神农所述。前梁陶弘景说是黄帝时代。唐李勣引梁《七录》："《神农本草》三卷，推以为始。又疑所载郡县有后汉地名，似张机、华佗辈所为，皆不然也。盖上世未著文字，师学相传，谓之《本草》。两汉以来，名医益众，张、华辈始因古事，附以新说，通为编述，《本草》由是见于经录。"唐于志宁说，"世谓神农氏尝药拯含气，而黄帝以前，文字不传，以识相传，至桐雷乃载于篇册。"

宋掌禹锡说："旧说《本草经》三卷，神农所作，而不经见，《汉书·艺文志》并无录焉。"宋寇宗奭《本草衍义》序说，《本草》之名，自黄帝始。

贾公彦曰，张仲景《金匮》云，神农能尝百药，则炎帝也[1]。

杨慎《升菴文集》："白字《本草》，相传以为神农之旧，未必皆出于神农，后人增之尔……此书近《素问》，恐非后世医能为也。"[2]

宋王应麟《困学纪闻》："今详神农作《本草》非也。三（王）五（帝）之世，朴略之风，史氏不繁，纪录无见。斯实后之医工，知《本草》之性，托名炎帝耳。"

黄云眉说："《本草》之名，亦见于《汉书·楼护传》，而汉《艺文志》阙载，其为晚出无疑。贾公彦引晋荀勖《中经簿》有子仪《本草经》一卷，亦言出于神农。"

清朱彝尊《本草衍义》跋："《本草经》撰自神农，《隋书》已列其目，皇甫谧《帝王世纪》黄帝使岐伯定《本草经》，《中经簿》有子仪《本草经》一卷。郑康成注《周礼·疾医》谓治合之齐，存乎神农、子仪之术。"

明缪希雍："常谓《本草》出于神农，朱氏譬之五经，其后又复增补别录，譬之注疏。惜朱墨错互，乃沈研剖析，以本经为经，别录为纬，著《本草》单方一书行于世。"[3]

《神农本草经》，清孙星衍、孙冯翼说是战国扁鹊弟子周末人子仪所作，而完成于东汉，吴普、李当之皆修此经。日本西冈为人说，《本草经》始自陶弘景。

近人著作的《通史》，有的根据《汉书》记载，认为《本草经》是西汉时编成的；有的根据陶弘景的说法，认为是东汉时编成的。还未定论。

---

① 《周礼正义》。
② 《医籍考》。
③ 《明史·方技传》。

关于这本古书的写作时期,古人各持己见,论说纷纷。今凭现有历史资料,对有关茶叶作用的记载加以分析,可以初步肯定为战国时期的著作。至于作者是否是子仪以及《子仪本草经》是否就是《神农本草》,据初步考证都不是。

秦始皇焚书,留下医书,这本《神农本草》谅必是其中之一。到现在还未发现秦以前医药书籍。我国最早的医书是《伤寒杂病论》合十六卷。

《淮南子》:"神农尝百草之滋味,一日而七十毒,由是医方兴焉。大概古事有神农尝百草的神话,因而民间历代积累起来的药物知识都托名神农。"

淮南王刘安和宾客们集体编著《淮南子》一书。这部书是杂家的代表作。《淮南子》综合诸子百家的思想,保留了不少古代传说和神话。

《神农本草》:"神农尝百草,一日遇七十二毒,得荼而解之。"这两段神话内容相同。《淮南子》记载,当然是在《神农本草》之后。《淮南子》保存诸子百家的神话和传说,是相承战国时代的杂家著作。这样就可初步断定《神农本草》是西汉以前的著作。

"本草"这一名词,最初见于《汉书·郊祀志》:汉成帝时(公元前32—前7年在位),"候神方士使者副佐、本草待诏七十余人皆归家。"但是《汉书·艺文志》却没有著录本草书,直到《隋书·经籍志》才著录有《神农本草》八卷。这与邵晋涵所说"至《隋书经籍志》始载《神农本草经》三卷"有出入,尚待进一步考证。

自汉武帝刘彻(公元前14—前87年在位)起,朝廷招集方士,其中有本草待诏若干人。汉武帝起招集本草待诏,成帝废本草待诏。在汉武帝前就有本草这个名称;本草二字不是初见于《前汉书·郊祀志》,而是在汉朝以前,至迟在战国时代就有了。《隋书·经籍志》录有《神农本草》应该就是战国时代的杂家著作，至隋朝才出现。

根据唐贾公彦《周礼疏》，《神农本草经》是周末子仪所作，其中有些地方是经过后人添改的。这与东汉郑玄（127—200）《周礼注》五药（草、木、虫、石、谷）所称《本草》或《神农本草》，两相符合。《周礼》是周公旦居摄以后所作，分天官、地官、春官、夏官、秋官、冬官6篇。汉河间献王于秦灭后，得之山岩屋壁中，而失冬官一篇，因以《考工记》补之。汉光武帝刘秀（公元25—56年在位）后，郑兴、郑众皆以《周礼解诂》著，郑康成乃集诸儒之说为《周礼注》。注中所引故书，乃初献于秘府之藏本，其居间传写不同者，则为今书。周朝极重四季郊外祭礼，茶叶是周期主要祭品之一。周朝有设官掌茶、以供丧事之用的记载。从各方面记载联系起来看，神农发现茶树的神话，有可能是周末或春秋时期的记载，到战国时期乃写成《神农本草》一书。

战国时期，诸子百家齐出，把历代形形色色的传说和神话写在书上，因此，出现百家齐鸣的局面。

茶叶最初作祭品，所以龙伯坚说本草两字最初见于《汉书·郊祀志》。到了春秋时期，茶叶作菜食。到了西汉，才开始作药用治病。有了战国时期的《神农本草》，才知道茶叶可为治病药物。由是促成茶叶为西汉主要商品之一。

有人认为是西汉的著作，谅必是根据直到西汉才发现一部《本草》的药物书。但是，无论发现什么书的时期，都是在著作时期之后。没有前时期的著作，就没有后时期的发现。著作在前，发现在后。古时交通不便，印刷术未发明，传闻不易，写作隔几十年或百余年才流行于民间，这是很有可能的，有的著作甚至失传亡佚。

自汉武帝起，朝廷招集方士，其中有本草待诏若干人，楼护家世做医师，楼护诵习医经本草、方术书数十万字，说明西汉以前就有本草方术书。楼护家世做医师，就不是单靠西汉出现的本草药物书；楼护所诵习也不只是这本药物书。所以说，在西汉以前就有《本草》和其他医书，只是《本草》流传下来，而其他医书失传。

后汉班固《汉书·艺文志》记载汉朝的著作，但不曾记录《神农本草》。如果是汉朝的著作，就可以找到作书人的姓名，但是这本古书是何人著作，至今还未查到。

有人说是秦朝的著作。秦朝时间很短，只有 26 年，著作很少。重要的著作都少见，记神话的著作则更不可能了。

有人说是东汉的著作，谅必是根据郑玄注《周礼》五药，称为《本草》或《神农本草经》。郑玄是东汉人，于是就误认《神农本草》是郑玄写的。《周礼》是周末的著作，而不是郑玄的著作，郑玄只是加注而已。

西汉发现的本草药物书，书中多见东汉时的地名。如果是西汉的著作，不应该有东汉时的地名。如果是东汉的著作，就不可能在西汉出现。

三、现存有关《神农本草（经）》书录

无论是《神农本草》或是《神农本草经》，单行本均早已亡佚，现今所见的都是明清人的辑本。现存可靠的最早的《本草》，是梁朝陶弘景撰的《本草集注》，只是存有序录和正文 4 条的残卷。

据《现存本草书录》载，经文辑本有《神农本经》、《神农本草经》和《神农本草》3 类不同的 6 本《本草》。

（1）明卢复于万历四十四年（1616）手录《神农本经》三卷，不著撰人。书中的黑地白字都是从宋唐慎微《证类本草》所载的《神农本草经》的原文辑出。目录次序与李时珍《本草纲目》卷二所载《神农本草经》目录相同。可见《神农本草》和《神农本草经》是同一种书，是《神农本草经》最早的辑本，与最早的《神农本草》或《神农本草经》不同。战国时代的《神农

本草》和东汉时代的《神农本草经》单行本早已亡佚不传。

（2）魏吴普等撰，清孙星衍、孙冯翼同辑，清嘉庆四年（1799）张炯序的《神农本草经》三卷，附《本草经》佚文，吴氏本草 12 条，诸药制使。这本《神农本草经》所引用的书很多，但未见"一日遇七十二毒，得茶而解之"的记载，可见附《本草经》佚文，不是《神农本草》的全文，而是抄卢复的《神农本经》所附的《神农本草经》的原文。吴普辑述的《本草》，据唐《经籍志》记载，尚存六卷，宋时已经散佚，惟历代各书，多有引据。孙星衍等的根据是《太平御览》和《证类本草》，与吴普辑述未尽相同。

（3）清黄奭于光绪十五年（1889）辑，不著撰人，光绪刊《汉学堂丛书》本里的《神农本草经》三卷，也附《本草经》佚文，与孙星衍辑本全同，惟末多补遗 22 条。黄奭年代在孙星衍之后，是黄氏抄袭孙氏无疑。

（4）清顾观光（尚之）于道光二十四年（1844）辑，不著撰人，光绪九年（1883）刊，武陵山人遗书刊本的《神农本草经》四卷。经文均依《证类本草》。唐宋类书所引有出于《证类本草》之外的，也一并辑入。这本书比孙氏辑本广，可见与《神农本草》不同。

（5）清王闿运于咸丰四年（1854）记，同治三年（1864）再校重记，光绪十一年（1885）成都书院刊本的《神农本草》三卷。此书是从《证类本草》辑出，与上面 4 种不同。龙伯坚说，王闿运对于医学和考据学都不是内行，此书内容是比较草率的。可能是《神农本草》残卷，不出《证类本草》之外，因而内容比较简单。

（6）清姜国伊（任秋）辑，光绪十八年（1892）成都黄氏茹古书局刊本姜氏《医学丛书》内的《神农本经》不分卷。此书所据是李时珍《本草纲目》，并参以《蜀本》（疑是王闿运辑本，也不是古书《神农本草》的抄本）。

以上 6 种经文《本草》辑本，虽成书的年代和内容都不相同，但都同源于《神农本草》。试分析如下。

《礼记》说："医不三世，不服其药。"一世《黄帝针灸》，二世《神农本草》，三世《素女脉诀》。《神农本草》不在《黄帝针灸》之后，或不在《素女脉诀》之前，则是三者同时流传民间，是最早的经文《本草》。陶弘景说，此书当与《素问》同类。

"子仪《本草》一卷，不言出于神农"。"五药，草、木、虫、石、谷也，其治合之齐，则存乎神农、子仪之术。"① 《神农本草》与《子仪本草》不是同一本书，前者流传于民间比后者早。《神农本草》经过秦汉名医补充修辑，错入东汉郡县。魏吴普等撰《神农本草经》三卷，附《本草经》佚文，是《神农本草》最古释本。宋掌禹锡等《嘉祐本草》云，普修《神农本草》成 441 种，始成专书。古代的专著一般通称为经文，《本草经》就是古代的《本草》，以便与其他《本草》有所区别。

《神农本草》经过历代的修辑增益，《隋书·经籍志》就肯定为经文著作，始载《神农本草经》三卷，雷公《本草集注》四卷。《集注》比原文多 1 卷。雷公《本草集注》当是最古的《神农本草集注》。

明卢复手录《神农本经》三卷，其中的黑地白字都是从《证类本草》所载的《神农本草经》辑出。《神农本草》和《神农本草经》都是《神农本草》的释本无疑。但是《神农本草经》的内容与原古书《神农本草》大不相同，前者是经文与名医所附益者合并为一，也可认为是前后相承的不同版本。

四、由《神农本草》增广为《神农本草经》

现存有关神农的《本草学》，有《神农本经》、《神农本草》

---

① 郑康成：《周礼注》。

和《神农本草经》的不同书录。

如前所述，根据历代文献记载，可以肯定《神农本草》出现的时间最早，后来增广为《神农本草经》。

吴普等述是《神农本草》，而孙星衍、孙冯翼辑文则改为《神农本草经》，如陶弘景把《神农本草》与《名医别录》合而一之。孙辑《神农本草经》每条经文都附以注说，引用《名医别录》、《说文》、《尔雅》、《广雅》、《淮南子》、《抱朴子》等书，详加考证，与《神农本草》的内容不同。孙星衍是清代人，当然与吴普所述不同。两书内容记述茶叶的作用，也大不相同。

《神农本草》很简单，只说"神农尝百草，日遇七十二毒，得茶而解之"，与《淮南子》的记载相类似。据此可以初步肯定，西汉《淮南子》的记录是根据战国时代写的《神农本草》，所以东汉郑玄注《周礼》五药也称《本草》或《神农本草经》。这是《神农本草》与《神农本草经》合而为一的最先记录。郑玄注《周礼》时，既看到西汉出现的《神农本草》，又看到李当之等及其他的《神农本草经》，所以合而为一。

孙辑《神农本草经》记录茶叶药用很清楚，"茶味苦，饮之使人益思，少睡，轻身，明目。"不仅比《神农本草》具体，而且比东汉华佗196—219年写的《食论》"苦茶久食，益思意"，也较具体。华佗是东汉名医，不会不知道茶叶的作用，但却不如《神农本草经》所说的具体。由此可知《神农本草经》成于华佗《食论》之后。如果说《神农本草经》是西汉（公元前206—公元8）或东汉（公元25—220）的著作，华佗必然会看到，在《食论》里就不会把茶叶药用说得那么简单。由此断定《神农本草经》是在《食论》之后，这是符合事实的。

根据以上的分析，可以肯定《神农本草》是战国时代的著作。吴普《本草》是西汉出现的《神农本草》的增广；华佗弟子李当之等或东汉其他《神农本草经》又是吴普《神农本草》以及明卢复的《神农本经》的增广。

郑玄注《周礼》五药，亦以本草为名，以致误传为《神农本草经》。东汉医药家补充和说明《神农本草》的内容，亦误传为《神农本草经》，把《神农本草》误为东汉时期著作。

按《严氏全上古文编》说，《汉艺文志·经方录》有《神农、黄帝食禁（或作食药）》七卷。《汉书艺文志条理》卷六《神农、黄帝食禁》按《太平御览》八百六十七引《神农食经》，《隋书》引阮孝绪《七录》别有《神农药忌》一卷，《黄帝杂饮食忌》二卷，《食经》、《杂饮》、《食忌》似即《食禁》七卷之遗。

至于《神农食经》是何时的著作，尚待研究考证。《神农食经》说："茶茗久服，令人有力，悦志。"这比华佗更进一步说明了茶的作用，所以可能是在华佗《食论》之后。但又不如孙星衍《神农本草经》说得那样具体，所以可能是在《神农本草经》之前。茶叶的药用，随着时代的发展，只能是越来越明显，越来越为人们所了解，而不会是相反。

第二节　茶叶药用的发展

一、茶叶在中医史的地位

我国历代《本草》都有关于茶的作用的记载，代代相传，内容逐渐丰富。有的是互相抄袭；有的是经验之谈；有的则是在前人基础上有所发展。但从中草药的医理方面加以分析者，则不多见。下面将记载茶叶药用的《本草学》略加介绍，分列作者时期和内容，以供今后研究时参考。

茶能解毒虽首见于《神农本草》，但西汉以前的药用记载，还未发现。到了东汉，名医华佗简要说明了饮茶的效用，茶才逐渐普及为民间日用药物。

战国时期，杂家著作《神农本草》说茶可解 72 毒。这一记载，不论是真是假，是神话抑是传说，总是有关茶叶的最早记载。

《桐君录》："南方有瓜芦木，亦似茗，至苦涩，取为屑茶饮，亦可通夜不眠。"

陆羽《茶经》引华佗《食论》："苦茶久食，益意思。"又引《神农、黄帝食禁》七卷附《神农食经》："茶茗久服，令人有力悦志。"

魏吴普等述，清孙星衍、孙冯翼辑《神农本草经》："苦菜，味苦寒，主五脏邪气，厌谷，胃痹，久服安心益气。聪察少卧，轻身耐老。一名荼草，一名选，生山谷。"

晋张华《博物志》："饮真茶令人少眠。"

晋陶弘景《名医别录》引《桐君录》："苦茶轻身换骨，昔丹丘子黄山君服之。"

唐李勣、苏恭等《新编本草》："茶味甘微寒、主治瘘疮。饮茶之后，可拓肾脏血管，而利小便，去痰热，止渴。下气消食，作饮加茱萸葱姜良。"

唐陈藏器《本草拾遗》："茗茶苦寒。久食令人瘦。去人脂，使人不睡。饮之宜热，冷则聚痰。破热气，除瘴气，利大小肠。止渴除疫。"又说：茶能平息忧虑。茶生于南海之山，南方人极为珍重。

唐陆羽《茶经》引《本草·木部》："茗苦茶，味甘苦，微寒无毒，主瘘疮，利小便，去痰渴热，令人少睡，秋采之苦，主下气消食。"

又引《本草·菜部》："苦菜，一名荼，一名选，一名游冬。生益州川谷山陵道傍，凌冬不死，三月三日采。注云：疑此即是今茶，一名茶，令人不眠。"

又引张载"芳茶冠六情"之句。弘君举《食檄》："寒温既毕，应下霜华之茗。"

日本源顺《和名类聚抄》："茗茶苦寒，破热气，除瘴气，利大小肠。"

宋陈承《重广补注神农本草》："茶治伤暑合醒，治泄痢甚效。"

《物类相感志》："陈茶末烧烟，蝇速去。芽茶得盐不苦而甘。"

元王好古《汤液本草》："茗茶气寒味苦，入手足蹶阴经，治阴症，汤药内入，去格柜之寒，及治伏阳，大意相似。经云：苦以泄之，其体下行，所以能清头目，治中风昏愦，多睡不醒。"

元吴瑞《日用本草》："茶炒煎饮，治热毒，赤白痢，甚效。"

明汪机（省之）《石山医案》："头目不清，热熏上也，以苦泄，其热则上清矣。且茶体轻浮，采摘之时，芽蘖初萌，正得春升之气，味虽苦，而气则薄，乃阴中之阳，可升可降，利头目，盖本诸此。"

明张时彻《摄生妙方》："治脚丫湿烂，茶叶嚼敷有效。"

明陈仕贤《经验良方》："茶能治喘嗽。"

李时珍《本草纲目》："茶苦而寒，阴中之阴，沉也降也，最能降火。火为百病，火降则上清矣，然火有五，火有虚实，若少壮胃健之人，心肺脾胃之火多盛，故与茶相宜。温饮则火因寒气而下降，热饮则茶借火气而升散。使人神思闿爽，不昏不睡，此茶之功也。煎浓饮吐风热痰涎。"又说：茶能助消化，清醒头脑，加强视力，减少睡眠，排除酒毒，消除暑热。服威灵仙、土茯苓者忌饮茶。又引杨拱《医方摘要》："头脑鸣响，状如虫蛀，名大白蚁，以茶子为末，吹入鼻中取效。"

明缪希雍《神农本草经疏》："茗《本经》味甘，气微寒，无毒。陈藏器言苦，然亦有不苦者。气薄味厚，入手太阴经，少阴经。太阴为清肃之脏，喜凉而恶热，热则生痰而津液竭，故作为饮也。瘘疮者，大肠积热也；小便不利者，小肠热结也。甘寒入心肺而除热，则津液生，痰热解。脏气既清，腑病不求其止而止矣。令人少睡者，盖心藏神，神昏则多睡，清心经之热，则神常自惺寂。故不寐也。下气消食者，苦能下泄。故气下火降，而兼涤除肠胃，则食自消化矣。"

明周履靖《茶德颂》："一吸怀畅，再吸思陶，心烦顷舒，神昏顿醒，喉能清爽而发高声。"现在京戏演员连续唱高音时，就要饮茶润喉，否则声带干燥，就唱不出。

明李中梓《本草通玄》："茗苦甘微寒，下气消食，清头目，醒睡眠，解炙煿毒、酒毒，消暑。"

清汪昂《本草备要》："饮茶有解酒食、油腻，烧灼之毒。多饮消脂，最能去油。"

清张璐《本草逢源》："徽州松萝，专于化食。"

清黄宫绣《本草求真》："茶茗，大者为茗，小者为茶。茶禀天地至清之气，得春露以培生意，故能入肺清痰利水，入心清热解毒，是以垢腻能涤，炙煿能解。凡一切食积不化，头目不清，痰涎不消，二便不利，消渴不止，及一切吐血便血，衄血血痢，火伤目疾等症，服之皆能有效。但热服则宜，冷服聚痰，多服少睡，久服瘦人。至于空心饮茶，既使入肾削火，复于脾胃生寒，万不宜服。"

清孙星衍《神农本草经》："茶味苦，饮之使人益思，少睡，轻身，明目。"

丁福保在1913年写成的《食物新本草》说："茶有消毒之效力，凡误食鸦片及吐酒食者，饮之可免其患。"

谢观在1921年编的《中国医药大辞典》①说："茶根煎汤代茶，不时饮，可治口烂。茶清热降火，清食醒酒，用作兴奋剂神经药。又为利尿剂。又治疲劳性神经衰弱症。芳香油能刺激胃分泌增多，由幽门而达十二指肠、小肠等处，始次第将茶精吸入血中。由微血管而传达中枢神经，使血液循环加速，遂被激而兴奋。惟效力微，甚而时间亦短促。"

此外，《秋灯夜谈》说："吃大量猪头肉中毒而生痈疽，惟有

---

① 人民卫生出版社，1956年

松萝茶可解此毒。"《救生苦海》说："泡过残茶，积存瓷罐内，如若干燥，以残茶汁添入，愈久愈妙，为烂茶叶治无名肿毒，犬咬及烧成疮，具效如神。捣烂以泥敷之，干则以茶汁润湿，抹去再换，敷五六次全愈。"

茶治多种疾病，经过历代传习，效用越来越大。但也有的记载，既不是前人经验的总结，也不是自身饮茶医病的体会，而是单凭主观想象，虚玄夸大饮茶的作用。如唐代儒医陈藏器《本草拾遗》说："贵在茶也，上通天境，下资人伦。"真是玄乎其玄！又说："诸药为百病之药，茶为万病之药。"更是夸大至极。茶叶成分虽然复杂，能治多种轻病，但是，以红茶为例，所含300多种化学成分，绝大多数含量甚微，作用不大。

茶叶可以治病，历代医药界只知其然而不知其所以然。直到明代李时珍《本草纲目》和缪希雍《本草经疏》才相继阐述古中医的药理作用。谢观编写的《中国医学大辞典》，摘要论述现代的药理，而未涉及大多数化学成分的药理作用。陈椽所编《茶与医药》一书，上半部引述茶的古医学，下半部论述茶中数十种化学成分的药理作用。随着中草药研究的深入，茶叶药理作用也必然会得到透彻的论述。

古时除了专用茶叶治疗某些疾病外，茶与其他中草药配合验方治病也不少。魏张揖《广雅》，唐陆羽《茶经》引《枕中方》、《孺子方》，唐孟诜《食疗本草》，李绛所传《兵部手集方》，宋孙用和《传家秘宝方》，申甫等12人《圣济总录》，陈师文《太平惠民和济方》，朱端章《卫生家宝方》，杨士瀛《仁斋直指方》，王守愚《普济方》，慈洗冤《经验方》，元孙允贤《医方集成》，沙图穆苏《瑞竹堂经验方》，明俞朝言《医方集论》，李时珍《本草纲目》引《胜今方》、《简便方》、《经验良方》、《圣惠方》、《鲍氏方》、《摘玄方》，清钱守和《慈惠小编》，许克昌、毕清《外科治症全书》，鲍相璈《验方新编》，韦德进《医药指南》，以及近代周复生《医药指南》等等，都有茶药配方。

历代各种专书也同样记述有茶的治病功效。东汉华佗《食论》，晋张华《博物志》，弘君举《食檄》，唐陆羽《茶经》，公元1191年日人荣西禅师《吃茶养生记》，宋赵佶《大观茶论》，明顾元庆《茶谱》，张大绶《茶谱外集》，高谦《茶谱》等等，都说饮茶有益于人体健康。古今中外的著名医生也都提倡饮茶。医药专家进行的科学研究或临床实验的结果证实，茶确有治病功效。

综上所述，饮茶的作用可以概括为：益思少睡，解毒止渴，兴奋解倦，消食除毒，去痰，利尿明目，增加营养，增强体质。经常饮茶可以治疗一般性的轻微疾病。我国福建、广东一些地方，将茶作为医治伤风咳嗽的便药。

二、历史上有关饮茶与卫生的评论

神农时期发现茶可解毒；春秋时期为祭祖礼物，进而为宫中菜食；汉时为帝王将相的特殊饮料；晋时为士大夫的高贵饮料，亦为诗人学士所欣赏，成为吟诗诵赋的对象；南北朝时，庙寺和尚以茶为坐禅却睡的良药；唐时，茶与文人学士结下了不解之缘，弄笔舞墨，少不了饮。从下面的节略引述中，可以看出古人研究饮茶与卫生的发展情况。所引皆系原文（或原文今译），不加评论。

《神农本草》：长期喝茶，能令人强健有力，心神爽快。

《桐君采药录》："巴东别有真茗茶，煎饮，令人不眠。"唐刘禹锡（772—842）有"桐君有录不知味"的诗句。

晋刘琨（270—318）与刘演书："吾体中愦闷，常仰真茶，汝可置之。"

杜育《荈赋》：饮茶调神和内康，倦解慵除。

南朝刘宋（420—479）山谦之《吴兴记》：乌程县西温山产茶，可作为药物用。

唐李白（701—762）写诗说："破睡见茶功。"又《答族侄僧中孚赠玉泉仙人掌茶序》说："唯玉泉真公，尝采而饮之。年八十余岁，颜色如桃花，而此茗清香滑熟，异于他者，所以能还童振枯。"

唐陆羽《茶经·一之源》："茶之为用，味至寒，为饮最宜……若热渴凝闷，脑疼目涩，四肢烦，百节不舒，聊四五啜，与醍醐甘露抗衡也。"《茶经·七之事》引壶居士胡洽《食忌》："苦茶久食羽化，与韭同食，令人体重。"

唐顾况《茶赋》："此茶上达于天子也。滋饭蔬之精素，攻肉食之膻腻，发当暑之清吟，涤通宵之昏寐。"

柳宗元（773—819）《为武中丞谢赐新茶表》："调六气而成美，扶万寿以效珍。"又《竹间自采新茶》诗："涤虑发真照，还源荡昏邪，犹同甘露饮，佛事熏毗邪。"

刘禹锡《代武中丞谢新茶表》："珍殊众品，效参药石。"

皮日休《茶中杂咏序》："然季疵（陆羽）以前称茗饮者，必浑以烹之。与夫瀹蔬而啜者无异也。"说明茶与蔬菜煮法相同，均为菜食。

唐毋煚（音憬）在《茶序》中反对饮茶："释滞消拥，一日之利暂佳，瘠气侵精，终身之累斯大。获益则归功茶力，贻患则不谓茶灾。岂非福近易知，祸远难见乎。"

颜真卿《月夜啜茶诗》："流华净肌骨，疏瀹涤心源。"

韦应物（737—约789）《喜园中茶生》："洁性不可汙，为饮涤尘烦，此物信灵味，本自出山原。"

卢仝《走笔谢孟谏议寄新茶》："一碗喉吻润。二碗破孤闷。三碗搜枯肠，惟有文字五千卷。四碗发轻汗，平生不平事，尽向毛孔散。五碗肌骨轻。六碗通仙灵。七碗吃不得也，唯觉两腋习习清风生。"

秦韬玉《采茶歌》："洗我胸中幽思清，鬼神应愁歌欲成。"

陆希声《茗坡诗》："半坡芳茗露华鲜，春醒酒病兼消渴。"

释皎然《饮茶歌诮崔石使君》："一饮涤昏寐，情思爽朗满天地。再饮清我神，忽如飞雨洒轻尘。三饮便得道，何须苦心破烦恼。"又《饮茶歌送郑容》："常说此茶祛我疾，使人胸中荡忧慄。"

《蛮瓯志》："白乐天（772—846，官至刑部尚书）方入关，刘禹锡正病酒。禹锡乃馈菊苗虀芦菔鲊，换取乐天六班茶二囊以醒酒。"

宋吴淑《茶赋》："夫其涤烦疗渴，换骨轻身，茶荈之利，其功若神。"

黄庭坚《煎茶赋》："苦口利病，解胶涤昏，未尝一日不放箸，而策茗椀之勋者也，余尝为嗣直瀹茗，因录其涤烦破睡之功。为之甲乙。建溪如割，双井如邎，日铸如绝，其余苦则辛螫，甘则底滞，呕酸寒胃，令人失睡，亦未足与议。"

苏东坡《茶说》："除烦去腻，世故不可一日无茶。然暗中损人不少，空心饮茶，入盐直入肾经，且冷脾胃，乃引贼入室也。惟饮食后，浓茶漱口，既去烦腻，脾胃自清，肉夹齿间者，得茶消缩脱去，不须剌挑。且苦能坚齿消蠹，深得饮之妙。古人呼茶为酪奴，亦贱之也。"

李石《续博物志》："常伯熊饮茶过度，遂患风气。或云，北人未有茶，多黄病，后饮，病多腰疾偏死。"

王安石（1021—1086 年为相时）奏陈说："人固不可一日无茶饮。"又《论茶法》："夫茶之为民用，等于米盐，不可一日以无。"

梅尧臣（1002—1060）《答李仲求寄建溪、洪州双井茶诗》："一日尝一瓯，六腑无昏邪，夜枕不得寐，月树闻啼鸦，忧来惟觉衰，可验唯齿牙。"

王令《谢张仲和惠宝云茶》诗："与疗文园消渴病，还招楚客独醒魂。"

陶谷《清异录》："煮茶啜之，可以涤滞思，而起清风。"

杨万里（高宗绍兴年间，即公元 1131 年至 1161 年进士，累官宝文阁侍制)《谢木韫之舍人赐茶诗》:"故人气味茶样清,故人丰骨茶样明……睡魔遣我抛书册,老夫七椀病未能,一啜犹堪坐秋夕。"

元耶律楚材《西域从王君玉乞茶诗》:"积年不啜建溪茶,心窍黄尘塞五车。枯肠搜尽数杯茶,千卷胸中到几车。啜罢江南一碗茶,枯肠历历走雷车。"

明李时珍引李鹏飞:"大渴及酒后饮茶,水入肾经,令人腰、脚、膀胱、冷痛,兼患水肿,挛痹诸疾。大抵饮茶宜热宜少,不饮尤佳,空腹最忌之。"又引汪颖:"一人好烧鹅炙煿,日常不缺。人咸防其生痈疽,后卒不病。访知其人每夜必啜凉茶一碗,乃知茶能解炙煿之毒也。"

明顾元庆《茶谱》:"人饮真茶能止渴,消食除痰,少睡利尿道,明目益思,除烦去腻,人固不可一日无茶。"

李时珍在《本草纲目》中,以辩证的观点,分析茶叶性质与饮茶作用。他说:"若少壮健胃之人,心肺脾胃之火多盛,故与茶相宜……此茶之功也。若虚寒及血弱之人,饮之既久,则脾胃恶寒,元气暗损,土不制水,精血潜虚,成痰饮,成痞胀,成痿痹,成黄瘦,成呕逆,成洞泻,成腹痛,成疝瘕,种种内伤,此茶之害也。民生日用,蹈其弊者,往往皆是,而妇孺受害者更多。习俗移人,自不觉耳。况真茶既少,杂茶更多,其为患也,又可胜言哉。人有嗜茶成癖者,时时咀啜不止,久而伤害伤精,血不华色,黄瘁痿弱,抱病不悔,尤可叹惋。"

又说:"时珍早年气盛,每饮新茗,必至数椀,轻发汗而肌骨清,颇觉痛快,中年胃气稍损,饮之即觉为害,不痞呕恶,即腹冷洞泄。故备述诸说,以警同好。浓茶能令人吐,乃酸苦涌泄,为阴之义,非其性能升也。"

李中梓《本草通玄》:"按茗得天地清阳之气,故善理头风,肃清上膈,使中气宽舒,神情爽快。此惟洞山上品,方获斯效。至如俗用杂茶,性味不佳。久啜慕雅,必使中土蒙寒,元精暗耗，轻则黄瘦减食，甚则呕泄痞肿，无病不集，害可胜数哉。"

文震亨《长物志》："香茗之用，清心悦神，畅怀舒啸，远辟睡魔，助情热意，遣寂除烦，醉筵醒客，佐欢解渴。"

周履靖《茶德颂》："润喉嗽齿，诗肠濯涤，妙思猛起……一吸怀畅，再吸思陶，心烦顷舒，神昏顿醒，喉能清爽而发高声。"

汪道令《和茅孝若试岕茶歌》："昔闻神农辨茶味，功调五脏能益思。北人重酪不重茶，遂令齿颊饶膻气。"

孙大绶《茶谱外集》："夫其涤烦疗渴，换骨轻身，茶茗之利，其功若神。"

清赵翼《簷曝杂记》："中国随地产茶，无足异者，然西北游牧诸部，则恃以为命，其所食膻酪甚肥腻，非此无以清荣卫。"

宋士雄《随息居饮食谱》："茶微苦微甘而凉，清心神醒睡，除烦，凉肝胆，涤热消痰，肃肺胃，明目解渴。不汤者勿饮。以春采色青，炒烘得法，收藏不泄气者良。色红者，已经蒸窨，失其清涤之性，易成停饮也。普洱产者，味重力竣，善吐风痰，消肉食，凡暑秽痧气腹痛，霍乱痢疾等症初起，饮之辄愈。"

明末清初顾炎武《日知录》引宋黄庭坚《茶赋》："寒中瘠气，莫甚于茶，或济之盐，勾贼破家。今南人往往有茶癖，而不知其害，此亦摄生之所宜戒也。"

《山家清供》："茶即药也，煎服则去滞而化食，以汤点之，则反滞膈而损脾胃。盖市利者多取他叶杂以为末，人多怠于煎服，宜有害也。"

《清稗类钞》："邛州火井漕锅焙茶，远致西藏，味最浓冽，能荡涤肠膻厚味，喇嘛珍为上品。"

又说："茶，饮料也，而蒙古人乃以为食，非加水而烹之也。所用为砖茶，辄置于牛肉牛乳中杂煮之，其平日虽偏于肉食而不患坏血病者，亦以此。"

又说："茶癖非生而有也。乳臭之童，饮茶常苦其涩。不杂以糖果，则不能下。既长，随社会之所好，然后成癖。成人有终岁不饮茶者，于身体之健康，殊无影响，其非生命必需之物，盖无异议。"又说："茶味皆得之茶素，茶素能刺激神经，饮茶觉神旺心清，能彻夜不眠者，以此。然枵腹饮之，使人头昏神乱，如中酒然，是曰茶醉。"

饮茶治病，虽为历代文献所肯定，但是要一分为二，既要看到有益方面，也要看到有害方面。饮茶，要根据个人的体质，适时适量。否则，反得其害。

历史上对饮茶的看法，有两种不同的观点。多数人认为饮茶有益，少数人认为饮茶有害，但都缺少全面的分析。

唐陆羽凭经验说饮茶有利，同时也指出采茶不及时，或蒸制不好，或掺杂其他杂叶，煎饮就不利。

唐毋㷮素不饮茶，单凭主观臆测，声称"长期饮茶，身体瘦弱，损害精力，一生受累，为害不小。"这种说法脱离了我国人民数千年来饮茶的实际情况。

宋苏东坡认为饮茶有益也有害，反对空腹饮茶。他说："直入肾脏，又冷脾胃，乃是引贼入室。"这是主观臆说，夸大了饮茶的害处，无视我国人民长期以来养成的早晨到茶馆饮茶的习惯。早起饮茶是否有害，待后论述。

明李时珍则根据自己的经验，辩证地分析饮茶利害，认为与各人体质不同有关。脾胃健壮，饮茶去火有利；体质虚寒，饮茶既久，脾胃恶寒，元气暗损，精血衰弱，易生各种疾病。尤其是饮用"杂茶"为害更大。

明李中梓也说饮"杂茶"有害，指出洞山茶（顾渚山）可治头风，肃清胸怀郁郁，神情爽快。说明茶叶产地不同，功效也不同。

总之，饮茶方法要加以研究，才能取利去害。关于饮茶的利害关系，概述如下：

1. 依各人体质不同而异。脾胃虚弱，饮茶不利；脾胃强壮，饮茶有利。

2. 不宜长饮浓茶。茶中含有多种微量有毒成分，浓茶在体内作用的时间比淡茶长，微量有毒成分累积过多，如李时珍所说，易生各种疾病。

3. 泡茶随泡随饮。浸渍时间过长，所有化学成分全部浸出，不仅苦涩味重，而且微量有毒物质全部浸出，在体内积少成多，就易中毒。

4. 代用茶或称假茶，有的有毒，所以要经过化验后才能饮用。如云南龙陵小茶、昌宁小茶、风庆荒野茶等代用茶，饮后头脑昏迷，目视房屋摇动倒转。

三、饮茶的神话和故事

马克思《〈政治经济学批判〉导言》："任何神话都是用想象和借助想象以征服自然力，支配自然力，把自然力加以形象化；因而，随着这些自然力之实际上被支配，神话也就消失了。"

16 世纪 70 年代，吴承恩写成著名的神话小说《西游记》，书中叙述有人能飞天入地的神话。到了人们发明飞机和潜水艇以后，吴承恩的想象成为现实，神话也就消失了。

神话中所反映的茶叶作用的故事，如神农发现茶树的叶子能解72毒的神话，《神农本草》和《淮南子》都有记载。神话与故事互相转化，神话变故事，故事变神话。虽然这些著作成书于战国和西汉时期，但其所述的这个朴素的传说则远远产生于这些著作之前。因为神话最早是作为口头文学，世代相传下来的。

神话作为一种意识形态，反映了古代劳动人民对改造自然的朴素的想象，也反映了他们对宇宙的认识。科学思维的萌芽同宗教、神话之类的幻想有着某种联系。因此，我们通过古代神话也可以探索茶的起源。

《神农本草》记载茶解 72 毒，虽有两种不同的传说（参阅第一章第一节），但都说野生茶树是在神农时期发现的。这一神话说明了我国是茶的原产地。

晋陶潜（渊明）《搜神后记》："桓宣武时，有一督将，因时行病后虚热，更能饮复茗，必一斛二升乃饱，才减升合，便以为不足，非复一日。家贫，后有客造之，正遇其饮复茗，亦先闻世有此病，仍令更进五升，乃大吐，有一物出如升，其有口，形质缩约，状如牛肚。客乃令置之盆中，以一斛二升复茗浇之，此物噏之都尽而上，觉小胀，又加五升，便悉混然从口中涌出。既吐此物，其病遂差。或问之此何病，答云此病名斛二瘕。"

《隋书》："隋文帝杨坚微时（581 年以前），梦神人易其脑骨，自尔头痛，忽遇一僧，曰：山中有茗草，煮而饮之可愈。帝服之有效。由是人竞啜。乃为之赞，其略曰：穷春秋，演河图，不如载茗一车。"

前蜀（907—925）毛文锡《茶谱》："蒙山，山有五顶，顶有茶园，其中顶曰上清峰。昔有僧病冷且久，尝遇一老父，谓曰：蒙之中顶茶，当以春分之先后，多构人力，俟雷之发声，并手采摘，三日而止，若获一两，以本处水煎服，即能祛宿疾。二两，当眼前无疾。三两，固以换骨。四两，即为地仙矣。是僧因之中顶筑室以候，及期获一两余，服未竟，而病瘥。……今四顶茶园采摘不废，惟中顶草木繁密，云雾蔽亏，鸷兽时出，人迹稀到矣。"

五代尉迟偓《中朝故事》：李德裕有亲，知授舒州牧，李曰：到郡日，天柱峰茶可惠三四角（两）。其人辄献数斤，李却之，明年罢郡，用意精求，获数角投之，赞皇阅而受之，曰此茶可消肉食，乃命烹一瓯，沃于肉食，以银合闭之，诘旦开视，其肉也化水矣，众服其广识。

《旧唐书·宣宗纪》："大中三年（849）东都进一僧，年一百三十岁。宣宗李忱问服何药而致。僧对曰：臣少也贱，素不知药性，唯嗜茶，凡履处惟茶是求，或过百椀，不以为厌。因赐五十斤，命居保寿寺，名饮茶所曰茶寮。"

李时珍引《集尚方》："嗜茶成癖，一人病此，一方士令以新鞋盛茶令满，任意食尽，再盛一鞋，如此自不吃也。男用女鞋，女用男鞋，用之果愈。"

我国人民对茶叶药用的认识不断加深，起初只知可医某种疾病，后来知道可医多种疾病，并进一步分析茶叶性质，逐步发现有 300 多种化学成分，各种成分都有药性作用。在当前医药科学发达时期，通过不断的努力，继续有所发现，有所发明，有所创造，那么茶能解 72 毒的神话，就有可能变为现实。

四、国外饮茶故事

英国最早的《英文字典》和《英国文学史》编著者、著名文学家约翰逊（Samuel Johnson，1709—1784），茶癖也最有名。19 世纪一位名叫汉瓦（John Hanway）的记者写道：在一席间给与他 20 杯、30 杯或 40 杯茶，他能活泼谐谈自晚间至晨 4 时不停，听者亦不厌倦。虽有以夜作日的习惯，但能活到 75 岁。1787 年，最崇拜他的华肯（John Hawkins）说：赏玩有香气的茶浸剂，没有人比他更甚。他不断大量饮茶，不讲卫生地乱饮，从未放松，其神经非常强健。他曾对人说，20 年来，茶锅几无冷时。晚间以茶自乐，夜半以茶慰安，早晨以茶醒睡，如是饮茶，未觉有害。约翰逊这样饮茶，不亚于我国陆羽，可谓无独有偶。

日僧荣西（永治元年至建保 3 年，1141—1215）于南宋孝宗乾道四年（1168）第一次来中国留学，短期留学 5 个月。淳熙十四年（1187）第二次来中国留学，光宗绍兴 2 年（日历建久 2 年）回国后写《吃茶养生记》说："茶，养生之仙药也，延龄之妙术也。山谷生之，则其地神灵也。人伦采之，则其人长命也。天竺（指中国）唐土贵重之，我朝日本嗜爱，古今奇特仙药也。"这虽然是神话，但此后日本饮茶风气即逐渐盛行民间，许多人研究饮茶方法，订有各种不同的"茶道"。

日本镰仓将军源实朝因过食患病，召荣西祈祷禳灾。荣西除虔诚祈祷外，并立即返寺采集若干茶叶，亲自泡制，供病人饮服。将军饮后霍然而愈，乃欲知茶叶之详情，荣西便献出《吃茶养生记》一书。将军即成为茶之信徒，而新药之名，遂布扬全国。不论贵贱，均欲一窥茶之究竟。

第十章　茶与文化

第一节　茶与佛教

佛教促进茶叶生产的发展，茶叶是僧人坐禅修行不可缺少的饮料，两者密切相关。佛教僧徒谓"茶佛一味"，又说茶有三德：①坐禅时，通夜不眠；②满腹时，帮助消化；③茶为不发（抑制性欲）之药。因而昔有日本名僧明惠上人倡茶"十德"之说：①诸天加护；②父母孝养；③恶魔降伏；④睡眠自除；⑤五脏调和；⑥无病息灾；⑦朋友和合；⑧正心修身；⑨烦恼消减；⑩临终不乱。所以茶在日本用为戒律或修养的食粮。"十德"是佛教的无稽说法，但其中不无一定道理。

战国时代杂家著作《桐君录》就说过：巴东别有真茗茶，煎饮令人不眠。……南方有瓜芦木，亦似茗，至苦涩，取为屑茶饮，亦可通夜不眠，煮盐人但资此饮。

此后，历代医药书上都说饮茶清醒头脑，且有却睡的功效。大多数人也有这样的体会，晚饭后饮茶就睡不好。

近代茶叶化学分析表明，茶中含有的化学成分最多达 300 余种。其中既有营养成分，又有治病药物，已如上节所述。饮茶的功能之所以越来越明显，与历代佛教僧侣的阐述也是分不开的。

一、佛教的兴盛与饮茶的传播

茶叶生产的初期发展，是与山上庙寺佛教徒普遍种茶分不开的。和尚日夜坐禅，必须饮茶却睡；和尚戒杀，饮茶是唯一法宝。所以最早植茶的人，主要是高山上庙寺的和尚。佛教推进茶叶生产的发展，茶叶生产又促进佛教的推广。俗谓"茶佛一味"是至理名言。

佛教离不开饮茶。既然饮茶在佛教徒中间很盛行，所以自然而然地也就波及到民间，甚至影响最高的封建统治者亦推崇佛教，嗜好饮茶。皇帝、和尚喜欢饮茶，茶叶生产发展就很快，饮茶亦得到迅速推广。有的和尚是大文豪，有的和尚是某个方面的专家。他们作诗作文，作艺作曲宣传饮茶的功用，促进了饮茶的传播，从而也就促进了茶叶生产。从表面上看，佛教的兴盛与茶叶生产的发展没有关系；但深入研究一下，便可看到两者是互为因果、互相促进的，历史事实就是如此。

二、兴建佛寺与茶叶生产

佛教盛行，大造寺塔，大立佛像，僧尼数以万计。高山寺庙，适合茶树生长，有利于发展茶叶生产。自南北朝至隋末，建立无数寺庙。凡高山院寺皆奴役僧尼开辟茶园。古今名茶都生长在名山上，名山名茶相得益彰。

江西庐山种茶始于汉朝。山上梵宫寺院多至 300 余座，僧侣云集，攀危崖，冒飞泉，采野茶以充饥渴。寺院在白云深处，劈岩削峭，栽种茶树，采制茶叶名曰云雾茶。庐山云雾著名全国，为历代名茶，至今不衰。庐山招贤寺亦产名茶。

浙江乐清北雁荡山相传在东晋永和年间（345—356）阿罗汉诺即率弟子 300 居雁荡，自后寺院兴盛，开山种茶，有寺就有茶。

隋朝故宫扬州禅智寺，寺枕蜀岗，有茶园，产茶味甘香，如蒙顶名茶。历史上江苏名茶很多都出自寺院。南京栖霞寺、苏州虎丘寺、天池寺、东山洞庭碧螺庵、长兴吉祥寺等都产名茶。

浙江杭州龙井寺，天台国清寺、华顶寺，临安西天目山禅源寺，宁波天童寺、育王寺、景宁惠明寺、普陀山普济寺、法雨寺、慧济寺等都产名茶。

福建的鼓山寺，泉州清源寺，武夷山天心寺。建安北苑凤凰山能仁寺都产贡茶。

安徽黄山松谷庵、吊桥庵、云谷寺，霍山齐云山水井庵，太阳乡长峤庵，青阳九华山寺院，休宁松萝庵等都产名茶。我国大江南北名山圣地，哪里有寺院，哪里就有茶。

湖南岳阳白鹤寺、衡山南岳寺、洞庭湖君山寺、湖北远安鹿苑玉泉寺、广西桂平西山寺等也产名茶。

上述寺庵，历史上都产优质名茶，有些至今不朽，有些湮没无闻，新中国成立后有的已经恢复生产了，有的正在恢复。

院寺有院主，有法律（清规），有百官（寮司），有臣民（僧从），有土地，有嗣子（法嗣）。院主俨然是个封建领主，在地界内拥有极大权力，并与世俗地主、官僚结合在一起，共同统治人民。

南北朝封建统治者大造佛寺，驱使僧尼开发山区，从事生产，自己则坐享其利。从客观上说，这为唐朝茶叶生产大发展奠定了基础。自释迦以来，佛教重要修行之一，就是日夜坐禅，而坐禅必需饮茶却睡。

封演《封氏闻见记》：唐玄宗开元年间，泰山灵岩寺有降魔师大兴禅教。学禅方法，主要不睡，又不吃晚餐，只许饮茶。禅僧各自备茶叶，到处煎饮。

唐房乔等著《晋书·艺术传》："敦煌（东汉佛教由此传入）人单道开（西晋末僧徒）不畏寒暑，每日服小石子（成药丸子）饮茶苏一、二升。"饮茶既可却睡，又可充饥，所以山上寺院都垦荒植茶，以满足僧尼日常生活必需的饮料。南北朝时，茶园都集中在山间的寺院，僧尼都要参加茶叶生产。

东晋名僧怀信夸言他一生幸福、长寿，都是佛的庇祐，离不开茶水。他在《释门自镜录》序文最后说："跣足清谈，袒胸谐谑，居不愁寒暑，食可择甘旨，使唤童仆，要水要茶。"

《旧唐书·宣宗纪》："大中三年（849）东都进一僧，年一百三十岁……素不知药性，惟嗜茶，凡履处惟茶是求，或过百椀，不以为厌。"

名寺名山，名山名茶。高山不仅适合茶树生长，而且由于自然条件优越，都出产名茶，名茶大多是贡茶。古代名茶，大多是高山寺庵的僧尼精心创制的。从陆羽《茶经·八之出》可以看出，全国名茶大多生于山谷。山谷大多有寺庙。

蜀毛文锡《茶谱》："扬州禅智寺，隋之故宫，寺枕蜀岗，有茶园，其味甘香如蒙顶焉。"蒙山智炬寺当时也出产石花、火前等名茶。古时佛寺出产名茶而今不见的有苏州虎丘寺、丹阳观音寺、扬州大名寺和白塔寺、杭州灵隐寺、福州鼓山寺、天台雁岩天台寺（云雾茶洞十说：它山焙茶多夹杂，此独无有）、泉州清源寺、衡山南岳寺、西山白云寺、建安北苑凤凰山能仁院、南京栖霞寺、长兴顾渚吉祥寺、四川唐应灵县金山寺、绍兴云门寺、丹徒招隐寺、江西宜慧县普利寺（洞山寺）及岳阳白鹤茶产地白鹤寺僧园，等等。例如南岳，玄宗天宝（742—756）中，禅师清晏创造贡茶，延续至明代，今已不见。

古时名茶而今还生产的，有黄山松谷庵、吊桥庵和云谷寺的黄山毛峰、东山洞庭寺的碧螺春、杭州龙井寺的龙井、徽州松萝庵的松萝、武夷天心观的大红袍、蒙山智炬寺的蒙顶云雾、庐山招贤寺的云雾，等等。

古时诗人题寺庙茶诗也不少。如李白答族侄僧中孚赠玉泉寺仙人掌茶诗，杜牧题禅院茶诗，郑谷题兴善寺茶诗，释良琦题雍熙寺茶诗，唐武元衡送古心往吴江报恩寺茶诗，皇甫冉送陆羽采茶栖霞寺诗，宋苏轼在广东惠阳题白鹤峰嘉祐寺茶诗，等等。

寺僧研究茶学，以茶为题材兴作诗文，历代都有。提倡饮茶，有助于发展茶叶生产。最突出的例子，是唐陆羽（733－804）生长在僧寺中，与吴兴释皎然为友，上元初（760）迁居今浙江吴兴苕溪，著有《茶经》三卷、《茶记》一卷、《顾渚山记》二卷（后二书已佚失），对茶叶生产的发展起了很大作用。

禅僧和大地主过着同样的优越生活。他们闲居无事，便饮茶学茶，作诗作文。陆羽《茶经》提及的，有刘宋武康小山寺释法瑶。唐皎然幼年出家，专心学诗，作《诗式》五卷，有《饮茶歌诮崔石使君》、《饮茶歌送郑容》和《对陆迅饮天目山茶，因寄元居士晟》的茶诗。卢仝隐居义兴洞山，博览工诗，好饮茶，作《茶歌》，句多奇警。僧灵一《与亢居士青山潭饮茶》七言诗，宋僧惠洪《观山茶过回龙寺示邦基》五言诗，明僧得祥《题诗经室》七言诗，都是当时的杰作。

元武夷山天游观静参精于品茶。明陆树声《茶寮记》：无诤居士与五台山（山西五台县）演镇、终南山（陕西长安）明亮同试天池茶，辨别茶叶品质好坏与茶园的关系。明周高起《洞山芥茶系》："老庙后，庙祀山之土神者，瑞草丛郁，殆比茶星胉蚤矣。"《广阳杂记》说"天下茶品，阳羡老庙第一"。《梅花草堂笔谈》云"松萝之香馥馥，庙后之味闲闲"。茶叶诗文直接有助于推广饮茶；另一方面，通过对茶叶生产情况的描述，也促进了茶叶生产的发展。

由于佛教迷信思想泛滥，制茶必先拜佛。南宋胡仔《苕溪渔隐丛话》："顾渚涌金泉，每造茶时，太守先祭拜，然后水渐出。造贡茶毕，水稍减，至贡堂茶毕，已减半，太守茶毕，遂涸，盖常时无水也。"又说："建州（北苑贡茶）上春采茶时，茶园人无数，击鼓声闻数里……欧阳永叔《尝茶诗》云：年穷腊尽春欲动，惊雷未起驱龙蛇。夜闻击鼓满山谷，千人助叫声啥呀。万木寒凝睡不醒，惟有此树先萌芽。"清周亮工《闽小记》："御茶园在武夷第四曲。喊山台、通仙井，俱在园畔。前朝著令，每岁惊蛰日，有司为文致祭。祭毕，鸣金击鼓，台上扬声同喊曰：茶发芽。井水既满，用以制茶上供，凡九百九十斤，制毕，水遂浑浊而缩。"

三、佛教推广饮茶

佛教戒杀戒酒。为了严厉戒酒，需要健康的代用饮料，亦所必然。印度佛国古代无茶饮，而用类似的槟榔树、伽犁勒的果实等单宁制剂为饮料。佛教自西域传入中国后，我国饮茶习惯深为佛教所欢迎，因而急速扩展。

茶与佛教的关系，在蒙古尤为密切。蒙古游牧民族，好伐杀，不安定，喜饮酒。佛教不可杀生、不可饮酒和安定静坐等教训，经过深入宣传，亦为蒙古人所接受。因而与佛教最有密切关系的饮茶风气，亦传入蒙古。饮茶不但能代酒，而且能消除酒食毒，安定心神，为蒙古族最合宜的饮料。因此，茶叶成为蒙古、西藏地区不可缺少的饮料。

兴安岭以东的地区近于海岸，没有像蒙古一带那样强大的佛教势力，所以饮茶在朝鲜不流行，当然，饮茶并不是佛教的发明，但茶叶扩展成为一般的饮料，在一定程度上则应归功于佛教，尤其是喇嘛及禅宗。唐代大兴禅教，提倡饮茶。饮茶风气迅速通过佛教从南方传到北方，普及全国。由此可见，饮茶的传播与禅宗有密切关系。

饮茶与其他宗教也有关系。古时，人们视茶为仙药，道术家、隐遁家都饮茶。其他宗教修业时，无论佛教、回教都要断食；在斋戒时，又有通夜祈祷法语等仪式，如不饮茶，不能坚持下来。

自宗教仪式，特别是重坐禅、断食及瞑思的禅宗兴起后，茶叶便成了特有饮料，发展很快。坐禅不眠，精神才能集中。而食饱易眠，故必须减食。从减食或断食和不眠的必要性来看，茶叶成为禅宗不可缺少的饮料是不足为奇的。

茶能提神，消除疲劳，所以多用于宗教仪式。在佛教盛行的地方，视为"神物"。茶叶专营机构的职权，全操于僧侣之手。

这是从一个侧面反映出来了佛教与饮茶的密切关系。

四、佛教饮茶故事

1852 年（清咸丰二年），葡萄牙教士忽克所著《中国西藏旅行记》在法国出版，不久译成英、德、意、荷、西等国文字，风行全球，茶话连篇。其中记述西藏喇嘛教（佛教传入西藏后，掺入本地的宗教成分，形成喇嘛教）饮茶情况如下：

西藏饮茶方式，足以惊人。品质优良的砖茶 5 块，值银 1 两。茶壶皆为银质。在喇嘛漆台上的茶壶茶碗都是碧玉制成的，衬以黄金色的茶托，甚为华丽。尤其是喀温巴穆大喇嘛庙中的饮茶用具更为精美。此庙是宗教和文学中心，聚集四方僧徒和巡礼和尚，经常举行盛大茶会。

巡礼和尚笃诚信仰，用茶款待全体喇嘛、4 000 名喇嘛，各饮茶 2 杯，共 8 000 杯茶，费银 50 两。行礼仪式是：喇嘛排列成行，披庄严法衣静坐。年轻僧人，端出热气腾腾的茶釜，施主拜伏在地，就分施给众僧。与此同时，施主大唱赞美歌。富裕的巡礼和尚，茶中加添点心或牛酪等物。

据《西藏旧传》说，苏纽某国王曾连续 8 日用添加点心牛酪的茶汤，举行大飨晏。会后信士游山，穷者携带茶锅、茶碗在山腰上烧水喝茶，享乐一天。

英国侵入印度的军人查理·鲍尔写的《西藏人民》一书，有关茶的记事特别多。其中说："在二、三月间，举行三星期喇嘛教盛大祈祷会。在此期间还有大型茶会。特附以巨大的茶釜照片。该茶釜于某次会上，曾淹死勺茶的和尚。"由此可见茶釜之大。

藏销砖茶，由四川雅安（佛教中心）集中转运。英国驻印度总督哈斯丁斯企图在西藏推销锡兰（斯里兰卡）茶，以配合政治侵略，但因宗教关系未能得逞（西藏喇嘛教徒不饮非依喇嘛教法的茶）。

五、饮茶风俗随佛教传往国外

隋炀帝大业三年（607），日本使者带来僧徒数十人。翌年，日本派留学僧、学问僧从随中国使者裴世清来中国。唐时，佛教各宗派大体上都移植到日本，给日本文化以巨大影响。

据日本史书记载，茶与佛教不能分离。最早是在奈良时代，圣武天平元年（729，即开元十七年，正是我国佛教盛行的年代）四月八日召 100 僧侣入禁廷，讲《大般若经》4 天，第二天行茶赐百僧。桓武天皇廷历 24 年（805，即唐顺宗永贞元年），传教大师最澄来中国留学，带回茶籽试种于江州坂本，并以 10 斤装茶叶 1 箱送给空海弘法大师。空海来我国又带回茶籽试种，奉与嵯峨天皇。

宋代时，日僧荣西禅师两次来我国，带回茶籽到九洲平户的苇浦，民部大辅清贯创设小院以迎接，把茶籽播种在该庵的小山上。以后又在筑前的脊振山及博多的圣福寺山试种。

山城国葛野郡拇尾高山寺明惠上人高辨，以友僧所赠壶藏的茶籽 5 粒，精心栽培，每年移植，逐步培育成茶园，并传授蒸焙制法，奖励业茶。世人因此得知饮茶趣味。后移植宇治，因风土两宜，遂为天下名茶。一般人谈及茶事，都以明惠上人为始祖。

当时，茶叶为佛教徒的固有物，寺院以外，几乎无饮茶者。后经明惠上人的传播，饮茶始普及。茶为佛教布教的工具。如日本弘安年间，西大寺睿尊，山城宇治桥东的桥寺再兴时，在寺中设茶室施茶，与往来行人结缘。再如唐代赵州从稔禅师，每发言先喊"吃茶去"。一饮茶便达于悟道，所谓"赵州禅"也。日本宗教举行"茶道"仪式，流传至今。

印度喜马拉雅山古时虽不产茶，然移栽中国茶树后，发展很快。茶树原生于喜马拉雅山系中季候风地带的我国云南，由云南推广到缅甸边境地区。这两个地区在佛教史上渊源甚古。佛教思想发源于喜马拉雅山下的尼泊尔。自高山而平地，茶与佛教的传布，原为同一路线。此亦所谓"茶佛一味"也。

从朝鲜栽茶的起源来看，也是如此。李朝时代的《东国通鉴》说：新罗兴德王三年（828），遣唐大使金氏，蒙唐文宗帝（827—840年在位）赏赐茶子，种于金罗道的智异山。新罗真兴王五年（544，即东魏孝静帝武定二年）就已创建智异山华严寺，栽植茶树。南北朝时期佛教兴盛，饮茶风气流行，茶便随佛教传入朝鲜。在朝鲜历史上，高句丽、三韩时代受中国茶叶文化的影响很深。

第二节　茶与文学艺术

历代思想家、大文豪著书立说，大多提及茶事。如果不爱好饮茶，就不会注意或难于理解茶事。周代至南北朝，所述茶事比较简单。南北朝时茶叶生产大发展，唐代所记述的茶事则具体而明确，促进了茶叶生产的进一步发展。

一、茶与古文学

周公作《尔雅》训诂名物，通古今之异言；作《周礼·地官》说茶供丧事之用。孔子作《诗经》，删繁古时巷里歌谣。晏婴《晏子春秋》说茶茗作菜食。这些都是早期记述有关茶事的著名文学。

西汉《淮南子》说茶解70毒。刘安招致宾客方术之士作《内篇》20篇，外书甚多，又有《中篇》八卷。

汉司马相如是最著名的辞赋家，作《凡将篇》说荈诧亦是一种中草药。扬雄也是辞赋家，写一名一物的《方言》，说茶曰蔎。东汉许慎作《说文解字》14篇，解释茶字。三国吴韦昭注《孝经》、《论语》、《洞记》、《官职训》、《辩释名》、《国语注》等也提到茶字。

文学在西晋太康年间（280—289）又一次出现高峰，当时诗人有三张，张载为其中之一。张载作《登成都楼诗》有"芳茶冠六清"的诗句。同代的诗人左思《娇女诗》有"心为茶荈剧"的诗句。左思博学兼善阴阳之术，作《三都赋》，10 年赋乃成。张华叹为班（固）、张（载）之流，于是豪富之家竞相传写，洛阳为之纸贵。

晋郭璞博学高才，词赋为东晋之冠。注《尔雅》、《山海经》、《三苍》、《方言》、《穆天子传》、《楚辞》、《子虚上林赋》等书。又有《葬书》及《玉照定真经》，都数十万言。《尔雅注》说明茶树性状及采茶迟早不同，使人们对茶树有了正确概念。

西晋张华学识渊博，通图纬方技之书。作《博物志》，见闻甚广，取材宏备，说饮真茶令人少眠。

杜育号神童，有才藻，当时称为杜圣，作《荈赋》。常璩博通史书，有《南中志》、《汉之书》，尤以《华阳国志》最为著名，其中提及周朝四川巴蜀出贡茶，在历史上有一定的地位。

南北朝宋鲍令晖工文辞，作《香茗赋》。梁刘孝绰 7 岁能文，赋诗 7 篇，有文集数十万言。作《谢晋安王赐茶》文。自晋至南北朝文人饮茶，吟诗唱赋，推动了文学的发展。

到了唐代，茶叶生产大发展，"茶为人家不可少"的饮料，文人学士几乎无一不以茶作诗词。

颜真卿博学工辞章，有《颜鲁公集》，中有《月夜啜茶》五言诗。李白作诗高妙清逸，有《李太白集》，中有《答族侄僧中孚赠玉泉仙人掌茶》并序。

杜牧诗情豪放，有《樊川集》二十二卷，中有《题义兴茶山》五言诗，名句"山实东吴秀，茶称瑞草魁"。韦应物工诗，常扫地焚香静坐，诗如其人，闲澹简远，诗与柳宗元同闻名，有《韦苏州集》，中有《喜园中茶生》五言诗。

钱起工诗，有《过长孙宅与郎上人茶会》五言诗和《与赵莒茶宴》七言诗。柳宗元文章卓伟，有《柳先生文集》、《外集》和《龙城录》，中有《为武中丞谢赐新茶表》和《竹间自采新茶》五言诗。

刘禹锡素善诗文，其文自为一体，诗亦精锐。有《刘宾客集》，中有《代武中丞谢赐新茶》和《西山兰若试茶歌》。张籍工诗，长于乐府，多警句。有《张司业集》，中有《茶岭》五言诗。

卢仝博览工诗，好饮茶，邑有卢仝煮茶泉。有《诗集》，中有《茶歌》。元稹善作诗，深厚丽密，而平易近人，老妪都解，士人争传之，诗称元和体，与白居易齐名。有《元氏长庆集》，中有一言至七言茶诗，为世不多见。

白居易文章精切，又工诗。有《白氏长庆集》七十一卷，《六帖》三十卷，中有《睡后茶兴忆杨同州》、《谢李六郎中寄蜀茶》、《山泉煎茶有怀》和《萧员外寄新蜀茶》等诗篇。

李德裕好饮茶，验证天柱峰茶可消酒肉食，众服其广识。有《次柳旧闻》和《会昌一品集》，中有《忆茗芽》五言诗。施肩吾为诗极丽，有《西山（洪州）集》，中有《蜀茗茶》七言诗。姚合善工诗，有《姚少监诗集》，中有《舍弟自鄱溪入茶山》五言诗。薛能癖于诗，政暇日赋一章。有《江山集》和《许昌集》，中有《谢刘相公寄天柱茶》七言诗。

李群玉文采藻丽，长于词赋，有《李群玉集》，中有《龙山人惠石廪方及团茶》五言诗和《答友寄新茗》七言诗。温庭筠工词章与李商隐齐名。文思迅速，作赋八叉手而八韵成。有《握阑集》、《金荃集》、已佚《汉南真稿》和《采茶录》，诗有《西岭道士茶歌》。

皮日休工诗文，有《松陵倡和诗集》、《皮子文薮》和《诗集》，中有《茶笋》、《茶焙》、《茶坞》、《茶舍》和《煮茶》等五言诗等 10 首。李咸用工诗，有《披沙集》，中有《谢僧寄茶》七言诗。陆龟蒙有《茶坞》、《茶人》、《茶笋》、《茶焙》等 10 首五言诗，无其他茶的著作。吕温工诗文，有《吕衡州集》，中有《三月三日茶宴序》。顾况长于诗歌，诗为后世所宗，有《华阳集》，中有《茶赋》。

此外，还有韩翃《为田神玉谢茶表》，皇甫曾《送陆鸿渐山人采茶》五言诗，皇甫冉《送陆鸿渐栖霞寺采茶》五言诗，卢纶《新茶咏寄上西川相公》七言诗，武元衡《讳梁寺采新茶》五言诗，韦处厚《茶岭》五言诗，崔玉《美人尝茶行》七言诗，曹邺《故人寄茶》五言诗，郑愚《茶》五言诗，秦韬玉《采茶歌》，郑谷《峡中尝茶》七言诗，陆希声《茗坡》七言诗，徐夤《尚书惠蜡面茶》七言诗，鲍君徽《东亭茶宴》七言诗，成彦雄《煎茶》七言诗。读过唐朝的茶业文学就可知道当时茶叶生产情况以及茶与事、茶与人的关系。

宋代茶叶生产继续发展，茶业文学内容更加丰富。封建统治阶级通过榷茶、贡茶和苛捐杂税等等手段，残酷压迫和剥削人民。茶业文学也涉及对茶政的批判。

欧阳修博极群书，文学冠天下，著作丰富，有《新唐书》、《新五代史》、《毛诗本义》、《集古录》、《归田录》、《洛阳牡丹记》、《文忠集》、《居士集》、《六一诗话》和《六一词》等。在《通商茶法诏》中说："自唐末流，始有茶禁。上下规利，垂二百年。如闻比来，为患益甚。民被诛求之困，日惟咨嗟。官受滥恶之入，岁以陈积。"而作《龙茶录后序》和《双井茶》七言诗，则歌颂贡茶的优美。

王安石少好读书，工为文。有《周官新义》、《唐百家诗选》和《归川集》，其中《议茶法》说："夫茶之为民用，等于米盐，不可一日以无。……夫夺民之所甘而使不得食，则严刑峻法，有不能止者，故鞭扑流徒之罪，未尝少与也，而私贩、私市者亦未尝绝于道路也。"王安石虽与欧阳修政见不合，但废榷茶而行"通商法"则意见相同。

唐末宋初，仍以诗赋为主。吴淑诗文并茂，预修《太平御览》和《太平广记》。有《文集》及《说文五义》、《江淮异人录》、《秘阁闲谈》和注释诗赋百篇三十卷。中有《茶赋》记述名茶。

梅尧臣工诗，有《宛陵集》六十卷，附录一卷。其中《南有嘉茗赋》说："女废蚕织，男废农耕，夜不得息，昼不得停。"记述茶叶苛征苦民情景。又有《得雷太简自制蒙顶茶》、《吕晋叔著作遗新茶》、《答李中求寄建溪洪井茶》、《答建州沈屯田寄新茶》和《颖公遗碧霄峰茶》五言5首。

黄庭坚文章诗词并茂。有《山谷内外集》、《别集》、《词集》、《简尺》等著作。中有《煎茶赋》、《双井茶送子瞻》、《谢送碾赐壑源拣芽》、《小团赠无咎》、《奉同事十三人饮密云龙》、《答黄冕仲索双井》、《谢王烟之惠茶》、《谢公择舅分赐茶》和《同公择作拣芽咏》等诗篇。

陈师道诗精深雅奥，自成一家。有《后山集》、《后山诗话》、《后山谈丛》。中有陆羽《茶经》序文。唐庚为文精密，有《眉山文集》和《谐达世务》，中有《斗茶记》，记述茶叶品质评比的情况。杨万里有《诚斋集》、《诗话》和《诚斋易传》，中有《谢傅尚书惠茶启》短文一则，《谢木韫之舍人分送讲筵赐茶》、《六一泉煮双井茶》、《送新茶李圣俞郎中》和《舟泊吴江》等七言4首。

王禹偁9岁善文，文章敏赡。有《诗集》、《集议》、《小畜集》和《五代史阙文》等，中有《恩赐龙凤茶》七言诗和《茶园十二韻》五言诗。林逋善为诗，多奇句。有《尝茶次寄越僧灵皎》和《茶》七言两首。余靖以文学称乡里，有《武溪集》，中有《和伯恭自造新茶》诗。赵抃诗谐婉多姿，有《赵清献集》，中有《谢许少卿寄卧龙山茶》诗。

苏辙为文，汪洋淡泊，似其为人。著作丰富，有《诗传》、《春秋传》、《论语拾遗》、《孟子解》、《古史》、《老子解》、《栾城集》和《龙川略志》等。中有《和子瞻煎茶》、《记梦回文》两首并序。苏轼为宋朝大文豪，有《东坡全集》、《易书传》、《论语说》、《仇池笔记》、《东坡志林》和《东坡词》等数百卷。中有《寄周安孺茶》、《试院煎茶》、《月兔茶》、《和钱道安寄惠建茶》、

《和蒋夔寄茶》、《谢鲁直以诗馈双井茶》、《送南屏谦师》、《怡然以垂云新茶见饷报以大龙团》、《惠山谒钱道人烹小龙团》、《次韵曹甫寄壑源试焙新茶》和《汲江煎茶》等七言和五言诗，一千五六百字，无所不谈。

陈襄有《易义》、《中庸义》和《古灵集》，中有《灵山试茶歌》。晁补之少聪明强记，善属文，文章温润奇卓。有《鸡肋集》和《晁无咎词》，中有《次韵鲁直谢李左丞送茶》和《黄鲁直复以诗送茶云愿君饮此勿饮酒次韵》七言两首。晁冲之有《具茨集》，中有《陆元钧宰寄日注茶》和《简江子之求茶》七言两首。

罗愿博古好学，法秦汉为词章，高雅精炼。有《新安志》、《治绩》、《鄂州小集》、《尔雅翼》等著作。中有《茶岩》七言1首。周必大著书81种，《平园集》二百卷，《论语集义》、《中庸辑录》、《通鉴纲目》、《孝经刊误》等著作，中有《次韵王少府送焦坑茶》和《胡邦衡生日以诗送北苑八銙日铸二瓶》七言两首。

朱熹，宋理学大家，集《四书》大成，著作极富，文有《诗集》、《楚辞集注辩证》等十数名著。中有《茶坂》、《茶灶》五言两首和《香茶供养黄蘖长老悟公塔》七言两首。

宋杜耒字子野，号小山，工诗文。《寒夜》七言诗："寒夜客来茶当酒，竹炉汤沸火初红，寻常一样窗前月，才有梅花便不同。"

金吴激工诗能文，尤精乐府，造语清婉。有《东山集》，中有《偶成》七言1首，说："饮茶学道无所得，只工扫地与焚香。"赵秉文工诗未尝一日废，有《易丛说》、《中庸说》、《资暇录》、《删集论语》、《孟子解》、《滏水文集》等，其中《夏至》七言1首，有"玉堂睡起苦思茶，别院铜轮碾露芽"诗句。元好问7岁能诗，诗文为一代宗师。有《遗山集》、《中州集》、《续夷坚志》、《唐诗鼓吹》和《笺注》等，中有《茗饮》七言1首。

元耶律楚材博极群书，旁通天文、地理、律历、术数、释老、医卜之说。著有《湛然居士集》，中有《西域从王君玉乞茶因其韻》七言 7 首。刘秉忠自幼好学，至老不倦。有《藏春集》和《玉尺经》，中有《云芝茶》七言 1 首。袁桷有《易春秋说》、《延祐四明志》和《清客居士集》，中有《煮茶图序文》。虞集 3 岁知读书，平生为文万篇。有《道园古学录》、《道园类稿》和《平猺记》，其中《题苏东坡墨迹》七言 1 首，有"茶烟轻飏鬓丝风"诗句。

明高启书无不读，尤邃于解史，诗雄健泽涵，自成一家。有《大全集》、《凫藻集》，中有《采茶词》和《过山家》七言两首。韩奕博学工诗，有《韩山人集》、《易牙遗意》，中有《白雪泉煮茶》七言 1 首。陆容有《式斋集》和《菽园杂记》，中有《送茶僧》七言 1 首。徐祯卿诗雄练精警，为吴中之冠。有《迪功集》，中有《煎茶图》和《秋夜试茶》七言两首。王穉登 10 岁能诗，名满吴会。有《吴郡丹青志》、《奕史》、《吴社篇》等，中有《题唐伯虎烹茶图为喻正之太守》七言 3 首。

以茶题词。宋黄庭坚有《品令咏茶》、《一斛珠咏茶》、《阮郎归咏茶》和《阮郎归煎茶》4 曲。

明王世祯好为诗古文，文必西汉，诗必盛唐，有《弇山堂别集》、《嘉靖以来首辅传》、《觚不觚录》、《弇州山人四部稿》、《读书后》等著作。中有《解语花题美人捧茶词》1 曲。王世懋好学善诗文，有《王奉常集》、《艺圃撷余》、《窥天外乘》、《远壬文》、《学圃杂疏》、《闽部疏》、《三郡图说》、《名山游记》等著作。中有《苏幕遮题夏茶景》和《解语花题美人捧茶词》2 曲。黄遵昌《百字令谷雨试茶》1 曲。

自唐至清，以茶为题的赋辞诗词，比比皆是。从这些著作中，可以看出历代茶叶生产的发展和品类的变化情况。

二、茶学与文学互相促进

茶叶生产发展，饮茶普及大众，茶学随之兴起。茶学昌盛，反过来又推动茶叶生产向前发展，进而出现茶业科学的萌芽。自唐陆羽《茶经》问世后，茶业科学就逐渐创立，尤以明朝的创作特别兴盛，推动了清代茶叶生产的迅猛增长，并向国外推销，为世界人民提供了有益健康的饮料。

唐代茶学专著有 6 部。现在看到的，除陆羽《茶经》外，还有张又新于公元 825 年前后撰的《煎茶水记》，评论宜茶之水；温庭筠于 860 年前后撰的《采茶录》，全书已佚，但存辨、嗜、易、苦、致 5 类 6 则，共计不足 400 字；苏廙于 900 年前后撰的《十六汤品》一卷，《仙芽传》作《汤十六法》，此书也已失。

五代蜀毛文锡于 935 年前后撰《茶谱》一卷，记茶故事，已佚。

宋朝茶业专著计有 25 部。现存的有，陶谷于 970 年撰的《荈茗录》一卷。此书是《清异录》一部分，讲茶的故事。叶清臣《述煮茶泉品》讲煎茶方法。

蔡襄于 1049 年撰《茶录》二卷，论烹试方法和所用茶具。蔡襄诗文清遒粹美，皆入妙品，著有《荔枝谱》和《蔡忠惠集》。

宋子安撰《东溪试茶录》一卷，对于诸焙沿革及其所属各茶园的位置和特点，叙述详细。谈及茶名，指出白叶茶、柑叶茶、早茶、细叶茶、稡茶、晚茶、丛茶等 7 种茶的区别，包括茶树和叶的性状和产地。

黄儒于 1075 年前后撰《品茶要录》，讲焙制过失，品有不好。沈括于 1091 年撰《本朝茶法》，记述宋朝茶税和茶专卖事。沈括博学多文，于天文、方志、律历、音乐、医药、卜算，无所不通。有《长兴集》、《梦溪笔谈》、《苏沈长方》等著作。

宋徽宗赵佶于 1107 年撰《大观茶论》20 目。从茶树栽培到管理，从制造技术到茶叶审评以及包装，无所不及。封建皇帝提倡研究茶学，与茶学的发展不无关系。

熊蕃于 1121—1125 年撰、其子熊克于 1158 年增补的《宣和北苑贡茶录》，详述建茶沿革和贡茶种类。熊克博闻强记，喜欢著述，尤其熟悉宋朝典故，著有《中兴小纪》四十卷。

唐庚于 1112 年撰《斗茶记》，蔡宗颜于 1150 年撰《茶山节对》一卷，审安老人于 1269 年撰《茶具图赞》一卷，在茶业科学上无多大价值。

赵汝砺于 1186 年撰《北苑别录》，叙述御茶园地址、采制方法、贡茶品名和数量以及茶园管理等。

宋代遗失的茶书有丁谓《北苑茶录》三卷，周绛《补茶经》一卷，刘异《北苑拾遗》一卷，沈立《茶法易览》十卷，吕惠卿《建安茶记》一卷，王端礼《茶谱》，蔡宗颜《茶谱遗事》，曾伉《茶苑总录》十二卷，无名氏《北苑煎茶法》一卷及《茶法总例》一卷，章炳文《壑源茶录》一卷和无名氏《茶苑杂录》一卷等。

三、茶学兴盛

明朝茶业专著极丰富，大大超过唐宋，共有 55 部，大部分现都存在，只遗失 4 部。可供参考研究者有 20 多部，略述于后。

朱权于 1440 年前后撰《茶谱》，记述品茶、煎茶方法和一切茶具以及熏香茶法，反对当时皇宫饮茶方法。并著有《汉唐秘史》等数十种书。

钱椿年好古博雅，性嗜茶，年逾大耋，犹精茶事，家居若藏若煎，咸悟三昧，汇次成谱。1530 年前后，著《茶谱》一书。

顾元庆于 1541 年著《茶谱》一卷，记述栽茶、制茶、品茶、煎茶、点茶和茶效，以及茶具铭赞。集前人茶书大成，藏书万卷。并著有《云林遗事》、《夷白斋诗话》、《瘗鹤铭考》、《山房清事》等十多种。终年 77 岁。

田艺蘅于 1554 年著《煮泉小品》一卷，分析 10 种水源煎茶与品质的关系，议论夹杂考据，议及白茶制法。作诗有才调，为人所称，著有《大明同文集》和《留青日札》诸书。

陆树声于 1570 年前后撰《茶寮记》一卷，是在家居时和终南山僧明亮同试天池茶而写的，记述品茶、烹茶、饮茶的体会。著作还有《平泉题跋》、《汲古丛话》、《病榻寤言》、《耄余杂识》、

《长水日钞》、《陆学士杂著》、《陆文定公书》等。终年97岁。

屠隆于1590年前后著《茶说》或作《茶笺》，记述品类、采制、择水、烹茶等事。好宾客，卖文为生，下笔千言立就。著有《鸿包》、《考槃余事》四卷、《游具杂编》、《由拳》、《白榆》、《采真》及《南游》诸集。

陈师于1593年著《茶考》，反映古今煎茶法的变迁。著有《览古评语》和《禅寄笔谈》等。

张源于1595年前后著《茶录》一卷，记述饮茶心得和体会，从采择说到饮茶和茶道。顾大典序说："其隐于山谷间，无所事事，日习诵诸子百家言。每博览之暇，汲泉煮茗，以自愉快，无间寒暑，历三十年，疲精殚思，不究茶之指归不已。"

张谦德于1595年著《茶经》一卷，分3篇。上篇分产地、采制、品类、品质、茶效8则；中篇分泡茶和茶忌等11则；下篇分茶具9则。并著有《名山藏》、《清河书画舫》、《真迹日录》、《硃砂鱼谱》等书。

许次纾于1597年著《茶疏》一卷，论采制、贮藏、烹点诸法甚详。

罗廪于1606年著《茶解》一卷，前有总论，下分产地、品质、栽制、收藏、烹点、择水、禁忌、用具等10目。总论说："余自儿时性喜茶，顾名品不易得，得亦不常有。乃周游产茶之地，采其法制，参互考订，深有所会。遂于中隐山阳，栽植培灌，兹且十年，春夏之交，手为摘制。"可见罗廪不但进行调查比较，还有亲自栽制的经验。其中论断和记述大都切合实际。

冯时可于1609年著《茶录》，仅见总叙，未见全文。时可以著述为当时所重。著作很多，有《左氏释》、《左氏讨》、《上池杂识》、《两航杂录》、《超然楼》、《天池》、《石湖》、《皆可》、《绣霞》、《西征》、《北征》诸集。总叙提及安徽松萝名茶制作经过，品质与虎丘和天池名茶比拟。

屠本畯于1610年著《茗笈》二卷。上篇分溯源、得地、乘时、揉制、藏茗、品泉、候火、定汤 8 章；下篇分点瀹、辨器、申忌、防滥、戒诮、相宜、衡鉴、玄赏 8 章。著作还有《闽中海错疏》三卷。

夏树芳于 1610 年前后著《茶董》二卷，摘录关于茶的诗句和故事，以人名为经，共 99 则。隐居数十年，年 80 卒。著有《消渴集》、《词林》、《海镜》、《女镜》、《奇姓通谱》、《酒颠》等书。

陈继儒于 1612 年前后著《茶董补》二卷。上卷分补叙、嗜尚 20 则，产植 10 则，制造 8 则，焙瀹 6 则，都是从笔记杂考及其他书籍摘录来的。下卷全是补叙诗文，凡 37 篇。内容比《茶董》丰富。继儒与董其昌齐名，29 岁时就烧掉儒冠隐居，闭门著述。工诗善文，著述很多。年 82 卒。

喻政于 1613 年辑《茶集》二卷和编刊《茶书全集》。《茶集》卷一收文 10 篇、赋 2 篇。卷二收诗百数十首，词 5 篇。后附《烹茶图集》，有唐寅所绘《陆羽烹茶图》1 幅，题咏及喻政跋。

《茶书全集》辑集历代茶业专著，分 5 部：仁部 6 种，义部 8 种，礼部 3 种，智部 8 种，信部 2 种，计 27 种。有些茶书，只有《茶书全集》本，或者《全集》本是其初版，因而赖以流传至今，这是这一丛书的功绩。

清代茶业专著不多，仅有 8 种。但在其他各种文集里，也可以看到论述茶事文章，如顾炎武的《日知录》和徐珂的《清稗类钞》等。

陈鉴于 1655 年著《虎丘茶经注补》一卷，依照陆羽《茶经》分为 10 目。每目摘录有关陆羽原文，即在其下加注虎丘茶事。虎丘很早就有名茶，《虎丘茶经》失传，此书专为虎丘名茶而作，把有关资料抄集在一起，虎丘名茶才得以流传。

刘源长于 1669 年前后著《茶史》二卷。卷一分茶的始源、名产、分产、近品、陆羽品茶之出、唐宋名家品茶、袁宏通《龙井记》和采制及藏茶；卷二分古人品水、茶汤、茶具、茶事、茶癖、茶效、古人名家茶诗、杂录、茶志，共分子目 30，杂引古书。刘氏著作很多，有《参同契注》、《楞严经注》、《二十史略》、《古今要言笺释》等书。

余怀于 1677 年左右著《茶史补》一卷，杂引古书。著有《板桥杂记》、《东山杂苑》、《味外轩稿》、《研山草堂文集》、《妇人鞋袜考》等。怀嗜茶，原著《茶苑》一书，稿被人窃去，后来看到刘源长《茶史》，因删《茶苑》为《茶史补》。

冒襄于 1683 年著《岕茶汇钞》，记述岕茶的产地、采制、鉴别、烹饮和故事等。襄幼有俊才，负时誉。著有《影梅庵忆语》、《朴巢集》、《水绘集》等。年 83 卒。

蔡方炳于 1680 年前后著《历代茶榷志》一卷，博学鸿词，著有《增订广舆记》、《铨政论略》、《愤助篇》、《愿学斋集》、《历代马政志》、《广治平略》等书。

陆廷灿于 1734 年著《续茶经》三卷，附录一卷。以陆羽《茶经》另列卷首。目次依照《茶经》，分为 10 目。另以历代茶法作为附录。把古书上有关茶业资料，摘要分录如陆羽《茶经》。虽不是本人有系统的著作，但是征引繁富，便于集中参考。此外还著有《艺菊法》和《南村随笔》等。

此外，还有潘思齐《续茶经》二十卷，陈元辅《枕山楼茶略》一卷，醉茶消客辑《茶书》和程雨亭《整饬皖茶文牍》一卷等等。

综看上述茶学著作，其共同特点是：①其他内容的文学著作丰富，乃兼及茶学；②大多数作者都有茶癖，饮茶到晚年，就写出饮茶和有关茶业知识的心得体会；③饮茶长寿，过 80 岁者不少，陆树声活到 97 岁。

四、饮茶与品水文学

茶汤香味与水的清净有密切关系。古人饮茶必先考虑水的来源。"扬子江中水，蒙山顶上茶"是古今广为传颂的赞誉蒙顶茶的诗句。龙井茶，虎跑水，是历来称赞茶水相得的俗谚。陆羽最早论及茶与水的关系，不仅是茶学的始祖，也是检查饮水卫生的始创者。

唐代茶人都认为南泠水为长江的上等水，泡茶最好。用瓶盛煎茶的好水，寄赠远方茶友，为陆羽以来的普通习惯。宋时，亦曾有人以银瓶盛中泠水赠欧阳修，修认为水味已尽，为无益浪费而不受，自是以活水为佳。

水为人生重要饮料，鉴定饮水好坏，不如茶饮普及，而容易确实。茶能使水中溶解的重金属沉淀，如水中含有铁质，泡茶则产生沉淀而汤色暗浊。如井水，尤其是矿泉，多含石灰或其他金属的活水，虽不生沉淀，大多使茶变味。茶所特有的色、香、味，如遇不净混水立即变化。饮茶的普及，有助于人类味觉的发达。一般人重视选择泡茶用水，水的研究日益深入，这种情况自然要用文字表达出来而发展成为品水文学。

陆羽《茶经·五之煮》："其水，用山水上，江水中，井水下。其山水，拣乳泉、石池漫流者上，其瀑涌湍漱，勿食之。久食令人有颈疾。又多别流于山谷者，澄浸不泄，自火天至霜郊以前，或潜龙蓄毒于其间，饮者可决之，以流其恶，使新泉涓涓然，酌之。其江水取去人远者，井水取汲多者"。

陆羽《六羡歌》："不羡黄金罍、白玉杯、朝入省、暮入台，千羡万羡西江水，曾向竟陵城下来。"当时有陆羽品水的神秘传说。唐张又新《煎茶水记》说：代宗朝（762—779），湖州刺史李季卿抵维扬，碰到陆羽。李说：陆君别茶闻名，扬子南泠水又殊绝，今二妙千载一遇，不可错过。命谨慎的军士拿瓶操舟，深到南零。陆拿杓等候。不久，水汲来，陆以杓扬其水说：近岸的水，不是南泠的水。军士说：摇舟深入，看到百人，不敢欺骗。陆不回答，既而倾到盆里至半，陆急止之，又以杓扬之说：自此是南泠的水。军士蹴然大骇，伏罪说：某自南泠至岸，舟荡倒掉一半，怕水太少，酌岸水加满，处士神鉴，不敢隐瞒。李与宾从数十人皆大骇愕。李因问陆,既为是,所历经处的水,优劣精可判矣。陆说:楚水第一,晋水最下。李因命笔口授而次第之。全国宜茶山水,共分20等。庐山康王谷水帘水第一;无锡县惠山寺石泉水第二;蕲州兰溪石上水第三;峡州扇子山下有石突然泄水独清冷,状如龟形,俗云虾蟆口水第四;苏州虎丘寺石泉水第五;庐山招贤寺下方桥潭水第六;扬子江南泠水第七;洪州西山西东瀑布水第八;唐州柏岩县淮水源第九;庐州龙池山岭水第十;丹阳县观音寺水第十一;扬州大明寺水第十二;汉江金州上游中零水第十三(水苦);归州玉虚洞下香溪水第十四;商州武关西洛水第十五;吴淞江水第十六;天台山西南峰千丈瀑布水第十七;柳州圆泉水第十八;桐庐严陵滩水第十九;雪水第二十。

唐刘伯刍(宪宗元和中,即812年左右以左常侍致仕卒)为学精博,颇有风誉,称宜茶之水有7等:扬子江南零水第一;无锡惠山寺石水第二;苏州虎丘寺石水第三;丹阳县观音寺水第四;扬州大明寺水第五;吴淞江第六;淮水最下,第七。

陆羽与刘伯刍品水次等主要相同,只评南零水不同。刘伯刍评第一,而陆羽评第七。陆羽对水较有研究,而且有广泛的比较。

陆羽以后,研究宜茶的水,更加深入。不仅茶业专著都有论述,而且有茶癖者也多记述。

唐独孤及(代宗李豫时为太常博士)《慧山新泉记》,《滁州志》记欧阳修得幽谷山下丰乐泉,《驹阴冗记》记述七宝泉。苏东坡《汲江煎茶》:"活水还须活火烹,自临钓石取深清,大瓢贮月归春瓮,小杓分江入夜瓶。"

苏子由《凤味口砚铭》:"北苑茶冠天下,岁贡龙凤团,不得凤凰山味潭水则不成,潭中石,苍黑坚致如玉,以为研,与笔墨宜,世初莫知也。"

南宋初,胡仔《苕溪渔隐丛话》记述南零水、长安昊天观井水。又引苏长公《惠通井记》全文;《冷斋夜话》记双井。

《太平清话》记庐山谷帘泉。《陶庵梦忆》记阳和泉铭。《偃曝余谈》记金山中泠泉，引《太平广记》：李德裕使人取金山中泠水。苏轼、蔡肇并有中泠之句。《杂记》说：石碑山北谓之北泠，钓者余三十丈，则中泠之外，似又有南泠、北泠者。《润州类集》云：江水至金山，分为三泠，今寺中有三井，其水味各别，疑似三泠之说也。

《赤雅》记述思恩县婆娑泉、白石洞天漱玉泉。漱玉泉可与寿州咄泉、芳山喜客泉、抚掌泉、无为州笑泉并入灵品。

《梅花草堂笔记》记述琼州三山庵惠通泉、盐水井、山谷泉和移喜泉。曹幼安和顾三能运水，《试茶》说："茶性必发于水，八分之茶，遇水十分，茶亦十分矣。八分之水，试茶十分，茶只八分耳。贫人不易致茶，尤难得水。欧文忠公之故人，有馈中泠泉者，公讶曰：某故贫士，何得此奇贶？其人谦谢，请解所谓，公熟视所馈器，徐曰：然则水味尽矣。盖泉冽性驶，非肩以金银，未必不破器而走，故曰贫士不能致此奇贶也。"

《长物志》记述天泉（雨水）、地泉、流水（江水）丹泉："秋水为上，梅水次之。秋水白而冽，梅水白而甘。春冬二水，春胜于冬，盖以和风甘雨故。夏月暴雨不宜，或因风雷蛟龙所致，最足伤人，雪为五谷之精，取以煎茶，最为幽况，然新有土气，稍陈乃佳，承水用布，于中庭受之，不可出檐溜。"

《长物志》论地泉说："乳泉漫流，如惠山泉为最胜。次取清寒者，泉不难于清，而难于寒。土多沙腻泥凝者，必不清寒矣。又有香而甘者，然甘易而香难，未有香而不甘者。瀑涌湍急者勿食，食久令人有头疾。如庐山水帘，天台瀑布，以供耳目则可，入水品则不可，温泉生硫黄，亦非食品。"

《陇蜀余闻》记述百花潭水。《广阳杂记》记述夹锡钱镇水和黄河水。《虞初新志》的《中泠泉记》，《冷庐杂说》，《归田琐记》的品泉，《清稗类钞》的以水洗水、王文简以第二泉饷友、章次白试第一泉、陈香泉饮香泉，烹茶须先验水和松柴活火煎虎跑水，都是品水文学。

明徐献忠，嘉靖举人，为当时四贤之一。著有《吴兴掌故集》、《乐府原》、《金石文》、《六朝声偶》、《长谷集》和《水品》。《水品》是历代论水的较有系统的专著，惜未见其书，无可引述。

五、国外茶业文学

（一）日本古代茶业文学

日本文学兴盛时期，嵯峨天皇（810—824）的弟弟淳和亲王（后继兄位为淳和天皇）作《散杯》诗，有"幽径树边香茗沸，碧梧荫下澹琴谐"的俳句。诗人汪尼脱世拉（Onitsura）有"字治末，采茶如画屏"的采茶俳句。

诗人菅原孝助（卒于治承元年，1178）所作《奥仪抄》为现存最古的茶业文学作品。寺僧荣西所著《吃茶养生记》二卷，为日本第一部茶学，说饮茶可以治病养生。1552 年著名学者菅原道真所著的日本古史《类聚国史》，其中有一些涉及茶的重要段落。

（二）西方的茶业诗歌

17 世纪 60 年代，英国文学在亚流拉丁文诗人的影响下，始进入新阶段。1663 年，瓦利（Edmund Waller）向查理二世饮茶王后卡特琳祝寿，作第一首茶诗，其中有"月桂与秋色，美难与茶比……物阜称东土，携来感勇士，助我清明思，湛然祛烦累"的诗句。

1679 年，荷兰的《跳舞小曲》称赞茶的医药作用，引起饮茶者的重视。1692 年，肖世尼（Southerne）的剧作《妻的宽恕》中，有两个角色在园中谈论茶事。同年，肖世尼写成《少女的最后祈祷》，描写少女茶会。

勃莱迪（Nicholas Brady，1659—1726）为英王威廉第三及玛丽女王宫廷中博学的牧师，作《茶卓诗》，有"惟神奇万能之药，消青年急躁之狂热，激暮年冻凝之血气"的诗句。《茶卓诗》

与他忒（Nahum Tate）所作茶之烦冗的《讽喻诗》合刊，于1700年在伦敦出版。《讽喻诗》有"是乃健康之液，灵魂之饮"的警句。

1709年，休忒（Pierre Daniel Huet）在巴黎发表其拉丁文诗章，以悲歌的诗句咏茶。1711年，波百（Alexander Pope）作《额发的凌辱》诗篇，提及安妮（Anne Stuart）女王。其中有"三邦是服，大哉安妮，时而听政，时而饮茶"的诗句。1715年，波百咏贵妇人在乔治五世加冕典礼后离城赴乡的诗："读书饮茶各有时，细斟独酌且沉思。"

1712年，法国文学家蒙忒（Peter Antoine Motteux）作《茶颂》，诗中大颂茶德："天之悦乐惟此芳茶兮，亦自然自真至实之财利。盖快适之疗治兮，而康宁之信质……茶必继酒兮，犹战之终以和平。群饮彼茶兮，实神人之甘露。"

1721年，苏格兰诗人林萨（Allen Ramsay）作《茶歌》，有"称绿茶兮而'武夷'之名最优"的诗句。当时以武夷为茶名。

1725年，英国大众诗人蔡赤尔（Charles Churchill）作《幽灵》诗说："主妇举杯以视，命之'底'存乎茶之'底'。"

英国诗人和戏曲家约翰·盖伊（John Gay，1685—1732）初时曾为蒙摩茨（Monmouth）夫人的私人秘书作诗说："亭午仕女朝祷时，啜我芳茶之葳蕤。"当时茶已成为闺阁中的社交礼仪。英国上流社会的妇女仿效法国习惯，非晌午不离床，且接待友人都在私室梳妆时。

英国著名文学家、辞典编纂家约翰逊常信口作小诗，嘲讽小曲式的诗风：你便把茶泡得再快些，也赶不上我把它吞下……请你再给我泡下，把奶酪砂糖好好调化，另加一盘茶。

1773年，苏格兰浪漫主义诗人弗格森（Robert Fergusson）写道："爱神永其微笑兮，举天国之芳茶而命之。沸煎若风雨而不厉兮，乃表神美之懿微……女盖为神致尔虔崇兮，彼烟腾之甘液，唯工作熙春与武夷。"熙春和武夷都是中国的茶名。

1785 年，考伯（Wm. Cowper）咏诵伯克利（Berkeley）主教的名言《快乐之林》，写《课业》一诗："茶瓮气蒸成柱，腾沸高鸣唧唧，'快乐之杯'不醉人，留待人人，欢然迎此和平夕。"

1785 年，英国自由党员数人作《The Rolliad》诗，讽刺保守党政客鲁里（Rolle）勋爵。其中一首以当时的各种茶名为韵语："茶叶色色，何舌能别？武夷与贡熙，绿茶与红茶；松萝与工夫，白毫与小种；花熏芬馥，麻珠稠浓。"武夷是福建绿茶，贡熙是浙江平水珠茶的一种中档茶，绿茶是一般的绿茶，红茶是一般的红茶。松萝是徽州名茶，工夫是福建红茶，白毫和小种是红茶花色的名称，花熏是花茶，麻珠是平水珠茶之花色名称。由此可知这些茶叶在 18 世纪就已输入英国市场，为英国人民普遍喜爱。1789 年，英国诗人兼植物生理学家达尔文（Erasmns Darwin，1731—1802）作《植物园》诗，流行一时。其中一首写道："撷绿丛为中夏之名园兮，注华盃以宝液之蒸腾；粲嫣然其巧笑兮，跪进此芳茶之精英。"

英国大诗人雪莱（Percy Bysshe Shelley，1792—1822）作《为中国之泪水——绿茶女神所感动》诗说："药师医士任猖狂，痛饮狂酣我自吞，饮死举尸归净土，殉茶第一是吾身。"

英国浪漫主义诗人岐茨（John Keats，1795—1821）说恋爱者"含吮其烘面包而以叹息吹冷其茶"。诗人哥尔利治（Hartley Coleridge）要人"感悟吾之天才及吾之茶汤"，作诗说："中庸之道我常持，适倾绿茶第七杯。"

美国诗人、评论家、哲学家爱默生（Ralph Waldo Emerson，1803—1882）在 1873 年 12 月 16 日茶会上朗诵爱国诗歌《波士顿》，第一段说："恶耗来自乔治英王。王曰：'尔业繁昌，今予文诰尔等，尔当输将茶税；税则至微，轻而易举，乃与尔约，实尔光荣。"

美国医生、作家赫漠兹（Olver Wanclel Holmes，1809—1894）《波士顿茶会谣》说："叛变海湾中之水，犹带来茶滋味。

'北头'老侩在水烟管中，犹辨得熙春香气。自由之茶杯依然充沛，满常新之奠灵甘醴。尽诱其敌于酣眠，惟觉醒之民族是励。"

孔尼（Helen Gray Cone）于 1899 年在《圣尼古拉斯杂志》（St. Nicholas Magazine）上发表诗歌《一杯茶》，描写家庭生活情景，第二段说："我何处幽独，转暮复转凉，且热我小鼎，尝此一杯茶。"

英国萨尔丑斯（Francis Saltus，卒于 1885 年）写的著名茶诗《瓶与坛》最后几句："吾闻开宴声欢腾，吾歆乌龙（茶名）之芳馨。异香发，燕山亭，象香之绝，犹匪其朋。"

英国阿奎罗（Aquilo）于 1926 年在爱尔兰《星期六夜报》发表《一滴茶》小曲。其中说："破晓时分给我一滴茶，我将为天上的'茶壶圆顶'祝嘏；当太阳趱行午前的程途，十一点左右给我一滴茶，待到午餐将罢，再给我一滴茶，为了快活潇洒！"

从上面所引的诗歌中，不仅看出茶对欧美（主要是英国）17 世纪的文学发展有一定的作用，而且可以看出当时中国茶叶已畅销民间，与人民生活有密切关系。

（三）西方的茶业散文

1559 年，威尼斯作家拉摩晓（Giambatista Ramusio）发表名著《旅行札记》，是欧洲最早述及茶叶的书。威尼斯位于东方陆路与欧洲水陆之间，是欧洲最早的大商业中心，亦最早输入中国茶叶。16 世纪及 17 世纪初期，有关茶的作品，大部分为罗马旧教耶稣会僧侣所作。茶叶传入欧洲初期，医药界极力反对饮茶。

1635 年，德国医生、植物学家鲍利（Simon Pauli）猛烈攻击饮茶。1648 年法兰西科学院院士、巴黎医生巴丹（Gui Patin）说茶是不适于本世纪的奇物，于是医药界人士展开笔战。当时茶已侵入饮麦酒的英国。1660 年，伦敦一家咖啡馆的主人哥拉威（Thomas Garaway）通过广告说明"茶叶的生长、品质及性能"，宣传中国饮茶知识。同年，皮普斯（Samuel Pepys，1633—1703）在日记里记有购买一杯茶的事。

1694 年，英国剧作家孔格雷夫（Willin Congreve，1670—1729）作《双重买卖人》，把茶叶和丑行相连。1699 年，英国著名牧师奥敏顿（John Ovington）在伦敦发表《茶的性能及品质》论文，结论为茶实是"一种快乐之叶"。作家倭尔德郎（John Waldron）为之不快，乃作打油诗《茶之嘲笑》以应之。当时饮茶风气盛行，引起作家嘲笑。如 1701 年在阿姆斯特丹上演的《茶迷贵妇人》一剧，英国斯忒利（Richard Steele，1671—1729）刊行的《饶舌家》，阿智松（John Addison）编辑《观察家》日报发表的《葬礼》喜剧，都诋毁饮茶。

1713 年，法国远东学家雷瑙杜德（Eusèbe Renaudot，1646—1720）从阿拉伯文翻译《印度和中国古代记事》，说："中国人以饮茶防百病，休忒亦很相信茶有治病效能，1718 年刊行自传《备忘录》，说茶治愈了他的胃病和眼炎。"

英国剧作家息柏（Colley Cibber，1671—1757）称赞茶有使女性的舌舒缓的效能。小说家、剧作家菲尔丁（Henry Fielding，1707—1754）的处女作《五副面具下之爱》说："爱情与丑行为调茶使甜之最佳品。"

1730 年，苏格兰医生少德（Thomas Short）在伦敦发表《茶论》，1735 年杜哈尔得（Jean Baptiste Duhalde）神父在巴黎出版《中国记》，1745 年马孙（Simon Mason）发表《茶之好果与恶果》一书，都论及茶。1748 年，著名宗教改革家惠斯利（John Wesley）与友人论茶书，长 16 页，攻击饮茶。惠斯利从此戒饮茶达 12 年之久，后经医师劝告始复饮。

1756 年，伦敦商人汉威（Jonas Hanway）发表《论茶》说："茶危及健康，妨害实业，并使国家贫弱。茶为神经衰弱、坏血病及齿病之源。"并计算茶叶生产所耗费的时间及每年的总损失，估计达166 666英镑。

1790 年，英国文学家迪斯拉利（Isasac Disraeli）所作《文学之珍异》引用爱丁堡评论说："茶颇类似真理的发展，始则被怀疑，流行浸广，则被抵拒。及传播渐广，则被诋毁。最后乃获胜利，使全国自宫廷以迄草庐皆得心畅神怡，此不过由于时间及其自身德性之缓而不抗之力而已。"

昆斯（Thomas De Quincey，1785—1859）写文说："茶为感应性粗笨之人所嘲辱，若辈或因天性如此，或因饮酒而致此，对于如此精妙的兴奋品，不能感得其影响，然而茶终将成为知识分子所永远爱好的饮料。"

1837年，英国小说家狄更斯（Charles Dickens，1812—1870）描写两个人在戒酒协会的集会上附耳低语说：那个老太太简直是用茶把自己淹没了！无独有偶，那个年青女人早餐时已经喝了九杯半茶，明明已经膨胀起来了。

1839年，英国西蒙（Sigmond）写《茶卓在吾国》，说饮茶一如炉边聊天，为一种生活的乐趣。英国神学家兼评论家斯密（Sydney Smith，1771—1845）说："感谢上帝赐我以茶！世界苟无茶则将奈何？将如何存在？吾自不幸生于有茶时代以前。"

1883年，苏格兰作家、医学博士斯塔勃利（Gordon Stables）在伦敦发表《茶：快乐与健康之饮料》。文章引很多赞美茶的诗句。1884年，李得（Reade）写《学习与兴奋剂》一文，并在伦敦发表《茶与饮茶》一书，编列诗人和作家有关茶的诗文。同年，波士顿德拉克（Samuel F. Drake）发表《茶叶》，详述波士顿茶会发生过的种种骚动事件。

英国许多小说中都有记述饮茶之事。俄国小说家果戈理、托尔斯泰、屠格涅夫等在作品中提及的饮茶之事，不亚于英国作家。唯一的差异，是对沸腾的铜茶缸的描写不同而已。

1903年，格雷（Gray）在纽约发表小茶书，说："在家庭，在社会，茶实为一种世界性的饮品。"

英国小说家季星（Georg Gissing，1857—1903）著《莱克罗富特私生活》，叙述英国天才作家描写家庭生活中饮"午后茶"的情况。其中说：坐在深而且软的安乐椅上，等候送来茶盘，这是最美妙的时刻。茶壶出现在面前了，那和柔而透鼻的茶香是怎样沁人心脾！第一杯带来怎样的安慰！第二杯又是怎样浅吮细啜！在一次冷雨里散步以后，茶给人一种怎样的安慰！

英国女作家辛克雷（May Sinclair）在《灵魂的治疗》一书中描写了陈伯林（Camon Chanberlain）牧师往访富裕而有魅力的孀妇波商（Beauchamp）夫人时，波商夫人招待饮中国茶的盛况。

1927 年，隆恩（Hendrik Loon）在纽约《阿美利加杂志》著文解释英王乔治三世与美洲殖民者之间发生的茶叶争议。文中写道："税率诚极轻微，一磅不过 3 便士而已。惟此为一可厌之事，盖一安居市民，每次泡制一杯爽口饮料时，彼辄自感其方在为一种自己认为不公之法律作帮凶也。"这里表露出来美国人民反对英国重征茶税。

1930 年，比波（Wm. Lyon Phelps）在纽约刊行《茶论选集》，对英国"午后茶"发表了见解，说一年 365 天中，英国日照极少。"午后茶"非但令人愉快，而且适于社交，同时对于血液循环也极为有益。

1932 年，美国女评论家李普里（Agnes Repplier）发表《茶思》，漫谈茶叶，记载 17 世纪以来饮茶习惯在英国的发展。

1933 年，商尼（Montfort Chamney）发表《茶叶故事》一书，收集茶的早期传说。

上述历史资料说明国外与我国相同，著名文学家都与茶结下了不解之缘。饮茶益思，提高创作能力，从而促进了文学与茶业科学的发展。

六、茶与艺术

（一）茶与绘画

茶的艺术起于何时，还未找到历史资料。陆羽《茶经·十之图》不是图画，而是把《茶经·一之源》至《茶经·九之略》全部写在四幅或六幅的白绢上，挂在座位旁边，举目就可以看到《茶经》的全部内容。

南宋度宗咸淳五年（1269），审安老人画 12 茶具图。元世祖至元十七年（1280），茅一相撰茶具图赞。①韦鸿胪，盛炭篦篓；②木待制，敲碎饼茶的木槌；③金法曹，碾茶铁船；④石转运，石头茶磨（图 10 - 1）；⑤胡员外，量水杓；⑥罗枢密，茶筛；⑦棕从事，棕刷；⑧漆雕秘阁，盛茶末漆盒（图 10 - 2）；⑨陶宝文，茶杯；⑩茶壶；⑪篦刷；⑫擦茶杯布巾（图 10 - 3）。

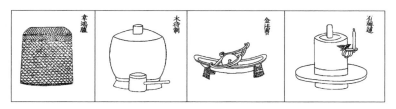

图 10 - 1

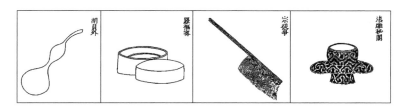

图 10 - 2

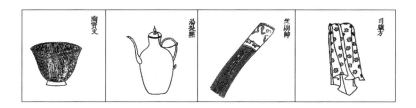

图 10 - 3

我国明代一幅《为皇煮茗》（Preparing Tea For His Majesty）的绘画，据乌克斯说，藏于英国博物馆，作者是 Chiu Ying（译音周英）。在暗色绢轴上绘画宫殿花园，皇帝高坐于花园中。

乌克斯又说：有一组中国画，图示栽培和制茶的各种形象，包括从播种以至最后装箱及售与茶商的全部过程。

日本西京市博物馆有一幅高山寺的名画《明惠上人图》。这幅庄严的佛教画很像中国画，可见日本的绘画艺术大抵都发源于中国，但于题材处理上则表现出创造性。明惠在宇治栽植第一株茶树。图中他坐禅于松林下，以为不朽的象征。

乌克斯赴日本调查茶业时，日本茶业协会赠给他一幅卷轴，绘画 1623 年至 18 世纪初《茶叶旅行》礼节，凡 12 景，为每年自宇治运茶至东京进贡时的礼宾仪式。

数百年来，日本画家所作的茶叶产制图景很多，英国博物馆中有未经裱糊的表现制茶全部过程的日本画一组，作者是 19 世纪的史信。这组画是墨水彩色绢画，描绘茶叶产制的每个过程，直至最后的贡献典礼。

根据传说，达摩和尚与茶树起源有关。许多画家都以达摩的古怪面相为绘画的题材。

18 世纪，萨肯鲁巴绘《菊与茶》，画面是日本绅士面对一盆菊花静坐，中央为一群女人，右侧廊下为茶釜和茶具。

欧洲最早以茶为题材的绘画是钢制的雕版，印刷中国茶树的插图，刻画中国茶园及采茶方法。这雕版于 1665 年在荷兰阿姆斯特丹印刷过。欧洲早期雕版家乐用透视法放大茶树，当时所印刷的茶画，都具有这个特点。

18 世纪，饮茶风气传入北欧和美洲，世情的画家常绘饮茶情景。恩格尔勃勒德（MarTin Engelbrecht）的《图形集》于 1720 年至 1750 年间刊行于德国奥格斯堡（Augsburg），书中插图《茶与咖啡》，作椭圆形而嵌于一方框中。勃勒茨（R. Brichel）于 1784 年在奥格斯堡根据哥则（Joseph Franz

Goz，1754—1815）的绘画而作《恬静者》，绘一饮茶家手执烟管，旁置茶壶，神态放荡不羁。这两幅图都是描绘 18 世纪饮茶者的线纹雕版。

爱尔兰人像画家霍尼（Nathaniel Hone，1730—1784）于 1771 年画一幅动人的女像《饮茶图》。一位少女穿耀目绵衣，覆以皎洁白花边织品的披肩，右手捧碟，其上置无柄茶盘，左手用小银匙搅调其中的热茶。

英国画家摩兰（George Morland，1764—1804）的名画《巴格尼格井泉的茶会》，描绘一家人在名园中饮茶。

1792 年，英国画家爱德华兹（Edwards，1738—1806）作画，描绘牛津街大众娱乐馆中的饮茶情景。

1793 年，比格（W. R. Bigg，1755—1828）绘《村舍》，画一中年村妇准备饮茶的情景。这幅画现藏于维多利亚与阿尔培博物馆中。

苏格兰画家尉尔克（Daniel Wilkie，1805—1841）的《茶桌上的快乐》，描绘 19 世纪初英国家庭中饮茶时的舒适情景，时在狄更斯时代之前。

美国纽约大都会美术博物院挂有名画家的两幅茶的图画：一为坡斯东（Wm. M. Paxton）的《茶叶》；一为加萨特（Mary Cassatt）的《一杯茶》。比利时安特卫普皇家美术博物院有群众饮茶图多幅。其中有奥利夫（Oleffe）的《春日》，思索（Ensor）的《俄斯坦德的午后》，密勒（Miller）的《人物与茶事》，坡提尔泽（Portielje）的《揶揄》。苏联艺术家柯克尔所画的《茶室》悬挂在列宁格勒美术学院。

（二）茶与雕刻

我国人民多尊陆羽为茶业的始祖。雅州有大小如人体的陆羽造像，以玻璃框架慎重保护。有些茶厂亦有小的陆羽造像。荣西禅师为日本茶业的创始者，在他所创建的京都肯南寺中，他的木像雕刻非常精细。

达摩在日本有很多大小不同的造像。或为很大的偶像，或若儿童的玩具，或庄或谐。日本茶业界元老大谷嘉平有造像两尊，一在静冈，一在横滨，都是生前建造的。

（三）茶与音乐舞蹈

茶的音乐，在我国和日本有采茶歌舞，在西方有劝戒歌谣和民歌。日本采茶歌：立春过后八八夜，满山遍野发嫩芽；那边不是采茶吗？红袖双绞草笠斜。今朝天晴天光下，静心静气来采茶。采呀，采呀，莫停罢，停时日本没有茶！日本艺妓常表演采茶舞。

19世纪中期，英国开展节饮运动，产生有关茶的歌曲数阕，在茶会中尽情歌唱。最流行的为《给我一杯茶》。

1840年，贝利（Beuler）作喜剧歌曲《亭中饮茶》，由惠特坎皮（Ac Whitcomb）制谱，菲特兹威林（Fitzwilliam）演唱，博得听众热烈喝彩。

1918年，荷兰著名歌唱家庇萨士（Louis Pisuisse）和勃鲁克则（Max Blokzue）经常演唱茶歌。

美国作曲家加尼特（Louise Ayers Garnett）所作的《茶歌》，歌唱饮茶的快乐。此曲虽非为宣传而作，但确有宣传的效果。

第十一章 茶叶生产发展与茶业政策

第一节 榷 茶

中唐以后，宦官专横无忌，苛征茶税，税率百钱增五十，茶利尽归富商大贾。宦官与茶商狼狈为奸，坐地分赃。文宗大和九年（835）九月拜司空王涯献榷茶之利，乃以王涯为榷茶使。下令江南百姓所有茶树，移官场中栽植，在官场制茶。凡民间不曾移植的茶树和积贮的茶叶，一概焚毁。

王涯的榷茶苛政，不仅统制产销而且破坏茶叶生产，遭到了人民强烈的反抗，天下大怨。令狐楚代盐铁使兼榷茶使，大和九年十二月奏请罢榷茶法。令狐楚奏说：岂有令百姓移茶树于官场中栽植，采茶叶于官场中造作，有同儿戏，不近人情。朝班相顾而失色，道路以目而吞声。榷茶苛政不到两月就取消。但是已开茶叶官营的先例，成为后代封建剥削阶级实施统制茶叶政策、推行专买专卖制度的规范。

一、宋代榷茶

到了宋代，封建剥削阶级巧取豪夺，大力贯彻榷茶政策。宋太宗太平兴国二年（977）在江宁府、真州、海州、汉阳军、无为军、蕲州设置6所专卖局，在江南蕲、黄、庐、舒、光、寿6州设13山场收茶站，实行6州茶叶官买官卖。茶农叫"园户"。生产茶叶除作税输租外，全部由官收购。卖给13山场的茶叶，先收"本钱"而后入茶。输税折茶，叫"折税茶"。折税茶总为岁税 865 万斤，在本山场出卖。

江南宣、歙、江、池、饶、信、洪、抚、筠、袁 10 州，广德、兴国、临江、建昌、南康 5 军，两浙杭、苏、明、越、婺、处、温、台、湖、常、衢、睦 12 州，荆湖江宁府潭、澧、鼎、鄂、岳、归、峡 7 州，荆门军，福建建、剑 2 州，岁如山场输租折税总为岁课，江南 1 027 万余斤，两浙 279 000 余斤，荆湖 247 万余斤，福建 393 000 余斤，皆送到 6 榷货务出卖。太宗太平兴国八年，民间旧茶园荒芜也以输茶代税。英宗治平（1064—1067）中岁入腊茶 489 000 余斤，散茶 255 000 余斤。

神宗熙宁五年（1072）在京东西、淮南、陕西、河东、河北的福建茶仍禁榷，余路通商。

熙宁七年始遣三司干当公事李杞经画买茶于秦、凤、熙、河博马。熙宁八年，蒲宗闵建议川峡路民茶息收什之三，尽卖于官场，更严私交易之令，于蜀茶尽榷。每年买商茶 300 万斤为额。熙宁十年以李稷、蒲宗闵管理茶事。川蜀细茶，广汉的赵坡、合州的水南、峨嵋的白芽、雅安的蒙顶，产量很少，旧无榷禁，熙宁间始置提举司，收岁课 30 万，至神宗元丰五年（1082），累增至百万。彭州知府吕陶说："李杞、蒲宗闵来蜀榷茶，西川骚动。诸路既许通商，两川却为禁地，尽榷民茶。随买随卖，取息十之三。今日买十千之茶，明日即作十三千卖之。"

神宗赵顼元丰五年，陆师闵为茶场都大提举，陆说李稷治茶 5 年，百费外，获净息 428 万余缗。而师闵榷利，又刻于前。自熙宁七年至元丰八年，蜀道茶场 41，京西路金州为场 6，陕西卖茶为场 332。税息至李稷加为 50 万及师闵为 100 万。

元丰七年，王子京为福建转运副使，说："建州腊茶旧立榷法，自熙宁榷听通商，自此园户售客人之茶甚良，官中所得惟常，茶税钱极微，南方遗利，莫过于此，乞仍旧行榷法。"建州岁出茶不下 300 万斤，南剑州（今平南）亦不下 20 余万斤，欲尽买入官。当时远方如桂州修仁诸县，夔州路达州皆议榷茶，言利者踵相蹑。至哲宗赵煦元祐元年（1086）乃罢福建榷茶法，仍旧通商，同年桂州修仁等县禁榷及陕西卖芽茶皆罢。

侍御史刘挚奏疏说："蜀产茶，地不过数十，州人赖以为生，茶司尽榷而市之，园户有茶一本，而额至数十斤，官所给钱靡费于公者，名色不一，给借保任，输入视验，皆牙侩主之，故费于牙侩者，又不知几何，是官于园户名为平市，而实夺之。园户有逃而免者，有投死以免者，而其害犹及邻伍，欲伐茶则有禁，欲增植则加市，故其俗论，谓地非生茶也，实生祸也。"当时社会舆论，自法始至今四变，利益深，民益困，立法之虐，未有甚于此者，乃贬陆师闵主管东岳庙。

哲宗绍圣元年（1094），复以陆师闵提举茶事，陕西复行禁榷。龙州（今四川平武县）仍为禁茶地。绍圣四年恢复元丰时榷茶法。

徽宗崇宁元年（1102）蔡京进左仆射，榷江淮7路茶，官自为市。崇宁四年（1105）废官设场，商旅给引，自买于园户。大观三年（1109）计7路一岁之息，1 251 900余缗，榷货务再岁，1 185 000余缗。政和六年（1116）陕西茶增至12 815 100余斤。

高宗绍兴十二年（1142）兴榷场，建茶尽榷之。移茶司于建州买茶，在临安发卖。绍兴十七年都大茶马韩球尽取园户加饶之茶为额，茶司收200万。绍兴二十四年榷夔州路茶。绍兴三十年罢夔州路榷茶。宋朝榷茶至此废止。但改苛征茶税，剥削更大。

光宗赵惇绍熙初，成都府利州路23场岁产茶2 102万斤，通博马物帛。茶不仅博马，而且在四川交换西北货帛。

关于榷茶剥削，《文献通考》载："凡茶入官以轻估，其出以重估，县官之利甚博。"当时园户向山场缴纳或出售茶叶时，不但公开重秤称入，轻秤称出，而且每缴100斤茶，还须缴纳20～35斤不等，叫茶耗。如嘉祐六年（1061）6榷货务榷茶5 736 786斤，13山场买茶4 796 961斤，税茶和买茶共10 533 747斤，而卖出的茶叶达到15 133 747斤，一年的出入相差很大。这些超额收入，都是暗中剥削茶农所得。

榷茶不但在数量上是多入少出，而且在茶价上也是贱入贵出，重重剥削。如收买腊茶依照等级不同，每斤自 20 钱至 190 钱，卖出每斤自 47 钱至 420 钱，买进卖出的茶价相差一倍以上。

太宗至道末（997）卖茶钱 2 852 000 多贯，真宗天禧末（1021）增加 45 万贯。仁宗嘉祐二年（1057）卖茶 160 431 贯，除官本及杂费外，得净利 106 957 贯。嘉祐三年得净利 542 211 贯。神宗赵顼元丰五年获净利 428 万余缗。

嘉祐六年，6 榷货务租额 1 964 647 贯，13 山场租额钱 289 399 贯，合计 2 254 417 贯。徽宗崇宁年间，税收有时至 500 余万缗。

榷茶的结果形成了统买统卖的垄断市场，随意抬高市价。但是，垄断愈厉害，价格愈提高，购买力愈薄弱，市场就愈衰落。结果是统治者自食其果。宋朝的灭亡与经济崩溃有密切关系。

二、元代榷茶

元代沿用宋制榷茶。世祖至元五年（1268）用运使白赓榷成都茶于京兆巩昌，设局发卖。至元六年设立西蜀四川监榷茶场使司，管理榷茶。至元十二年用左丞吕文焕榷江西茶。

世祖至元十三年定长引短引买榷茶，以三分取一，长引计茶 120 斤，收钞 5 钱 4 分 2 厘 8 毫；短引计茶 90 斤，收钞 4 钱 2 分 8 毫。是年征 1 200 余锭。

至元十四年设江淮榷茶都转运使司，取三分之半，增至 2 300 余锭。至元十六年设立江西榷茶运司。至元十七年设立榷茶都转运司于江州，总江淮、荆湖、福广茶税，而除长引，专用短引，每引收钞 2 两 4 钱 5 分。草茶每引收钞 2 两 2 钱 4 分。

至元二十三年，以榷茶提举李起南为江西榷茶转运使。至元二十七年设立南康、兴国榷茶提举司。至元三十年，管茶提举司 16 所，罢其课少者 5 所，并入附近提举司。

成宗大德八年（1304）裁撤庐州路榷茶提举司。仁宗皇庆二年（1313）设榷茶所局官，更定江南茶法。英宗至治二年（1322）邓文原请罢榷茶转运司不报。

惠宗元统元年（1333）复设立江西、湖广、江浙、河南榷茶运司。

宋元两朝，榷茶剥削的本质相同，而榷茶的目的不同。宋代榷茶易马，招商中茶，官买官卖。专卖制度经常变更，时而本钱法，时而交引法，时而三税法、四税法，时而帖射法或通商法，时而引由法。元代榷茶，招商纳引，商买商卖，增加税收。总之，宋元两朝都是从封建统治阶级本身的利益出发，而因时因地变更茶法。无论怎样变化，得利的总是官府，吃亏的总是普通老百姓。

三、明代榷茶

明初招商中茶，上引5 000斤，中引4 000斤，下引3 000斤。每7斤蒸晒1篦，运至茶司，官商对分，官茶易马，商茶给卖。四川设1茶马司，陕西设4茶马司，诸关要害，设批验茶引所。凡中茶有引由，出茶地方有税，贮放在茶仓，巡茶有御史，分理有茶马司、茶课司，验茶有批验所，有一套完整的剥削制度。明太祖朱元璋洪武初，令陕西洮州、河州、西宁各茶马司，收贮官茶易马，每3年一次。太祖洪武四年（1371），陕西汉中府、金州、石泉、汉阴、平利、西乡县茶园每10株，官取1分，其民所收茶，官给价买。无主者令守城军士薅培，及时采取，以10分为率，官取8分，军取2分。每50斤为1包，2包为1引，令有司收贮于西藩易马。

洪武五年，四川产茶地方，照例每10株官取1分，征茶2两。其无主者令人薅种，以10分为率，官取8分，有司收贮。又令四川碉门、永宁、筠连诸处所产剪刀粗茶，设局官榷其什一，易换红缨、毡衫、米、布、椒、蜡，以备官用；其民所收茶，照江南茶法于所在官司给引贩卖。太祖洪武初年秦州、洮州各有茶马司。洪武七年又设河州茶马司。洪武十六年裁洮州茶马司。洪武十九年裁四川永宁茶马司，设雅州碉门茶马司。洪武三十一年四川征茶 100 万斤，官军转运各茶马司。

成祖永乐十年（1412）四川安县每年征茶73 384斤，比年茶株枯死采纳不敷，茶课折钞。永乐十三年差御史三员巡督陕西茶马。

仁宗洪熙元年（1425）令四川保宁等府所属原额官茶，照例办纳，罢买民茶。以及支销奏毁官仓积堆不堪易马的茶叶。民间饮茶困难，而官府榷茶烧毁，残酷之至。

英宗正统八年裁旧有甘州茶马司。令筠连、高珙、宜宾等县茶课每斤折钞 1 贯。

宪宗成化十一年（1475）召回陕西巡茶御史，令按察司官巡禁。成化十四年仍差御史于陕西巡茶。成化十九年令四川保宁府，茶课每年运 10 万斤至陕西接界交收，转运各茶司支用。

四川茶课司旧征茶数十万斤，永乐以后，易马悉由陕道，川茶多浥烂。孝宗弘治三年（1490）乃令明年以 3 分为率，1 分收本色，2 分折银。弘治十六年，召回御史，以督理茶马都御史杨一清兼理。汉中产茶州县，每年出茶数十万斤，官课岁用之数，不过十之一、二。招商买茶，运至各茶司，官买其三分之一，以给商值。

武宗正德元年（1506），汉中所属金州、西乡、石泉、汉阴等处，旧额岁办茶课26 800余斤，新收茶课24 164斤，俱照数岁办，永为定例。

正德十五年（1520）准养龙坑长官司每年应办茶课，3 年一次，通计该茶 33 斤 7 两 2 钱 7 分 5 厘，一并差人解纳。榷茶无微不至，产量很少，也不能幸免。

神宗万历十三年（1585），陕西腹里地方西安等 3 府，因无官茶，私贩横行。令巡茶御史招商印给引目，每引定为 100 斤，收买园户余茶，运往汉中府验明发卖，每 100 斤量收 30 斤入官。大约在西安不过 6 万斤，凤翔、汉中不过 2 万斤。

榷茶增税，茶农相继破产，而官买岁增，不得不制假茶，以相抵谩，于是官茶日益滥恶。李时珍《本草纲目·集解》说："皂荚芽、槐芽、柳芽乃上春摘其芽和茶作之。故今南人输官茶，往往杂以众叶。"这是制造假茶的滥觞，使后来出现粗制滥造、作假掺杂的风气，影响了中国茶叶的对外贸易。

宪宗成化中（1476 年前后），四川江安县茶农说："旧有茶八万株，年久枯朽，户丁多死亡，存者皆给役于官，欲培植无力，积欠茶课至七千七百余斤，郡县责惩，急乞减免，并除杂役，得专办茶课。"说明当时的封建统治阶级不管茶农死活，既征茶课，又要供杂役。《瑞草总论》："若夫榷茶，则利归于官，扰及于民，其为害又一端矣。"一言道破数百年来的民害，非常中肯。

清初沿用明末制度。顺治七年（1650）大引篦茶官商均分，商领引票，输价买茶，交茶马司，一半入官易马，一半给商发卖。到仁宗嘉庆年代后，外销茶逐渐旺盛，除西北仍行票案外，不征茶课，改征重税，更残酷地剥削人民。

第二节 "以茶治边"

饮茶助消化是我国历代劳动人民的经验总结。尤其是我国西北食肉饮酪的少数民族更迫切需要茶。"一日无茶则滞，三日无茶则病"是西北流传的俗语。茶是西北人民生活必需品，与粮食同等重要。但是茶叶产在东南，西北人民必须依靠东南供给茶叶。占据东南的封建统治者，对西北茶叶的供给，采取直接分配、限量供应的办法，从来都不能满足需要。这是历代官府统治西北的公开秘诀，是"以茶治边"的恶毒政策。

古时战争，主力为骑兵。马在战场上的重要，就如现今的机械化部队。《洮州厅志论马政》："马政之善，无如榷茶羁番矣，说者以为有三大利：捐小泽之毛，收骒牡之种，不费重资，而军实壮，利一；羁縻番族，俾仰给于我，而不能叛，利二；遮隔强氛，遏其狂逞，作我外篱，利三；茶产湖襄，马出渥涯，实成秦陇三边之长计。"

唐肃宗至德元年至乾元元年（756—758），蒙古（回纥时期）驱马市茶，开茶马交易的先河，始知茶叶的另一功用。到了宋明两朝，实施榷茶易马、"以茶治边"的政策，不仅控制茶叶供应，而且以少量的茶交换多数的战马。经济剥削加上政治压迫，双管齐下，残酷之至。

一、宋代的茶马政策

《宋史·职官志》："都大提举茶马司掌榷茶之利，以佐邦用。凡市马于四夷，率以茶易之。"宋太宗赵炅为了实施榷茶买马政策，订立统制全国茶叶产销制度，并于太平兴国二年（977）设立榷茶场，实行茶叶官卖商销制度。宋初在原（今甘肃镇原）、渭（今甘肃泾川）、德顺（天水临潭一带）三郡，听商民自由与"番商"进行茶马交易。官府买入茶叶用重秤，卖出用轻秤，县官剥削的私利很大，商贾又以高价转卖西北人民，获利常达数倍。宋代也在贵州（今贵州遵义、桐梓）设置茶马交易市场。

太宗雍熙年间（984—987），西北兵费不足，急于兵食。招纳军粮和军马饲料，计算地里远近，增其虚估给券，以茶还偿。虚钱得实利，争相接踵而至。其法生弊，虚估日益高，茶叶日益贱。而虚估获利，皆入豪商巨贾。券的滞积，虽两三年的茶，不足以偿。

真宗景德三年（1006），三司使（理财之官，即盐铁、度支、户部）丁谓曾计其得失说："边籴才及五十万，而东南三百六十余万茶利尽归商贾。"后茶法屡变也难去弊。

到了神宗熙宁三年（1071）十二月十一日，王安石为相，令王韶收复熙（临洮）、河（河州，即今甘肃临夏、和政、东乡族自治县地域）等6州。王韶说：西人颇以善马至边，所嗜惟茶，乏茶与市。熙宁七年始遣三司干当公事李杞入蜀经划买茶，于秦州（甘肃天水）、凤、翔府（陕西凤翔）、熙、河州博马。设立茶马司于现在的天水。秦州、河州设提举（管理）综理其事。原于原、渭、德顺三郡市马，李杞运茶至熙河设6买马场，而三郡均不买马。李杞说，卖茶买马，固为一事。熙宁八年提举茶场乞同提举买马，李杞遂兼马政。熙宁十年设群牧行司，以督市马者。

神宗元丰三年（1080）改为提举买马监牧司。元丰四年群牧判官郭茂恂说："专以茶市马，以物帛市谷。"复并茶马为一司。元丰五年以陆师闵代李稷为茶场都大提举。郭茂恂说："卖茶买马事实相须。"遂令郭茂恂同提举茶场。至是陆师闵以买马司兼领茶场。元丰六年群牧判官提举买马，郭茂恂说："茶场司不兼买马，既不任责，遂立法以害马价，乞并茶场买马为一司。"元丰七年以买马隶经制熙河财用司，后乃复故。其后卖茶买马之官，分合不一。元丰八年成都帅司蔡延庆说："邛部川蛮主苴赴等，愿卖马，遂令延庆以茶招徕。后闻边计蛮情，未几罢之。"元丰以后，西北茶马互市，仅存秦州茶马司。

哲宗绍圣中（1096）都大茶马程之邵以市马于边，有司幸赏，率以驽充数。于是始精拣汰，易马仍以八月至翌年四月为限。又以羡茶转入熙秦市战马，故马多而茶息厚。哲宗元符末（1100），徽宗赵佶问都大茶马程之邵，邵说："戎俗食肉饮酪，故茶贵而疾于难得。愿禁沿边卖茶，专以蜀茶易上马。"因此那时西北茶叶市场不能自由买卖，由官府控制交换良好战马。不久获马万匹。高宗建炎元年（1127）成都转运判官赵开陈述"榷茶买马五害"。黎川买马岁额仅2 100匹，自置司榷茶增岁额4 000匹，护马兵踰千人，犹不足用，费夜粮。请用嘉祐故事，尽罢榷茶，而令漕司买马，遂以赵开同主管川秦茶马。旧制买马及3 000匹者有赏，建炎四年冬买马及逾20 000匹。

绍兴四年（1134）陕西失陷，西北茶马交易市场改设于四川雅安一带。但当时易马和陕西相差很大，茶马的比价低于陕西市场数十倍。

熙宁元丰年代，蜀茶博马，皆用粗茶。孝宗乾道末年（1173）始以广汉的赵坡、合州的水南、峨眉的白芽、雅安的蒙顶等细茶博马。

淳熙四年（1177）吏部郎阎苍舒陈茶马之弊说："去弊在于贵茶，盖夷人不可一日无茶以生。祖宗时，一驮茶易一上驷，陕西诸州市马二万匹。故于名山岁运二万驮。今西和一郡，岁市马三千匹耳，而价用陕西诸郡二万驮之茶，其价已十倍。又不足而以银绢绌及纸币附益之，其茶既多，则夷人遂贱茶。而贵银绢绌。今宕昌四尺四寸下驷一匹，其价率用十驮茶，若其上驷，则非银绢不可。诸番尽食永康细茶，而宕昌之茶贱如泥土。且茶愈贱，则得马愈少。"遂禁洮、岷、叠、宕诸州的土人深入四川腹地买茶卖马。

《宋史·食货志》："宋初经理蜀茶，置互市于原、渭、德顺三郡，以市番夷之马。"熙宁年间又置场于熙、河。南渡以来，文（今甘肃文县）、黎（今四川汉源荥经之间）、珍、叙（今宜宾）、南平、长宁、阶（今甘肃武都）和凡 8 场，其间卢甘蕃马岁一至焉，洮州或一月或两月一至焉，叠州或半年或三月一至焉，皆良马也。其他多驽，大率皆以互市为利。绍兴二十四后复黎州及雅州碉门灵西砦易马场。乾道初川秦 8 场，马额 9 000 余匹，川马 5 000 匹，秦马 4 000 匹。淳熙以后为额 12 994 匹，自后所市未尝及焉。

光宗绍熙初（1190）成都府利州路 23 场，年产茶 2 102 万石通博马易帛。宋时在今贵州遵义桐梓设茶马市场。

二、明代的茶马政策

朱元璋于 1368 年建都金陵（今南京）后，为了出兵关外，所急惟马，所恐惟蒙古族，于是重茶马政策。《明史·食货志》："番人嗜乳酪，不得茶则困以病，故唐宋以来，行以茶易马之法，用制羌戎。"茶分官茶、商茶和私茶，官茶由官府征实收购，备易马之用。

洪武初，秦州、洮州各有茶马司。洪武七年（1374）设河州茶马司。洪武八年派内使以巴茶市马"西番"，令河州守将抚循之以通互市，由是山后、归德诸州以及西方诸部落，皆以马来售。在秦河二州以茶，纳溪白渡、顺龙盐马司、洮州卫以茶姜布纸，叙南、贵州、乌撒、宁州、毕节等卫各市马。又遣使与琉球、高丽、漠北（外蒙古）交易。茶马司初设司令、司丞。

洪武五年（1372）四川产巴茶447处，茶户315。依定制每茶10株，官取其一，岁计得茶19 280斤。令有司贮候"西番"易马。

洪武五年，改设大使一人、副使一人掌管茶马。三月至九月遣行人（管朝觐聘问的官）4员巡视河州、碉门、临洮、黎雅，半年以内遣24员往来旁午。是以运50万斤茶，获马3 800匹。

洪武十六年裁洮州茶马司。洪武十九年裁四川永宁茶马司，设雅州碉门茶马司。马分三等，上等马给茶40斤，中等马30斤，下等马20斤。其后上等马80斤，中等马60斤，下等马40斤。继又分别增为120斤、70斤、50斤。四川长河西诸番商纳马于雅州茶马司，路出宕州卫经黎州始达定价。后又于碉门茶课司支茶，每匹马给茶1 800斤。

洪武二十五年，遣太监持敕谕陕西河州属番令输马，得马10 340余匹，给茶30余万斤。30斤茶就可以换马一匹，剥削相当残酷，而且在交易过程中进行百般刁难和限制。洪武三十年自秦州改设西宁茶马司，严禁私贩出边境。洪武三十一年遣曹国公李景隆持金牌信符至"西番"市马。给茶50余万斤。得马13 580余匹，分给京卫骑士操养。

金牌信符为要约。其文篆中，上文曰皇帝圣旨，左文曰当合差发，右文曰不信者斩。上号藏内府，下号降诸番，凡 41 面，三岁一遣合符。洮州火把、藏思、曩日等族，牌 6 面纳马 3 050 匹。河州必理卫 2 州 7 站两蕃 29 族，牌 21 面，纳马 7 705 匹。西宁曲先、阿端罕、东安四卫、也哇、申中、申藏等族，牌 16 面，纳马 3 050 匹。先期于四川保宁诸府征茶 100 万斤，官军转运各茶马司，互市通道二：一出陕西河州，一出四川碉门。

成祖永乐三年辽东开源南 40 里，设马市与女真诸部交易。永乐初（1403），凡鞑靼（元亡其宗族走漠，去元的国号，称鞑靼）卖马者，三五百匹，得卖于甘凉州，过千匹则于黄河迤西兰州、宁夏卖之，勿令过河。进马者许随马二，一以备骑乘，一以资用。

永乐初，三年一听番人纳差，发马 14 051 匹。用四川保宁诸府茶叶 100 万斤。永乐间停止金牌信符。

永乐七年，令严边关茶禁，初用怀柔远夷政策，茶数递增，由是市马者多，而茶不足，禁亦少弛。茶多私出境，碉门茶马司用茶 83 000 余斤，易马 70 匹，都很瘦弱。

永乐九年设洮州茶马司。永乐十一年设甘肃茶马司于陕西行都司域内。十三年差御史 3 员巡督陕西茶马。

宣宗宣德元年（1426）夏令内臣持金牌监买，遣御史 3 员分督。宣德四年，蒙古族侵入西部，羌族迁居内地，金牌失，而茶司也以茶少，只以汉中茶易马，且不给金牌。遣行人 4 员巡察。自宣德及正统元年（1436）每 100 斤茶换上等马 1 匹。

英宗正统十四年（1449）停给金牌文符，增加茶斤，由是市马者多，而茶不足，禁亦稍弛。茶多私出境，马至日少。

代宗景泰元年（1450）停止茶运。二年罢差行人五年复遣行人。宪宗成化中（1476 年前后）差御史巡茶。私贩入番，行人不能禁。番人不乐御史收茶，而番马亦少。成化十一年撤御史，仍差行人兼令按察司官巡禁。十四年，仍差御史巡茶，番人中马不为限，惟严禁私茶。

孝宗弘治三年（1490）以各边地缺马，抬商中茶，西宁、河州各 40 万斤，洮州 20 万斤，运赴原拨茶马司。以茶 100 斤易上马 1 匹，80 斤易中马 1 匹。弘治十六年撤回御史，以督理马政都御史杨一清兼理。请召商收买汉中州县官用不完的茶课五六十万斤，1 匹马约用茶 70 斤，可得马万匹，不损府库而可以收茶马之利。

武宗正德元年（1506）复金牌信符，设巡茶御史兼理马政。而金牌久废卒不能恢复。正德二年杨一清说：“在陕西三年得马一万九千余匹，西宁、河州各茶斤三十余万，洮州十五万，前所未有。”正德十年以番人市马，不能辨别权衡，订篦中马。每 1 000 斤为 330 篦，以 6 斤 4 两为准，正茶 3 斤，篦绳 3 斤。

世宗嘉靖十五年（1536），御史刘良卿论边茶之利害说：“盖西陲藩篱，莫切于诸番，番人恃茶以生，故严法以禁之，易马以酬之，以制番人之死命，壮中国之藩篱，断匈奴之右臂，非可常论也。”是年陕西 3 茶马司积茶止留用两年，每年易马计该正茶外，不许夹带分毫。行茶道路，如私贩马匹入境者，拿获马匹入官，以通藩例论罪。嘉靖二十六年易马时，把老弱不堪马匹冒顶蓄名，申纳支茶，3 匹以下，官军调别处极边卫所充军，茶马皆入官。医兽通事土民人等通同作弊者，分别治罪。自行冒中 2 匹以下者，降一级调边卫带俸差操。嘉靖三十六年陕西震灾，边饷告急，规定每年仅以 90 万斤茶易马。

嘉靖中（1544 年前后），甘州茶司岁增马 600 匹。河州、西宁岁以 6 月开中，两月中马 800 匹。

嘉靖二十八年，御史刘崶请复金牌更定为勘合之制，族大马大番者给金牌，族小马小者给勘合。嘉靖三十年，总督尚书王以旂说：“金牌给番，本为纳马。番人纳马，意在得茶。严禁私贩，不抚自顺，虽不给金牌，马可集也。若私贩盛行，无以繫其心而制其命，虽给金牌，马亦不至。”遂止给勘合。

神宗万历五年（1577），俺答颖塞请开茶市，御史李时成说："番以茶为命，北狄若得，借以制番，番必从敌，贻患非细。"万历二十年，西宁茶马司上等马每匹 30 篦，中等马 20 篦，下等马 15 篦，每篦正茶 7 斤。

万历二十九年，巡按毕三才请汉中府西乡 5 州县仍输本色，每岁招商报中 500 引，可中马 11 900 余匹。每年茶司易马，西宁 3 200 匹，河州 3 044 匹，洮州 1 800 匹，岷州 160 匹，甘州 1 000 匹，庄浪 400 匹总 9 600 匹，著为定额。

万历时有广顺关（一名南关，在开源南）、镇北关（一名北关，在开源东北）、抚顺关（在抚顺城东 20 里）、清河城（太子河上游）、宽甸等互市场所，市有官私区别，官市主要买马。

熹宗天启元年（1621），4 茶司增中马 2 400 匹，俵（分界）给见募援兵，5 年停止南京解茶。

三、清代的茶马政策

清初设陕西洮岷、河州、西宁、庄浪、甘州等茶马司。世祖顺治元年（1644）至圣祖康熙四年（1665），茶马政策仍如明制。顺治元年茶马交易比率每 1 篦茶重 10 斤，上马 12 篦，中马 9 篦，下马 6 篦，易马每年定额 11 088 匹。顺治十三年新茶中马既足，陈茶变价充饷。如新茶不足，陈茶 2 篦折 1 中马。

顺治二年差茶马御史一员，辖陕西五茶马司。给茶中马，发给庄浪等营堡骑操。

康熙四年裁陕西苑马寺。康熙七年裁茶马御史，归甘肃巡抚兼理。康熙二十二年陕西茶课 22 400 引，20 796 引易马。不久又派专官管理茶马事务。康熙三十四年（1695）给事中，裘元佩虽奏陈马政事关重要，复派专官管理，但不久以中马无几而裁。康熙四十四年又裁巡视茶马官，仍归甘肃巡抚兼理。至此茶马交易政策松弛。

世宗雍正九年（1731）复定五司中马之法，每匹上马给茶

12 篦，中马 9 篦，下马 7 篦。雍正十年规定应见马给茶的办法。雍正十三年以军需告急，"番民"以中马累，停止五司以茶中马。

清赵翼《簷曝杂记》："自前明已设茶马御史以茶易马，我朝又以是为抚驭之资。喀尔喀及蒙古回部无不仰给。"

道光二年十一月谕令陕西总督那彦成："如番贼族中有作贼，即不准请领茶票。占据河北野番，俟归河南，方准请票交易买粮茶。"同年十二月又谕："察罕诺门汗夥同野番勾结，汉奸作贼已久，此次该督将粮茶断绝，立见穷蹙，愿归原牧，不劳兵力，不延岁月，易如反掌，实属可嘉。"

四、榷茶苛政破坏民族团结

我国蒙古草原游牧地区，人民多以乳酪为食，必须饮茶以助消化，利小便，除秽浊。游牧民族早就有了饮茶习惯，唐时回讫入贡，以马易茶。自唐宋以后，封建统治阶级利用茶马政策控制边区少数民族。宋知彭州吕陶所谓："以中国无用之茶，而易虏人有用之马。虽曰取茶于民，然因是可以得马以为民卫。"宋朝为了平定割据，对比较强大的民族如契丹、西夏、女真采取守势或忍辱求和的政策，而对弱小民族则采取如吕陶所说的得马卫民政策。

蒙古族建立元朝，忽必烈东征西讨，征服了西北各少数民族。随后，废止了宋代实行的茶马政策。元朝统治者压迫南人（黄河以南以及南宋遗民称"南人"）禁止南人养马。另一方面，因其本部蒙古产马，当然没有必要保留茶马互市机构，推行茶马互换政策。

到了明代，不仅恢复了宋代的茶马政策，而且变本加厉，把这项政策作为统治西北地区人民的重要手段。所谓："虏人嗜乳酪，膈气底滞，茶性通利，能涤荡势所必资。而边境得虏马团操为武卫。采山之利而易充厩之良，戎得茶不能为我害，中国得马足以为我利，计之得者也。况夷背中国则不得茶，不得茶则病且死，以是羁縻之，贤于数万师远矣。"这是明代历行茶马政策的依据。

洪武时期，上等马一匹，最多只换茶 120 斤，平均每匹马换不到 40 斤茶叶。这种交易不但是一种经济剥削，而且是一种政治压迫，把茶叶当作维护统治的武器。

满清入关后，玄烨为了征服元亡后的三部分蒙古——漠南蒙古、漠北喀尔廓蒙古和西域的厄鲁特蒙古，用兵 10 余年，费饷 7 000 余万两，国库逐渐困难。到雍正十三年停止五司中马，苛征茶税为军用。西北地区实施将近 700 年的官营茶马交易制度，从此宣告结束。

康熙四年（1665）至雍正十三年（1735）西北茶政经历多次改革，其间最主要的是茶马交易制度的革而复兴，兴而复废；茶马御史亦裁而复设，设而复裁。当时茶叶是作为武器用的，一切茶政改革都是出于作战的需要。

茶马交易是推行民族压迫政策的形式之一。历代封建统治者，不是搞大汉族主义，就是搞地方民族主义，互相残杀，内争不息。西北茶政管理的松紧也以此为转移。例如，宋明茶政执行严厉，私茶少，则茶贵而马多；元清茶政执行松弛，私茶多，则费茶多而获马少。同样数量的茶叶，易马数额相差几十倍。

国民党统治时期推行大汉族主义，虽未实施茶马交易政策，但苛征茶税，限制西北供给数量，甚至禁止茶籽运出二郎关，这无异于茶马政策。赵文龙经管甘肃茶事时，签呈当时省主席说："西北蒙古各族，有的横悍难驯，控制稍弛，动辄背乱，历世政府御边，每遇应时辣手之时，恒以断绝粮茶，为重要控制之工具。"

从上所述，可以证明自宋以来直至国民党统治时期，官府对西北茶事无不严格控制，借以达到压迫和掠夺西北人民的目的。

第三节　历代茶法

茶叶生产发展到唐朝，规模已经相当可观，茶"为人家一日不可无之物"。封建统治阶级看到有利可图，便通过种种法规控制茶叶生产，残酷剥削茶农，囊括茶业厚利。始而苛征茶税，继而榷茶专营，再而推行自由买卖政策等等。茶法不断变化，剥削越变越重。每个时代具体采取什么作法，要根据是否有利于搜括民财，增加官府经济收入，巩固其政治统治而定。

一、宋代茶法

宋太宗赵炅为了攫取茶业厚利，推行茶叶官买官卖制度。太平兴国二年（977），凡园户岁课作茶输租，余则官悉市之。其售于官者，皆先受钱而后入茶，谓之本钱。民岁输税愿折茶者谓之折税茶。民卖茶皆售于官，其以给日用者谓之食茶。

当时茶叶专卖有两个特点：①茶农生产的茶叶，除一部分以折税茶代替租税缴纳官府外，剩余的茶叶全数由官府所设的山场收买，不准自由出卖；②每年收买的茶叶，事先定好收买价格，由官府预先贷款给茶农，这种贷款叫本钱，在缴纳茶叶时按照贷款额缴二分利息，一并折合茶叶，交给山场。这是一种高利贷剥削。

当时茶叶交易种类很复杂，有几百个等级。各个等级的价钱相差很大。官买官卖的价格，也事前定好，在形式上正像解放前的"毛茶山价"和专卖牌价，本质上是一种剥削方法。官府垄断茶叶交易的独得利润很高，买入卖出茶价相差在一倍以上。商人买卖茶叶要以官府给券为凭，就是要有专卖证。

太平兴国八年禁伪茶，除旧茶园荒废外，皆以茶代税。而无茶者，许输他物。官府通过这种办法，扩大茶税范围，搜括其他物产。

雍熙末年，"用兵切于馈饷，多令商人入刍粮塞下，酌地之远近而为其值，取市价而厚增之。授以要券，至京师给以缗钱，又移文江淮、荆湖给以茶。"当时西北急需军用草粮，令商人运卖。西北收到草粮，发给凭证，叫做交引，凭证就到江淮、荆湖的官府所设收茶山场领茶贩卖。运茶要带茶引。

真宗景德年间（1004—1007），"西北宿兵既多，馈饷不足，因募人入中刍粟，度地理远近，增其虚估给券，以茶偿之，后又益以东南缗钱、香药、象齿，谓之三说。"

三说即三税。当时宋政府对外用兵，兵食不足，不得不先把本年度的"交引"以低价抛出来换兵粮。如每给值 10 万茶，抛售 7.4 万实钱，镇戎军（今宁夏固原）入票值 2.8 万，定州（今甘肃定西县）入票值 4.2 万，给茶皆值 10 万。所谓虚估给券，虚钱得实利，大家争取交引，以后虚估日益高，茶日益贱。虚估的交引并不是全部抛出给商人，很多是"土人"，既不知茶利的多少，又急于卖钱，得到券就转卖给茶商，或京师的坐商号。茶商和交引铺拿到引票后，不但能自出茶的山场提取价值 10 万的茶叶，一转手就获利 5 万。并且引票兼有贸易作用，可以汇兑和当纸币使用，从而更大量囤积。因此，当时的首都开封，纷纷设立起来交引铺。这些商人大都是与官僚勾结在一起的官僚资本。当时茶商的势力到可撤换官吏。茶商趁官府要钱的时候，以低廉的代价来攫取交引，获得厚利。每年掌握官府所抛的交引，两三年生产的茶叶还不够偿付。正如三司使丁谓计算税收得失，说："边籴才及五十万，而东南三百六十余万茶利，尽归豪商大贾。"

仁宗天圣元年（1023）令三司使李咨等计算税收，虚数多而实利少，就罢三说法。计算 13 场的茶叶买卖的本息数目，取消给园户"本钱"，由茶商直接向园户进行茶叶买卖，一切定为中估，官收其本钱利息。如茶每斤售钱 56 文，本钱是 25 文，商人买 1 斤茶叶，须先向官府缴纳 31 文的利息。根据商人所指定的买卖地区，官府发给茶引为验，商人然后凭茶引买茶，每斤付给园户25文，叫"贴射法"。这是商买商销的方式。无人贴射，由官收购，是官卖商销的方式。贴射法茶农一年辛苦所得还不如官府的利息。

商人入刍粟塞下者，随所在实估，度地理远近，量增其直，以钱10 000为率，远者增至700，近者300。给券至京，一切以缗钱偿之，谓之见钱法。愿得他州的茶叶也可以，但茶和边籴各以实钱出纳，不得相为轻重，以绝虚估之弊。这次专卖制度的特点，是官府没有贷放本钱，而收很大的利息，并减少茶叶进出手续，节省许多开支。

天圣三年（1025），孙奭研究茶法利害说："盖许商人贴射，则善者皆入商人，其入官者皆粗恶不时，故人莫肯售。十三场茶积而未出售者，六百一十三万多斤。"十月遂罢贴射法，官复给本钱，又用三说法。旧给东南缗钱者，以京师榷货务钱偿付。

景祐三年（1036），三司吏孙居中等说："自天圣三年变法，而河北入中虚估之弊，复类乾兴以前蠹耗，县官请复行见钱法。"河北转运使杨偕陈三说法12害，见钱法12利。李咨等说："天圣四年尝许陕西入中，愿得茶者，每钱十万，所在给券径趣东南受茶十一万一千，茶商获利，争欲售陕西券，故不复入钱京师，请禁止之。"复罢三说法，恢复贴射法。

康定元年（1040），叶清臣为三司使，是岁河北谷贱，因请内地诸州行三说法。仁宗庆历二年（1042），募人入刍粟20万石，自是复用三说法。庆历八年，盐铁判官董沔亦请复三说法，三司谓行见钱法，京师钱入少出多。请如董沔议以茶、盐、香药、缗钱四物予之，于是有四说之法。自是三说、四说二法并行于河北。内地诸州行三说法。不久，刍粟之值，虚估居十之八，米斗七百，甚者千钱，券至京师为南商所抑，茶每值十万，止售钱三千，富人乘时收蓄，转取厚利。三司请行贴买之法。每券值10万，比市估3 000，倍为6 000，复入钱44 000，贴为5万，给茶值10万。

皇祐二年（1050）前，入中者寡，公私大弊。景祐二年后复行见钱法。是时专卖制度很混乱，茶法愈变，官茶所在陈积。

至和三年（1056），募商入钱并边，唯中刍豆，计值偿以茶。商人入钱者少，刍豆虚估益高，茶益贱。韩绛等说："旧输税绢者，毋得折为见钱，入中刍豆罢；勿给茶，所在平其市估，至京偿以银绅绢。"自是茶法不复为边籴所需而通商之议起矣。

景祐年间（1034—1038），叶清臣上疏分析茶法的利弊，改行通商法。所有茶叶卖买的禁令完全解除。园户出产的茶叶，由官府征收"租钱"，然后听任园户把茶叶卖给有"茶引"的商人。商人收购茶叶必须向官府纳营业税，所谓"征算"。

神宗元丰中（1081—1083）宋用臣都提举汴河堤岸创奏修置水磨，止于在京及开封府界诸县，未始行于外路。禁在京茶户擅磨末茶，许赴官请买，而茶铺入米豆杂物糅合者，募人告发，1两赏3 000，1斤1万，至5万止。商贾贩茶应往府界及在京师，须令产茶山场州、军给引，并赴京场中卖。严禁诸路末茶入府界。

元祐初年（1086）罢水磨。绍圣初年（1094）以孙迥提举复命，兼提举汴河堤岸。复修水磨于京、索天源等河，增修260余所，其后遂于京西郑滑州、颍昌府、河北、澶州皆置水磨，又将即济州山口宫置。

徽宗崇宁元年（1102），荆湖、江淮、两浙、福建7路所产茶仍旧禁榷，官买，勿复科民。即产茶州郡，随所置场，申禁商人园户私易。凡置场地，园户租折税仍旧，产茶州军，许其民赴场输息，量限斤数，给短引于旁近郡县，便卖。余悉听商人于榷货务，入纳金银缗钱，或并边粮草，即本务给钞，取便算请于场，别给长引，从所指州军出卖。商税自场给长引，沿道登时批发，至所指地，然后计税尽输。不久定诸路措置茶事官置司。湖南于潭州，湖北于荆南，淮南于扬州，两浙于苏州，江东于江宁府，江西于洪州。其置场所在，蕲州即其州及蕲水县，寿州以霍山、开顺（今霍丘县南），光州以光山、固始，舒州即其州及罗源（怀宁之误）、太湖，黄州以麻城，庐州以舒城，常州以宜兴，湖州即其州及长兴、德清、安吉、武康，睦州即其州及青溪、分水、桐庐、遂安，婺州即其州及东阳、永康、浦江，处州即其州及遂昌、青田，苏杭越各即其州，而越之上虞、余姚、诸暨、新昌、剡（今嵊州）皆置焉。衢台各即其州，而温州以平阳。从这里可以看出宋时的州县茶区，至今不灭。东南茶区至少已有1 000多年的历史。

崇宁二年设诸茶场，皆增修水磨。崇宁四年罢官置场，令磨户承担岁课。商旅即所在州县或京师请长短引自买于园户。崇宁五年罢民户磨茶，官用水磨并隶都提举汴河堤岸司。

政和二年（1112），茶事归尚书省，罢诸路水磨。政和三年免输短引，照长引于诸路往卖。后末骨茶每长引增 500 斤，短引仿此。诸路监司州郡公使食茶禁私买。（公使，指公使茶——公使钱的实物支付）听依商旅买引。政和中年陕西没官茶令估卖。继而以妨商旅，下令焚弃。旋又令正茶没官者，听兴贩引外，剩茶及私茶数以给告者。长引限以 1 年，短引限以半年缴纳，久之令已买引而未得于园户者，为期 7 年。政和六年福建茶园如盐田量土地，茶产多寡依等第均税。

高宗绍兴元年（1131）设广西提举茶盐司。绍兴二年设湖北提举茶盐司。令福建提举茶盐官兼领市舶司。绍兴四年罢广西提举茶盐司。罢建州腊茶纲。绍兴五年并买马榷茶为一司。

绍兴七年罢淮南提点司，东西两路各置转运兼提点刑狱提举茶盐常平事。复置都大提举四川茶马监牧官。绍兴九年置淮东提举茶盐司。绍兴十二年兴榷场，遂取腊茶为榷本场，凡胯截、片铤（贡茶名）不以高下多少，官尽榷之。上供之余，许通商，官收息 3 倍。严禁私贩入海。移茶司于建州买发建茶于临安出卖。建州茶官买官卖。

绍兴十三年以失陷引钱复令通商。贡茶龙凤、京铤茶料包装费用及装潢，漕司专管。

孝宗隆兴二年，即金世宗完颜雍大定四年（1164），商贩自榷场转入房中（指金管地区），其利至博。淮东宣谕钱端礼说：商贩长引茶，水路不许过高邮，陆路不许过天长，如愿往楚州及盱眙界，引贴输翻引钱10贯500文。

乾道二年（1166），商贩至淮北榷场折博，除输翻引钱，更输通货佮（买卖居间人）息钱11缗500文。乾道六年榷货务都茶场，依建炎三年指挥委都司官提领措置。孝宗淳熙二年（1175），长短引依原引重。钱数分两半，分作四缗小引印给，而翻引贴输钱，随小引输送。

淳熙五年，四川制置使胡元质奏蜀民之病说："前官所增逐户纳数。其间有产去额存者实无茶园，止因卖零茶，官司抑令承额而不得脱者。逐岁多是预俵（分界）茶引于合同场，逐月督取。一岁茶额直，甚者，经将茶引俵与园户，不问茶园盛衰，不计茶货有无，止计所俵引数，按月追取，以致茶园百姓愈更穷困。"于是减园户重额，又减引息钱。

金章宗完颜璟时（1190—1208年在位），北方人民为了多得茶叶，而以大量兽皮或马匹交换，大有损失，所以金亦实行专卖。但金人缺乏茶叶知识，商人欺骗官吏，甚至以柳叶、桑叶冒充茶叶出卖。金人虽认为茶为无用的奢侈品，然人民已不能不饮茶，需茶很急，而且量很大，专卖制度全然失败。

宁宗嘉泰四年（1204），知隆兴府韩邈奏户部说："茶引岁有常额，隆兴府惟武宁产茶，它县并无，而豪民武断者，乃请引认租，借官引以强索，一乡无茶者使认茶，非食利者使认食利，所至惊扰，乞下省部，非产茶县，并不许人户擅自认租，他路亦比类施行。"

理宗嘉熙四年（1240）以岳珂任户部尚书，设淮南、江浙、荆湖茶盐使。宝祐四年（1256），黄震知华亭，诘罢茶盐分司。

恭宗德祐元年（1275）复茶盐市舶法。茶由海上运输。

二、元代茶法

元世祖中统二年（1261），官买蜀茶，增价卖给羌族，发生祸患。张庭瑞变更引法，每引纳 2 缗，而付文券，听其自市于羌族。这是历史上四川边境少数民族自由买茶的开始。

忽必烈于景定五年（1264）改年号为至元。至元二年（1265），中书户部定拟江西茶盐司，岁办公据 10 万，道引 100 万。茶引便于商贩，而小民买食及江南产茶去处零斤采卖，皆须"由帖"为照。茶引一张照茶 90 斤，纳官该 12 两 5 钱，如于"茶由"量添 2 分，计 2 617 058 斤，每斤添收钞 1 钱 3 分 8 厘 8 毫 8 丝。

宋度宗咸淳七年（1271），忽必烈定国号为元。当时以四川民力困弊，免四川茶税。至元十三年定长引短引之法，三分取一，长引计茶 120 斤，短引计茶 90 斤。宋恭宗德祐二年（1276）忽必烈入都燕京。为了防止汉人反抗，禁止南人养马，取消茶马交易，废茶马司，榷茶制度则与宋时相同，至元十七年在江州设立榷茶都转运司，仍于各路出茶之地设立提举司 7 处，专任散据卖引。这时茶叶又恢复官买官卖了。废长引，专用短引。

至元十九年以姚文龙为江西道宣慰使兼措置茶法。派浙西道宣慰司同知刘宣等理算茶场都将运司出纳之数。设江南茶局，令客买引，通行货卖。至元二十一年增茶引税。至元二十五年改江西茶运司为都转运使司。至元二十六年又增茶引税。至元三十年改江南茶法，管茶提举司 16 所，裁撤 5 所，并入附近提举司。每茶商货茶，必令持引，无引与私茶同。引之处，又有"茶由"，以给卖零茶者。初每由茶 9 斤，收钞 1 两。至是，自 3 斤至 30 斤，分为 10 等。

仁宗皇庆二年（1313）更定江南茶法增加税收。延祐元年（1314）改设批验茶由局，又更定江南茶法，又增加税收。延祐五年每引增税为 12 两 5 钱。郡县所输，竭山谷之产，不能充其半，余皆凿空，取之民间，岁以为常。

三、明代茶法

朱元璋于 1368 年在金陵建立明帝国后，恢复榷茶制度，官给茶引，付产茶府州县。凡商人买茶，具数赴官纳铜钱给引，方许出境买卖。上引 5 000 斤，中引 4 000 斤，下引 3 000 斤。每引照茶 100 斤，纳钱 1 000 文，运至茶司，官商对分，官茶易马，商茶给卖。茶不及引者谓之"畸零"，别设"由帖"发给。茶由一道照茶 60 斤，纳铜钱 600 文。伪造茶引处死刑。茶和引不相当即为私茶，私茶之禁甚严。

这时候从法律上来说，茶分 4 类，除贡茶外，明确分为官茶、商茶和私茶。私茶为未曾纳税请引，而图私行交易的茶。这些名称在宋代施行贴射法时，就已俱全了。招商贴射的，就是商茶。无人贴射的，由官收买易马，就是官茶。未经贴射而私行交易的，就是私茶。从此以后，这些名称就沿用下来，但是官茶有时是指凡经领引纳课手续，官许其交易的茶。

成祖永乐元年（1403）设陕西、徽州、火钻峪、北平批验茶引所。以后各地也陆续设立，都归巡检司领导。当时规定民间贮茶不得超过一个月之用。令各关头目军士设法巡捕私茶。对拿获到官之私贩，一律严加惩处。

官府控制的茶叶很多，堆积难销，因此烧毁一些或配给当官俸。仁宗洪熙元年（1425）令四川保宁等府所属原额官茶照例办纳，罢买民茶。若官仓见积茶，堪中换马者，仍留支用。芽茶依当地时价，作官吏俸给支销。当时金州（今陕西安康）芽茶 1 斤收叶茶 2 斤。不堪换马的茶叶，具奏复验烧毁。

英宗正统六年（1441）奏准甘肃仓所收茶，宣德年间（1426—1435）者，按月准给陕西行都司并甘州左等卫所官员折俸。每茶 1 斤折米 1 斗，自后所积茶多，悉照此例挨陈折给。正统八年折支军官俸给，每 1 斤茶折米 1 斗 5 升。

这里说明三个问题：①茶叶经营方式是商卖官销或商销；②封建统治者为了取得最高利润，不管人民生活的迫切需要，把大批茶叶囤积起来，宁可霉烂烧毁，不愿平价售给人民；③茶叶当时已超过商品范围，具有货币的一种价值尺度的职能，代替货币和粮食配发饷俸。每斤茶折米 1 斗 5 升，比价相差很大。

代宗景泰五年（1454）令将引由照茶，依例批验截角，卖毕，随赴往卖所在官司告缴，封送各该批验所，类解本部查销。若有过期不缴者，批验茶引所每季查出商名贯址，引由数目，开报合于上司，转行各该巡按监察御史按察司提问追缴，仍行各府州县查勘。前项茶商原领未缴引由，照例送销。其批验茶引所，今后给散引由，务借记茶商姓名籍贯，茶斤引数，每斤由一道，纳钞一贯，中夹纸一张送部，钞送库交收，纸存印引。

英宗天顺二年（1458），凡蕃僧夹带奸人并军器私茶违禁等物，许沿途官司盘检，茶货等物入官，伴送夹带人送所在官司问罪。若蕃僧所至之处，各该衙门不即应付纵容，收买茶货及私受馈送，增改关文者，听巡按御史按察司官体察究治。

自成化元年至正德十六年（1465—1521）的 50 多年中，几乎年年都有新茶法施行。其中主要的有折收茶课，征收实物，严禁回族蕃僧收买私茶，更定税率，以及犯法治罪等等。各项规定极为周密，十分苛刻。可见茶法是与人民生活息息相关的。

嘉靖三年（1524），御史陈讲以商茶低伪，悉征黑茶，地产有限，乃第茶为上中二品，三七为则，上三中七，印烙篾上，书商名而考之。嘉靖四年令四川按察司兼掌茶政，岁赴南京请印引 50 000 道，商人报中给引，听贸给银于官。其 50 000 道以 26 000 道为腹引，24 000 道为边引。商贩茶百斤以上，俱赴管茶官处报中。芽茶每引定价 3 钱，叶茶每引定价 2 钱。不及百斤者，赴本州县报数，每 10 斤纳银 1 分，给以票税，亩课仍十取一。每 10 年一清，审园户消长，令园课相准。嘉靖十三年令开茶之期，商人报中，每岁至 80 万斤而止，不得开中太滥。

万历十三年（1585），西安、凤翔、汉中三府废茶禁，招商给引，引百斤以十分之三入官，余听贸之民间。万历十五年折征汉中府茶课。万历二十三年禁中湖南茶引，旧给者免追，令产茶州县设立官店官牙，引商到店纳课，茶户依估还商牙，保运赴紫阳茶店，告府盘验以防夹带。又建紫阳茶坊，令正官于茶坊，如法蒸晒，以绝假伪。

四、清代茶法

清朝建立以后，改变了明代茶法。顺治二年（1645）产地茶课，不征收实物，改征税银，叫"折色"；或输粮食杂物，以为治边建国的费用。官茶的来源，都是依靠向商人征收本色茶。每引 100 斤，征实 5 篦，每篦 2 封，每封 5 斤，即征收实物二分之一，比明代剥削更重。

其后，茶法的变更，除征重税外，都是为了控制西北茶叶贸易，实际上是茶马交易的翻版。从茶马交易过渡到茶叶代替饷银，小官吏所受的剥削亦更加残酷。康熙三十七年（1698）将存积的茶叶搭放饷银。规定五镇俸饷马乾之内，银七茶三搭给。康熙四十四年积贮茶叶充饷，新茶 1 篦折银 4 钱，陈茶 1 篦折银 6 钱。康熙六十一年将旧茶悉行变卖以充兵饷。如西司每茶封定价 3 钱。

雍正八年（1730）规定五司茶价，西宁司茶价；雍正六年至十年每封定价银 4 钱 5 分，并须在议价以上发卖。惟因议价过高，不易变卖。雍正十二年贮茶过剩，变卖充作饷银，或直接充作饷银，等于税茶养兵。雍正十一年至十三年每封定价银 5 钱 5 分，按年出售积茶。为减少库茶日积，应缴新茶改征"折色"，每篦纳银 5 钱。

乾隆元年（1736）应征新茶，每篦折银 5 钱交纳，再减陈茶价值每封 2 钱。乾隆六年又征本色。乾隆七年虽又征本色，但把五司茶库发给各州、县、卫、所换粮食，以消库茶日积。自乾隆八年起至十一年止，共发茶46 000封，宁郡各属换粮27 182 718担。乾隆十三年复另定二成缴收本色，八成征收折色。乾隆二十一年又缴一成本色。乾隆二十七年茶斤仍旧积滞，规定内地新疆一体以茶封搭饷银。

嘉庆二十二年（1817），茶商缴纳茶税，一成本色，九成折色，以后全部改征折色。道光初年（1821年后），茶商请领理藩院印票，贩茶至新疆等处销售，当时在古城设局收税。道光九年茶叶分别粗细，税率不同，最高每百斤纳税1两，最低3钱。纯以收税为目的，领引税贩茶者既多，而五司售茶数量有限定。商人领引也有定数。于是商人各自成帮派，遂有东西二柜之设。东柜以汉商为主。多陕晋籍；西柜以回商为主，多泾阳、潼关汉中籍。茶商相处极远，恐难查家道盈虚，主管机关，令着地方官查明殷实，然后方准充商，使商有定名，引有定数，销茶有定地。众商公举熟悉茶务为各柜总商。所有该柜众散商领票缴课，及盘茶一切手续，责成办理，以助官府茶政的实施。

自咸丰三年（1853）至同治十年（1871），西北茶务引滞课悬。同治六年，左宗棠督办陕甘军务，为重振西北茶务，于同治十一年定豁免茶商历年积欠，变通招商试办茶务，四条：①招商应先清欠；②招商应先请引；③招商必先清课；④招商必先清商。继四条办法后，同治十三年左宗棠又督印官茶票代引办法，以为整理茶务的基础，规定不分何省商贩，均准领票。印发茶票40 000余道，每引50道，合给票1张，计茶40包。每包正茶100斤，副茶25斤。运至泾阳共成800封，每引16封，重80斤，折纳正课银3两。其外征养廉银4钱3分6厘，捐助银7钱3分2厘，官礼银2钱4分，一概停止，并归厘税项下征收。其行销内地的，照纳正课银3两外，行销地面，仿厘金章程。在陕境内行销，均各一起一次验完纳厘，每引以收1两数钱为度，至多不得超过2两。陕西二藩司按照章程酌议增减。议定每茶百斤，纳厘税银1两6钱。其出口茶叶，于所过边境各局卡加完厘税一次，以示区别。

光绪十七年（1891）将应纳保银仿照淮盐章程，先酌缴银三分之二，其余三分之一，俟运茶到兰州盘验时同厘并缴。光绪二十年，因中日战争加厘二成，银14两4钱以为军费。光绪二十六年，八国联军破陷京津，庚子赔款期迫，又加厘一成，银7两2钱。

民国元年（1912），茶票由当时甘肃省财政厅筹饷局颁发，又加厘二成，银14两4钱。民国15年（1926），课银废两改元，每银1两折合1元4角，每票应纳票税银210元，于领票时先纳140元，是为预课。其余70元，俟茶运库后，再缴厘金一项。废厘后，改为正税，免去所加额外厘金，以每票72两为准，亦以1元4角计，正课100元零8角。民国26年（1937），抗日战争开始，当时甘肃省财政厅每票附加抗战捐50元零4角，统由茶务总商经收转解财政厅。民国28年（1939），发票一次计1 165张，这是以票代引制的最后一案。

从上所述，可以看出无论是封建统治时期或是国民党统治时期，苛捐杂税都是重重叠叠，对茶农茶工层层进行残酷剥削，给西北人民带来的负担尤为严重。

自唐李适贞元九年（793）至清代光绪三十四年（1908）的1 115年中，茶法不断变化。唐代苛征重税，税率15%。宋代推行茶马交易政策，以榷茶为主，收税为辅。北宋施行茶叶官卖官买。到了南宋，官卖官买行不通，于是不得不改为商卖商销，改征重税。

元代取清茶马政策，注重苛征茶税，施行官卖商销制度。明代恢复宋代茶马政策，进一步控制茶叶。初时茶叶官卖官销，但由于西北茶销不易控制，只好改为商卖官销。官茶滞销，又不得不改为商卖商销，从中苛征重税，获利更多。民国时期茶法与明清时期大同小异，是沿袭明末制度。

茶法一代比一代苛刻，严重阻碍了茶叶生产的发展，新中国成立前，茶园大批荒芜，茶叶产量很低，这在很大程度上是历代茶法造成的恶果。

第四节　茶业法律

封建统治者为了贯彻执行既定的茶业政策，保证最大限度地搜刮民脂民膏，订了许多残酷的法令、法规，命巡按御史监督执行。如有违犯，严惩不贷。

一、唐宋茶业法律

唐开成五年（840）十月，盐铁司奏处分私贩办法。园户私卖茶犯，10斤至100斤，罚款100文，决脊杖15，其茶并随身物皆没收，给纠告及捕捉。囚犯送本州县判决收管，使别营生。再犯不问多少，准法处分。300斤以上，即是恣行凶狡，不惧败止，诱扇愚人，悉皆屏绝，并准法处分①。这是残酷茶法的开始。

大中六年（852），盐铁转运使裴休立税茶法12条，到了极刑。主要内容是：①私运茶叶至300斤或替私贩运载茶叶至500斤，而都是3次以上者，一律判处死刑。②结党成群长途贩运私茶，不论多少；旅店留宿私贩或佣客介绍买卖私茶到1000斤，在4次以上者，一律判处死刑。③园户和私贩行卖买到在100斤以上者杖背；3次以上者，杖背以外，并罚充苦役。④园户不愿种茶，擅自砍伐茶树，当地刺史县令发现没有及时制止，以纵私盐论，从严处分。当时苛征茶税，茶农茶商无力负担，不得不走私贩卖。所以唐代的禁法，是为了对付走税私卖而订立的。

宋朝实行榷茶，对民间私蓄和私行买卖，令禁极为苛刻，使

---

① 宋王钦若：《册府元龟》。

茶农茶商陷入求死不能，求生不得的悲惨境地。在这种情况下，许多茶农茶商不得不铤而走险，私相买卖。有的茶农甚至毁殁茶树，避免苛征。因此，官府就立法严禁。

太平兴国二年（977），凡民茶折税外匿不送官及私贩卖者，没收，计其值论罪。园户辄毁败茶树者，计所出茶论如法。旧茶园荒薄，悉造不充其数者免之，当以茶代税，而无茶者，准输他物。主吏私以官茶贸易及1贯500者处死。以后减轻，盗官茶卖钱3贯以上，黥面送阙下。

征收重税，抬高茶价，真茶卖不出去，不得不制造假茶贱卖。太平兴国四年订立禁止假茶的法令，卖假茶1斤，杖100；20斤以上者弃市。这是历史上制造假茶最早的记载

淳化三年（992），又订立三条法令，罪及巡城防卒。①私卖茶叶卖值在10贯以上者黥面，配本州牢关禁。②巡城防卒私贩茶叶依本条加一等论罪。③凡结徒持杖贩易私茶，遇官司擒捕抵拒者皆死刑。

在这样残酷的压迫下，茶农茶商被逼得无路可走，为了生存，不得不明知故犯。所谓："茶盐民所食，而强设法以禁之，致犯者众。""然约束愈密，而冒禁愈繁，岁报刑辟，不可胜数，园户困于征取，官司并缘侵扰，因陷罪戾至，破产逃匿者，岁比有之。"园户纳茶要以50两作1斤，即使破产也不能偿付。因此，输送官场的茶叶，不得不作弊，往往用其他树木的芽叶掺入。这样，官茶的品质就逐渐降低。于是又颁布禁法，奖励捕获。

元符元年（1098），凡获和私末叶并杂和者，即犯者未获，估价给卖，并如私腊茶获犯人法，杂和茶宜杂者，斤特给20钱至10缗止。

禁法愈严，私贩愈多。于是就强迫地方组织保甲制度，实行连环保。崇宁三年（1104），园户5家为保，内有私相交易，互相觉察，告赏如法。即知而不告，论如五条不纠律加一等。建炎

二年（1128），茶户 10 或 15 共为一保，并籍定茶铺姓名，互察影带鬻者。

茶向来是北方、西北方人民的必需品。但是到了金时，封建统治者认为茶乃宋土草芽，而易中国（金人自称）丝帛锦绢有益之物，很不合算，就订立法令禁止买卖和饮用。

金章宗泰和六年（1206，即宋开禧二年），尚书省奏说："茶为饮食之余，非必用之物，比岁上下竞啜，农民尤甚，市井茶肆相属，商旅多以丝绢易茶，岁费不下百万。是以有用之物而易无用之物也。若不禁恐耗财弥甚。"逐命七品以上官，其家方许食茶，仍不得卖及馈献不应留者，以斤两立罪赏。

金宣宗元光二年（1223，即嘉定十六年），省臣以国蹙财竭，奏说："金币钱谷世不可一日阙者也，茶本出于宋地，非饮茶之急，而自昔商贾以金帛易之，是徒耗也……一年妄费银三十余万，奈何以吾有用之货，而资敌乎。乃制亲王公主及见任五品以上官素蓄者存之，禁不得卖馈，余人并禁。犯者徒刑五年。告者赏宝钱一万贯。"这是金官府为解决财政困难而订的茶法。但在宋官府方面，对金的茶叶贸易也有它一系列的法令，如严禁茶贩运输茶叶过淮，违者处死并没收家产，企图通过这些法令来垄断对金的茶叶贸易。

二、元明茶业法律

元代买引卖茶，严禁无引买卖。天历二年（1329），焚四川伪造茶引，罢榷司而归诸州县。凡客旅纳税买引，随处验引发卖毕，3 日内不赴所在地官司批纳引目者，杖 60。因而转用或改抹字号，或增添夹带斤重及引不随茶者，并同私茶法。但犯私茶杖 70，茶一半没官，一半付告人充赏，应捕人同。若茶园磨户（制茶作坊）犯者及运船主知情夹带同罪。有司禁治不严，致有私茶发生，罪及官吏。茶过批验去处，不批验者，杖 70。其伪造茶引者，家产付告人充赏。

明代实行"引由"制度。洪武初年（1368）订立茶法，如有犯者，家破人亡。①如有茶无引由者，或茶引不相符而有余茶者，听人告发拿办。②如把已批验截角退引，入山射影照茶者，同私茶论。③山园茶主把茶卖给无引商贩者，初犯笞（捶击，五刑之一）30，仍追原价没官；再犯笞50；三犯杖80，倍追原价没官。④客商贩到茶货，经过批验所，须要依例批验，把"引由"截角，别无夹带，方许放行。违越者笞20。⑤伪造茶引者处死，籍没当房家产，告捉人赏银20两。此外并禁民间蓄茶不得过一月之用，限制消费。凡此种种，严重阻碍了贸易的发展。

严禁私茶出关，违犯者和把关头目同处死刑，祸及家人。永乐六年（1408）令谕各关把关头目军士，务设法巡捕，不许透漏私茶出境。若有仍前私贩，拿获到官，将犯人与把关头目各凌迟处死，家迁化外，货物入官。

景泰五年（1454）令各处军民人等，官民马快等船并车辆头匹，挑担驮载私茶者，各该官司盘获，茶货车船头匹入官，引领牙行及停藏之家，俱依律治罪，巡捕人员受财纵放者，一体究问。这种法令迫害的范围很广，招恨亦很深。

天顺二年（1458）又禁番僧夹带私茶，令沿途官司盘检。茶货入官，伴送夹带人送所在官司问罪。若番僧所至之处，各该衙门不即应付，纵容收买茶货及私受馈送，增改关文者，听巡按御史、按察司官体察究治。为了查禁私茶，成化三年（1467）专设巡茶官。

明朝对西北茶叶贸易控制很严。弘治十八年（1505）严禁私茶运销边区，罪及官吏，轻者降级，重者充军，终身不能归回。

（1）将私茶潜往边境兴贩交易及在腹里（内地）贩卖与进贡回还夷人者，不拘斤数，事发，并知情歇家牙保俱问，发南方烟瘴地面卫所，永远充军。

（2）其在西宁、甘肃、河州、洮州贩卖者，100斤以上问发附近卫分充军。300斤以上发边卫永远充军。

（3）若在腹里兴贩者，照例 500 斤以上押发附近卫分充军，止终本身。

（4）不及前数者，俱依律拟断，腹里仍枷号一个月，在边方枷号两个月，有力纳米赎罪，无力解 500 里之外，摆站守哨。

（5）军官、将官知情，纵容弟男子侄伴当兴贩，及守备把关巡捕官知情故纵者，事发，参问，降一级，原卫带俸差操。有赃者从重论，不知者照常发落。

（6）守备把关巡捕官自出资本兴贩私茶通番者问发边卫充军。在西宁、洮河、甘肃地方发卖者，300 斤以上发附近卫分充军。不及数及在腹里发卖者，降一级调边卫带俸差操。

明朝封建统治者残酷剥削西北人民的主要方式，是茶马交易。嘉靖二十六年（1547）订立易马的苛刻法令。

（1）有将老弱不堪马匹冒顶番名申纳支茶，3 匹以下，军官调别处极边卫所带俸食粮差操。民并舍余人等，发附近卫分充军，止终本身，茶马俱入官。

（2）医兽通事土民人等通同作弊者，枷号一个月发落。

（3）参守等官自行冒中，2 匹以下者，参问，降一级，调边卫带俸差操。

（4）纵容子弟军伴人等冒中，2 匹以下者，调边卫带俸差操，有赃者从重论。不知者照常发落。3 匹以上及将茶斤辗转兴贩通番者，各照地方斤数问拟发遣。

（5）其参守抚夷等官不行通调远蕃，坐索土人行贿，听其中马者，参问，降一级，调边卫带俸差操。

上述茶业法令，充分暴露出封建统治阶级的残暴，说明历代文武官吏，无论大小，普遍贪污，政治极端腐败。

第五节　人民的反抗与斗争

人民受不了茶政的迫害，对封建统治者不断展开斗争。官府实施的统制茶业政策，不但加速了茶区园户和制茶作坊的破产，而且引起了民变。

一、茶业农商的反抗

唐大和九年（835）九月，王涯为宰相，献榷茶之策，未能实现，乃苛征重税。当时人民已普遍养成饮茶习惯，无力负担重税，故想方设法逃税，而税吏竟任意搜刮，终于招致农民的怨恨。十一月发生甘露事变，王涯全家被瓦石掷打致死。这是农民反抗封建剥削的开始。

无数的小本商人，在王公贵族和土豪恶霸的巧取豪夺之下，无利可图，只得弃商，另谋生路。景德中（1006 年前后），丁谓所谓边籴才及 50 万，而东南 360 余万茶利，尽归商贾。

景祐中（1036 年前后），叶清臣奏疏上说："对园置吏，随处立笕（管）。一切官禁，人犯则刑，既夺其资，又加之罪，黥流日报，岂非过甚也哉。刳剥园户，资奉商人……皆商吏协计，倒持利权……富人豪族，坐以贾赢，薄贩下估，日皆朘削官私之际，俱非远策。"当时官府发卖的茶引，绝大部分操纵在大茶商手里。大茶商和官吏勾结在一起，通同舞弊，垄断茶业利权，用搜刮得来的民脂民膏，捐官买爵。

到了清代，大茶商无一不是朝廷命官，实际上就是卖茶的官吏。在层层搜刮和剥削之下，普通百姓生活极为悲惨。许多人走投无路，被逼上梁山，同封建统治者展开了长期的斗争。

吕陶奏章提到熙宁十年（1077）四月十九日，四川彭州堋口园户5 000人，反抗剥削，卖茶闹事。北宋末年（1126）的著名方腊起义，漆园户和茶园户都参加了。

南宋端平间（1234—1235）工部侍郎李心传的《朝野杂记》说：淳熙二年（1175）两湖的园户和贩茶私商在赖文政的领导下起义，延及江西和广东，范围很广，声势很大。

元末，茶税很重，使江南园户无法为生。惠宗至正十一年

（1351）五月，颍州刘福通、萧县李二、罗田徐寿辉等起义，以红巾为号，叫红巾军。红巾军起义的根据地——河南、湖北、安徽三省交界的桐柏山脉，自古以来就是著名茶区，是淮西榷茶场的所在地。这一带的制茶工人和茶山的雇工，受不了过度的剥削，奋起反抗，都成为红巾军中的中坚分子。茶山和作坊的主人以及小本经营茶叶的私贩，也团结在红巾军的周围，同封建统治者进行斗争。

二、茶业工人的斗争

中国茶业工人受封建统治阶级的重重压迫和剥削，生活非常困苦。《宋会典食货志·茶法杂录》："至道二年（996）二月，诏建州岁造龙凤茶，先是研茶丁夫悉剃去须发。"当时只有判处死刑的囚犯才剃去胡须头发。可是福建"御茶园"的制茶工人，也受到这种耻辱。制茶工人每日的工资只有六七十文，仅能维持个人最低限度的生活，谈不到养活家人。

《朝野杂记》："赵构建炎二年（1128）福建建州军校叶浓起义，破古田、政和、浦城、建阳入福州，福建官私营的茶叶加工作坊的工人和茶山的采摘工匠，纷纷参加。"这里说明当时的茶业工人受不了封建统治阶级的残酷压迫和剥削，纷纷参加了农民起义的行列。

尚钺《中国历史纲要》："道光初年（1821）广州已有达500人的制茶业的手工工场。"王真《中国共产党成立前工人阶级发展的情况》："公元1861年（咸丰十一年）福州开办了3家机械制茶厂。"这里说明当时已有不少的茶业工人。

最早在广州设厂窨制花茶的平徽茶帮汪正大、正德兴等茶号，剥削工人过甚，工人就起来反抗，举行罢工。资本家斗输了，竟采用恶毒的釜底抽薪的手法，从1890年（光绪十六年）开始，先后移厂福州，广州的花茶生产就此终止。

上述事例，说明我国茶业工人具有光荣的斗争传统，无愧是中国工人阶级的组成部分。他们的斗争实践对促进工人运动的发展起了积极的作用。

第六节　英俄把茶叶作为推行
侵略政策的武器

一、英国向西藏运销印度茶，推行侵略扩张政策

英国侵占印度后，时刻窥视我国西藏地区，企图把西藏置于自己的控制之下。所谓"探险家"，其实是特务的慕尔克洛夫特秘密窜入西藏，看见大批运输砖茶（四川边销茶）的商队，发觉茶叶为西藏人民不可缺少的饮料。于是，力主从印度直接输茶入藏，以配合政治侵略活动。

1890 年《中英条约》签订后，清朝政府被迫允许英国和西藏通商。1893 年，英国要求印度茶输入西藏，清朝政府明知英国有侵占西藏的野心，但在武力威胁面前，只好忍辱同意，约定不得超过四川边销茶的 115％～200％。

1895 年，洛斯托伦（Rosthorn）就此发表文章说："国家不可缺少的粮食、盐或茶，如果由一国独揽供应权，就会成为维持其政治势力的有力砝码。……中国人供给西藏的茶叶，从未过剩，总是限制供给，使其永远需要。如中国茶的贸易专权被夺，则西藏的势力能大部分消灭。"英国统治者根据这条强盗逻辑，采取种种野蛮手段向西藏推销印度茶。

1899 年，印度总督克生（Curson）积极主张把印度茶输入西藏。为此，竟无视中国主权而直接与西藏地方政府交涉。克生曾于 1900 年和 1901 年两次下书给达赖喇嘛，但均遭拒绝。

1904 年班德（Froncis Younghus Bamd）诉诸武力，领导远征军开进西藏，肆意掠夺。这种赤裸裸的侵略行径甚至遭到英国舆论的反对。因此，当时国会提出"不能以武力谋亲善"的口

号，而改用怀柔政策。

英国侵略西藏，最初的目的是运销印度茶叶，掠夺西藏的茶叶市场。为此，在外交上也积极展开配合行动。1913年，在英国的倡议下，国际茶叶会议在伦敦举行。会议通过的茶叶限制计划，实际上仅仅限制了四川茶的输入，为印度茶在西藏开辟了销路。在厘定每年出口茶的比例方面，竟定印度茶为80%，而对中国茶的规定则极为苛刻。

英国初步夺得西藏茶叶市场后，就廉价推销印度茶叶。每年从阿里的噶克输入印茶价值都在百万卢比以上。但印茶味苦，最初很难适应西藏人民的口味。只是由于免纳关税，加之运输便利，售价低廉，所以经济困难者才乐于购用。

西藏每年从雅安运销的"炉茶"达1 300万磅以上。但交通不便，运输困难，往往要半年以上才能运到。沿途关卡很多，层层征税，以致市场上茶价奇昂。英国利用这种情况，极力抵制"炉茶"，规定收茶商人必须按照英国的引票运茶，每一引票只限配华茶5包，而印茶毫无限制。这样，华茶就逐渐被排挤出西藏市场。

英国侵入我国西藏地区推销印茶的阴谋得逞后，又进一步以推销印茶为名，到处乱窜，妄图实现其领土扩张的野心，这就充分暴露了它的帝国主义面目。

二、从茶业政策看沙俄对我国的侵略活动

17世纪中叶，沙皇俄国开始把侵略魔爪伸向我国领土黑龙江流域、蒙古、新疆和西藏地区。我国供应西北兄弟民族茶叶的集中市场——雅克萨亦被沙俄占领。沙俄之所以要占据雅克萨，是为了控制这个地区，以便仿效英帝国主义的茶业政策，垄断我国西北茶叶市场。

1682年（康熙二十一年），清朝政府两次发动雅克萨反击战，收复了被沙皇俄国侵占的部分领土。1689年，经过双方平

等协商，由清朝作了让步，中俄签订了《尼布楚条约》，确定了中俄两国东段边界。但是，沙皇俄国的侵略野心并没有因此而有所收敛。正如马克思所指出那样："俄国的政策并没有改变，它的方法，它的策略，它的手段可能改变，但是这一政策的主旨——世界霸权是不会改变的。"[①]

沙俄对我国侵略的重点地区是蒙古、新疆和西藏。这些地区都以茶叶为主要饮料，专销四川、云南、两湖的边销茶（黑茶类）。

沙俄边区和西伯利亚，有许多亚洲国家移民，自古以来就养成了饮用黑茶的习惯。所以中俄贸易协定或议定书，都有茶叶条款。根据俄商莫洛佐夫的视察报告："大规模有系统的茶叶贸易，始于18世纪中叶，住在恰克图的俄商就地购买茶叶。"

1870年（同治九年）以后，俄商窜入福州，设厂压造运销蒙古的红砖茶，持续20年之久。到了1896年，帝俄获得汉口租界，于是耗费巨资，侵权购置地产，设立大型青砖茶和米砖茶厂。同时采用欺骗手段，利诱我国商人到茶区收购毛茶，压造砖茶。然后联络在天津、张家口等处居留的俄商，将大批砖茶运往恰克图，转销本国和外蒙古。许多俄商因而成为巨富。

1870年后，福建工夫红茶极盛一时，政和一县就有大大小小的红毛茶加工的厂商100多家。大量工夫红茶副产片末的出路，引起俄国富商的垂涎，于是有不少俄商窜入福州开设米砖茶压造厂，大量压造米砖，直接运销俄国和外蒙古。1891年（光绪十七年）俄商又移转贸易于汉口、九江，在九江设厂压造饼茶，1893年运去华茶达458 000多担。

1910年（宣统二年），清朝政府在伊犁与塔尔巴哈设立官商合办的伊塔茶务公司，企图以专卖方式，恢复被夺走的市场。但

---

① 马克思：《1867年1月22日在伦敦纪念波兰起义大会上的演说》。见《马克思恩格斯全集》第16卷第226页。

经帝俄提出严重抗议后，清朝政府因国势衰弱，难以抵抗，终于无条件撤消了该公司。

　　沙皇俄国为了实现其侵略和扩张的狂妄野心，采用了政治的、经济的、军事的、外交的以及其他方面的种种手段，甚至在我国少数民族中间策划叛乱，煽动割据，真是无所不用其极！茶业领域中的各种活动只是一个很小的侧面。不过，这些活动也充分暴露出来了沙皇的残暴和贪婪。

第十二章　茶业经济政策

第一节　茶业经济与国计民生

我国在战乱频繁、洪水泛滥、农业破产的时期，惟山区茶叶独能继续生产。例如五代十国（907—960）时，我国四分五裂，南方局势十分混乱，加之洪水连年成灾，有些地方农业几乎颗粒无收，山区农民大都靠茶业为生。当时运河开通如网，都以运茶为主，茶叶贸易空前繁盛，可见茶业经济对国计民生有着巨大影响。

李时珍《本草纲目》："夫茶一木尔，下为民生日用之资，上为朝廷赋税之助，其利博哉。"在历史上，茶业经济与其他农业经济不同，有其独特的作用。历代统治者，无不力图控制茶叶生产，攫取最高利润。突出的例子是庆历四年（1044）宋夏"和约"（规定宋每年给夏 3 万斤茶叶），绍兴三十二年（1162）宋金"议和"都有纳茶的规定。清代咸丰五年（1855），塔城各族人民烧毁沙俄贸易圈，但清朝政府在沙俄军事压力和战争恫吓之下，同意赔款 30 万卢布，以武夷茶 5 500 箱抵偿，分 3 年付清。胜败双方都以茶叶为武器，可见茶叶所起的重要作用。

一、沙俄对蒙古茶业经济的侵略

蒙古人民对茶叶的需求，比粮食还重要。就是贫苦人家，饮茶亦从不间断。每日所需茶叶数量，幼年男女大约为八九碗，壮年男女加倍。俄国"探险家"毛罗洛夫窜入莫斯科的贸易远征队，调查蒙古人家庭饮茶消费量。结果是每个家庭平均每年需砖茶36块，价值41元。因此，沙俄利用茶业经济政策积极入侵蒙古。

蒙古人民对茶叶的迫切需要，引起茶商的浓厚兴趣。内地商人纷纷向蒙古的广大茶叶市场发展。尤其是北京和山西的著名茶商，相互联系，组成了严密的销售网，对蒙古的茶叶市场行情，了如指掌，因而逐渐地操纵了蒙古的茶叶贸易。

最初俄商也曾致力于茶叶商务，因缺乏组织，而且不理解蒙古人民的特别脾胃与嗜好，始终无进展。但自外蒙古"自治"后，当局采用种种苛刻手段限制汉族茶商，如封闭汉商在外蒙古的全部财产及牧畜，征收名目繁多的捐税，什么"门牌捐"、"入口捐"、"消费捐"、"流水捐"、"红利捐"等等。往往10 000元的资本，被派"流水捐"5 000元，"红利捐"3 000～4 000元，使汉商无力负担，不少汉商因此而歇业。

后来，外蒙古又在各地设卡收税，对华茶实行值百抽十的税率。加之俄商从中挑拨，许多汉族商铺被关闭，企业破产，结束了贸易活动。

二、宋明两代榷茶易马充实军备

古代战争以骑兵为主力，马的重要，可想而知。北宋初，辽兵时常入侵。战争无已时，军需浩繁，物资马匹需求很多。赵炅乃于太平兴国二年，设立榷茶场，榷茶易马充实军备。

仁宗宝元元年（1038），西夏元昊自称皇帝。两军接触，宋军每战必败。最后只得向元昊请和，每岁赐银11万两，绢13万匹，茶6万斤。

熙宁七年（1074），遣李杞入蜀买茶博马。赵煦元符末年（1100）禁沿边卖茶，专以蜀茶易马。西北茶叶市场不能自由买卖，由官府控制，交换良好战马。不久，易马万匹。建炎四年（1130）冬，以茶易马超过2万匹。

绍兴初年（1131），陕西失陷，西北易马市场虽失，然军马为战阵必需的物资，故改设四川雅安为易马市场。绍兴二十四年，易马 2 万匹。淳熙（1174—1189）以后，每年只有 12 994 匹。

明朝以茶易马的政策更为完备。蒙古族入主中原，为了防止汉族反抗，严禁养马。明太祖朱元璋起兵江左，所急惟马，所恐惟蒙古，遂重茶马政策。

《明史·食货志》："洪武初年又诏天全六番司民，免其徭役，专令蒸乌茶易马，初制长河西（今康定）等'番商'，以马入雅州易茶。"洪武四年（1371），陕、巴茶园 360 顷，茶树 324 万余株，官取 32.4 万余株，以易番马。于是诸产茶地，设茶课司，定税额。陕西征茶 26 000 千多斤，四川 100 万斤。设茶马司于秦、洮、河、雅诸州，自碉门黎雅抵朵甘、乌思藏，产地 50 余里，山后归德诸州，西方诸部落无不以马易茶。

洪武三十年（1397）遣曹国公李景隆持金牌信符至"西番"以茶 50 余万斤，易马 13 800 余匹，分给京卫骑士操养。

永乐初（1403），四川、保宁诸府茶叶 100 万斤，易马 14 051 匹。朱弘治十六年（1503），五、六十斤茶易马 1 匹，得马 10 000 匹。正德二年（1507）统计，陕西 3 年易马 19 000 余匹。嘉靖三十六年（1557），陕西震灾，边饷告急，规定每年仅以 90 万斤茶易马。

万历二十九年（1601），陕西汉中府西乡五州县每年 500 引茶，可易马 11 900 余匹。天启（1621—1627）时，四茶司易马增加 2 400 匹。明代，西北茶叶贸易就是茶马交易。

三、茶货交易补充国用

茶叶交换其他货物的贸易方式，有史可稽，始自晚唐（大约 812—907）对外贸易。北方主要是与突厥、回鹘、吐蕃等国进行交易，用茶叶、丝织品交换马匹、皮毛；南方则用茶叶换取其他国家的香料、象牙、珍玩奢侈品。广州为对外贸易的最大港口，特设市舶司经理商务。

金以丝绢易宋茶，每年要费百万。当时金的朝野人士都强烈反对。《金史·食货志》："宣宗元光二年三月，省臣以国蹙财竭，奏曰：'金币钱谷，世不可一日阙者也。茶本出于宋地，非饮食之急，而自昔商贾以金帛易之，是徒耗也。泰和（1201—1208）间尝禁止之，后以宋人求和，乃罢。兵兴以来，复举行之，然犯者不少衰，而边民又窥利，越境私易。'"

李亦人《西藏综览》："当五百年前，元明时代，关外各县及西藏商人，常以各地土产，如羊毛、皮革、麝香、鹿茸、贝母、赤金等物，运集康定以求出售，而易回粗茶、布匹等物。"

《明史·食货志》："碉门、永宁、筠、连所产茶，名曰剪刀篾叶，惟西番用之，而商贩未尝出境。四川茶盐都转运使言：'宜别立茶局，征其税，易红缨、毡衫、米、布、椒、蜡，以资国用。'于是永宁、成都、筠、连皆设茶局矣。川人故以茶易毛布、毛缨诸物，以偿茶课。自定课额，立仓收贮，专用以市马，民不敢私采课额，每亏，民多赔纳。四川布政司以为言，乃听民采摘，与番易货。"

《西宁府志》："康熙六十一年（1722）又议西宁等处行茶，原照例易换马、驼、牛、革，并易粟谷，今将旧茶悉行变卖，以作兵饷。"又说："将五司库茶，发给各州、县、卫、所易粮食，以裕边仓积贮，自八年至十一年止，西司共发茶四万五千封，宁郡各属其易贮各仓粮食二万九千六百三十四点一二石，故以茶易货，以资国用。"

抗日战争前，甘肃、青海西北茶叶市场，仍盛行以茶易货的贸易方式。西南市场亦有这类情况，如云南下关的紧茶，运至丽江，与西藏古宗人易药材、皮货，很少以现款交易。

新中国成立初期，也进行过以茶易货的贸易。1951年2月14日，中苏两国签署贸易协定，中国用茶叶换苏联的机器设备、钢铁以及其他器材等。

同年 10 月 10 日的中德贸易协定，以及 1953 年中捷、中英、中法等贸易协定，我国主要输出都是茶叶，换回器材和我国所需要的其他物品。

1954 年 6 月中芬（兰）、1955 年 8 月中埃、同年 11 月中捷、12 月中波等贸易协定或换货议定书都包括有中国以茶叶交换其他物资的条款。这种以茶易货，不但促进了我国的工业建设，而且也加强了国际间的合作。

四、我国西北地区砖茶代替货币

过去，在我国西北地区，砖茶与粮食同等重要。谁有大量砖茶，谁就是富翁。游牧民族，逐水草而居，远离交易市场。携带砖茶，胜于金钱。砖茶交易比金钱还便利。所以在蒙古游牧地区，绿砖茶可以代替货币。

当时蒙古出售羊肉价格是，胸脯及两前脚值绿砖茶 2～3 块；两后脚值 4～6 块。

活牛羊交易，则羊 1 头值绿砖茶 10～16 块；牛 1 头值 30～50 块。每箱 24 块砖茶，约值银 19 两 2 钱（每箱也有 27 块或 39 块装），以砖茶代替钱币。因此，旅行家要通过蒙古，都随身带一些砖茶。

抗日战争前，云南紧茶在西藏交易，如货币一样流通于市场。砖茶代替钱币的结果，使货币价值往往因砖茶数量在市面上的多少而涨落，从而影响了市场的稳定。

第二节 贡 茶

封建统治时代，茶农每年除向地主交付地租和缴纳种种苛捐杂税外，还要遭受"贡茶"的剥削。在唐宋明清各朝，皇室贵族穷奢极侈，强迫茶业劳动者每年生产大量高级茶进贡皇室。茶业劳动者既得不到什么收益，而且还要受虎狼般的官吏的欺凌。

贡茶制度，使无数劳动群众厌恶茶业，背乡离井，流亡他乡。结果茶园荒废，茶叶生产不能发展。

但另一方面，广大群众被迫从事贡茶生产，也就要设法改进制茶技术。这对制茶工业的发展也起了一定的推动作用。当然，在这里不是要评论贡茶制度的利害关系，而是要揭露贡茶制度给人民带来的痛苦。

一、贡茶的起源

据晋常璩《华阳国志·巴志》，周武王发（公元前1135）联合四川各民族共同伐纣之后，巴蜀所产之茶，已列为贡品。诸民族首领就带茶叶去进贡。

宋寇宗奭《本草衍义》："东晋元帝（317—323年在位）时，温峤官于宣城，上表贡茶一千斤，贡芽三百斤。"

刘宋山谦之《吴兴记》；"浙江乌程县西二十里，出御荈。"从这些记载中可以知道东南茶区的贡茶在4世纪就有了。

蜀毛文锡《茶谱》："扬州禅智寺，隋之故宫寺傍蜀冈，其茶甘香味如蒙顶焉，第不知入贡之因起于何时，故不得而志之也。"由此可以推知，隋朝也有贡茶。

二、宋代以前的贡茶

蔡宽夫（居厚，大观初拜右正言）《诗话》："湖州紫笋茶出顾渚，在常湖二郡之间，以其萌苕紫而似笋也。每岁入贡，以清明日到，先荐宗庙，后赐近臣。"

据《吴兴掌故录》载：顾渚山，相传吴王夫差于此顾望原隰可为城邑，故名。唐时其左右大小官山皆为茶园造茶充贡，故其下有贡茶院。据此，可否考虑春秋时代顾渚山就出产名茶进贡了。

据史料记载：李隆基天宝（742—756）中，南岳贡茶，官符星火催春焙，山农苦之。这是贡茶劳民最初的写实。

湖州长兴顾渚山接常州义兴境,两县平分此山,以均贡额。各进奉上品紫芽10 000串(每串1斤)。肃宗李亨时,贡茶有常规。但李豫、李适年代屡经兵革,宦官专政用事,诛求远方贡物,无所顾忌。贡茶不断增加。

大历五年(770),在顾渚山设贡茶院造贡茶,名贡山。官营官管贡茶从此开始了。

唐义兴县《重修茶舍记》:"义兴贡茶,非旧也。前此故御史大夫李栖筠实典是邦,山僧有献佳茗者,会客尝之。野人陆羽以为'芬香甘辣,冠于他境,可荐于上。'栖筠(代宗李豫时)从之,始进万两,此其滥觞也。厥后因之,征献浸广,遂为任土之贡,与常赋之邦侔矣。"这段话说明了义兴县贡茶的起因和遗下的祸害。

建中二年(781),袁高为湖州刺史,进贡茶3 600串。这是除贡茶院外,增加贡额的最初记载。

贞元五年(789)分贡茶为5等,第一等必须于清明节前陆运京城(今陕西西安),1个月时间须行4 000里,叫"急程茶"。其余于4月前由水陆两路联运赶到。茶芽未发,不能按时进贡,遂罢之。

贞元七年(791),湖州刺史于顺与常州刺史合奏准许采茶延期10日,以使茶芽滋长。这说明赶早采制,破坏茶叶生长,降低产量质量。但是,昏庸的皇帝不予理睬。

据《唐书·地理志》载,寿春、庐江、凤阳三郡茶叶,每年都有固定的贡额,堆在内库,皇室多用不完。宪宗元和十二年(817)五月,一次就出内库茶30万斤(如按20两1斤计算,即合市秤375 000斤),令户部变卖成现钞,以支用度。三郡的贡茶这样多,全国的贡茶数量就可想而知了。元和十五年罢申州(今河南信阳)贡茶。

《旧唐书·本纪》大和"七年(833)春正月,……吴蜀贡新茶,皆于冬中作法为之,上务恭俭,不欲逆其物性,诏所供新茶，宜于立春后造。"其实采茶太早，不仅破坏生产，而且品质也不好。"不欲逆其物性"是假，嫌品质不高是真。

开成三年（838）派浙西监军判官王士玫充湖州造茶使，时湖州刺史裴克卒，官吏不谨，进献新茶，不及常年，故特置使，以专其事。这是加强贡茶剥削的措施。

会昌年间（841—846），顾渚紫笋贡茶增加到18 400斤，且要在清明前运到京城。这要耗费多少人力物力！

贡茶争相早采，不仅破坏了茶叶生产，使茶叶产量年年下降，而且妨碍了其他农业生产劳动，农村经济凋敝。

湖州、常州邻壤相接，而争先贡献，每年在清明以前，立春前后，就从四面八方征调工役30 000余人采茶焙制，使许多农户全家人都从役于贡茶，而百业俱废。同时还要广征钱粮，以制造"龙袱、旗袋、篓杠、包索"和盛贮泉水的银瓶。贡茶采摘太早，春茶还未萌芽，采工往往整日满山寻找，也采不到一把茶芽。

制造贡茶时，湖常两州刺史，首先祭金沙泉的茶神，最后于太湖中浮游画舫十几艘，山上立旗张幕，携官妓大宴，饮酒作乐。

杜牧写诗说："溪尽停蛮棹，旗张卓翠苔，柳村穿窈窕，松涧渡喧蔹。"刘禹锡写诗说："何处人间似仙境，青山携妓采茶时。"揭露了封建统治阶级所过的荒淫无耻的生活。

卢仝《茶歌》："天子未尝阳羡茶，百草不敢先开花。……安知百万亿苍生，命坠颠崖受辛苦。"深刻剖析了贡茶给广大劳动人民带来的灾难。

刘禹锡《试茶歌》："何况蒙山顾渚春，白泥赤印走风尘。"这说明四川蒙顶山和江苏顾渚山还未到春天，就催迫贡茶。

宋沈括《梦溪笔谈》："李溥为江淮发运使（景德二年，1004），始进浙江贡茶数千斤。"其实浙江贡茶早已达数万斤。湖州隶属于浙江。

《全唐诗话》记载，袁高为湖州刺史，因修贡顾渚茶山，写诗说："动生千金费，日使万姓贫……圯（音萌，民田）辍耕农亩，采采实苦辛。一夫旦当役，尽室皆同臻，扪葛上敏壁，蓬头入荒榛。终朝不盈掬，手足皆鳞皴。悲嗟遍空山，草木为不春。阴岭芽未吐，使者牒已频……茫茫沧海间，丹愤何由申。"这是贡茶为害劳动人民的全面写照。

唐李郢山《茶山贡焙歌》："春风三月贡茶时，尽逐红旌到山里。……陵烟触露不停探，官家赤印连帖催，朝饥暮匐谁兴哀……茶成拜表贡天子，万人争啖春山摧，驿骑鞭声春流电，半夜驱夫谁复见，十日王程路四千，到时须及清明宴。"这又是贡茶为害的另一面写照。

清吴任臣《十国春秋》："楚王马殷太祖朱晃（五代后梁）开平二年（908）秋七月，王奏运茶河之南北，以易缯纩战马。仍岁贡茶二十五万斤。"

《十国春秋》又说："闽康宗王昶通文二年（937），国人贡建州茶膏，制以异味，胶以金缕，名曰耐重儿，凡八枚。"自有别出心力，彻底为封建统治服务。

《十国春秋》记载：《南唐元宗本纪》载，保大四年（946）二月命建州制"的乳"号曰京挺腊茶之贡，始罢贡阳羡茶。

三、宋代贡茶

元熊禾（宋咸淳进士，授汀州司户参军，宋亡不仕）《勿轩齐集》："北苑（茶）其最著者也。苑在建城东二十五里。唐末里民张晖始表而上之。宋初丁谓漕闽，贡额骤溢斤至数万。"说明北苑贡茶的起源并指出始作俑者是张晖和丁谓。

宋太祖乾德元年（963）十二月，泉州陈洪进遣使贡茶万计。这是福建进贡茶叶最早记载，也是宋朝第一批贡茶。泉州气候温和，春来较早，茶季开始也早。十二月进贡茶，十一月就要制造，比江、浙要早两三个月。

《宋会要辑稿·食货》："开宝七年（974）有司以湖南茶，斤片厚重，异于常岁，请高其价以出之。上曰茶则善矣，无乃重困吾民乎。乃诏自今止，依旧日卷模制造，无得增加。"封建皇帝既知贡茶是困民苛政，但又舍不得割断私欲，只好假发善心，空言"无乃重困吾民乎。"

太平兴国二年（977）特置龙凤模，遣使即北苑造团茶，以别庶饮，龙凤团茶盖始于此入贡。自后制法改进，花色换新。

至道初（995）诏造石乳、的乳、白乳。这是皇帝饮厌了旧制贡茶，要挑拣换新的贡茶。

《宋史·钱俶传》："太平兴国三年（978）俶贡屯茶十万斤，建茶万斤。"钱俶于后晋开运中（945）为台州刺史及吴越国王（947—951 年在位），宋太祖时入朝进贡茶。

《宋太宗实录》："至道二年（996）令建州（北苑）每年进贡龙凤茶。先是，研茶丁夫（茶工）悉剃去发须，自今但幅巾洗涤手爪，给新净衣，敢违者论其罪。"由此可见当时官营制茶作坊的工人遭受多么残酷的剥削和欺凌。

庄季裕《鸡肋编》："韩岊尝监建溪茶场云：采茶工匠几千人，日支钱七十文。……岁费常万缗。"工资每天只有 70 文，根本无法养活家人。

咸平元年（998），丁谓为福建转运使，监造御茶，始制为凤团，后又为龙团。贡不过 10 饼，专拟上供。自后，建州岁贡大龙凤茶各 2 斤，8 饼为 1 斤。一省的大臣只贡 10 个饼茶，其制造的精巧，价值的高昂，可想而知。

《文献通考》卷二二土贡考："咸平二年（999）……减罢剑、陇、夔、贺等五十余州土贡。"

《续资治通鉴长编卷六九》："大中祥符元年（1008），先是诸路贡新茶者凡三十余州，越数千里，有岁中再三至者，上悯其劳扰，于是诏悉罢停。"

天圣年间（1023—1032）又制小团进贡。由大改小，制造更精巧。

蔡君谟（1012—1067）庆历中为福建路转运使，始造小片"龙团"10斤进贡，斤为10饼。最好的龙凤团茶，叫小团，20饼重1斤，其价值金2两。当时的大官吏说："然金可有，而茶不可得。"每因南郊致斋，中书、枢密院各赐1饼，4人分之。官人往往镂金于其上，所以如此贵重。其实奢侈已至于此极。

《宋史·后妃传》："章献明肃刘皇后，旧赐大臣茶，有龙凤饰，太后曰：此岂人臣可得！命有司别制入香京铤，以赐之。"大臣不能享受皇室上等贡茶。

沈括《梦溪笔谈》："李溥为江淮发运使。每岁奏计，则以大船载东南美货，结纳当途，莫知纪极。章献太后垂帘时（天圣时，1023—1032），溥因奏事盛称浙茶之美云：'自来进御，唯建州饼茶，而浙茶未尝修贡，本司以羡余钱，买到数千斤。乞进入内。'自国门挽船而入，称进奉茶纲，有司不敢问，所贡余者，悉入私室。溥晚年以贿败，窜谪海州。然自此遂为发运司岁例。"这一记载说明官吏只顾个人发财，不管广大群众死活。

叶石林《石林燕语》："熙宁中（1068—1077），贾青为福建转运使，又取小团之精者为'密云龙'，以二十饼为斤而双袋，谓之'双角团茶'。大小团袋皆用绯，通以为赐也。密云独用黄，盖专以奉玉食。"

周辉《清波杂志》："自熙宁后，始贵密云龙。每岁头纲修贡，奉宗庙及供玉食外，赍及臣下无几，戚里贵近丐赐尤繁。宣仁（太后垂帘）一日慨叹曰，令建州今后不得造密云龙，受他人煎炒，不得也。出来道我要密云龙，不要团茶，拣好茶吃了，生得甚意智。此语既传播于缙绅间，由是密云龙之名益著。"由此可知皇室争夺贡茶之甚。

《宋史·地理志》、《元丰九域志》载：建宁府贡石乳、龙凤等茶。南康军土贡茶芽10斤，广德军土贡茶芽10斤。潭州长沙郡武安军节度土贡茶末100斤。江陵府江宁郡荆南节度土贡碧涧茶芽600斤。建州建安郡建宁军节度土贡龙凤茶820斤。南剑州剑浦郡军事土贡茶 110 斤。说明贡茶不限于贡茶院而推广到全国。

绍圣年间（1094—1098），益复进瑞云翔龙者，御府岁止 12 饼。大观元年（1107），岁贡色目外，乃进御苑玉芽、万寿龙芽。大观三年，用水芽制造"龙团胜雪"和"白茶"进贡，是茶的极品。每铸计工价达 3 万。一块团茶浪费人力物力达 3 万缗，奢侈至极。

大观以后，贡茶制愈精，数愈多，胯式愈变而品不一，岁贡片茶216 000斤。

政和年间（1111—1118 年）且增以长寿玉圭。玉圭凡廑盈寸。大抵北苑绝品，曾不过是。岁但可十百饼。然名益新，品益出，而旧格递降于凡劣尔。及茶苗，其芽贵在于社前，则已进御。自是迤逦。宣和年间（1119—1125），占冬至而尝新茗。是率人力为之，反不近自然矣。官吏图宠愈急，封建皇室诛求愈迫，劳动群众受苦愈甚。

宣和二年（1120），漕臣郑可简始创银丝（有的写作线字）水芽，以制"方寸新铸"，号"龙团胜雪"。盖茶之妙至胜雪极矣。郑可简以贡茶进用。久领漕计，创添续入，其数浸广，今犹因之。细色茶 5 纲，凡 43 品，形制各异，共7 000余饼。粗色茶 7 纲，凡 5 品，共47 100多斤。每岁靡金共 2 万余缗，日役千夫，凡两月方能讫事。

李心传《朝野杂记》："建茶岁产九十五万斤，其为团铸者号腊茶，久为人所贵，旧制岁贡片茶二十一万六千斤。"腊茶占总产量 23％，全部进贡。所余者品质较差。好茶都被封建皇帝掠夺。至赵构建炎二年（1128）叶浓之乱，园丁亡散乃罢之。到了绍兴时，高文虎又开始进贡茶①。

熊克《中兴小纪》："绍兴二十五年（1155），上谕宰执曰，

① 姚宽：《西汉丛语》。

诸州贡物皆罢，独福建贡茶祖宗旧制未欲罢也。"

《宋会要辑稿·食货三一》："隆兴元年（1163）上封事者言，建州北苑焙，所产腊茶，每岁漕司，费钱四五万缗，役夫一千余人，往往以进贡为名，过数制造，显是违法，诏福建转运司，常切觉察，仍具每年造茶的实合用钱数闻奏。"

乾道、淳熙间（1165—1189），上春上旬福建漕司进第一纲茶，名"北苑试新"，方寸小锊。进御止百锊，护以黄罗软盖，藉以青箬，裹以黄罗夹复，臣封朱印，外有朱漆小匣镀金锁，又以细竹丝，织籍贮之，凡数重。此乃雀舌水芽所造。一锊之值40万，仅可供数瓯之啜耳，宫中茗碗，以黄金为托，白玉为碗。封建统治者过着腐朽的生活，吸取民脂民膏，浪费巨额贡茶工本，在所不惜。

宋梅尧臣《南有嘉萌赋》："雷始发声，万木之气未通兮，此已吐乎纤萌，一之日雀舌露掇而制之，以奉乎王庭。二之日鸟喙长，撷而焙之，以备乎公卿。……当此时，女废蚕织，男废耕农，夜不得息，昼不得停。"劳役整天不得休息，忙于贡茶。

以上记载揭露了封建统治阶级对广大劳动人民惨毒的迫害。

宋宋子安《东溪试茶录》引丁谓《茶录》：福建有官私之焙3 360，其中官焙有32。又引《旧记》："建安郡官焙三十有八，自南唐（937—961）岁率六县民采造，大为民间所苦。"由此可知南唐时已在建安设官焙制造贡茶。初造研膏，继造腊面，之后又制其佳者，号曰京铤。

根据熊蕃于宣和年间（1119—1125）写的，其子熊克在淳熙九年（1182）修订的《宣和北苑贡茶录》和赵汝砺于淳熙十三年写的《北苑别录》记载，可以看出贡茶极盛时，花色繁杂，数量极多，凡有4 000余色：细色6 000多锊，粗色40 000多片，共47 100多斤。可知当时劳动群众遭受迫害之深。

宋姚宽（枢密院编修官）《西溪丛语》："贡茶有十纲。第一第二纲太嫩；水拣茶即社前造（春分前，惊蛰后）。第三纲最妙；

生拣茶即火前造（清明前）。自六纲至十纲，粗色茶即雨前造，小团至大团而止。"

细色第一纲：水芽，龙焙贡新，大观二年（1108）造，正贡30铐，创添20铐。

细色第二纲：龙焙试新，政和二年（1112）造，正贡100铐，创添50铐。

细色第三纲：水芽，龙团胜雪，宣和二年（1120）造，正贡30铐，续添20铐，创添20铐；白茶，水芽，政和二年造，正贡30铐，续添50铐，创添70铐；小芽，御苑玉芽、万寿龙芽，皆大观二年造，正贡都是100片；小芽，上林第一、乙夜清供、承平雅玩、龙凤英华、玉除清赏、启沃承恩、雪英、云叶、蜀葵、金钱、寸金，皆宣和二年造，正贡都是100铐。

细色第四纲：龙团胜雪，正贡150铐，小芽，无比寿芽，大观四年（1110）造，正贡创添各50铐；小芽，万春银叶、宜年宝玉、玉清庆云、无疆寿龙，皆宣和二年造，正贡各40片，创添各60片；小芽，玉叶长春，宣和四年（1122）造，正贡100片；小芽，瑞云翔龙，绍圣二年（1095）造，正贡108片；小芽，长寿玉圭，政和二年造，正贡200片；中芽，兴国岩铐，正贡170铐；香口焙铐，正贡50铐；小芽，上品拣芽，正贡100片；中芽，新收拣芽，正贡600片。

细色第五纲：小芽，太平嘉瑞，政和二年造，正贡300片；龙苑报春、南山应瑞，皆宣和四年造，正贡都是60片；中芽，兴国岩拣芽，正贡510片，兴国岩小龙，正贡705片，兴国岩小凤，正贡50片；先春两色、太平嘉瑞，正贡200片；长寿玉圭、御苑玉芽、万寿龙芽、无比寿芽、瑞云翔龙，正贡都是100片。

细色5纲，贡新为最上，后开焙10日入贡。龙团为最精，而建人有直4万之语。茶之入贡，圈以箬叶，内以黄斗，盛以花箱，护以重筐。花箱内外，又有黄罗幂之，可谓十袭之珍矣。

粗色第一纲：正贡，上品拣芽、小龙二色2 400片；小龙二色1 400片；建宁府附发小龙茶 840 片。

粗色第二纲：正贡，上等拣芽、小龙二色1 840片；小龙二色1 372片；小凤1 340片；大龙 720 片；大凤 720 片；建宁府附发小凤茶1 200片。

粗色第三纲：正贡，上等拣芽二色1 840片；小龙二色1 340片；小凤 672 片；大龙1 800片；大凤1 800片；建宁府附发大龙茶、大凤茶各 400 片。

粗色第四纲：正贡，上等拣芽、小龙 600 片；小龙、小凤各336 片；大龙、大凤各1 240片；建宁府附发大龙茶、大凤茶各40 片。

粗色第五纲：正贡，大龙、大凤各1 368片；京铤改造大龙1 600片；建宁府附发大龙茶、大凤茶各 800 片。

粗色第六纲：大龙、大凤各1 360片；京铤改造大龙1 600片；建宁府附发大龙茶、大凤茶各 800 片；京铤改造大龙1 200片。

粗色第七纲：正贡，大龙、大凤各1 240片；京铤改造大龙2 300片；建宁府附发大龙茶、大凤茶各 240 片；京铤改造大龙480 片。

粗色 7 纲，拣芽以 40 饼为角，小龙凤以 20 饼为角，大龙凤以 8 饼为角。圈以箬叶，束以红缕，包以红纸，缄以蒨绫。惟拣芽俱以黄焉。风韵甚高，凡 10 色，皆宣和二年所造，越 5 岁省去。

以上岁分 10 余纲。白茶、胜雪，自惊蛰前兴役，浃日乃成，飞骑疾驰，不出仲春，已至京师，号为头纲玉芽。以下即先后以次发，逮贡足时，夏过半矣。

宋代在福建、江西设有官茶园和官焙，制造贡茶。建安郡官焙都是南唐的"遗产"，每年制造贡茶数万斤。但江西因群众反对而废止。

李焘《续资治通鉴长编》卷六一："景德二年（1005）十月虔州（赣州）杂料场茶园率民采摘，颇烦扰，诏罢之。"别的地区是否也有官茶园或官焙制造贡茶，尚无史料可查。

在四川可能也有些官茶园。《宋史》卷四七九毋守素传："蜀亡入朝，授工部侍郎，籍其蜀中庄产茶园以献，诏赐钱三百万。"毋氏茶园既已献给政府，当然就成为官茶园了。但是否制造贡茶，无史料可考。

四、宋代以后的贡茶

元代始于武夷置场官二员。大德三年（1299），茶园有120所，设焙局（茶厂）于四曲溪，称为御茶园，焙工数以千计，大造贡茶。

董天工《武夷山志》："至元十六年（1279），浙江行省平章高兴过武夷制'石乳'数斤入献。至元十九年乃令县官莅之，岁贡茶二十斤，采摘户凡八十。"董天工有感说："贡自高兴始，端明（蔡襄）千古汙。"

又说："大德五年，兴之子久住为邵武路总管，就近至武夷督造贡茶。明年创焙局（茶厂），称为御茶园。……设场官二员领其事。后岁额浸广，增至二百五十（户），茶三百六十斤，制龙团五千饼。至正末（1367）额凡九百九十斤，明初仍之。嘉靖三十六年（1557）建宁太守钱嶫因本山茶枯，御茶改贡延平，自此遂罢茶场，御园寻废。"

这段记载说明：①开始采1斤贡茶要4户人工，后为每户采1.5斤。依此推算，990斤茶，要660户采工。武夷全部居民都劳役于贡茶。无怪董天工说"蔡襄千古汙"了。②明初改贡芽茶，未到春来，就滥采茶芽。正如元代杨锡翁咏《贡茶诗》说："百草逢春未敢花，御茶蓓蕾拾琼芽。"这样摧残茶芽生长，使茶树枯死，无茶进贡，结果不得不罢茶场，改贡延平（今南平）。

清释超全《武夷茶歌》："景泰年间（1450—1456），茶久荒，喊山岁犹供祭费，输官茶购自他山。"当时每年惊蛰日，官吏致祭御茶园边的通仙井，祈求井水满而清，用以制贡茶，祭毕鸣金击鼓，台上扬声同喊曰，茶发芽，叫喊山。这是说明当时的茶户，每年除了贡新茶和遭受地方官吏的敲诈外，还要负担喊山的祭费。虽然茶树久荒，但也不得不购买他山茶以输官。从这些记载中可以看出封建统治者是如何剥削茶农，摧残茶树生长，阻碍茶叶生产发展的。

周亮工《闽小记》："武夷、丐崄、紫帽、龙山，皆产茶。僧拙于焙，既采，则先蒸而后焙，故色多紫赤，只堪供宫中洗濯用耳。"劳动群众饮不到茶，而封建皇室却把贡茶作洗濯用品，何等骄奢！

《吴兴掌故录》："我朝太祖皇帝喜顾渚茶，定制岁贡止三十二斤。于清明前二日，县官亲诣采茶，进南京奉先殿焚香而已，未尝别有上供。"这是沿周朝礼制，贡茶供奉祖先。

《明大政纪》："洪武二十四年九月，诏建宁岁贡上供茶，罢造龙团，听茶户惟采茶芽以进，有司勿与。天下茶额惟建宁为上，其品有四，探春、先春、次春、紫笋，置茶户五百，免其徭役。上闻有司遣人督迫纳贿，故有是命。"官吏督迫贡茶，贪污纳贿，无恶不作。

《七修汇藁》："洪武二十四年，诏天下产茶之地，岁有定额，以建宁为上，听茶户采进，勿预有司，茶名有四，探春、先春、次春、紫笋，不得碾揉为大小龙团，然而祀典贡额，犹如故也。"碾揉大小龙团比芽茶费工，官吏便于欺诈，芽茶品质比团茶好，为皇室所重。这是皇室与官吏不能解决的矛盾，不得不下诏压服。

《明史·食货志》载：明太祖时（1368—1398）建宁贡茶1 600余斤，到隆庆（1567—1572）初，增到2 300斤。明代贡茶剥削不少于宋代。如宣德时（1426—1435），宜兴贡茶由100斤增到2 900斤。浙江诸处额亦非旧矣。

《燕下乡脞录》："旧例，礼部主客司，岁额六安州霍山县进芽茶七百斤，计四百袋，袋重一斤十二两，由安徽布政司解部。

其奉檄榷茶者，则六安州学正也。闻是役在昔颇为民累，窃惟京华人海，百物充积，圣人爱民如子，他日封疆大吏，必有奏请免进，以苏民困。"

六安出产芽茶，品质很好，也被封建皇帝所占有，指定为贡茶。官吏从中私饱，争论贡额。清孙承泽撰述明代旧闻的《春明梦余录》中，曾有一段记载当时情况："汪应轸疏说：……近照旧之旨，二说可通，彼此意见各有执。礼部则以为解纳，自有原额，如六安芽茶三百斤正数之外，不可加者，此其旧例也。光禄寺以为供应有常规，如岁用六安茶约四百七斤，故三百斤正数不得不加者，此亦旧例也。若不申明，终无定守。"这是官吏争夺中饱的写实。

曹琥弘治（1488—1505）进士，揭露当时贡茶苛政，《请革芽茶疏》说："不欲以一人之奉而困天下之民，以养人之物而贻人之患……查得本府额贡芽茶，岁不过二十斤。迩年以来，额贡之外，有宁王府之贡，有镇守太监之贡，是二贡者，有芽茶之征，有细茶之征。始于方春，迄于首夏。官校临门，急如星火，农夫蚕妇，各失其业。奔走山谷，以应诛求者。相对而泣，因怨而怒，殆有不可胜言者。如镇守之贡，岁办千有余斤，不知实贡朝廷者几何？今岁太监黎安行取回京，未及征派，而百姓相贺于道。则往岁之为民害，从可知已。"这是当时贡茶为害情景的写实。

曹琥《疏文》又提出贡茶五害：①采制贡茶，正是春耕和养蚕的农忙时候，男女都要废业，终年无收入；②是时，麦还未收，民食困难，而贡茶追迫很紧，民不聊生；③贡茶到官，严格拣选，只取十之一，遂使图利之家，先期采集，坐索高价；④有的采制过时，市上也买不到，无法应贡，只好行贿官吏，百计营求；⑤官吏乘机私买私卖，遂使朝夕盐米的小民，相戒不敢入市。

天下产茶之地，岁贡都有定额，有茶必贡，无可减免。哪里要采制贡茶，哪里人民就遭殃。明朝官府勒索贡茶更残酷。据《明旧志》载：万历时（1573—1620），昔富阳鲥鱼与茶并贡，百姓苦之。金事韩邦奇写一首《茶歌》揭露当时统治阶级的罪行。《茶歌》说："富阳江之鱼，富阳山之茶；鱼肥夺我子，茶香破我家。采茶妇，捕鱼夫，官府拷掠无完肤，昊天何不仁；此地亦何辜！鱼何不生别县，茶何不生别都？富阳山，何日摧？富阳江，何日枯？山摧茶亦死，江枯鱼乃无。鸣呼！山难摧，江难枯，我民不可苏。"足见贡茶为害之甚。

清圣祖和高宗亲自到处搜掠贡品。康熙三十八年（1699）玄烨南巡到太湖，巡抚宋荦购朱正元独自精制的品质最好的"吓杀人"茶进贡，玄烨以其名不雅驯，题之曰碧螺春。自是地方大吏岁必采办进贡。

乾隆十六年（1751）弘历南巡，搜刮地方名产。诏令曰：进献贡品者，庶民可升官发财，犯人重刑减轻。徽州名茶老竹铺大方，就是当时老竹庙和尚大方创制进贡。乾隆就恩赐以大方为茶名，自是年年创制进贡。

安徽另一贡茶，泾县涌溪火青，也是清朝刘金以在涌溪弯头山发现的白茶，创制进贡而出名的。

浙江杭州西湖龙井寺附近也有御茶园，至今还有十几丛茶树，据说是弘历皇帝来龙井寺指封的。

查慎行（康熙四十二年，即1703年进士）《御茶园歌》："宣和以来虽递驿，场未官没民不烦，元人专利及琐细。高兴父子希宠恩，大德三年岁己亥，突于此地开茶园。……初春次春偏采摘，一火（孟春茶）二火（仲春茶）长温磨，缄题岁额五千饼，鸡狗窜尽山边村。……朝廷玉食自不乏，何用置局笼邱樊。茶兮尔何知，乃以尔故灾黎元。"这是指桑骂槐，揭露封建统治的暴厉。

朱彝尊（康熙十八年，即1679年举人）《御茶园歌》："每当启蛰，百夫山下喊枞，金伐鼓声喧嘈，岁签二百五十户，须知一路皆驿骚，山灵丁此亦太苦。……君臣第取一时快，讵知山农摘此田不毛（田荒），先春一闻省帖下，樵丁茇竖纷逋逃。"君臣贪图一时快乐，不惜让农夫荒废田园；樵夫听到摧迫贡茶帖子下来，就相偕逃亡。

历史上也有些人专靠贡茶升官发财。

胡仔《苕溪渔隐丛话》引《高斋诗话》："郑可简以贡茶进用，累官职至右文殿修撰、福建路转运使。其侄千里于山谷间得朱草，可简令其子待问进之，因此得官。好事者作诗谑之：父贵因茶白，儿荣为草朱。"

朱正元、刘金都是士人，创造贡茶求宠，升官发财。岂不知欧阳修闻蔡君谟进小龙团，惊叹曰：君谟士人也，何至作此事。苏东坡诗说：武夷溪边粟粒芽，前丁后蔡相笼加，争新买宠各出意，今年斗品充官茶。则知始作俑者大可罪也。朱、刘两人遗祸茶农也不浅！

周亮工《闽小记》："鼓山半岩茶，色香风味当为闽中第一，不让虎邱、龙井也。……国朝每岁进贡，至杨文敏当国，始奏罢之。然近来官取，其扰甚于进贡矣。"这说明清初罢福州鼓山的贡茶后，官吏借贡茶勒索百姓更加厉害。

第三节 茶　　税

税收是国家财政的主要来源之一。尤其是封建统治阶级，为了中饱私囊，苛捐杂税如毛，广大人民遭受无穷无尽的祸害。

我国自唐德宗建中元年（780）开始重征茶税，历代相因。随着茶叶生产和贸易的发展，税额不断增加。如到贞元时期（785—805），茶税收入每年增加到 40 万缗。英国苛征美洲茶税，人民无力负担，于是掀起抗税反英运动。英国又苛征茶叶入口税，超过茶价数倍，遭到全国人民的反对，结果不得不让步，减低税率。由此可见，茶税与国计民生有密切关系。

一、唐代茶税

唐德宗建中三年（782）纳户部侍郎赵赞议税天下茶、漆、竹、木什取其一，以为常平本钱。兴元元年（784）罢茶税。贞元九年（793）复茶税，以茶税代水旱田租，化茶税为常税。诸道盐铁使张滂奏，出茶州县和茶山，就地征税，茶商往来的要道，收运销税，以三等定估，十税其一。江淮茶为大模，1斤至50两。诸道盐铁使于惊每斤增税钱5，谓之剩茶钱。当时茶叶是重要商品，贸易数量很大。

穆宗长庆元年（821）禁中起百尺楼，费不可胜计，乃以土木费名目增天下茶税率百钱增50，遂为天下生民无穷祸害。当时右拾遗（掌供奉讽谏之官）李珏上疏谏曰："榷率起于养兵，今边疆无虞而厚敛伤民，不可一也；茗饮人之所资，重税则价必增，贫弱益困，不可二也；论税以售，多为利，价腾踊，则市者稀，不可三也。"李珏从巩固封建统治出发，详述苛征重税的危害。可是皇室只想满足眼前的腐朽生活的需要，不但没有接受李珏的意见，反而不断地增加茶税。

文宗开成五年（840），盐铁转运使崔珙又增加江淮茶税。茶商所过州县均征重税，或掠夺舟车，露积雨中，诸道置邸以收税，谓之"榻地钱"。

《新唐书·食货志》：开成年间（836—840）朝廷收入矿冶税，"举天下不过七万余缗，不能当一县之茶税。"

《册府元龟》说："开成五年十月，崔珙奏曰：伏以江南百姓营生，多以种茶为业，官司量事设法惟税卖茶商人，但于店铺交关，自得公私通济，今则事须私卖。"说明当时百姓多以茶为生，茶叶生产旺盛，不仅商卖纳税，而且私卖也要征税，可见茶叶贸易发达，饮茶遍及民间。

宣宗大中六年（852），庐、寿、淮南皆加半税，天下税茶增倍。

二、宋代茶税

宋初实行榷茶制度。太宗太平兴国二年（977）设江南榷茶场。岁课作税输租，余则官悉市之。其售于官者，皆先受钱而后入茶，谓之"本钱"。输税愿折茶者，谓之"折税茶"。岁税865万余斤。太平兴国八年禁伪茶，民间旧茶园荒芜者，免税，当以茶代税，而无茶者，许输它物。

景德三年（1006）三司使丁谓尝论"三说法"（人人募人入中西北刍粟，虚估给券，以茶偿之，后又益以东南缗钱、香药、象齿谓之"三说法"）得失说："边籴才及五十万，而东南三百六十余万茶利，尽归商贾。虽屡变法然不能止弊。"

至仁宗天圣元年（1023）废"三说法"，改行"贴射法"，罢官给"本钱"，使商人与园户自相交易。官府一方面向园户征收实物，一方面向茶商收息钱。仁宗景祐元年（1034）实收钱59万缗。仁宗嘉祐三年（1058）除元本及杂费外，得净利542 211贯524文。嘉祐四年官茶所在陈积，县官获利无几，取消榷茶法，改行"通商法"。官府向园户收租钱，以3倍旧税为率，可得170万缗；商贾贩茶交引收钱68万余缗，共230多万缗。

英宗治平三年（1066）茶户租钱329 855缗，又储本钱474 321缗，而内外总入茶税钱498 600缗。

熙宁七年（1074）至元丰八年（1085）蜀道茶场41，京西路金州为场6，陕西卖茶为场332。税息至李稷（熙宁十年至元丰四年）加为50万；及陆师闵（元丰五年至元丰八年）为100万。

徽宗崇宁元年（1102）恢复贴射法，岁收净利320余万贯，而诸县商税75万多贯，不包括食茶税收，有时到500余万缗。徽宗政和二年（1112）大损茶法诏福建茶园如盐田量地产茶多寡，依等第均税。然自茶法吏张至政和六年五年间共收息1 000万缗。

高宗建炎二年（1128），赵开至成都大更茶法，罢官买茶，给引通商，每斤引钱春茶 70，夏茶 50，所过征 1 钱，所止 1 钱 5 分，自后引息钱至 105 万缗。建炎四年茶引收息 170 余万缗。

绍兴后，茶马司又增引钱，于是茶马司一年遂收 200 万缗。每年以 200 万缗为例。

绍熙初，成都府利州路 23 场岁收 2 493 000 余缗。

元马端临《文献通考》："嘉泰四年（1204）知隆兴府韩邈奏户部，茶引岁有常额，隆兴府惟分宁、武宁产茶，他县并无，而豪民武断者乃请引领租，借官引以穷索，一乡无茶者使认茶，无食利者使认食利，所至惊扰，乞下省部，非产茶县，并不许人户擅自认租，它路亦比类施行。"说明恶霸土豪借茶税的名目，巧取豪夺。

真德秀《大学衍义》："呜呼！民资五谷以为食，所以下食者盐，而消其食者茶也。既以税其食，而又税其所下食之具，及其所消食者亦税之。民亦不幸而生于唐宋之世哉。"

三、元代茶税

元潭州路总管张庭瑞于元世祖中统二年（1261）更变引法，每引纳 2 缗，茶叶自由买卖。于是茶税也年年增加。世祖至元十三年（1276）以三分取一，定长引计茶 120 斤，收钞 5 钱 4 分 2 厘 8 毫；短引计茶 90 斤，收钞 4 钱 2 分 8 毫，是岁收 1 200 余锭（每锭 10 两白银）。至元十四年增至 2 300 余锭。至元十五年增至 6 600 余锭。至元十八年突增至 24 000 锭。至元十九年江南设税局，买引通行贩卖，年终增加 20 000 锭。

至元二十一年（1284）正税每引增 1 两 5 分，通为 3 两 5 钱。至元二十三年江西榷茶使李起南建议江南茶每引价 3 贯 600 文，增至 5 贯，是年征 4 万锭。

成宗元贞元年（1295），以旧法江南茶商至江北者又税之，在江南卖者，亦更税如江北。增江南茶税 3 000 锭，是年征收

83 000锭。

武宗至大四年（1311），仁宗即位，增至171 131锭。仁宗皇庆二年（1313）更定江南茶法，又增至192 866锭。延祐元年（1314）又更定江南茶法，又增至392 876锭。

仁宗延祐五年定减引添税之法，每引增税为12两5钱，茶税共25万锭。延祐六年取缔官吏豪民中饱，延祐七年茶税遂增至289 211锭。

自至元十三年至皇庆二年（1276—1313），茶税增加了240倍。茶税不断增加，而茶叶产量实际上却没有增多。《续文献通考》："延祐三年（1316）十一月增江南茶税。……郡县所输，竭山谷之产，不能充其半，余皆凿空，取之民间，岁以为常。时转运使得以专制有司，凡五品以下官皆杖决，州县莫敢谁何。"增加茶税，就是直接提高茶价。虽然不完全等于增加茶价240多倍，但根据茶税苛重来看，茶价的增加幅度也足以达到惊人的地步。饮用者无力购买，茶叶产销必然遭到很大破坏。

四、明代茶税

明代茶政以榷茶易马为主，收税为辅。宪宗成化十九年（1483）石泉、建始、长宁等县并建昌、天全、乌蒙、镇雄、永宁九姓土司办纳折色336 963斤，共征银4 702两8分。

神宗万历六年（1578），巡茶御史册报保宁府属巴州、通江、广元、南江4州县解纳，新收1 694两6钱9分5厘。

各处茶税：应天府（即今南京）江东瓜埠巡检司缴纳10万贯；苏州府2 915贯150文；常州府4 129贯258文；镇江府1 602贯620文；徽州府70 568贯750文；广德州503 280贯960文；浙江2 134贯20文；河南1 280贯；广西1 183锭15贯592文；云南17两3钱1分4厘；贵州81贯371文。

明代官吏对茶农需索苛刻，人民亦受很大苦楚。周亮工《闽小记》：武夷产茶甚多，"黄冠（农民衣服）既获茶利，遂遍种之，一时松栝樵苏都尽，后百年为茶所困，复尽刈之。""黄冠苦于追呼，尽斫所种武夷真茶。"当时武夷山有一首茶歌说："茶兮尔何知，乃以尔故灾黎元。"武夷山茶叶生产之所以衰落，乃是苛征茶税、迫害茶农的结果。

五、清代茶税

清初榷茶引税并行。圣祖康熙七年（1668）裁撤茶马司御史，归甘肃巡抚兼理。康熙二十二年各省茶税共银32 642两。

陕西每引茶税 3 两 9 钱，包括安汉二府征商茶税各 250 两，共7 255两 6 钱。

四川定巴州等 21 州县，边票每张征税 4 钱 7 分 2 厘，腹票每张征税 2 钱 5 分，共银3 855两 9 钱 9 分 8 厘。又新繁等 29 州县茶税 326 两 1 钱 1 分 6 厘；遵义府茶税 88 两 2 钱 9 分 5 厘。共4 270两 4 钱 9 厘。

江南 198 两，系每引征纸价 3 厘 3 毫，不包括商运过关验引抽税汇入关税或杂税。

浙江每引征收 1 钱 2 分 9 厘 3 毫，共18 113两 2 钱。

江西每引征收 1 钱 5 分 3 厘 3 毫，共 528 两 6 钱，不包括瑞昌 18 两 8 钱，德赣二县 49 两 8 钱，遇润加征 4 两 5 钱汇入商税。

湖广茶税共2 230两 3 钱 6 分。湖北每引征收 2 两，湖南每引征收 3 两 9 钱。又安陆府茶税 624 两 2 钱 7 分，当阳县 10 两 9 分，六合县 200 两。共3 065两 5 钱 3 分。

福建茶税 359 两 2 钱。山东济南府 176 两 5 钱 7 分，其余州县茶税汇入杂税。广东 10 两 5 钱，乐昌、长宁二县及潮州府广济桥归入杂税在外。广西、云南贩茶抽税无定额汇入杂税内。宣宗道光九年（1829）分别粗细，纳税多寡。清代征收茶税范围很广，税率各地不同，正税之外，还有厘金。清末，西北战乱不息，茶叶贸易政策以税收为主，增加库入，补助地方行政费用。

六、茶税与贪官污吏

茶自唐代立税以来，有征银钱，有征实物；茶商纳税，茶农也纳税，税目种类繁多，税额年年增加。各级官吏无不受赃致富。

五代时，湖南产茶最多，所以也能成为一个小国。楚国王马殷令民大量采茶卖给北客，每年收税甚巨。马殷又在湖北、河南卖茶，获利 10 倍。当时捐税苛重，各种商品都要缴纳通过税，茶从湖南运到开封、洛阳，路上抽税六七次以上。税官私囊收入，一日抵得商贾几个月的赢利。

宋代，茶叶实行官买官卖，既榷茶又征税。茶税如盐税一样为国库的主要收入。赵顼时，为便利课税索物，令各业组织商行。凡商店商贩必须入行，不入行者，不得在街市做买卖。京城街上提瓶卖茶人都投充茶行。行行业业都征重税。朝廷官吏互相争利，贪污成为极普遍的现象。

元代官吏和唐宋一样，强征茶税，搜刮人民财富。自忽必烈至爱育黎拔力八达茶税增加了 360 多倍。朝廷贪得无厌，官吏公开受贿，人民负担日益加重。

明代时，茶叶被视为高贵物品。朱祐樘在位十八年，仅弘治十年召见大学士徐傅、刘健、谢迁时每人赏茶一杯，满朝认为盛事。茶政恢复宋制，榷茶征税并行，朝廷大小官吏贪污成风。万历二十七年因筹备皇子婚礼，取户部银 2 400 万两，其中一大部分系茶税所得。

清代对茶业亦征重税，茶税为国库收入的重要来源。文武官吏无不贪污受贿，生活腐化，挥霍无度。

综上所述，我们不难看出，在封建社会中，茶和其他物产一样是统治阶级掠夺的对象。大小官吏借征收各种茶税之机，又贪赃枉法，胡作非为，给人民带来了无穷无尽的灾难。

七、英国茶税

18 世纪中期，英国财政窘迫。亚当·斯密（1723—1790）倡谈"国富论"，主张用增加税收的办法来缓和财政危机。首相维廉·比德采纳了这个主张，并付诸实施。茶税是英国政府大宗税源。1784 年税率达 190％。自 1711 年至 1810 年间，英国政府只从茶叶税收中就获取 7 700 万英镑，超过 1757 年英国所负国债金额。税率为 12.5％至 200％不等。

当时英国经济困难，一般人无力饮酒。于是东印度公司大量输入中国茶叶，政府苛征巨额茶税。1793 年，进口中国茶为 1 600 万磅，至 19 世纪 30 年代增加到 3 000 万磅以上。政府的茶税收入，1793 年是 60 万英镑，至 1833 年就增加到 330 万英镑。

东印度公司垄断了茶叶贸易，便实行垄断价格，以求获得最大限度的利润。茶价不断提高，一般人买不起，不能自由饮用。由是私运盛行，大量私茶由外轮运抵英国南岸。国内实际饮用量与东印度公司输入量差额很大。议会派伯克（Edmund Burke）调查私运情况后，主张废除茶税。比德迫不得已，从 190％的税率，减至几等于无税的 12％。而岁入之不足，则以窗税弥补。这就是所谓防止东方秘密输入茶叶的代偿条令，为议会通过的英国财政史上的著名法案。自后私运杜绝，正式输入激增，而国家收入亦大增加。全年茶叶税收，约 700 万英镑。

第十三章　国内茶叶贸易

第一节　茶叶贸易的开始和发展

一、茶叶贸易的开始时期

在战国时期，山东诸国开始有了工商业。西汉时，由于农业的发展，工商业亦获得了进一步发展。当时不仅有较大规模的官营和私营手工业，而且还有遍布全国城乡的小手工业和家庭手工业。大中城市比战国时期更多了，国外贸易也有了明显的发展。茶叶既属农业范畴，又属手工业范畴，亦工亦商，当然也随之而发展。

王褒《僮约》"武阳买茶"的记载是茶叶商品化的有力证明。到现在至少也有2 000多年的历史了。

王褒是蜀郡（今四川成都）人，武阳是今四川彭山县，武阳与成都有水路通商的便利。西汉时，成都已是一个大的商业城市，到了西汉后期则成为西南地区商业中心了。武阳和成都是中国最早的茶叶市场。

中国茶叶发源于西南高原，商品茶叶最早出现于四川、贵州的产地市场。在西汉前后，许多历史资料中的有关茶叶记事，都与最早产茶的巴蜀（四川）分不开，更可表明《僮约》记载是正确的。

我国茶叶初期贸易是运销国内各地，次及边疆少数民族地区，换取少数民族的土产或马匹。至海外通商开始后，茶叶又为对外贸易的主要物资。

二、茶叶贸易初期概况

到了2世纪，饮茶风气传入中原地区。于是这个地区的茶叶生产开始得到发展，茶叶贸易也随之兴起，饮茶的人迅速增多。华佗《食论》说苦茶久食可以益思。茶叶没有商品化，就没有很多人饮茶，也就没有华佗的经验之谈。华佗（141—约203）往来于徐州、盐城、扬州等地行医，由此可知，当时茶叶已在中原地区的市场出现了。

到了3世纪，饮茶风气已传到江苏。《吴志·韦曜传》"以茶代酒"的记载表明当时江苏饮茶已相当普遍，才有"寒夜客来茶当酒"的意味，当然茶叶贸易亦已开始了。

西晋人司隶校尉说："闻南方有以困蜀妪作茶粥卖，为廉事打破其器具，后又卖饼于市，而禁茶粥，以蜀姥何哉。"傅咸是西晋惠帝司马衷的御史中丞，惠帝在位十七年（290—306）。这说明南方茶叶的商品化，是在3世纪开始的。

《广陵耆老传》："晋元帝时（317—223年在位）有老姥，每旦独提一器茗，往市鬻之。"元帝的国都即今江苏江宁。这说明东部茶叶的发展是以江苏为最早的。此后江苏相继生产出最早闻名全国的阳羡茶和顾渚茶，不是也可以说明问题吗?!

南北朝刘宋（420—479，建都江宁）江祚等《江氏家传》：江统疏谏说，"今西园卖醯、面、蓝子、菜、茶之属，亏败国体。"由此可知，到5世纪初，茶叶和其他商品同样在国都市场出现了。

到了6世纪，茶叶已由长江流域再繁延到沿海各地。茶叶不仅在当地市场出售，而且海运出口。

南北朝非常混乱的时期，东北和西北少数民族先后在中国北部建立政权，就仿效汉族开始饮茶。隋唐统一中国，势力及于西陲，边疆民族大都重回故土，饮茶习惯，也随之流传到边疆各地。《藏史》记载："松赞干布之孙杜松孟波始自中部运回茶叶。"

杜松孟波比文成公主先死 8 年，文成公主出嫁藏王松赞干布是唐贞观十五年（641），说明在 7 世纪中叶茶叶已销到西藏了。

三、茶叶贸易的发展

到 8 世纪初，由佛教传布饮茶风气，跨过黄河向北推进，就在北方开辟茶叶市场。唐封演《封氏闻见记》："唐开元（713—741）中，泰山灵岩寺有降魔禅师，大兴禅教，学禅务于不眠，又不夕食，皆许其饮茶。人自怀挟，到处煮饮，从此转相仿效，遂成风俗。自邹（山东兖州）、齐（山东青州）、沧（河北沧州）、棣（河北武安）渐至京邑，城市都开店铺，煮茶卖之。不问道俗，投钱取饮。"这是茶叶以商品形式出现于山东、河北、京津市场最早的记载。

《封氏见闻记》又说："茶自江淮而来，舟车相继，所在山积，色额甚多。"开元后，江淮的茶叶就大量运销北方。

宋太平兴国二年（977）李昉等奉敕监修的《太平广记》引《广异记》："天宝（742—756）中，有刘真清者，与其徒二十人于寿州作茶，人致一驮为货，至陈留（今开封）。"那时的制茶工人购买新茶，返乡出卖，茶叶自由买卖风气很盛。

到了 9 世纪，茶叶贸易范围更加扩大，成为一般商人最好牟利的经营业务。每到茶季，各地商人麇集茶区贩茶。白乐天《琵琶行》说："商人重利轻别离，前月浮梁买茶去。"说明那时商人远离家乡到外地去做茶叶生意是普遍现象。大茶商多是外地人，直到新中国成立前还是这样。根据湖南黑茶和湖北青砖茶自古以来都是陕西人经营来看，华中的茶叶是否也在那时候就开始向西北推销，很值得研究。

那时产茶地区的茶叶贸易，是相当繁盛的。杜牧（803—852）描写穆宗长庆年间（821—824）四方茶商入山交易盛况说："得异色财物，不取货于城市，惟有茶山可销受。盖以茶熟之际，四远商人，皆将锦绣缯缬、金钗银钏，入山交易，妇人稚子，尽衣华服，吏见不问，人见不惊。"说明茶季时候，各地茶商都集中茶区做茶叶生意，因此茶区经济特别繁荣。

安徽祁门茶叶贸易，在 9 世纪也很发达。唐懿宗咸通三年（862）七月十八日歙州司马张途写的《祁门县新修阊溪记》说："邑之编户籍民五千四百余户……邑山多而田少……山且植茗，高下无遗土。千里之内，业于茶者七八矣。由是给衣食供赋役悉持此祁之茗。色黄而香，贾客咸议，逾于诸方，每定二、三月齎银缗缯素求市，将货他郡者，摩肩接踵而至。"说明那时各地茶商已来祁门经营茶叶生意了。

（一）五代十国茶市

江宁为五代最大的茶市，是内地南北交通的中枢，北方商人买茶必须来到江宁。楚国王马殷占湖南 15 州，建都长沙，用茶交换中原的绢帛，为奖励商品输出而增加茶叶产量。马殷令民大量采茶，卖给北客；同时又在开封、襄（湖北襄阳）、唐（河南唐河县）、郢（湖北钟祥县）、复（湖北沔阳县）等州设邸（栈行）卖茶，获利甚巨。

后周柴荣（955—959 年在位）夺南唐国江北诸州，南唐王李璟（943—958 年在位）失去盐场，遣宰相冯延已献犒军银 10 万两，绢 10 万匹，钱 10 万贯，茶 50 万斤，请求赐给海陵（江苏泰县）盐田，柴荣不肯。

（二）茶叶官买官卖

到了宋代，革新制茶技术，花色增多，茶叶贸易更加发展。据《宋史·食货志》载，太平兴国二年茶分片茶（蒸青团茶）和散茶（蒸青散茶）。建、剑（福建建州、剑州，即今建瓯和南平）片茶有龙凤、石乳、白乳之类 12 等，以充岁贡及邦国之用；其他片茶有仙芝、玉津、先春、绿芽之类 26 等。两浙及宣州（今安徽宣城）、鼎州（今湖南常德）又以上中下或第一至第五为号。散茶有龙溪、雨前、雨后之类 11 等；江浙又有以上中下或第一至第五为号者。买腊茶斤自 20 钱至 190 钱，有 16 等；片茶大片自 65 钱至 205 钱，有 55 等。散茶斤自 16 钱至 38 钱 5 分，有 59 等。饼腊茶斤自 47 钱至 420 钱，有 12 等；片茶自 17 钱至 917 钱，有 65 等；散茶自 15 钱至 121 钱，有 109 等。民之鬻茶者，皆售于官，给以日用者，谓之"食茶"。出境则给券。商贾之欲贸易者，入钱若金帛京师榷货务，以射 6 务 13 场茶，给券随所射与之，曰"交引"。愿就东南入钱若金帛者听，计值予茶如京师。

上述茶叶贸易情况说明：①当时茶叶交易的种类和等级已相当复杂了，有几百等级，各等级的价钱相差也很大；②官买官卖价格也事前定好，在形式上正如解放前的"毛茶山价"和专卖牌价，本质上是一种残酷剥削方式；③官府垄断茶叶贸易的独占利润很高，收买是 20 钱至 190 钱，卖出是 47 钱至 420 钱，相差一倍以上；④那时商人买卖茶叶要以官府给券为凭，就是专卖证。

《宋史·食货志》又说：宋太宗雍熙（984—987）后，用兵切于馈饷，多令商人入刍、粮塞下，酌地之远近而为其值，取市价而厚增之。授以要券，至京师给以缗钱，又移文江淮荆湖给以茶。

据马端临《文献通考》载，真宗景德年间（1004—1007），西北宿兵既多，馈饷不足，因募人入刍粟，度地理远近，增其虚估给券，以茶偿之，后又益以东南缗钱、香药、象齿，谓之"三说"（说与税同）。

宋仁宗天圣元年（1023）罢三说法，由茶商直接向园户买茶自卖。官府发给茶引，商人凭茶引买茶，每斤付园户 25 文，另输官息线引文叫贴射法。这是商买商销的方式。无人贴射，由官收购，是官卖商销的方式。

仁宗嘉祐四年（1059）改行通商法，所有茶叶买卖的禁令完全解除。园户出产的茶叶，由官府征收"租钱"，然后听任园户把茶卖给有茶引的商人，商人收购茶叶时，必须向官府纳营业税，所谓"征算"。

徽宗崇宁元年（1102）恢复官卖制度，提高茶叶零售价。茶价愈高，饮茶人愈少，茶叶就愈不易卖出，堆积很多，初则焚毁，后就令官吏用强迫手段按照地区大小，实行摊派。官吏争取立功，于是官府订立"比较法"作为考核官吏、实行奖贬的制度。执行摊派任务有成绩者就获奖赏；执行不力者就降低薪俸。督促很严，官吏惟恐落后，就招诱豪商增价。徽宗政和年间（公元1111年至1118），陕西茶价每斤到5～6缗，相当于当地食米2石左右。茶价过高，配售给商铺的茶叶销不出去，便按户强摊给农民。农民受剥削，豪商获大利。

钦宗靖康元年（1126），金兵攻入汴京（开封），宋室南迁，西北茶市起了很大变化。这时茶叶贸易不得不改为商卖商销了，因此，茶叶亦向海外推销。

高宗绍兴十一年（1141）宋金"议和"条款中有纳茶的规定。当时金据今东北和淮河以北以及西北一带，都是需要茶叶很多的地区。除岁贡外，还有私人交易，但是销量减少很多。

宁宗时，宋茶贡金外，并和金人交易金帛。金章宗泰和六年，即宋宁宗开禧二年（1206）十一月尚书省奏："茶饮之余，非必用之物，比岁上下竞啜，农民尤甚，市井茶肆相属商旅，多以丝绢易茶，岁费不下百万。"当时金人消费的茶叶，除宋人岁贡外，皆向宋的榷场购买。可见南宋茶叶畅销于中国北方。宋金陆路贸易主要是茶。

《金史·食货志》："元光二年（1223，即宋宁宗嘉定十六年），省臣奏曰：茶本出于宋地，非食之急，而自昔商贾以金帛易之。今河南、陕西凡五十余郡，郡日食茶二十袋，袋值银二两，是一岁之中，妄费民银三十余万也。"这是历史上内销数量最早的记载。当时仅河南、陕西两省50多郡，每年茶叶消耗就有30多万两银。东南各省盛产茶叶，消费量就更加可观了。

《中国通史简编》："南宋每岁产茶1 590余万斤，公卖茶岁收约270余万贯。"

《南宋市肆书》："平康歌馆，凡初登门有提瓶献茗者，虽杯茶亦犒数千，谓之点花茶。"《梦粱录》：茶肆列花架，安顿奇松异桧等物于其上，装饰店面敲打响盏歌卖。冬月添卖七宝擂茶、馓子、葱茶。楼上安着妓女，名曰花茶坊。诸处茶肆，有清乐茶坊、八仙茶坊、珠子茶坊、潘家茶坊、连三茶坊、连二茶坊等名。

《都城纪胜》："大茶坊皆挂名人书画，……人情茶坊，本非以茶汤为正，……水茶坊，乃娼家聊设桌凳，以茶为由，后生辈甘于费钱，谓之干茶钱。"书中提到还有提茶瓶及龊茶名色。农村茶馆是农民劳动后消除疲劳之所；而都市茶馆则不同，很多是纸醉金迷、腐化堕落的销金窟。

《中国通史简编》："茶店分大茶坊（张挂名人字画，供客消遣）、人情茶坊（借饮茶为由，出多茶钱）、水茶坊（娼妓卖茶诱客，市头诸行雇觅工人及卖手艺人会聚的茶店），又有一种茶店，专为娼妓家父兄聚会的场所。酒筵店包括四司六局，有茶酒司和茶蔬局。"

（三）茶叶官征税商买卖

元世祖忽必烈取消茶马交易。榷茶制度与宋相同，西北茶叶贸易于中统二年（1261）恢复官卖官销制度，垄断边销茶，以达到"以茶治边"的目的。官卖四川茶叶，增价卖给羌人，发生祸患。张庭瑞更变引法，每引纳2缗，而付文券与民，听其自市于羌蜀便之。

至元元年（1263），茶引便于商贩。民众买茶及江南产茶零卖，皆须"由贴"为照。每年茶由1 385 289斤，每斤1钱1分1厘1毫2丝。当时茶区运出销售茶叶达90多万担，茶区附近零星买卖也有13 000多担，江南、江北茶叶贸易很兴盛。

明太祖朱元璋恢复茶马交易，换军马以巩固边防，控制边茶贸易，也是实施"以茶治边"的政策。茶分贡茶、官茶、商茶、私茶4类。官茶西北易马，商茶由商经售，经领引纳税，准许公开售卖。私茶是未经请引纳税，走私交易。

世宗嘉靖四年（1525），四川产茶 5 万多担，一半边销，一半本省内销。后本省内销增加至38 000多担。嘉靖三十一年，省销又下降至26 000多担。芽茶与叶茶的价值，是三与二之比。

清代茶叶贸易，商人请引纳税自行买卖，每引买茶 100 斤，每引征税，各地不同。清世祖顺治七年（1650）恢复旧例，大引篦茶，官商均分。每大引买茶 9 300 斤，为 930 篦。商领部引，论价买茶交茶马司，一半入官易马，一半给商发卖，例不抽税。

清圣祖康熙二十二年（1683），陕西定额22 400引，易马20 796引；榆林、神木、宁夏三处1 640引，每引征税 3 两 9 钱。包括安汉二府各征商茶 250 两，是年陕西茶税6 755两 6 钱。

四川巴州等 21 州县，边票6 884张，每张征税 4 钱 7 分 2 厘；腹票2 427张，每张征税 2 钱 5 分。包括新繁等 29 州县茶税326 两 1 钱 1 分 6 厘，遵义府茶税88 两 2 钱 9 分 5 厘，共收茶税4 270两 4 钱。

江南定额60 000引。江宁府领引53 000张，吴县领引1 000张，宜兴张渚司领引5 000张，湖汶司领引1 000张，每引征纸价 3 厘 3 毫，商运过关验引抽税汇入关税。歙县街口司茶税汇入杂税。

浙江定额140 000引，每引征税 1 钱 2 分 9 厘 3 毫，共税额18 128两 2 钱。

江西定额3 000引，每引征税 1 钱 5 分 3 厘 3 毫，共 460 两。又瑞昌县茶税米折水脚银 18 两 8 钱，德赣二县茶税水脚49 两 8 钱外，遇闰加征 4 两 5 钱汇入商税。是年收茶税 528 两 6 钱。

湖广定额，湖北 230 引，每引征税 2 两；湖南 240 引，每引征税 3 两 9 钱。包括安陆府茶税 624 两 2 钱 7 分，当阳县 10 两 9 分，六合县 200 两，共2 230两 3 钱 6 分。均州茶税尽收尽解，茶行经纪每名帖税 2 两。

福建茶税 359 两 2 钱。山东济南府茶税176 两 5 钱 7 分，其余州县茶税汇入杂税。广东茶税 10 两 5 钱。长宁县茶园墟税在杂税项下汇解。潮州府广济桥每百斤细茶税 1 钱，粗茶税 1 分 5

厘，苦茶税 9 厘，汇入桥税内。广西、云南贩茶抽税汇入杂税内。

康熙二十二年（1683）各省茶税共银 32 642 两，从茶税之多，可见茶叶贸易何等兴盛。康熙三十七年因中马不多，积茶很多，新旧茶折银发饷。康熙五十一年西北存积陈茶全部折价发卖，茶价一减再减。高宗乾隆元年（1736）西北积存陈茶价跌每斤 2 钱，还是销不掉。

自仁宗嘉庆年间至穆宗同治年间，即 1796 年至 1874 年，西北茶政虽数次变更，但都离不开控制和垄断茶叶贸易，因而西北茶市日趋衰落，边销茶大部分转为外销和内销。

同治七年（1868），天津人口为 40 万，销红茶 281 337 斤，绿茶 11 494 斤，茶末 35 645 斤。当时，日本帝国主义侵入，在华北倾销日茶。那年天津销日本绿茶 645 860 斤，茶末 57 892 斤。合计销 1 023 356 斤，共 19 763 英镑[1]。平均每人每年饮茶 2 斤半。东南产茶地区茶叶消费量当然要比天津多得多。

第二次世界大战期间，茶叶外销几乎断路，产量突降，茶叶以内销为主。1939 年，福建运往上海正茶 49 910 担，副茶 16 965 担，折合当时的伪币值 3 665 000 元。运往邻省 1 091 担，值 39 000 元。1935 年至 1939 年福建茶叶运销国内情况如表 13-1 所示，从中可以比较此期国内茶叶贸易的消长。

表 13-1　1935—1939 年福建茶叶运销国内市场数量

年份	1935	1936	1937	1938	1939
产量（担）	193 915	244 930	212 950	225 770	209 950
运销国内各地（%）	74.40	80.49	61.14	71.34	30.74

四、重点销区与茶类

国内茶叶销售，除外销茶外，都是省产省销，多余则运销外

---

① 此处统计有误，但难以据改。

省。不产茶的省县，每年茶季则到产茶省县大量采购。如福州生产的花茶大量运销华北各省；安徽生产的黄大茶、大方专销山东各地。茶叶运销要对口味，饮用习惯不同，所需要的茶类就不同；茶类不同，销路也不同。下面略述几个主要城市销售情况，以见其他。

上海市主要销龙井、旗枪、烘青、大方和红茶，其次是花茶、碧螺春、瓜片和沱茶。部分人有饮用青茶铁观音和乌龙的习惯，但市场销量有限。主销茶类一般以中、低档茶最为适销。红茶约占 24%，绿茶约占 68%，花茶约占 7%，沱茶和青茶约占 1%左右。1 月至 3 月销量约占 27%，4 月至 6 月约占 30%，7 月至 9 月约占 24%，10 月至 12 月约占 19%。

浙江几乎各县都出产茶叶，当地人民都消费自产茶叶，如烘青、龙井、旗枪、大方和黄汤，以及中级红茶。杭县、萧山产茶较少，须调剂一部分。平湖、嘉兴、海宁、慈溪等县全赖他县供应。嘉兴专区年销量约占全省年销总量的 35%，杭州市占 29%，杭县和萧山等约占 10%，温州市约占 7%，宁波专区约占 6%，金华专区约占 6%，绍兴专区约占 5%，湖州市和温州、建德、舟山等三专区约占 2%左右。

江苏省主销本省出产的烘青、碧螺春、花茶和少量红茶。苏北的盐城和淮阴两专区的人民饮茶习惯不很普遍，销量较少。苏南地区人民普遍饮茶，尤以苏州、常熟、吴江等地为甚，仅茶馆、浴室的年销量，就占各个地区年销总量的 60%~65%。南京、镇江、南通三市和镇江、扬州、南通等专区最适销中、低档的尖茶、旗枪和烘青，苏州、无锡、常州三市和松江专区主销红茶，徐州专区主销花茶。各类副茶适销省内各地，一般占销量的 40%~50%。苏州市占总销量的 45%，南京市占 22%，扬州专区占 9%，徐州专区占 7%，南通专区占 9%，松江专区占 8%。一般以 7 月至 12 月为销售旺季，4 月至 6 月最为清淡。

安徽大部分地区都销本省所产的茶叶。一般饮茶习惯，芜湖主销烘青、尖茶，次为毛峰、绿副茶。六安专区主销瓜片，次为绿大茶和绿毛副茶。蚌埠专区销瓜片、花茶，次为尖茶、绿大茶和条茶等。安庆专区主销小兰花、毛峰、绿副茶，次为条茶。阜阳专区主销瓜片、绿大茶等。绿茶销量约占 96.62%，花茶约占 3.33%，红茶仅占 0.05%。合肥市约销 8.44%，淮南市约销 3.33%，蚌埠市约销 7.22%，芜湖市约销 9.16%，安庆市约销 3.77%，屯溪市约销 1.11%，六安市约销 3.05%。其余芜湖、六安、蚌埠、阜阳、安庆等五个专区共销 63.92%。

福建主要销本省出产的青茶，约占 50%，次为红茶，约占 18%，其余为花茶和绿茶，各约占 16%。销量较大的城市为福州，占总销量 16%，次为漳州，约占 14%，再次为泉州，约占 8%，厦门及其余各地约各占 7%。

以上是新中国成立初期的调查统计。之后，茶叶生产发展很快，产量增加到 400 多万担。城乡各界人民饮茶越来越多。内销茶也增加很多，饮茶更加普遍。

五、国内茶叶消费量估计

茶叶产量和消费量，由于有一部分自产自销，不易得到准确的数字。我国自开始茶叶生产至新中国成立前，未见有全面统计的数字。虽从有关各方面推算，但只能得其概数，差额有一定距离，很不确切。

1934 年国民党政府"实业部中央农业实验所"调查国内茶叶消费量，10 月间发表调查结果，如表 13 - 2[①]。除消费量最大的西藏、新疆、内蒙古外，当时 22 省平均每人每年消费量 1.2 斤，是根据各地农情报告员的调查报告计算出来的。这个材料虽属可靠，但平均每人消费量和全年消费量两项的计算方法，以及

---

① 《中国茶业复兴计划》，25～26 页。

调查户数、人口数目，都未说明，其准确性，尚难肯定。

表 13 - 2　1934 年国内茶叶消费量调查统计

省别	茶叶种类（%）			每斤价格（元）			平均每人每年消费量（斤）	全年消费量估计（100 担）
	红茶	绿茶	其他	最高	最低	平均		
察哈尔	69	31	0	1.68	0.50	0.82	1.17	187
绥　远	70	15	15	1.17	0.15	0.49	1.00	202
宁　夏	40	30	30	1.68	0.25	0.71	0.79	30
青　海	35	35	30	1.34	0.42	0.59	1.77	1 094
甘　肃	35	59	6	1.26	0.34	0.71	0.67	364
陕　西	71	24	5	1.68	0.17	0.39	0.94	1 004
山　西	60	38	2	1.68	0.08	0.70	0.63	755
河　北	46	52	2	3.02	0.17	1.03	0.74	2 288
山　东	53	45	2	2.09	0.13	0.90	0.84	3 134
江　苏	46	56	1	1.68	0.08	0.54	1.18	1 161
安　徽	25	72	3	2.09	0.04	0.49	1.30	2 790
河　南	48	48	4	3.02	0.08	1.01	0.67	2 088
湖　北	37	58	5	1.26	0.08	0.53	1.13	3 231
四　川	53	42	5	1.68	0.07	0.38	1.03	3 863
云　南	34	62	4	2.51	0.08	0.75	1.00	1 001
贵　州	45	55	0	0.84	0.13	0.28	2.03	1 860
湖　南	28	66	6	1.26	0.04	0.36	1.71	4 603
江　西	39	57	4	1.68	0.08	0.48	1.59	3 821
浙　江	13	87	0	1.17	0.08	0.37	1.59	3 287
福　建	26	74	0	1.68	0.07	0.47	1.15	1 161
广　东	30	69	1	1.68	0.10	0.50	2.10	6 590
广　西	51	46	3	1.26	0.08	0.24	1.43	1 544
平　均	43.36	50.95	5.82	1.70	0.15	0.58	1.20	46 058（合计）

据每人每年平均消费量推算，则全国消费量（以全国人口473 537 330人计算）应为5 682 448担，加上1929年至1933年输出平均约90万担，那么全国总产量计为6 582 000多担。这个数

字与美国人乌克斯估计我国产量约为 90 000 万磅，合 8 000 000 担（见 1940 年至 1941 年《茶叶咖啡指南》）相比，相差 1 400 000 担。农村的消费量比城市低，再加上消费量最大的西藏、新疆、内蒙古三自治区，则不止 1.2 斤。加上 20%，为 1.4 斤多，则与乌克斯估计相差不大。

新中国成立后，全国产区收购进度逐月统计累积数字，全国销区逐年统计消费数字，但自产自销未包括在内。据估计，自产自销约有 2% 左右。如以 1958 年左右来推算，全国产量总数 300 多万担，人口 6 亿，就是全部内销，每人每年平均只有半斤。广大人民饮茶越来越多，消费量不断增加。1980 年全国收购 608 万担，出口 223 万担，内销 385 万担，按 10 亿人口计算，每年每人平均不到 4 两。

表 13-3　非产茶地区 1978 年各类茶叶销售量

单位：担

地　　　区	绿茶	花茶	红茶	青茶	黑茶	合计
西藏自治区						
青海省	509	2 469	509		131 364	134 851
宁夏回族自治区	5 870	2 027	5 870		10 229	23 996
新疆维吾尔自治区	3 085	2 713	3 085		138 439	147 322
上海市	9 466	9 956	9 466		101	28 989
北京市	6 152	57 696	6 152	30	193	70 223
天津市	5 282	24 864	5 282	5	56	35 489
河北省	4 777	50 081	4 777	5	1 111	60 751
山西省	6 694	18 006	6 694	17	9 679	41 090
内蒙古自治区	367	3 636	367		86 427	90 797
辽宁省	4 147	22 082	4 147	2	10 456	40 834
吉林省	2 160	11 469	2 160		3 322	19 111
黑龙江省	4 223	17 549	4 223		5 868	31 863

据全国供销合作总社统计资料，1978 年全国销售绿茶 746 867 担，黑茶 696 047 担，花茶 462 677 担，红茶 226 486 担，青茶 49 978 担，全国共计 2 182 055 担。分省销售量如表 13-3、

13 - 4。

表 13 - 4　产茶地区 1978 年各类茶叶销售量

单位：担

地　　区	绿茶	黑茶	花茶	红茶	青茶	合计
四川省	35 579	165 987	40 040	491		242 097
贵州省	19 517	8 187	4 885	3 558		39 147
云南省	55 182	40 296	1 810	777		98 065
河南省	13 614	4	6 793	735	35	21 181
湖北省	51 342	174	29 332	1 386		82 234
湖南省	40 231	1 452		720		42 403
广西壮族自治区	7 544	675	4 235	1 099		13 553
广东省	31 010	898	2 701	30 445	10 807	75 861
江苏省	37 836	68	11 374	20 175		69 453
浙江省	54 418	45	8 795	49 870		113 128
安徽省	61 035	5	5 886	335		67 261
福建省	6 303		14 238	793	38 487	59 821
江西省	7 614	9	2 453	182		10 258
山东省	136 037	3 312	76 206	575	86	216 216
陕西省	65 484	14 000	14 748	966	136	95 334
甘肃省	71 389	72 690	13 813	784	278	158 954

过去印度国内茶叶消费量只占总产量的 20% 左右，现在已超过总产量的半数。今后我国应该加快茶叶生产发展的速度，以满足国内人民日常生活的需要。

第二节　西北茶市的兴衰

饮茶起于中国西南部云南、四川一带。东汉时期（25—220），饮茶风气转到东部，江南一带很普遍。到了南北朝才逐渐传到北方。东晋、十六国时代（317—420），饮茶尚为北人所非。

杨衒之《洛阳伽蓝记》：南人王肃喝饮茗汁。"京师士子见肃一饮一斗，号为漏卮。……彭城王谓肃曰：卿明日顾我，为卿设邾莒（鱼比邾莒小国）之食，亦有酪奴。因此复号茗饮为酪奴。

时给事中刘镐慕肃之风，专习茗饮。彭城王谓镐曰：卿不慕王侯八珍，好苍头水厄，海上有逐臭之夫，里内有效颦之妇。以卿言之，即是也。其时彭城王家有吴奴，以此言戏之。自是朝贵宴会，虽设茗饮，皆耻不复食，惟江表残民远来降者好之。"

一、开辟西北茶市

魏孝文帝元宏（471—499 年在位）迁都洛阳，虽卑南人茗饮，而对文化风物，先后仿效。江表遗民饮茶习惯，乃流传于北部及西北部。

康、青、藏高原和蒙古草原气候寒冷干旱，不利于发展农业生产，于是就因地制宜发展畜牧业。人民日常生活中乳肉食物占有很大的比重。饮茶有分解脂肪、帮助消化的功能。因此，饮茶风气传到西北后，很快就普及民间，西北茶市也很快繁荣起来。随着时间的推移，就出现了"宁可一日无食，不可一日无茶"和"一日无茶则滞，三日无茶则病"的俗语。

西北茶市，初期是在蒙古。魏孝文帝元宏延兴五年（475）左右，土耳其商人至蒙古边境，以物易茶。唐时文成公主出嫁藏王后，康藏少数民族开始到四川买茶。东南地区出产的茶叶也大量向西北推销。唐肃宗至德元年（756）至乾元 1 年（759）间，回纥入朝驰马市茶。自后对突厥、回鹘、吐蕃等国，用茶叶交换马匹。这是东南茶叶向北方推销的具体事例，与政治经济有密切关系。

李肇《唐国史补》：德宗李适初年（780）"常鲁公使西蕃，烹茶帐中，赞普问曰：此为何物？鲁公曰：涤烦疗渴，所谓茶也。赞普曰：我处亦有。遂命出之，以指曰：此寿州（黄芽，今霍山）者，此舒州（兰花，今舒城）者，此顾渚（紫笋，今浙江长兴）者，此蕲门（团黄，今湖北蕲春）者，此昌明（即四川的绿昌明）者，此湖湖（含膏，今湖南岳阳）者。"这些茶类都是唐代的名茶。那时西北人民不但有饮茶嗜好，而且对茶叶品质能辨好坏，要选择名茶。

（一）西北茶叶贸易的发展

到了宋代，北方及西北人民更好饮茶。宋太宗太平兴国二年（977）向西北推行榷茶易马制度，设榷茶场，全国茶叶贸易开始官卖商销。所谓"凡茶入官以轻估，其出以重估，县官之利甚博，而商贾转致于西北，散于'夷狄'，其利又特厚，此鬻茶之法。"当时茶农生产的茶叶，由官府收买官卖，买入便宜，卖出很贵，官府获利很大。

沈括《梦溪笔谈》："国朝茶利除官本及杂费外，净入钱，禁榷时取一年最中数计，一百零九万四千零九十三贯，内六十四万九千零六十九贯茶净利。"商人收买茶叶，又以高价卖给西北人民，获利常达数倍。当时西北茶叶市场是在现今的甘肃东部镇原、平凉等县，商民自由和"番商"进行茶马交易。

神宗熙宁七年（1074）遣派李杞入蜀经画买茶于秦（秦州，今天水）、凤（凤州，今凤县）、熙（熙州即临洮，今临潭）、河（河州，今夏河）博马，设茶马司于现在的天水。只在这里易马，其他市场不准易马。统制西北茶叶贸易到了这时已很完备了。以后市场又扩大到现在的甘肃、青海、陕西和宁夏等地。

宋徽宗于元符末年（1100）召都大茶马程之邵询以马政。邵言：戎俗食肉饮酪，故茶贵而病于难得，原禁沿边鬻茶，专以蜀茶易上乘。诏可，未几获马万匹。那时西北茶叶市场完全由官府控制，用茶交换良好的战马。

西北各省的茶叶市场，以陕西为集散地。西北原销四川茶叶，自恢复榷茶后，东南各地的茶叶也行榷茶制度。徽宗崇宁三年（1104），东南茶叶开始大量运销西北。

高宗绍兴十三年（1143）陕西失陷，引钱复令"通商法"。西北茶马交易市场也改设在四川雅安一带。洮、岷、叠、宕等州的少数民族都来四川腹地卖马买茶。直到光宗绍熙初，茶叶贸易都在四川成都府。茶叶不仅博马，而且交换西北边区的货帛和土特产。南宋时，茶叶畅销于西北各地。

元世祖至元十三年（1276）定长短引计茶收税法，商人买引卖茶。引税年年增加，说明西北茶叶贸易相当兴盛。

李亦人《西藏综览》："当五百年前元明时代，关于各县及西藏商人，常以各地土产如羊毛、皮革、麝香、鹿茸、贝母、赤金等物运集康定，以求出售，而易回粗茶、布匹等物。"说明元代以茶叶交换土特产。

明太祖洪武二十一年（1388）开始设立仓库收贮官茶易马。洪武三十年令成都、重庆、保宁三府及播州宣慰司各置茶仓储茶，待商纳米中买，及与"番商"易马，各设官掌管。这时西北茶叶贸易又恢复官卖商销了。

宪宗成化三年（1467）派巡茶御史，控制西北茶叶贸易，一年更代。西宁、洮河茶马司余茶积多，年久湿烂。零星出卖，粗茶每 100 斤、芽茶每 35 斤收银 5 钱。无银收丝绢等物。这说明利用茶叶搜括银钱不到，就搜括丝绢。

成化七年（1471）禁止进贡僧人在京及沿途收买私茶。孝宗弘治四年（1491）令西宁、河州、洮州三茶马司各开报茶斤召商中纳，每引百斤，一商不得过 3 000 斤。商人买茶运到茶马司，官收其十之四备易马，余听自卖，以足 40 万为限。

嘉靖四年（1525），四川边销茶就有 24 000 担。嘉靖十四年，陕西僧人来贡，乞照四川僧人例买食茶，部议许每人买 35 斤。嘉靖三十一年，边销茶增加，于是禁止进贡僧人顺路买茶。

（二）西北茶叶贸易的衰落

清朝对西北茶叶政策初沿明制。然因领土辽阔，蒙古已非其敌，西北边区，鞭长莫及。清世祖顺治二年（1645），产地茶课不征收实物，改收税银或粮食杂物。官茶来源都是向商人征收二分之一的本色茶而得。商人运茶先经潼关、汉中二处盘查，运至巩昌再经通判察验，然后分赴各司交纳。官库贮商茶，听商人在本司贸易。

《宁夏府志》："旧例皆以湖广黑茶交易，后因禁止出口。圣祖玄烨康熙五十一年（1712）各商呈请改色，赴浙采办，便内地销售。议定每十引浙茶九，湖茶一，各商采买由潼关厅查照截角放行。"浙茶开始向陕西内地推销。

康熙六十一年（1722）把旧茶全数折价变卖。雍正三年（1725）各司茶商如不易销售，可由茶商具呈当地茶马司详报甘抚，行令往别司通融发卖。自此以后，虽引有定地，然已无严格划分。雍正八年（1730）规定五司茶价，西宁司每封 9 钱 5 分，洮岷司、庄浪司 7 钱 5 分，河州司 9 钱 4 分，甘州司 7 钱 2 分；并须事前议定价值，以后发卖。因议价过高，不易变卖。雍正十年减价出卖，如西宁司茶每封 4 钱 5 分。以后再减，乾隆元年（1736）陈茶每封降到 2 钱。这些事实说明当时购买力很低，茶叶销路不好。

雍正十二年（1734）废止五司以茶中马，贮茶过剩，变卖充作饷银，结束了西北将近 700 年的官营茶马交易制度。

乾隆七年（1742）五司库茶发给各州、县、卫、所，易换粮食。一以裕边仓积贮；一以销库茶旧积。自乾隆七年至十年止，西宁司共发茶46 000封，各郡易贮各仓粮食27 182 718担。

乾隆十八年（1753）规定五司行茶多寡，预定销行数目，使商人归于一定引分，令各商间定，以后照此运销，不能按年份变更。于是茶商各自形成帮派，遂有东西二柜之设。东柜以汉商为主，多陕、晋籍。西柜以回商为主，多泾阳、潼关、汉中籍。主管机关着令地方官查明殷实，然后方准充商，使商有定名，引有定数，销有定地。并由散商公举熟习茶务者为各柜总商。所有该柜众散商领票缴课及盘茶一切手续，责成办理，以助官府茶政的实放。

乾隆二十四年（1759）甘肃省茶库贮存茶量 140 余万封，满、汉各营按季酌定茶数，以一、二、三成搭支银两。乾隆二十七年茶斤仍旧积滞，规定内地新疆一体以茶封搭饷银，西北茶市逐渐西移。西、庄、甘三司配发新疆一带销售。乾隆三十七年（1772）规定三司商交本色茶皆运到兰州盘验，交贮甘司，由皋兰县办箱装运。是为官茶到兰州存库待运的开始，而兰州遂成为西北茶市的中心。乾隆五十八年西司行引9 712道，庄司9 120道，甘司9 983道。

嘉庆二十二年（1817），口外官茶由陕、甘茶商领引行销，分北口和西口。销北口的，陕西由榆林府定边、靖边、神木等县分散，甘肃由宁夏府中卫、平罗等县分散。销西口的，由甘肃西宁等府州各承引纳课，均责之官商。

道光初年（1821），茶商请领理藩院印票，贩茶至新疆等处销售。甘肃甘司引地被侵占，当时在古城设局收税，以补课款。所领理藩院茶票原只运销闽、滇出产的白毫、武夷、香片、珠兰、大叶、普洱6色杂茶，并不是湖南所产。茶商因茶少价贵，难于销售，潜用湖茶，改名千两、百两、红封、蓝封、帽盒、桶子、大小砖茶出售，而取厚利。

运销西北的茶叶很复杂，除湖茶外，还有东南各省所产的茶叶，且有云南普洱茶。青海南部及东南部销川康所产的边茶。兰州以东和陕西大部分地区行销东南及西南茶区所产的各种散茶。

咸丰二年（1852）后，由于发生太平天国革命，道路不通，茶商买运困难，西北茶叶贸易受到很大影响，引滞课悬。咸丰八年陕甘总督恩麟为了补救滞悬的课引起见，是年悬课分3年代征，咸丰八年至十一年茶引令照旧行销完课。同治元年（1862）后，西北战乱不息，虽照旧领引完课，然官商无一应者，因此，茶引暂缓发商，官茶片引不行。

同治六年，总督杨武斌于陕西省城设官茶总店，潼州、商州、汉中设分店。商茶须由店户代售，有协助收课之责。是以必取的保承领印示，方准开设。无引之茶，到陕具开名目、色样、片数呈报总店。

同治十二年（1873），左宗棠豁免茶商历来积欠银课，变通招商试办茶课。德宗光绪元年（1875），左宗棠又以督印官茶票代引办法，招集东西柜汉回旧商，并添发南柜。招来两湖新商，印发引票42 000余道。

同治十三年（1874）后，行销陕西省叫陕票，行销宁夏省叫宁票。宁夏行销蒙古叫宁晋蒙，蒙商自办的，叫蒙晋票。每票4 000斤。光绪八年（1882），因茶票印发过多，行销不畅，历经8年，还剩数千引，未能销完，改以四成减发，第二案票403张，20 000多引。但以后只准加多，不准减少，以期恢复原额。每领一票，定一人50引为标准，以3年为一轮。除陕西的发票听商自便，毋庸官为定价外，所有行销甘省引茶到兰后，先由两柜总商等盘验，酌秤数封，查明引数斤两，是否符合。如存库内，一俟轮销到档，即由总商值年核计。其自两湖买茶者，自起运至兰州止，茶价、运费、税厘共需成本若干，按照市价斟酌公平议就价值，报道悬牌明示。其在省坐销者，即照议价散售。当时商人自湖买茶运至甘司，统计每引约需成本银6两多。

茶店任意需索，商人群起反对。除省城茶店甫经酌撤7家只留5家，一切看库盘查尚欠供役仍暂准承开外，其西、凉、庄各府茶店，悉听商人自行开设，不必官给印示。所有曾领示茶店，一概裁撤。

光绪十三年（1887）后，商人仿晋茶制法，领票运销伊塔，叫晋票。因伊塔道路遥远，成本过重，以5 720斤为一票。销缓蒙茶叶，清末向由理藩院领票，由归绥出口，其行销区域远达新疆的伊塔。

抗日战争爆发后，国民党政府甘肃省财政厅于1939年发特票1 165张，是以票代引制的结束。

1940年，国民党设立"中国茶叶公司"，管理和控制全国茶叶产销。1941年，甘肃各茶商所运官茶，无论新到旧存，均准平均分配，先行运交半数。东西二柜应将各散商现存官茶，以每商号为单位，造具细数清册，向财政厅呈报查核备案。运销存茶，要领允许运销证。外运之茶，如在本省境内行销，无论何地，售价应以省城平价为标准，另行酌加运费，每封售价最多不得超过 32 元。

1941 年 6 月，甘肃省政府通过官茶统销办法，茶叶运销除中茶公司外销外，一概照平价办法办理登记统销。茶商领票后运到兰州，随时报请登记，销售时须有本省平价机关核准的许可证。茶商除特许自己运销外，所有官茶无论多少，皆由贸易公司按合法利润给价收买。

1941 年 12 月，国民党行政院通过砖茶运销西北办法，责成中茶公司统筹办理。各地所产砖茶及湖南茯茶、毛茶应由中茶公司统筹收购，分配公私厂家压造砖茶交公司统一销售。每年压造砖茶，以 400 万～600 万片专销西北为度。又恢复官买官卖商销制度。左宗棠的引案制度，至此始废。

二、历代运销西北的茶叶产地

西北茶叶贸易大概始于隋唐。唐代运销西北的茶叶产于何地，还未看到历史资料，有待以后查明。

《宋史·食货志》："天禧末（1021），……天下茶皆禁，惟川陕、广南民自买卖，禁其出境。……茶之为利甚博，商贾转至西北，利尝至数倍。"表明川茶由商贾私运至西北贩卖。《食货志》又说，在江陵府、真州、海州、汉阳军、无为军、蕲州蕲口设 6 个榷货务。在蕲、黄、庐、舒、光、寿 6 州设立 13 山场买茶。表明北宋销西北的茶叶中，包括湖北、安徽、河南和江苏出产的茶叶。

宋神宗熙宁七年（1074）始遣李杞入蜀经画买茶于秦、凤、熙、河博马，自是蜀茶尽榷。西北向以销东南茶叶为大宗，至此变为蜀茶。

明初榷陕南各县茶叶十取其一，以易番马。西北销售的茶叶，除蜀茶外，还有陕茶。

据《明史·食货志》载，万历十三年（1585）中茶易马，惟汉中保宁，而湖茶其值贱，商人率越境私贩。万历二十三年，御史李楠请禁湖茶，说湖茶行茶法马政两弊，宜令巡茶御史召商给引，越境下湖南者禁止。御史徐侨说：汉川茶少而贵，湖南茶多而便宜。湖茶之行，无妨汉中。汉茶味甘而薄，湖茶味苦于酥酪为宜，亦利番也。但宜立法严核，以遏假茶。户部折中其议，以汉茶为主，湖茶佐之。各商中引，先给汉川，毕乃给湖南，如汉引不足，补以湖引。自此湖茶正式定为西北官茶。

清初仍如明代。康熙以前，皆销湖广黑茶。康熙五十一年（1712），各商呈请改色，赴浙采买，运内地销售。议定：每10引，浙茶9，湖茶1。但至雍正年代（1723—1735），西北官茶全部为湖茶所代替。

道光九年（1829）对白毫、武夷、珠兰、香片、大叶、普洱6种细茶征税，每100斤纳税银1两。至此，西北茶叶贸易，除湖茶外，还有东南各省的茶叶，并有云南普洱茶。

三、西北茶叶市场的变迁

西北茶叶贸易自古就有政治作用。因此，茶叶贸易市场，历代官府严加规定。宋神宗熙宁以前（1067年以前），规定市场为原、渭、德顺三郡，即相当于今的陇东、镇原、泾川及天水、临潭一带。熙宁以后，在秦、凤、熙、河四州设市，以茶博马。其地相当于今甘肃的天水、临洮、临夏及陕西凤县一带。不久复设茶马司于秦州（天水）、河州（临夏）。此外，又定永兴（今陕北一带）、郿（今陕南郿县）、环（今陕西环县）、庆（今甘肃庆阳）等地许民通商。市场范围包括今甘肃、青海、陕西三省及宁夏回族自治区。高宗绍兴七年（1137），茶叶市场改设在四川。

元世祖至元五年（1268）榷成都茶于京兆、巩昌（今甘肃陇西县）设局发卖。巩昌为陇南昔日交通要道，元、明、清三代运销西北茶叶的盘验总机关皆设于此。

　　明太祖洪武四年（1371）设茶马司于秦、洮、河、雅诸州。洪武十五年，洮州并入河州，移秦州茶马司于西宁。当时汉族居民逐渐西移，而其他民族居民也西移，茶叶市场随之西迁。成祖永乐（1403—1424）中恢复洮州茶马司，增设甘州茶马司于陕西都司地（今张掖），以便易取河西走廊附近，祁连山以北，阿拉善旗以南，新疆以东的马匹。

　　世宗嘉靖后期（1557—1563）设庄浪（今甘肃永登县）茶马司，以便附近居民交易。嘉靖四十二年（1563），甘州茶司，因商人运泄不便，令其住在兰州，洮、河各茶司各给甘州司一引茶，于是兰州逐渐变为西北茶叶重要市场。

　　明朝严厉执行"以茶治边"政策，只设茶马司于甘肃洮州、河州、甘州、庄浪和青海西宁，而陕西北无指定茶叶市场。

　　清朝初期承继明制，仍设茶马司于洮、河、甘、庄、西五处。但易马而马不至，征实而库茶堆积，无法销售。产区无法统制，只能统制销区，征税助饷。

　　高宗乾隆二十五年（1760）裁洮州茶马司。乾隆二十七年裁河州茶马司，归并甘庄二司，改征税银。北方绥蒙茶叶贸易可由理藩院领票贩卖。穆宗同治（1862—1874）以后，复有陕票、宁票、宁晋票等等，侵占青、宁、新、甘等省"茶"引地，"官茶"市场仅有青海东部和东北部以及河西陇南一小部分。

　　到德宗时，边民惯食晋商私运的湖北蒲圻羊楼洞青砖茶，不喜官茶（湖南安化黑砖茶）。光绪三十年（1904），南商遂请仿照晋商式样，另请新票，湖北羊楼洞砖茶运至伊犁各处行销，以照顾引茶市场，而保厘税。青海东南部市场为浙茶所占，西南部为川康西南路边茶所占。重要茶市在甘肃为兰州，在陕西为西安，而归绥则为蒙、绥、新消费市场的转运地。

四、历代西北茶叶销量概算

　　由于战乱不息，交通运输不便，加之自然灾害连年不断，西北茶叶贸易不仅数量变化无常，而且茶类也变化不定。统计西北历代茶叶贸易数字，仅能就大宗湖茶而言，不及其他茶类。

宋代以前仅有零星贸易，无法统计。宋太平兴国二年榷茶1795万斤，湖南大方茶15万斤，潭州方茶每大斤得9斤官秤，则为135万斤。这是湖茶商贩西北的具体数字，不包括私茶商贩。

孝宗乾道九年（1173），四川成都府榷茶2100万斤。榷成都府的茶叶是专销西北的边茶。据两年的榷茶数量，就可估计西北每年茶叶贸易数量为20多万旧担。

元代取消榷茶易马制度，商贩改行引税，零斤买卖，另用"由帖"。元世祖至元元年（1264），道引100万，每引100斤，即100万旧担。"茶由"1385289斤，即13852旧担。西北茶市自由贸易，以土特产换茶很兴盛，贸易数量很有可能超过宋朝。

明代复行"以茶治边"的苛政，恢复榷茶易马制度，严厉限制供应西北茶叶，因而私茶充斥官茶，官茶销量大减。《明史·食货志》记载，洪武初年（1371—1380），川陕边茶易马共68400担。其时四川雅州司易马，顺绕道严州卫（今松潘）转黎州（今西昌），道路迂回，不如直接到陕西洮、河茶马司方便。因此，年销量只60000多担。后来川康交通便利，川茶直接运销，陕西私茶充斥，西北茶马司的茶马交易亦稍减。至孝宗弘治三年（1490）降到10000担。弘治十六年增至15000担以上。

神宗万历三十九年（1611）五茶马司无茶易马，令汉中五州县仍征本色，每招商中500引，可抵马11900余匹。每引正茶1000斤，散茶1500斤。500引即7500担，加陕南征实2000余担，合计也在10000担以上。从此看出明朝西北每年茶叶销量，除私茶外，洪武初约50000担以上，后仅10000余担。

清朝西北茶叶销量比明朝多。据《甘肃通志》、《西宁府志》载，定陕西茶销，旧额新增共引28766道，内甘省五司27296道，每引100斤，征茶5篦，每篦2封，每封5斤，共征103680篦，即2 876担，而甘省五司为27 296担。

据《西宁府志》载，顺治十年（1653）规定小引200包，每包5斤；每茶1 000斤概准附茶140斤。康熙四十二年（1703）陕西茶引共20 796道，发西、庄、洮、河四司中茶交易。内小引800余道，售西、凤、汉中三府民众供食，今只留小引100道，不足三府食用，以致私贩乱市，今于小引原额内颁茶引500道，给商卖茶。则20 796道的茶引共计23 707担。内销西、凤、汉中三府小引500道，计茶5 000担，则共茶28 137担。

《西宁府志》记载，乾隆十八年（1753）茶引西司9 716道，庄司5 152道，洮司3 300道，河司5 000道，甘司4 000道，共27 168道，计茶30 968担。但中马久已定额，库茶积聚至多。乾隆七年至二十四年，存积至150余万封，每封5斤计算，存茶75 000余担，每年积存约4 000余担左右。

乾隆五十七年（1792）规定西司9 712道，庄司9 302道，甘司9 982道，共28 996道，每年销茶33 055多担。

咸丰二年（1852）爆发太平天国起义，交通不便，茶运停滞。咸丰三年以后，引滞课悬已达5年之久。虽令照旧领引，然官商无一反应。

咸丰末年，西北人民掀起反清斗争。茶叶贸易中止，湖茶运陕，囤积泾阳，此后累年战乱不平，官茶片引不行。至同治元年（1862），西北茶叶停运已达10年之久。同治十三年，左宗棠以票制代引制。是年发第1案茶票835票，每票33 400担，上案至下案每年平均4 175担。以后每3年发票1案，从光绪八年（1882）至三十一年（1905）共发11案。光绪八年最少，第2案403票，每票16 120担，上案至下案每年平均4 030担。光绪三十一年最多，第11案发1 520票，每票60 800担，上案至下案每年平均15 200担。24年10案共发7 046票，平均每年293票，平均每票15 925担。

宣统元年（1909）发第12案，1 805票，每票72 200担，上案至下案每年平均13 050担。

1913年至1937年从第13至第21案。1913年第13案最少，506票，每票20 340担，上案至下案每年平均6 745担。第21案最多，发2 300票，每票92 000担，上案至下案平均每年46 000担。1939年特票，发1 165票，每票46 600担。

同治十三年后，西北战事平息，社会渐趋安定，茶叶销售量逐渐增多，每年4 000余担，有时增至20 000担以上。但由于俄商侵入汉口压造米砖，倒销蒙古、新疆市场，其他茶类如青砖茶、花捲茶等由归绥等地运销绥、蒙、宁、新各地，私茶运销青海南部及西南部，因此，湖茶（官茶）销量近60年来，虽与年俱增，然不能恢复雍正乾隆年间的盛况。

第十四章 茶叶对外贸易

第一节 茶叶开始对外贸易

我国茶叶何时开始外销，还待进一步考查。据《汉书》记载，西汉昭帝刘弗陵时（公元前 86—前 74 年在位），乐浪郡海外的倭人（在日本）分立百余小国，通过乐浪与中国接触，汉朝文化开始输入日本。所以日本福冈市长说，中国茶叶汉朝就已传入日本。据此，我国茶叶外销已有2 000多年的历史了。

一、初期对外贸易

中国与南洋诸国海路通商，西汉时期就已开始了。陆路对外贸易则要迟数百年。直到刘宋元徽时（473—477），土耳其商人至我国西北边境以物易茶，才开始陆路对外贸易。

唐时，自广州至波斯湾，中国商船独占运输业。开元二年（714）特设市舶司管理商务。当时茶叶是商买商卖，商人必然大量输出。

五代时（907—960），福建泉州的海上交通逐渐发展起来，外销商品有陶器、铜铁等。陆羽《茶经·八之出》说，泉州等 11 州的茶叶品质未详，往往得之，其味甚佳。茶叶输出，势所必然。

《宋史·本纪》说，淳化三年（992），印度尼西亚遣使来华，两国发生贸易关系。中国主要输出丝织品、茶叶、瓷器等。

元祐二年（1087）在广州、明州、杭州、泉州设立市舶司，掌管外货海舶，征榷贸易，及处理一切商务。广州、泉州通南洋，明州则有日本、高丽商船往来。我国茶叶为主要输出品之一。

靖康元年（1126），金陷汴京（开封），西北茶市起了很大变化，茶法不得不改为商买商销。因此，茶叶大量运销海外。

泉州后渚港是南宋时代离首都临安（杭州）最近的一个对东南亚、西亚以至非洲贸易的港口。南渡后经济困难，封建统治者更要依靠海外贸易来增加收入，维持摇摇欲坠的政权。泉州为海外交通的中枢，和亚非一些国家贸易往来频繁。这时福建茶叶大量运销南洋、日本各地。

当时泉州城南有大批阿拉伯人、波斯人、叙利亚人以及东南亚等国侨民聚居。由于人数众多，侨区逐渐扩大到法石一带。

茶叶对外贸易兴盛，引起朝廷重视。为了制止走私，绍兴五年（1135）下令：凡私运建茶者，船主梢工（舵工）并皆处斩，水手、火儿（炊事、火夫）各流放3000里。绍兴十三年又榷福建茶，并重申严私贩入海之禁。

元朝承宋旧制，在广州、上海、庆元（今浙江鄞县）、澉浦（今浙江海盐）、泉州置市舶司。官府自备海船，选取商人往海外贸易。所得利益，商人三分，官府七分。

朱元璋洪武初年，设广州（通南洋）、宁波（通日本）、泉州（通琉球）三处市舶司。专管贡船来往贸易。琉球称茶叶为"扎"。

二、侨销推进外销

元灭南宋（1279）后，宋朝遗民以及一些忍受不了异族压迫的爱国人士和劳动人民纷纷渡海到南洋各国谋生，茶叶也就随移民在南洋市场大量出现了。至元二十九年忽必烈又出师海外，侵略南洋一带。中国对南洋的自由移民逐渐增加，茶叶输入这一地区也日益增多，其中绝大部分是福建茶叶。

15世纪初期，为了发展同南海一带的贸易，郑和七次率领船队出使亚非各国。当时称婆罗洲以西地区为西洋，所以叫"三宝太监（朱棣时太监）下西洋"。随着郑和下西洋，中国与南洋之间的贸易更发达了，茶叶输出也更多了。

16 世纪末（明末）至 17 世纪中（清初），海盗猖獗。顺治十二年（1655）实行海禁政策，禁止与南洋贸易。茶叶侨销受到很大影响，输出减少。

18 世纪初，禁止商船往南洋、吕宋、爪哇等处进行贸易。直到雍正五年（1727）始废南洋贸易禁令，准福建、广东商船前往南洋各国贸易。从中国运出的货物主要是粗陶器、茶叶等。

18 世纪末，印度、斯里兰卡、印度尼西亚茶业兴起。19 世纪中期，中国红茶出口数量不稳定，时多时少。到 20 世纪初，逐渐趋于下降。

侨销青茶仍很旺盛。同治七年（1868），仅厦门口岸运出侨销青茶就有35 721关担之多。同治八年，增至85 967关担。同治十年，降至68 080公担。同治十一年，又回升至83 170公担。光绪三年（1877），再突升至91 000多公担，为侨销茶出口的最高记录。光绪七年，降至70 000多公担。自后侨销青茶也逐渐衰落。第一次世界大战发生后，侨销青茶数量没有变动，约在5 000～7 000公担之间。除 1915 年突升至8 515公担外，其他年份输出量都在5 000～7 000公担之间。1924 年又增至16 190公担，以后年年增加。除 1929 年突增至14 667公担，1925 年8 046公担和 1938 年又降至8 678公担外，其他年份都在10 000～12 000公担之间。抗日战争开始后，侨销青茶又大大减少，1939 年只输出2 653公担。自厦门沦陷后，侨销茶出口全部停止。

三、侨销地区与茶类

侨销茶类有绿茶、黑茶、白茶、青茶和红茶，以青茶为主。青茶以福建省为最多，其次是广东省和台湾省。马来西亚、印度尼西亚、越南、缅甸、泰国等地，主要销闽南闽北出产的青茶。据抗日战争前调查统计如下：

新加坡专销安溪铁观音、乌龙、水仙、梅占、奇兰和花茶。每年约销 600 吨。福州粗茶也颇畅销。武夷岩茶销量不大。

马来西亚以销安溪低级乌龙为最多。武夷岩茶价格高，非当地劳动人民购买力所能及，因此销量不大。怡保销福州粗茶，年约几十吨。槟榔屿销福州粗茶，年约 100 多吨；另销安溪乌龙几十吨，武夷青茶二三十吨。吉隆坡销福州粗茶，年约十几吨；另销安溪乌龙十几吨，武夷青茶几吨。

印尼爪哇多销安溪佛手和铁观音以及福州乌龙。

越南多销建阳水吉和崇安赤石的莲心，以及政和的白毛猴等。

泰国多销福州粗茶，年约 2 000 吨左右。安溪乌龙年销 200 多吨。武夷的奇种和小种销量很少。

香港地区销白毛猴、乌龙、水仙、白牡丹、寿眉、龙须、花茶等，数量依转口的多少而定。1939 年销 300 多吨，其中以寿眉为最多，占三分之一。其次是白牡丹、白毛猴和花茶，各约占八分之一。

第二节　旧中国茶叶对外贸易畸形发展

清赵翼《詹曝杂记》："自前明设茶马御史（永乐十三年，1415），大西洋距中国十万里，其番船来，所需中国物，亦惟茶是急，满船载归，则其用且极西海以外。"可知中国茶叶在 15 世纪初已输往海外各国。

一、荷兰最先运华茶入欧洲

明正德元年（1506），葡萄牙人侵入中国，开始学习饮茶，为茶叶输入西方创造了条件。正德十二年，葡商船结队来华，葡公使至京都交涉，要求准许他们居留在澳门，进行商业交易活动。这样，茶叶对西方贸易也就开始了。

万历二十九年（1601），荷兰开始与中国通商。翌年成立东印度公司，专门从事东方贸易。万历三十五年，荷兰商船自爪哇来澳门运载绿茶，万历三十八年转运回欧洲（图14-1）。这是西方人来东方运载茶叶最早的纪录，也是中国茶叶正式输入欧洲的开始。17世纪及18世纪前半期，茶叶是荷属东印度公司最主要的经营业务。

图14-1

万历三十九年，荷兰公司得到日皇特许，在平户岛设立贸易商馆收买茶叶。后与葡人屡次械斗，日皇乃令驱逐一切欧人。荷兰和日本的茶叶贸易就衰退，而改向中国进行大宗贸易。

崇祯十年（1637）一月二日荷兰东印度公司董事会给巴达维亚总督的信说："自从人们渐多饮用茶叶后，余等均望各船能多载中国及日本茶叶运到欧洲。"当时茶叶已成为欧洲的正式商品。清雍正十二年（1734），茶叶输入885 567磅。乾隆四年（1739），茶叶在输入商品中已居主要地位。

乾隆十五年，荷兰输入中国红茶代替中国绿茶，以咖啡为早餐饮料者，亦多用红茶代之。乾隆四十九年，输入中国茶叶350万磅，比50年前（雍正十二年）增加3倍多。但是从此以后，由于英国东印度公司兴起，竞争剧烈，荷兰的茶叶利润逐年减少。于是就发展印度尼西亚茶叶生产，以同英国抗衡。

荷兰每年茶叶消费数量虽然不多，但在世界茶叶贸易中却占重要地位。荷兰开展茶叶贸易最早，在很长时间里是欧洲最重要的茶叶转运国家。首都阿姆斯特丹为欧洲最古老的茶叶市场，每年输入该埠的茶叶达4 000万磅以上，是欧洲第二茶叶市场，其公开拍卖制度很著名。复出口的数量很大，约占总输入的35％～50％。自20世纪开始发展印度尼西亚红茶，红茶消费量日渐增加，绿茶销路日减，且侵占一部分咖啡市场。

1900年至1904年平均进口数量不过800万磅。1909年至1913年增至1 100多万磅。1920年至1924年增至2 700万磅。1930年至1933年增至3 000万磅。印尼输入占80％，由我国输入很少。1935年至1937年平均为6 450公担。自1937年后，海洋交通受到影响，茶叶输入数量愈少。

二、英国垄断华茶外销

英国东印度公司继荷兰东印度公司之后侵入中国，垄断中国茶叶贸易达200多年。当时英国商人非经该公司许可，不得在广州登陆，商船也不得驶来东方经商，其他国家的商人也就更不能来中国经营茶叶了。英国东印度公司的专营，对中国茶叶出口贸易起了很大的破坏作用。

崇祯十年（1637）四月六日，英国东印度公司商船来广州第一次运出茶叶112磅。崇祯十七年，在厦门设代办处。

顺治十四年（1657），英国一家咖啡店出售由荷兰输入的中国茶叶，只供作贵族宴会饮料，售价每磅6～10英镑。1658年9月30日伦敦《政治公报》刊登希得（Sultaness Head）咖啡室售茶广告。

康熙三年（1664），英国东印度公司在澳门设立办事处，董事会购名茶2磅2两，献赠英皇。

1667年，该公司第一次购茶定单寄给爪哇万丹代办处，嘱其设法购买最优良的茶叶 100 磅。1669 年由万丹第一次装运进口茶 2 箱，计重 143 磅 8 两。这时茶叶已作为宫廷阁议时的饮料。伦敦咖啡馆出售该公司输入的茶叶。1670 年复有 4 罐茶叶运入，重 79 磅 6 两，该公司以每磅 3 先令 2 便士售出。康熙十五年（1676）在厦门设立商馆。康熙十七年由万丹输入茶叶 4 717 磅。这时中国茶叶亦开始由英国商人转到美洲各地。

康熙二十三年，英人被赶出爪哇，因此在广州沙面设立商馆，是年由万丹输入茶叶只 226 磅。

英国东印度公司以前购买中国茶叶系委托在中国的办事处代办，运至马德拉斯再转运至英国。康熙二十八年，改为委托厦门商馆代买茶叶，这是第一次直接从厦门输入茶叶。是年，连从马德拉斯转口的茶叶，共输入 25 300 磅。

康熙三十八年，该公司定购优良绿茶 300 桶，武夷茶 80 桶。英国的茶叶进口贸易由该公司垄断经营，为掠夺最高利润计，每年仅自我国输入少量绿茶，在伦敦高价出售。1700 年，杂货铺开始出售茶叶。

康熙四十一年，在舟山岛上设立贸易站。这时英国市面对茶叶的需要激增，该公司乃令船载要装满茶叶，其中配松萝茶三分之二，圆茶六分之一，武夷茶七分之一。1705 年绿茶每磅售 16 先令，红茶 30 先令。

康熙五十四年，英船驶入黄浦停泊，直接和广州通商。1721 年输入茶叶首次超过 100 万磅，1725 年东印度公司开始专卖。1749 年开放伦敦为自由港，以利茶叶运往爱尔兰和美洲。1753 年饮茶的习惯普及到农村。1766 年该公司装运的茶叶为 600 万磅。

1772 年（乾隆三十七年）输入 3 000 万磅。1776 年减少到 1 000 万磅。1790 年至 1800 年平均每年输入 330 万磅。

道光十四年（1834），英国从广州运出的商品，茶叶占首位，达 3 200 万磅，每磅 2 先令又四分之一便士的茶税。国内约翰公司经常积存茶叶 5 000 万磅，一天之内可售出 120 万磅之多。

　　1833 年至 1834 年，很多人告发该公司茶价竟比欧洲其他国家私人经营者为高，并就此责问政府和国会。经过激烈的辩论，结果维护东印度公司者失败。自此，中国茶叶出口贸易遂为私人自由经营，而不复为东印度公司所垄断了。该公司解体，怡和公司成立，代替了它的业务。英国茶叶入口贸易发展颇快，10 年之间约增加 63％左右。

　　1846 年（道光二十六年），英国输入茶叶约 5 650 万磅。1860 年英销我国茶叶，占我国茶叶输出的 90％以上。以后各国逐渐直接自我国购运，输英茶叶所占百分比始渐减少。

　　1863 年（同治二年），“挑战”号武装快轮以 1 000 英镑代价雇美国拖船“火花”号，拖带该轮溯长江而上，驶到汉口装运茶叶，根本无视我国内河航行权。1865 年茶叶输入超过 10 000 万磅，其后逐年增加。第一次世界大战期间，每年进口均在 50 000 万磅左右，约占产茶国家总出口量的 50％。

　　1893 年（光绪十九年）前，英国始终为运销华茶最多的国家，以 1880 年至 1888 年为最多。1880 年打破了过去最高记录，达到 728 370 公担，占华茶总出口的 60％～70％。其后，印度、斯里兰卡能大量生产茶叶，英政府为保持其殖民地产品的销路计，对华茶的输入直接或间接的定了种种限制，华茶输英锐减，其中尤以红茶为甚。

　　1892 年降至 50％，1895 年降至 10％，1917 年更降至 3％。大战后曾一度回升，但除 1923 年和 1924 年外，皆在 10 万公担以下，有时只一二万公担。1937 年为 56 969 公担。1928 年至 1937 年间，平均每年输英茶叶不过 4 万公担，还不足英国总输入的 2％，较之最盛时期的七八十万公担相差天渊。

　　第二次世界大战开始后，海运不通，输英数量更加减少。1939 年输英 2 988 公担，已降至英国茶叶入口总额的 1.3％。1940 年只 1 094 公担。我国茶叶在英国市场几乎已无插足之地，较之过去独占市场不可同日而语。

最初英国进口的茶叶，几乎全为我国的绿茶。18 世纪后半期，因为伦敦茶叶掺杂的风气很盛，绿茶的信用逐渐丧失。这是我国绿茶市场衰落，红茶输出畅达的转机。

英国为茶叶消费量最大的国家，同时也是茶叶转口量最大国家。所输入的茶叶，并不是全部供应国内消费，其中一部分系供应欧美各国。19 世纪中期，所有欧洲、美洲国家需要的茶叶，大都取给于英国。可以说英国垄断了全世界的茶叶贸易。1925 年至 1933 年平均每年输出 8 000 余万磅，占总输入的 20％，其中 10.9％系输往爱尔兰、美国、加拿大及欧洲大陆。抗日战争前数年，苏联需要茶叶，亦要向英国购买。至抗战时，英国复出口的茶叶才逐渐减少，只为输入的 10％。

三、帝俄侵略与茶叶贸易

明神宗万历四十六年（1618）派遣使臣携带数箱茶叶，经过 18 个月的艰苦路程抵达俄国赠送沙皇，企图用茶叶交换其他货物。但是，这个如意打算未能实现。路途遥远，交通困难，固然是原因之一，然更主要的是几箱茶叶何能满足沙皇的侵略野心。

沙俄侵入我国西北地区后，发现茶叶为良好饮料，尤其是发现蒙古居民视茶叶为第二粮食，于是出于侵略扩张的目的，积极设法控制供销蒙古的茶叶（图 14 - 2 是沙俄骆驼运茶队）。崇祯（1628—1644）末，中国茶叶开始通过西北境外各部族而辗转输入帝俄。

图 14 - 2

清康熙二十八年（1689），中俄签订了《尼布楚条约》。自后，中国茶叶就不断地经满蒙商队通过的高原路线运往沙俄。

雍正五年（1727），沙俄女皇派遣使臣来华，申请通商，结果订立《恰克图条约》。恰克图成为茶叶贸易的主要市场。中国茶叶由天津马运至张家口，后改用骆驼运至恰克图。通常商队有200～300匹骆驼，每匹驮4箱茶叶，每箱约重16普特[①]，平均每小时走2.5英里[②]，每日行25英里。11 000英里的路途要走16个月，横过800英里的戈壁沙漠才能到恰克图。最初，所有的茶叶都由沙俄政府的商队运至俄国。商队里，常有教会人员混迹其间，配合行动，进行经济侵略。他们千方百计地压低茶叶收购价格，牟取暴利。贪婪的沙皇见有利可图，竟至组织私人商队经营茶叶。

雍正十三年（1735），沙俄伊莉莎白女皇的私人商队来往于中俄之间。但因路途困难，费时太久，输入数量不多。当时莫斯科茶价每磅15卢布，只是宫廷贵族或官吏才有能力购买。茶叶数量不超过10 000普特。1749年，只输入9 000磅（约245.4普特）。

乾隆十八年（1753），伊莉莎白女皇参加华茶陆路运俄的开幕典礼。华茶输入大增。

中俄签订《恰克图条约》后，允许俄商在恰克图收买茶叶，华茶遂大宗输俄。嘉庆二十五年（1820），输入华茶100 000普特。道光十二年（1832），输入湖南千两茶6 461 000棒（每棒62.5斤）。然后陆续转销我国外蒙古，无限量供应，破坏清朝"以茶治边"的政策，进而唆使外蒙古"独立"。

道光三十年（1850），俄商开始在汉口与英商争购茶叶，汉口成为最热闹的红茶中心市场。俄商最初收买红茶，不久改购销

---

① 1普特＝32.76斤。

② 1英里＝3.219里。

蒙古的红砖茶。当时平均每年输入华茶60 000公担左右。

咸丰十一年（1861），清政府被迫同意汉口为对外通商口岸。俄国茶商迫不及待地在汉口设立砖茶厂，改进砖茶压造方法，统制销蒙古的砖茶（图14-3）。同治五年（1866），沙俄派遣商船两艘至广州进行贸易，同时要求开放广州为茶叶输出口岸，但未获清政府同意。

图14-3

同治九年（1870），俄商侵入福州，开始在福州压造砖茶。1861年至1870年平均每年输入华茶约125 000公担，1871年至1880年达300 000公担以上。1860年至1880年，取道蒙古的中俄商队茶叶贸易最为兴盛。以后西伯利亚铁路筑成，改由铁路运输，商队遂开始衰落。但是华茶输俄仍继续增加。

光绪十七年（1891），在福州的俄商又转移贸易于汉口及九江，在九江设厂压造砖茶。光绪十九年，输入华茶458 000公担。光绪二十一年，在汉口的俄商有兴泰、百昌、源泰、阜昌、顺丰等，产量共达872 933磅。

第一次世界大战以前，输入华茶平均每年超过500 000公担。以1915年为最多，达703 275公担，占我国输出总额的68.24%。输入茶叶以砖茶为主，大约占50%左右，转销外蒙古。红茶次之，约占32%左右。绿茶较少，只占16%左右。

十月革命胜利后，突然降至10 000公担左右。1924年中苏恢复邦交后，逐渐回升到200 000公担左右。1930 年至 1939 年间，多为100 000多公担。

抗日战争时，中苏订有易货协定。从 1938 年起，大部分易货茶叶均经香港转由海道输苏。1938 年至 1941 年，易货运交红绿茶在300 000公担以上，砖茶约 30 余万块（每块青砖茶 4 斤）。每年仍旧维持在100 000公担左右。太平洋战争爆发后，海运不通，苏销茶叶依靠西北陆路输出数量很少。抗战胜利后，苏联每年输入华茶数量仍很少。直到新中国成立后，两国签订了贸易协定，华茶输苏又年年增加了。

四、资本主义侵入刺激华茶输出

由于茶叶输出不断扩大，外商来广州争购茶叶者日益增多，满清政府于康熙四十一年（1702）派遣一名官员，或叫"皇商"，在广州办理对外贸易事宜。外商购买茶叶和生丝，必须通过皇商。皇商又是当地的重要官吏，可以说是官府统制和管理对外贸易的开始。

康熙四十三年，皇商不能顺利地供给外商所需要的商品，引起外商不满，于是就聘用若干华商襄助皇商，通称"行商"。这种襄助皇商办事的商人，具有独占的性质。

康熙五十七年，茶叶已经大量输出，取代生丝而居出口贸易的首位。康熙五十九年，商行组织公会，成立公行，皇商办事机构就改为税收机关。

雍正六年（1728），法国首次在广州建立商业据点。雍正九年，瑞典东印度公司正式成立，也像丹麦和奥地利的公司一样，向公行租借土地建筑工厂。乾隆二十七年（1762），荷兰在广州建立制茶工厂（图 14 - 4 是公元 1760 年广州的外国商馆）。乾隆三十六年公行制度废除，商行起而代之，享有经营对外贸易的特权，为华茶外销的管理机构。

乾隆四十九年（1784），美国资本主义势力侵入广州，华茶

图 14 - 4

开始直接输往美洲。这时华茶对外贸易已遍及全世界了。自嘉庆六年（1801）至道光二十二年（1842）之间，外销由 10 余万公担增至 20 余万公担。仅广州一个口岸，每年输出的茶叶就值银5 000余万两（图 14 - 5 是公元 1821 年广州的外国茶业商馆）。

图 14 - 5

西方资本主义的侵入，一方面在某种程度上破坏了中国封建经济结构，另一方面也刺激了中国资本主义的发展。自茶叶对外贸易发达起来以后，中国一部分官僚、地主、商人就从事于茶叶对外贸易和经营茶叶工业，刺激了茶叶生产的发展。每年输出茶叶数值，都占总输出的第一位，是我国初期对外贸易的主要商品。然而，同时也促成了茶业资本家和买办的产生。

在广州行商的伍崇曜，外人称为浩官，是最大的茶业资本家，也是最大的买办。他是靠与美商订立密约，共同经营茶叶出口而发家的。道光十四年（1834），他拥有的财产估计达2 600万美元之巨。

道光二十二年（1842），清朝因在鸦片战争中失败，签订了丧权辱国的中英《南京条约》，开放五口通商，废除商行制度，茶叶外销口岸除广州外，又有厦门、福州、宁波、上海。

光绪四年（1878），英商在上海开设锦隆洋行，并在其他口岸设分行；光绪五年又在福州设立泰兴洋行。光绪十四年德商建立禅臣洋行。光绪十七年，英商在香港开设天祥洋行，在其他各口岸设立分行。各国洋行都以经营中国茶叶出口为主要业务，同时也是帝国主义对华进行经济侵略的帮凶。

自各国资本主义侵入中国、在各通商口岸开设洋行经营茶叶贸易后，中国茶叶出口就逐年骤增。各国洋行纷纷赴产地收购红茶。因此，各省开始设局卡兼收厘金，以作军阀混战的军费。茶价不正常的上涨，对边销和内销影响很大。

至同治十年（1871），外销超出百万公担，后又扶摇直上，光绪三年（1877）达115万公担以上，光绪五年又超过120万公担。至光绪十二年达到最高峰，华茶输出134万公担。道光二十二年（1842）至光绪十二年之间，约增加6倍多。

输出茶类以红茶为主，数量逐年增加。除光绪六年和十二年超出100万公担外，其余年间都在八九十万公担左右。以97万公担平均，占茶叶输出总数77％。绿茶输出数量较少，在11万～14万公担之间。以12万公担平均，占10％。砖茶输出数量，在光绪元年以前，是3万～6万公担。光绪元年超出10万公担。光绪元年至十一年，都在20万公担之内，光绪十二年超出20万公担。以16万公担平均，占13％。

自光绪十二年后，就逐渐下降。最初一两年下降不多，只三四万公担。至光绪十五年，下降很快。但是，除光绪十八年输出98万公担外，在光绪二十二年以前都还能维持100万公担以上。外销最旺盛的时期是光绪六年至十四年（1880—1888），平均每年输出126万多公担，也是华茶100多年来独占世界茶叶市场的最后时期。

光绪十三年至二十二年（1887—1896）间，红茶出口逐年下降，减少较多，至光绪二十二年只剩55万公担，占同年出口总量55％。这是因为自1888年后，英国侵占了印度，而印度红茶的产量和出口很多，夺取了我国的英国茶叶市场。绿茶输出比较稳定，还是11万～14万公担，占同年出口总数13％强。这是因为自光绪十五年起，俄销渐旺。砖茶亦因以俄销为主，反而增加，占同年出口总数34％强。当时我国砖茶95％以上输往俄国。

茶叶出口，自同治七年至光绪二十二年（1868—1896）的30年间都占全国出口总值的首位。同治八年，茶叶出口90万公担，占全国出口总值的60％以上。以后，茶叶出口虽然增加，但因其他产品对外贸易的扩大，在全国出口总值中所占百分比反而缩减。如同治九年，出口82万公担，只占54％；光绪十五年，出口113万多公担，只占29％。

五、中国沦为半封建半殖民地社会

18世纪末，中国茶叶输出逐年增加，以销往英国为最多。1797年英国艾登（F. Eden）描写当时饮茶的情形说："我们只要在乡下，就可以看到草屋里的农民都在喝茶。他们不但上午晚间喝茶，就是在中午也习惯以茶佐餐。"

清户部奏折提到："嘉庆（1796—1820）、道光（1821—1850）以前，每年出口之茶约值银五千余万两，其时通商仅广州一口。"茶叶输往英国占我国输出量的二分之一。就是说，英国购买中国茶叶每年要费白银2 000余万两之多。英国向中国输入的货物主要是毛织品和钟表等。这些商品并不是人民生活所必需，加之中国劳动群众经济困难，无力购买。因此，英国的商品运来中国后，往往因没有销路而亏本。输入超过输出，无法获利。为了扭转这种不利的外贸局面，英国政府采用卑劣手段，通过东印度公司向印度倾销布匹，而后搜括印度的鸦片，大量输入中国，用鸦片代替白银来换取大量的中国茶叶。

中国茶丝的输出，抵补不了鸦片的输入，所以中国大量白银流向英国。另一方面，鸦片流毒很广，危害极大。因此清政府不得不颁布禁烟法令。但是，英国要靠出卖鸦片所得的非法利润和茶叶税收来解决财政困难。同时也靠收买鸦片来推销布匹而换取中国的丝茶和白银。中国如不买鸦片，中、英、印的三角贸易无法维持，英国侵略印度的经费和本国的财政都要发生很大的问题。正是在这种情况下，英国以保护可耻的鸦片贸易为名，于1840年（道光二十年）发动了对中国的武装侵略。鸦片战争以清朝政府的彻底失败而结束。随后，美国、法国、帝俄等国从四面八方侵入中国大陆腹地，瓜分中国，划分所谓"势力范围"，中国实际上已沦为半封建半殖民地国家。国家受人宰割，经济命脉不掌握在自己手中，所以茶叶对外贸易后来也终于衰落下去。

第三节　茶叶对外贸易的衰落

一、美日勾结抵制华茶外销

美国于1784年（乾隆四十九年）2月22日和中国直接发生茶叶贸易关系。"中国皇后"号快轮载满人参至广州，换回茶叶和其他货物，于翌年驶回纽约。这是美国快轮直接来华运茶的开始。是年，茶税大增，税率由12.5％改为119％。以后，对中国的茶叶贸易虽有短时期的中断，但美国商人在广州取得的地位仅次于英国。

1789年（乾隆五十四年），美政府开始征收茶税。红茶每磅

15 分，圆茶（珠茶）22 分，雨茶（珍眉）55 分。以后，政府为鼓励茶叶进口，特许延期缴税。纽约一茶商曾欠税款 500 万元达 20 年之久。至 1830 年（道光十年），美直接输入华茶 600 余万磅。

1832 年（道光十二年），"安麦金"号快轮武装航行中国，运回茶叶。因获利很厚，金融界纷纷投资试运。美轮来华络绎不绝。

据《外洋月报》载，道光十三年至十四年（1833—1834），花旗（美国）运回茶叶 1 800 多万磅。以每磅 12 两计算，就有十四五万石[①]。

自 1844 年（道光二十四年）7 月 3 日中美签订《商约》后，两国的茶叶贸易逐渐扩大。在 19 世纪前半期因经营中国茶叶而成为百万富翁者很多。

1860 年（咸丰十年），中国茶叶输美 128 000 公担，占美总输入的 90％以上。1870 年（同治九年）为 160 000 公担，1880 年（光绪六年）增至 200 000 公担以上。1900 年（光绪二十六年）前后十数年间，为 180 000 公担左右。由于日本绿茶输出增多，美国消费量虽然增加，中国茶叶入口占总输入的百分比反而减少。如 1880 年至 1905 年（光绪六年至三十一年）期间，平均已降至 50％左右。

据 1870 年《海关贸易报告》记载：1867 年至 1868 年（同治六年至七年），日本茶叶出口相当于中国绿茶出口的 37％。两年之后，降至 24％。随后的两年里，日本茶叶的出口又复增加，相当于中国绿茶出口的 50％。从此以后，不利于中国的百分比逐年增加。1873 年（同治十二年），日本茶叶出口为中国绿茶出口的 59％，第二年增至 70％，1875 年至 1876 年（光绪元年至二年），两者比例相等。但载至 1879 年 12 月 31 日止，日本茶叶

---

① 每石 200 斤。

出口额已为中国绿茶的 1 倍以上。以前，美国茶叶市场是为中国所独占的，而到此时，日本茶叶却占美国总消费量的半数。

自 1905 年后，印度、斯里兰卡红茶输入美国突增，日本绿茶出口也扶摇直上。1912 年至 1917 年期间，中国茶叶销美已不足90 000公担，仅为 1900 年至 1905 年期间的一半。

美国输入茶叶年年增加。1914 年至 1916 年超出10 000万磅，创历史最高记录。1923 年和 1925 年，输入茶叶也超出10 000万磅。其余各年都是回旋于8 400万～9 200万磅之间。1940 年为9 896万磅，是 1925 年后的最高记录。

中国茶叶输美反而逐年下降。1918 年至 1928 年间，跌至 5万～6 万公担。1928 年至 1938 年，不过 3 万公担左右。1934 年至 1936 年，平均每年为31 600公担，占美国输入的 7％。而印度、斯里兰卡茶叶输美达 280 万公担，占 65％。

二、中国茶叶对外贸易逐渐衰落

自 1897 年后，红茶市场被印度和斯里兰卡以及印度尼西亚所夺。红茶出口数量急剧下降。同时，茶叶总出口数量也大大减少。1897 年至 1916 年期间，除 1903 年和 1915 年超出 100 万公担外，其他年份都在 80 万至 90 万公担之间。红茶出口逐年下降。1896 年为 55 万公担，1917 年降至 28 万公担，几乎减少一半。绿茶输出反而增加。1902 年为 15 万公担，1916 年增至 18万公担。砖茶无大变动，仍在 20 至 30 多万公担之间，差不多相当于红茶出口数量，而为绿茶的 2 倍。

自 1893 年至 1915 年，茶叶输出在全国出口总值中所占的比例，由 17％跌到 13％，其中少数年度竟降到 13％至 4％，由第一位降到第二位。

第一次世界大战以后，我国茶叶输出急速下降。1918 年至1922 年，除 1919 年输出 41 万公担外，其余年份在 18 万至 34万公担之间。红茶出口最多是 1922 年，为 16 万公担；最少是

1920 年，只 7 万多公担。绿茶市场被日本侵夺，输往美国也大量减少，1918 年出口绿茶仅 9 万公担。但因当时扩展东南亚和欧陆国家的销路，1922 年又回升到 18 万公担，超过红茶和砖茶的外销数量。砖茶输出在此期间也大量减少，最多的 1919 年也不过 86 000 公担，1923 年只剩 5 000 公担。5 年平均约 2 万公担左右。

1915 年以前，华茶输出以俄销为主，每年约 50 万公担左右，1915 年最多，超过 70 万公担，占华茶总输出的 70% 以上。其次是英美，1915 年英销多，为 10 万公担，美销 8 万多公担。1914 年则恰恰相反，美销 10 万公担，英销 8 万多公担，互有消长。

1916 年至 1922 年，苏（俄）销除 1917 年保持 44 万公担外，以后下降很快。1920 年最少，不到 7 000 公担。英销美销变化很大。英销以 1919 年为最高，达 13 万公担；1921 年为最低，不到 2 万公担。美销以 1917 年为最高，超出 10 万公担；1918 年为最低，只有 4 万多公担。

1923 年至 1930 年，苏销回升。1931 年至 1938 年，北非销量骤增。1923 年至 1938 年，绿茶出口增加，茶叶总出口量也上升，都在 40 万～50 多万公担之间。最高是 1929 年，输出 57 万公担；最低是 1936 年，输出 37 万公担。

红茶输出以 1932 年为最少，不及 9 万公担，占同年出口总量的 42% 左右。1923 年输出最多，达 27 万公担，占同年出口总量的 50% 以上。

绿茶都在 10 万～20 多万公担之间，1930 年最少，只有 15 万公担，比同年红茶输出多 2 万公担。

砖茶为中苏贸易的主要物资，又见好转。1927 年至 1934 年，都在 10 万公担以上。其他年份，除 1924 年和 1938 年降到 1 万多公担外，也在 9 万公担左右。

1934 年茶叶总出口数量为 47 万公担，曾一度又在全国出口总值中跃居首位。1935 年输出 38 万公担，占出口总值的 5.14%，居第四位。1937 年输出 41 万公担，变化不大，但因出

口总值增加，只占 3.6%，居第八位。在这 3 年中间，红茶占
18%～19%。绿茶最多，占 58%。砖茶最少，占 8.5%。

1923 年至 1938 年，苏销上升，成纺锥状。1929 年最高，达
225 000公担；1923 年最少，只有7 000公担；1938 年为2 000公担。

英销以 1924 年为最高，达124 000公担；1938 年最少，不到
1 万公担。除 1934 年为 8 万公担外，其他年度都在 2 万～6 万公
担之间。

美销逐年下降，1923 年为85 000公担，1938 年只剩24 000
公担。

北非绿茶市场，自 1931 年39 000公担以后，开始逐年上升，于
1936 年超出 10 万公担。后来又稍有下降，大约在 9 万公担左右。

抗日战争初期，茶叶还可以从香港出口，降落不多。1939
年输出225 000公担；1940 年344 000公担。到了太平洋战事发
生，海运中断，茶叶外销只靠西北陆路输入苏联，车辆有限，输
出数量很少。1941 年突降至 8 万多公担。1942 年更少，只有 7
万公担。

抗日战争胜利后，海运恢复，我国茶叶外销突有转机，存茶
大量出口，回升到 21 万公担。可是国民党政府与苏联断绝了邦
交，使苏销中断。1946 年茶叶输出又很快减少，不及 7 万公担。
其后，由于北非绿茶市场逐渐恢复，茶叶输出又稍回升，1947
年达到164 000公担，1948 年为175 000公担。但是，国民党政府
发动内战，茶叶外销受阻，到 1949 年，惨跌至75 000公担。

1945 年和 1946 年，茶叶输出以红茶为主，占总出口量半数
以上，主要输往美国、苏联和英国。绿茶不到三分之一，砖茶很
少，1946 年只出口 14 公担。1946 年后，恰恰相反，以绿茶输出
为主，占总出口量半数以上，主要销往北非和美国。红茶不及总
出口量的三分之一，1949 年不到 1 万担。砖茶出口虽稍有回升，
但数量不大。1947 年为3 000多公担，1948 年为14 000多公担，
1949 年只剩 380 公担。如与 1886 年最高输出量1 349 040公担相

比，不到万分之三。时间仅 63 年，相差如此巨大。可见我国茶叶贸易衰落到了极点！

第四节　帝国主义扼杀华茶外销

中国茶业在帝国主义侵略和封建主义剥削的双重迫逼下破产了。各个帝国国主义国家侵略和掠夺我国的手段都很恶毒，但策略不同，各有一套。其中以日本最凶，到处侵夺华茶市场。

美国不顾人民生活的迫切需要，征收所谓"合理"关税，抵制华茶输入。同时与日本帝国主义狼狈为奸，大力推销日茶，以达到共同瓜分中国的目的。

英国垄断华茶外销 100 多年，在吸饱了中国人民的血汗以后，即以武力侵略印度和斯里兰卡，极力扶持和发展这两个国家的茶叶生产，扩大外销，以堵塞华茶销路。

俄国则采取武装入侵和经济掠夺的双管齐下的策略，抢走大量华茶，转售外蒙古和新疆等地，严重破坏了我国的茶叶生产和销售。生产衰退，外销随之一落千丈。

一、日本千方百计侵占华茶市场

日本帝国主义侵入中国后，无论学习什么科学技术，都根本不通过外交途径，要什么就拿什么。窃取茶业技术也是如此。它不仅任意派人到我国茶区进行"调查"，甚至把中国优秀的茶业技术人员绑架到日本，强迫传授制茶技术。我国主要的茶叶市场，无一不被日本吞占。这是我国茶叶对外贸易衰落的重要原因之一。

（一）日本侵入我国东北地区

1857 年，日本茶叶输出400 000斤[①]。其后，茶叶输出年年

———————

① 　1日斤＝0.6公斤。

增加，1861年为3 600 000斤，1867年为9 450 000斤。据《中国近代对外贸易史资料》①记载：1868年日本侵入天津市场，从上海运来绿茶577 950磅，价值6 040英镑；从香港运来茶末52 620磅，价值350英镑。是年进行明治维新，日茶大量向外推销，共输出13 487 450磅。单"天津市场"就占总输出的5％，而从其他各个海口输入东北销售的茶叶，要比天津多得多。

1898年，沙俄强索我国关东为租借地。1900年，日本战胜沙俄，转租于日本。日本在这块租借地上设置关东州，其界线由普兰店迄貔子窝向南伸延，包括金州、大连、旅顺。嗣后，就向关东州大量推销日茶，销量比我国各地都多。

1905年日本派薬科喜作，1909年派海野孝三郎，1915年派静冈农业试验场技师来中国调查产制及销路情况。1917年，为扩大红茶、砖茶销路，派清水俊二来东北以及张家口、天津等地进行调查。

据《日茶贸易概观》②记载，日茶输出情况如表14-1。

表14-1 日本输入各国茶叶数量和价值

数量单位：千公斤
价值单位：元千日

(1912—1934)

		1912—1916	1917—1921	1922—1926	1927—1931	1932—1934
输出总额	数量	18 882	17 238	11 928	10 566	13 726
	价值	13 547	17 609	14 700	10 279	8 727
美 国	数量	15 732	14 293	9 888	7 561	7 170
	价值	11 665	14 949	12 654	7 539	4 822
苏 联	数量	30	123	68	1 146	3 145
	价值	17	111	132	1 251	

① 上海中华书局，1962年。
② 茶业组合中央会议所，1936年。

（续）

		1912—1916	1917—1921	1922—1926	1927—1931	1932—1934
加拿大	数量	2 293	1 750	1 220	1 392	1 281
	价值	1 478	1 880	1 313	1 162	757
中国	"关东州" 数量	96	316	144	166	322
	价值	48	177	147	140	174
	其他地区 数量	423	328	376	191	
	价值	126	146	160	16	
其他国家	数量	305	426	211	118	2 886
	价值	212	346	294	125	1 943

　　1931年日本侵占我国东北后，就千方百计夺取花茶市场。东北在九一八事变前，向销毛峰、大方和少量龙井及红茶，每4年消费1 000万磅。日茶不为东北同胞所欢迎。毛峰、大方系安徽徽州产品，运往福州熏花后，运东北销售。日本人不得不请福州熏花茶师和杭州龙井茶师在静冈县茶业组合会议所机械研究室协助制造毛峰和大方，然后把产品发送大连，请大连、营口、哈尔滨茶商代表品评。日本气候寒冷，不宜香花栽培，于是运入我国台湾省熏花，而后输入东北各地。但因机器制茶技术粗放，茶叶品质不好，不受东北人民欢迎。后来伪"满洲国"施行关税保护政策，强行推销。

　　日本绿茶品质很差，虽然经过熏花，在东北销路也不好。因此在台湾省创制包种茶。包种茶是青茶制法，但经过短时间的萎凋和做手，不经摇青过程，品质靠近绿茶，俗误称绿茶。包种毛茶熏花为花包种，向东北大量推销。1933年日茶销东北为127 000磅。1934年突升至284 000磅，其中绿花（包种）为279 000磅，红茶仅5 000磅。

　　1935年又派池谷桂作和小泉武雄视察东北茶市。同时派清水俊二调查华北及蒙古茶叶市场情况。根据国际茶叶协会的报告，日本茶叶1931年至1939年的输出情况如表14-2。

表 14-2　日本茶叶输出数量

(1931—1939)　　　　　　　　　　单位：千磅

国别 \ 年份		1931	1932	1933	1934	1935	1936	1937	1938	1939
美 国		16 185	16 120	16 887	14 420	13 292	14 649	16 763	12 190	13 249
苏 联		4 799	5 778	6 886	7 696	13 120	6 193	10 950		
中国	"关东州"	418	718	669	744	804	853	1 149	1 842	3 972
	东 北		34	198	272	392	471	683		
	其他地区	951	811	173	259	172	122	100		

　　抗日战争期间，日本茶叶输入我国数量激增。1938—1939年为1 420万磅，1939—1940年增至1 700万磅。砖茶亦从160万磅增至220万磅。

(二) 日本蚕食华茶的美国市场

　　日本气候适宜生产绿茶，所以处心积虑地掠夺中国绿茶市场。明治维新以后，日本对中国展开全面侵略。1860年，中国茶叶输往美国128 000公担，占美总输入的90%以上。是年，日本总输出为120万斤，即7 200公担，不及我国输美的6%。1870年，我国输美100 000公担，日本输美48 747公担，跃升为我国输美茶叶的一半。

　　1892年，派多米八郎去美国考察茶叶市场。1893年，派伊藤市平参加哥伦布大博览会，在会场开设饮茶店，然后巡回美国各大都市，进行商业宣传。

　　1903年，派本京庄三郎、伊藤市平赴美参加圣路易博览会。1904年，选派3名研究生赴美研究茶业。1905年，派北川米太郎去美考察茶叶市场状况，同时增派研究生赴美学习。1906年，派白鸟健治去美考察市况。1907年，为了改进茶叶品质，扩大外销，特聘大林雄野调查美国和加拿大两国市况。1908年，在美加设立办事处。1912年以后，在纽约、旧金山、芝加哥、圣路易等地设海外茶况通讯员。经过这样大力宣传，日本输美茶叶迅速增加。而我国输美茶叶，则大量减少，以至于全部滞销。

1912年至1916年，日本平均每年总输出为41 959 520磅，其中输美占83%，为美国总输入的45.23%。同时期，我国茶叶输美只有23.82%。日茶输美，1929年为15 980 000磅，1930年为15 119 000磅。而华茶输美，1929年仅223 000磅，1930年又降为83 000磅，以后愈来愈少。

（三）日本企图侵占华茶的外蒙古和苏联市场

1877年，日本开始制造绿砖茶，运销外蒙古、东北的哈尔滨和满洲里以及俄国的西伯利亚地区。1898年前后，输出很多，常达五六十万磅。极盛时期达100万磅。1914年，派北川米太郎赴俄领地浦盐斯德、我国东北、朝鲜等处调查茶叶销路。同年9月，再派村松顺三赴哈尔滨、满洲里、赤塔等地调查绿砖茶销路。10月，又派白鸟健治、笹野德次郎去莫斯科等地调查红绿茶销路。1916年，派白鸟健治、臼井喜一郎调查蒙古砖茶销路。同年，派西乡昇三为茶业研习生，去西伯利亚研究制茶销路。1917年，派清水俊二、成濑安久调查东北茶业市情。同年，委托驻张家口的白鸟健治调查红茶销路；又派海野敬为制茶研究生，滞留满洲里。1920年，再派白鸟健治调查"北满"茶市。1920年前后，物价昂贵，制造成本高，砖茶遂渐次绝迹。

经过20多年的频繁活动，日本终于达到预定的目的。苏联需要的茶叶，历来由我国全部供给，苏方并有商务代表常驻上海办理茶叶贸易事务。但自1926年日本茶业组合中央会议所参事西乡昇三携带仿效我国珠茶制造的玉绿茶来上海和苏联商务代表接洽购销后，日本茶叶输入苏联大增，1929年为3 318 000磅，1930年为2 412 000磅。1933年达7 000 000磅，1935年更增至10 000 000磅（参阅表14-2、14-3）。而中国输苏的绿茶则大幅度减少，加之国民党政府不重视苏销，华茶苏销几至于无。《日茶贸易概观》所载日本砖茶输出情况如表14-3。

（1883 年－1917 年）　　　　　　　单位：日斤

年份	数量	年份	数量	年份	数量	年份	数量	年份	数量	年份	数量
1883	32 400	1889	4 315	1895	95 477	1901	857 282	1907	240 588	1913	
1884	20 923	1890	21 564	1896	227 677	1902	279 713	1908	249 075	1914	171 166
1885		1891	24 453	1897	25 503	1903	7 249	1909	275 829	1915	7 548
1886	19 494	1892	14 480	1898	66 740	1904	414 136	1910	11 310	1916	67 999
1887	39 823	1893	17 490	1899	142 813	1905	388 721	1911	18 293	1917	720 774
1888	32 231	1894	98 823	1900	482 444	1906	1 340 221	1912			

（四）日本争夺华茶的北非市场

非洲绿茶市场，原来也是销中国绿茶。1928 年，日本开始亦以仿制我国珠茶的玉绿茶试销。1930 年仅销 14 000 磅，1931 年增至 40 000 磅，1932 年一跃而达 476 000 磅。第二次世界大战后，美国重新扶持日本，协助日茶倾销非洲，致使华茶的北非市场大为缩小。

摩洛哥为伊斯兰国家，绝大多数人信奉伊斯兰教，不饮酒，以茶为唯一饮料。第一次世界大战前，由德商输入茶叶。大战后，改由英商、法商输入茶叶。1923 年后，每年经由上海法商输入我国熙春绿茶 1 300 多万磅。1928 年，根据日本领事的报告，茶业组合中央会议所积极筹划开拓北非市场，派岛居先赴欧美，转往摩洛哥，视察制茶需要情况。1929 年，又派三桥四郎往北非考察；同年，岛居携带茶样去请消费者及茶商品评。1930 年，试销玉绿茶 1 万磅。1931 年，销 40 万磅，1932 年，一跃达 260 万磅。1933 年，又派宫本雄一郎考察北非茶叶市场。这些措施奠定了日茶在北非市场销售的基础。到 1938 年，摩洛哥输入茶叶增至 2 150 万磅以上，折合 97 550 公担，其中以中国绿茶为最多。

阿尔及利亚每年输入茶叶 300 万磅，绿茶占 70％，由我国输入。红茶占 30％，由斯里兰卡输入。后来，日本玉绿茶大量输入，1934 年达 214 000 余磅。

突尼斯每年输入茶叶约 300 万磅。绿茶以我国的寿眉为主。日本芽粉年销 1 万多磅。

北非进口华茶，多向伦敦定购，直接向我国采购的时间不长。1930 年前，因其数量有限，没有引起注意。1930 年后，摩洛哥、阿尔及利亚、利比亚等国，销量大增。仅摩洛哥，1930 年至 1932 年平均每年就输入 1 500 万磅，90% 是中国绿茶，即平均每年购销我国红、绿茶 7 万公担以上。如果加上利比亚、突尼斯，阿尔及利亚一并计算，共达 10 万公担，约占我国出口总量的 20%。1939 年前，北非茶叶市场，除埃及外，几乎全部为我国所独占。依茶类说，我国非销茶叶全部为绿茶。其中以秀眉、珠茶为多，尤其是中下级的熙春和珍眉。这是其经济力量所限，有以致之。

日本仿制珠茶的玉绿茶侵入非洲市场后，我国非销绿茶大受影响。特别是抗日战争时期，非洲市场全被日茶吞占。抗日战争前，我国输往非洲茶叶的数量和日本比较如表 14-4。

表 14-4　华茶与日茶输入非洲数量比较
(1933—1939)

国别	销区　年份	1933	1934	1935	1936	1937	1938	1939
中国 (公担)	阿尔及利亚 突尼斯	20 050	24 451	18 435	21 211	18 956	16 738	9 051
	摩洛哥	70 021	67 888	79 816	85 421	74 952	77 537	47 888
	利比亚	10 864	8 740	4 137	114	481		39
	合　计	100 935	101 079	102 388	106 746	94 389	94 275	56 978
日本 (千磅)	阿尔及利亚 突尼斯			356	404	531		
	利　比　亚			1 379	2 132	2 132		
	摩　洛　哥		281	171	21	393		
	非洲其他国家	633	1 403	128	127	80		

（五）日本有计划地侵夺我国茶叶市场

1897 年至 1903 年，茶业组合中央会议所向政府请得每年 7 万元的销路扩张补助费，7 年共 49 万元，特组织销路扩张委员舍，专职行事。①在美国、加拿大两国重要都市设立办事处；②在重要都市设立饮茶店，雇美女招待；③遣派大批考察人员赴产茶国和消费市场调查产销及供应状况；④通过电影和报纸杂志等，大力进行广告宣传。

日本为争夺我国茶叶市场，各种手段无所不用。甚至摄制所谓中国制茶"不卫生"的影片，到处放映。同时摄制日本机械制茶、讲究卫生的电影，进行对比宣传。又胡说中国茶叶缺少维生素丙，而日本茶叶含量多等等，借以破坏中国茶叶外销。

日本推销茶叶，还采取弄虚作假的手法。如推销玉绿茶，最先掺入大量中国茶出卖。而后逐年减少中国茶的掺和量，直至最后以全部日茶出卖。这样，既销出了日茶，又逐渐改变了嗜饮中国茶者的习惯，使消费者无形中养成了饮用日茶的嗜好。

1931 年以后，日本帝国主义侵占我国大片领土，不少茶区沦陷。于是日本在沦陷区贱价搜刮红茶，贴上日本商标，推销于国际市场。另一方面，又引诱奸商偷运绿茶到沦陷区改装成日茶出售。这不仅是对中国劳动人民的勒索，也是为日茶骗取信誉的丑行。总之，日本之所以能夺走一些中国茶叶市场，并非是日茶品质好，价格低廉，而是因为日本帝国主义绞尽了脑汁，采取种种卑鄙伎俩破坏中国茶叶生产和贸易。

二、美国抵制华茶进口

茶叶是美国人民普遍需要的饮料，美国政府不便禁止入口，但对每年输入大量华茶甚感不安，于是采用阴险的手段间接抵制华茶输入。

（一）制订法律限制华茶输入

1883 年，议会通过茶叶法，主要目的是限制中国茶叶输入；

1897 年，议会再次通过茶叶法，禁止"劣茶"输入；1911 年，禁止着色茶输入；1912 年设立茶叶审查监理人，专门对付输入的中国茶叶。以后又制作进口的标准茶，使华茶更难进口。这一连串的法律措施对华茶输美是致命的打击。美国带了个头，其他国家也随着仇视华茶，有的国家甚至明文禁止华茶入口，使中国茶叶输出一落千丈。

1898 年，中美贸易关系已很密切。至 1900 年，美国从中国输入约 2 700 万美元，对中国输出为 1 500 万美元，但输出额的上升势头很猛，使美国政府急欲侵占中国市场。然而美国在华的权利竞争，既落后于他国，又无法进一步下手。为了保持既得的贸易利益，于 1899 年 8 月主张门户开放，否定势力范围，要求机会均等，并就此照会各国政府。正是出于这个目的，对于侵略中国最得手的英国和日本不得不先表示谅解，具体行动之一就是大力协助英日茶叶在美国倾销，抵制中国茶叶。

自 1890 年以来，英国宣扬什么饮绿茶会鞣坏肠胃，很多美国人听信这一谎言，改饮红茶。因此，英国殖民地出产的红茶输美迅速增加，中国绿茶销路受到沉重打击。不久后，印度尼西亚的红茶也乘隙输入美国。同时，日本也自行在美开设茶店，推销日茶。伦敦和阿姆斯特丹的商店，也在纽约纷纷设立代理处。中国茶叶输美则逐年下降。

1860 年，在美国茶叶总输入中，中国茶占 96.41%，日本茶占 0.11%，印度、斯里兰卡的红茶占 3.48%。1905 年，中国茶降至 41.99%，日本茶升到 40.86%，印度、斯里兰卡的红茶占 17.15%。1937 年，日本茶占 25.27%，印度、斯里兰卡的红茶占 66.27%，中国茶只占 8.46%。

（二）推行限价政策断绝华茶输入

第二次世界大战期间，印度茶区受战争破坏严重，日本茶区则因备战而生产下降，独我国茶区保持正常生产。但是，美国害怕中国壮大起来，对其推行侵华政策不利，所以战争结束后，立即钳制我国外贸活动，对我国唯一可以换取外汇的茶叶外销，进行百般刁难。不说别的，单就实行限价、限质来说，就使中国茶叶无法输美。上等"祁红"每磅价格 40 美分，是根据 1941 年 10 月 15 日市价拟定的。

战后美国物价普遍上涨 50％，独中国茶叶反比战前便宜。当时，我国茶叶在美售价不及国内低级茶叶生产成本的一半。所以 1949 年茶叶输入美国很少，其中88 877公斤被迫退回，茶商亏本很大。经过这样严重的打击后，谁还愿意再做这种冒险的生意呢？因此，中国茶叶输出减少很多。新中国成立后，美国封锁我海口，胁迫其他国家和我国断绝贸易往来，伙同法国公开阻止中国绿茶输入北非，致使新中国成立初期，绿茶出口一度受到严重打击。

三、英国阻碍华茶外销

(一) 英国破坏华茶的欧洲市场

英国自从经营印度和斯里兰卡的红茶成功后，就提倡改饮红茶，攻击中国绿茶不卫生，营养价值低，甚至胡说中国绿茶含有鞣酸，不经"发酵"，鞣坏肠胃，竭力抵制华茶输入欧洲。

1876 年，英国驻华领事报告说："在 1875 年最后 4 个月里，印度茶在英国的消费量超过了英国 1868 年茶叶进口总额。在去年以前，中国茶的供应量就已停滞不前，全部增加数字均为印度独占。"为了扩大殖民地的茶叶贸易，英国不惜拨出巨款在美国进行广告宣传，致使美国妇女烹饪学校亦传授煮饮印度红茶方法。

与此同时，英国利用历来控制国际茶叶市场的优势，大量推销红茶。但是，中国红茶品质最好，深受全世界人民的欢迎。于是英国采用欺骗手法，把中国红茶拼入印度、斯里兰卡红茶出售，直到现时还风行拼和茶。

英国独霸国际茶叶市场，控制世界茶叶的消费和生产，说要就要，说不要就不要。因此，中国红茶除"祁红"外都遭排挤，没有销路。祁门红茶一向受英国控制，全部拿去拼和印度和斯里兰卡的高等红茶，借以提高印度和斯里兰卡的红茶品质，攫取最高利润。这种情况直到新中国成立后，才受到制止。

（二）英国控制国际茶叶市场，限制华茶出口

英国控制了世界大部分茶叶市场，50％以上的茶叶要通过伦敦市场转运各国销售。为了限制其他国家的茶叶输出，1933年在伦敦召开会议，签署所谓《国际茶叶输出限制协定》，为期5年。名虽国际会议，而实际参加者，只有英国控制下的几个殖民地国家而已。日本不参加，更没有邀请中国参加。这次会议全由英国操纵，目的就是抵制中国茶叶输出。在分配各国茶叶输出数量时，没有中国的数字。

1950年，英国又倡议将国际茶叶协定有效期延长5年，至1955年3月31日为止。但是，时代变了，事物的发展不以英国的主观愿望为转移，国际茶叶协定终成废纸。新中国以及印度、斯里兰卡和印度尼西亚等国相继建立了独立自主的茶叶贸易体系。

第十五章　中国茶业今昔

第一节　旧中国茶业破产

在旧中国，茶业备受帝国主义、封建主义和官僚资本主义的摧残。洋行、买办和茶栈剥削内地茶商；内地茶商又百般剥削茶农。茶农不得已只好提高毛茶山价。因此，成本高，茶价昂贵，销售困难。销路不好，反过来又影响生产，形成恶性循环。加之反动统治阶级又抽壮丁，使茶区缺少劳动力。贪官污吏肆行无忌，通货膨胀如脱缰之马，国民经济走上了崩溃的道路。因此，茶区贫困日甚一日，生产没有资金，茶农生活毫无保障。

一、各级市场的剥削

(一)初级市场的剥削

茶农除受地主剥削外，还要受一层中间剥削。具体说，就是茶区的茶行和茶贩以高利贷借给茶农生产资金，从而控制茶农的全部产品；或者是在收购时，丧心病狂地用大秤七扣八折来骗取茶农的毛茶；或者垄断山价和杀价收购茶农的毛茶，坐收渔利。

茶农于每年12月份，向茶贩或茶行借款作为整理茶园和生产毛茶的资本，普通为百元付现八九十元，还要2分利息，并议定所制毛茶要由债权人包买。

大秤称茶，各地不同。以110斤为100斤，或以20两为1斤，成为公开的秘密，算是"公道"了。还有24两或28两或36两为1斤的情况，亦不鲜见。以后虽然划一市秤，但一般还是空用市秤的名而加以折扣，如七折八扣，八折四扣等，实际上还是用大秤剥削茶农。

茶农深居山中，离茶行很远，只好等待茶贩或茶行的水客上门收购。每乘茶农不知市情，随意杀价，茶贩因此而获利数倍。如是老主顾还可分期付款，交茶时只付茶款三分之一。在付款时，常常还有两种剥削：一为折扣，把应付茶款八五折，或另复私抽佣金；一为杀尾，尾数不付或减付。

在偏僻乡村，茶行或茶庄往往私自印制票条，用以偿付茶价。这种剥削较一般地主剥削农民更为厉害。

为了掩人耳目，表示"关怀"茶农，国民党政府假借救济之名，发放茶贷。如1946年，农民银行放出茶贷50万元给上海。一部分官僚资本的输出商，利用贷款机会，做囤积勾当，造成物价波动；或是转放高利贷，牟取暴利。没有一分钱真正用在茶贷上。结果，广大贫困的茶农，不仅毫无得益，反而吃尽物价波动的亏，或是受高利贷的剥削。

（二）中级市场的剥削

在初级市场，茶贩茶行剥削茶农。在中级市场，内地茶号又是茶栈（系官僚资本经营，上海叫"申栈"）剥削的对象。茶栈利用茶客（内地茶号）与洋行无直接关系，从中取利。除正式收取佣金外，还任意列各项代理费用，鱼肉山客。例如，福州茶栈代内地茶号运"二五"装工夫红茶280箱所开列的茶单如下：

关税102.2两（银），轮船运费114.8两，常关放行小税9.24两，商务局捐4.2两，印花税0.1两，洋行公会茶办4.37两，代补破箱欠茶15.75两，小驳船运费16.8两，北路提单0.1两，洋行磅礼4.32两，公义堂香金1.68两，上下水脚工16.8两，代钉破箱5两，洋行茶楼办15两，洋行换铅桶7.92两，洋行钉裱工会5.6两，代补茶办22.5两，洋行挑工钉裱25.2两，洋行开口办3.75两，保险费16.48两。

依上列茶单分析，280箱工夫红茶，折合120担，而所开杂费为391.81两，约合546元多。内除关税及轮船运费两项系代

垫性质外，还得 246 元多，平均每担应摊杂费 2 元 2 角多，再加
"九四"佣金，每担约扣 4 元左右。两项合计 6 元以上。每担红
茶经过茶栈之手，不论有无浮开和私吞，开销耗用就需 6 元以
上。而扣秤、扣款、贴息、延期过磅等耗蚀还不在内。

　　上海申栈剥削内地茶号更为厉害。举个例子说明：红茶
5 054 斤，计价 4 330 元 6 角 8 分。开列 20 项（浔单、水力马浦、
报关、验关、上下力堆栈、公磅、"九九五"扣息、打藤、楼磅、
修箱另加、检验、茶楼补办、关破代补、保安、出店、律师、思
茶病院、公佔、焊口、钉裱、航空、同乡会捐、叨用、税息）费
用，共 302 元 7 角 3 分。如加吃磅（186 磅）、下一件（一箱不
算数、54 斤半）和过磅暗失（177.75 斤），共计 371.5 斤，每担
142 元，共计 527 元 3 角 5 分。一切剥削占实得价格 17.36%。
这种残酷的剥削是其他行业贸易所罕见的。所以，内地茶商亦拼
命剥削茶农，以求抵偿。少数内地茶商，没有一文本钱，先向茶
栈借高利贷转给茶农，到了向茶农收购毛茶时，又半现半欠，也
可以获得厚利。

（三）外销市场的剥削

　　外销茶多数是通过买办卖给洋行。洋行欺负茶商不了解国外
茶市情况，如市价涨落、外汇升降、需茶缓急等，操纵茶价。对
新上市的新茶出高价收买，等到茶旺时期大宗运到，就大杀价。

　　茶叶成交后，延期提取，少则两三个月，长至半年，又不能
另行出卖。时间过久，借口不符扦样，拒绝接受，茶商无可奈
何，只好忍痛迁就。

　　茶叶过磅要打折扣，每箱扣 2 磅半，每 100 斤约扣 6 斤，所
谓"吃磅"。付款不但不按日期，而且有"九九五"扣息的恶习，
即 1 000 元付 995 元，扣除 0.5%，作为利息。

（四）政府的外汇剥削

　　政府通过外汇管理，无形中进行剥削。官定汇率不合理，与
物价脱节。官价和黑市常差 1 倍以上，以致茶叶成本高于国外市

价。茶叶出口不论多少，一定要结汇。换取所谓官价汇率，损失已经是不少了。而且一批茶叶出口，自结汇至茶款到手，常常要费几个月的时间，本来茶商可以赚钱，结果也变为蚀本了。这种外汇管理办法，也是对茶叶出口的严重打击。

二、苛捐杂税的剥削

国民党苛征茶税，名目繁多。对茶农，除征土地税外，还加征茶叶专税。对茶商，国有关税、省有厘金、善捐、军饷捐。后裁撤厘金，改特种营业税。由商人承包，还要进行额外勒索，税率超过 10％。1940 年，福建茶区特种营业税增加 1 倍。

除上述两项主要关税外，各个产地还有许多杂税，由地方官府或公共团体抽取。这类捐税最初系临时性质，历久就成固定杂税了。税率不一，各地自行规定，甚至过境茶叶，也要征税。

捐税名目列举如下：保卫团费、民团费、教育附加捐、马路捐、小学捐、商会捐、壮丁队捐、香金、码头捐、公会捐、地方治安经费附加捐，等等。凡是地方临时或永久需要的经费，很大一部分都取之于茶。从产地到市场所纳捐税，多者达十几次或六七次，少者也有四五次。每担茶叶纳税总额，多至 18 元，最少 6 元。茶客完税多托第三者代付，所完的税类和数额，茶客常常不知，任代纳者开报，难免吞蚀。当然，茶客要把这种负担转嫁于茶农，而茶农只好提高山价。辗转相因，茶叶成本增加，茶价提高。这也是茶叶贸易衰落的一个原因。

三、重重剥削使茶业破产

茶叶贸易分为外销、侨销、内销和边销。外销和侨销的衰落，主要是帝国主义侵略、破坏、掠夺的结果。内销和边销不能发展，主要是反动统治阶级的剥削、摧残所造成的后果。

内销市场以华北和东北为主。这些地方军阀连年混战，没有太平日子。茶运到天津，就搁浅起来。再远一点，也只能运到北京。其他地区，因交通隔绝，运销困难。迫切需要茶叶的地方，始终无法买到。出产茶叶的地方则滞销过剩。加以苛捐杂税很重，弄得民穷财尽，购买力很低，内销就更无出路了。

对于边销，国民党政府采取不等价交易的手段。1930 年，100 斤羊毛只换茶叶 3 包（茯砖茶每包 6 斤），与新中国成立后100 斤换 8 包相比，相差 1 倍以上。因此，边销茶很少。

没有销路，毛茶山价惨跌，甚至收不回来生产成本，所以茶农也就没有生产积极性。以祁门为例，1939 年，每担干毛茶可值米 863.6 升；到 1943 年，3 担干毛茶才值 1 担米，相差 25倍。于是大批茶农放弃茶叶生产。可以种粮的茶地，就把茶树砍掉，改种粮食作物，或忍痛任茶园荒废。结果，茶叶产量大减，茶厂倒闭，茶工失业，整个茶区人民生活极端困苦。

第二节　新中国茶业兴旺

一、恢复和发展国内外茶叶市场

新中国成立后，党和政府采取一系列措施，恢复和发展茶叶市场。茶区解放后，立即组织机构收购存茶。1949 年 10 月，长沙军管会贸易处收购陈黑砖茶4 100箱。上海和杭州的贸易部门也收购大量不合时销的外销绿茶。从而推动了茶农茶商努力从事恢复茶叶生产和销售工作。

1949 年 10 月 25 日召开全国茶叶会议，在北京成立中国茶叶公司，各产茶地区先后设立分支机构，掌握和协调茶业恢复和发展工作。

（一）建立毛茶加工厂，培训技术干部

1950 年，在茶叶出口的地方，如上海、杭州、汉口等地，设立毛茶加工厂。1951 年，在主要茶区，如祁门、屯溪、绍兴、福鼎等地，也设立毛茶加工厂。1952 年，在全国茶区普遍建设

新式厂房和仓库，毛茶加工全部实现机械化。制茶工具亦有很大的改革，是为我国制茶工业机械化的开端。

茶季结束，政府经常把全国制茶技术干部集中起来，互相交流经验，提高制茶技术。每年还在重点茶厂，召集各地干部进行试验研究，介绍先进的企业管理方法，讨论降低生产成本、提高制茶质量等问题，有力地促进了茶叶生产的发展。

（二）采取有效措施，废除陋规

新中国成立初期，由于帝国主义封锁，茶叶出口困难。于是政府领导茶商组织集体运输，改由天津转口。为了促进茶叶出口，争取市场实行限价，依照我国茶市的需要，随时调整限价，从而既保障了利润，又提高了信誉。

1951 年，上海购销协商会革除附送大样的百年陋规。出口商与厂商直接洽谈，铲除中间剥削的通事。六安茶行行佣自动减为 7%，大秤改为 16 两。

中国茶叶公司自行设站集中收购毛茶，以后委托供销合作社代收，便利了茶农投售，取缔了茶贩的中间剥削。并规定毛茶中准价，保证茶农利益。

新中国成立初期，每逢茶季大量资金拥入茶区，用以收购毛茶。为减轻茶商携带困难，汇率减低。如 1950 年，屯溪汇率由 30 元改为 8 元。与此同时，全国交通迅速恢复，使茶畅其流，并降低了运费。自 1950 年 3 月 25 日起，铁路实施运费减半。

（三）签订贸易协定，扩大外销市场

茶叶对外贸易，不再依赖帝国主义市场，而是独立自主地向外推销。

中苏两国每年都签订贸易协定，其中茶叶贸易占有重要位置。50 年代初期，苏销茶叶占全国总输出量的二分之一以上，而且供不应求。随后，许多国家相继与我国签订了贸易协定，大多包括华茶输出的条款，使华茶对外贸易获得很大的发展。

二、加强组织领导，发展茶叶生产

各级党委和政府十分重视茶叶生产。如 1957 年，江苏省委提出"把仪（征）、镇（江）、六（合）山区建设成为一个以茶叶为主要经济作物的基地"。省人民政府制定了第一个五年计划期间发展新茶园的规划。1958 年又成立山区经济作物局，加强对茶叶生产的领导。

嵊县为浙江重点茶区，县委以及各公社、管理区、生产队都有专人负责管理茶叶生产。茶叶连年丰收。

各省重点茶区，党委都采取有效措施，发展茶叶生产。如安徽歙县县委明确提出：山区生产以发展茶，林为主。祁门县委组织产制运销各部门加强协作，共同搞好茶叶生产。许多产茶省、县经常举办茶农制茶训练班，传授科学的制茶方法，提高茶农制茶技术。每到茶季，派出大批制茶技术干部到茶区宣传和指导制茶工作。同时发放茶业贷款，解决生产中的困难。如购买肥料、改良制茶工具、垦复荒芜茶园等项用费，均可通过贷款得到解决。

1954 年 12 月，在北京召开了全国茶叶生产会议，确定了"大力发展茶叶生产"的方针，广大茶农热烈响应。从此，我国茶叶生产进入了一个崭新的阶段。

（一）迅速扩大茶园面积

1949 年至 1952 年主要是垦复荒芜茶园。在这 3 年期间，全国共垦复荒芜茶园 120 多万亩。第一个五年计划期间又垦复 80 多万亩，全国垦复总面积达到 200 多万亩，约占全国现有茶园总面积的 30% 多。垦复后的茶园，经过积极整理改造，已成为茶叶增产的主要基地。

从 1953 年开始扩建新茶园，到 1958 年，全国扩建新茶园 200 多万亩，约占全国现有茶园总面积的三分之一。随着新茶园的大量发展，国营茶场的新茶园比重也不断增加。1958 年，国营茶场共有 110 多个，茶园总面积达 20 多万亩，占全国新茶园面积的十分之一。新建的国营茶场，茶园集中成片，条栽密植，有利于水土保持和应用机械耕作。

茶区不断扩大。首先，在原有的 13 省、区内发展县、市茶区。如安徽开拓新茶园已由山区推向长江沿岸及江淮丘陵地区。江苏在长江北岸试种茶树成功后，茶区已推进至徐淮地区的灌云和盱眙等县，栽茶地区由原来的 5 个县扩展到 23 个县市。江西自 1956 年开发生荒红壤栽茶成功后，努力扩大茶树栽植面积，现已占可垦山荒地的 40％以上。四川的甘孜、阿坝自治州也开始种植茶树。河南除积极恢复旧茶区外，又在泌阳、鲁山、确山等县建立茶园。

其次，开辟省、区新茶区。如山东青岛、昌潍、临沂、烟台、泰安、日照等地都开辟有茶园。西藏高原的察隅、米林、林芝、波密等地也种了茶树。新疆南部也开始试种茶树。全国（包括台湾省）共有 18 个省区，800 多个县市栽茶。

1949 年，全国茶园面积为 200 万亩；1952 年为 350 多万亩；1957 年跃进到 560 多万亩；1958 年增至 650 万亩。

（二）茶叶产量不断提高

1952 年，全国茶叶产量为 160 多万担，比 1949 年增加 1 倍。第一个五年计划（1953—1957）期间为 220 多万担，为 1949 年的 272％。其中以 1955 年增长速度最快，为前一年的 17.22％。1958 年达到 280 多万担，为 1949 年的 341％。

1958 年，全国有 57 个县市平均亩产毛茶 100 斤以上。亩产毛茶 200～300 斤的茶园有 6 万多亩，比 1957 年的 104 亩增加几百倍；与新中国成立时一般亩产毛茶 30～40 斤相比，增长 7 倍。另一方面，还打破了春、夏、秋茶在全年产量中所占比重的老观念，涌现了不少夏茶超春茶、秋茶超夏茶、一季超全年的茶区。

在这以后，由于有人提出"越采越发"的错误口号，甚至提倡"茶树脱衣过冬"，即将茶树上的新老叶都采光过冬，破坏了茶树生长规律，致使全国茶叶产量突然下降，从 300 多万担降至 100 多万担；由于滥采滥制，制茶品质也下降很多。

后来，在南京召开全国茶叶生产会议，批判了"越采越发"的口号，茶叶产量才得以恢复和增长，有些丰产茶园亩产毛茶超过千斤。1975 年全国茶叶产量突破 400 万担大关；1976 年产量超过斯里兰卡，仅次于印度。在党中央的正确领导下，茶叶生产不断跃进，1986 年全国产量已达到 808 万担。赶超印度，在不远的将来完全可以实现。

三、茶业技术全面革新

（一）从开辟新茶园到管理科学化

旧茶园茶株零星散乱，管理不便，造成茶树生长不良，产量很低。整理旧茶园的技术措施主要是移栽归并，补植缺株，合理修剪，老树更新等等，使之成为新式茶园。

开辟新茶园，必须深挖整理，使茶树能充分生育。要合理布局，条植密播，茶行整齐，以利于实行机械化耕作，科学化管理。

自新中国成立后，茶园管理技术有了很大改进。过去，茶树不施肥，只要三交钉，采取"七挖金，八挖银"的办法，因此亩产很低。如今，茶园施肥面积逐年扩大，施肥技术也不断提高。远山高山种绿肥，近山低山施土肥；茶季施化肥，冬季培生泥。

1958 年，茶农和技术人员创造了根外施肥新技术，用速效的氮素液肥在茶季中直接喷洒在叶上。根外施肥可使营养物质直接进入叶部，加强茶树的新陈代谢作用，肥效快，肥料省。最近又发明管导施肥新技术，正在推广。

茶园耕作，浅耕结合深耕。采取春、夏浅耕，秋深耕，冬耙土培蔸的技术措施，使茶树生长茂盛，提高茶叶产量。

冻害、旱害、虫害是茶叶生产中的三大灾害。广大茶农大搞茶园水利化，防止干旱。同时，采取各种技术措施，如茶园提早秋、冬耕锄，茶树根部培土，施用大量有机基肥，使茶树在良好的培育条件下越冬，增强抗寒能力。

防治虫害，实行"全面防治，土洋结合，全面消灭，重点肃清"的方针，采取综合性的防治措施，做到防重于治。最近又采用生物防治技术，减少农药残余量的危害作用。

（二）从采摘到鲜叶加工的技术革新

制茶质量的高低与采摘是否合理很有关系。旧中国茶区，到处采用"一把捋"或"一扫光"的不合理采摘方法。老嫩不分，大小不匀，并混有茶果、茶梗和老叶枯枝以及其他夹杂物。不合理的采摘影响茶树的发育生长，因而产量不高，品质不好。

新中国成立后，采取"及时采，分批采，留叶采，采大留小"的技术措施。各茶区自然条件不同，茶树萌芽有早有迟。根据制茶种类的不同，有的采一芽一叶；有的采一芽二三叶；有的采一芽五六叶，都做到及时采。同株茶树，芽叶生长有早有迟，先发先采，后发后采；分批采的次数，依地区自然条件和茶类要求而不同。

芽叶先发，过时不采而养老，品质不好；芽叶后发，早采嫩摘，降低产量（需要早采嫩摘的特种名茶例外）。必须留叶采，采大留小。提高茶叶产量与适当留下营养芽叶、增加分枝很有关系。任何采摘技术措施都要留鱼叶采。至于鱼叶上面留一叶采或两叶采，则依茶区气候和茶树长势而定。

在旧中国，茶树不施肥，导致茶树生长不良，不能"四时穿着绿衣裳"，因而重采春茶，少采夏茶，不采秋茶，所谓"春茶一担，夏茶一头"。现在四季施肥，采春，采夏，又采秋，福建安溪还采冬茶。当然这也不是千篇一律，要根据气候条件和茶类要求而灵活掌握。

改革鲜叶加工技术，着重外销红、绿茶的技术革新。首先是工夫红茶，其次是炒青绿茶，再次是切细红茶（碎红茶）。

工夫红茶的日光萎凋，改为室内自然萎凋，继而用萎凋槽控制萎凋，以便调节萎凋所需要的温度，缩短萎凋时间。揉捻，改一次揉捻为分次充分揉捻，使条索紧结，茶汁充分挤出，渥红（发酵）快。渥红，采取调节温湿度的新技术，创造渥红的有利条件。渥红适度，立即高温快烘。在制工夫红茶过程中，由于采取了一系列新技术措施，品质大大提高。

炒青绿茶的技术革新：现采现制，高温快速杀青，闷抖巧结合。揉捻分次、解块、分筛。干燥分次，先烘后炒。炒分毛火和足火；毛火后分筛，筛上筛下分开足火。通过这些新技术措施，品质逐渐提高。

切细红茶从毛茶切细改为鲜叶分次揉切，直接采用新技术，不仅缩短了制毛茶的过程，而且降低了成本，品质也符合切细红茶的规格要求，有利于扩大外销。

（三）毛茶加工的技术革新

茶类不同，毛茶加工的要求不同，采取的技术措施也就不同。要求高的茶类，采取的技术措施也要很精细，才能达到加工的目的。但是，任何茶类都有共同的要求，都与基本操作技术有密切关系。

毛茶进厂首先是扦样审查而后验收。根据毛茶品质的不同和特点，以及产品的规格要求，分类归堆。毛茶品质不同，就要进行调和，保证成品合乎规格，从而发挥毛茶最高经济价值。划分品质类型拼配付制，做到同一批付制毛茶的外形内质基本上趋于一致，以便于加工的技术掌握与筛号茶拼配，调和品质。

同样毛茶因加工技术不同，可能得到品质相差很大的成品。在加工前，研究最合理的加工程序，先小批实验，而后大批付制，才能获得最好的成品。

采取以烘代炒的措施，可以减少碎片，提高正茶制率。采用低级茶淘汰取料技术，提高高级茶的净度，便于做净副拣茶，提高拣剔效率，节省工力。

采取拣出物分开的措施，将高级茶拣出物作为低级茶或不列级茶的面张茶，避免做梗时炒碎、轧碎，增加有价值的低级茶或副茶。

采用作业机联合装置，可节省大量人力。自始至终连贯做下去，不要反复加工，以减少折耗。避免不必要的筛分和碎细，减少碎梗，提高拣剔工效。尽量发挥机器和工具的效能，努力提高操作技术。

四、茶业机具的研制

新中国成立初期，茶区人民根据农村机器制茶的迫切需要，就地取材，创造了许多经济实用的制茶工具，如铁木结构的水力和畜力揉捻机等。在重点茶区，相继建立了大型毛茶加工厂和鲜叶加工厂，使我国茶业工业逐步实现了半机械化、机械化，并进而争取实现连续化，自动化。

1958 年，各地茶区改变了几千年来的手工制茶的落后状态，先后创造了一锅、两锅、三锅的绿茶杀青机；单桶、双桶、四桶的揉茶机；简易的烘干机和炒干机。

祁门茶叶试验站设计的气流下降式萎凋室，克服了雨天萎凋的困难。浙江三界茶厂的珠茶炒干机，湖南平江茶厂的飘筛机、三层风扇，江西婺源茶厂的匀堆机，福建福州茶厂的花茶拼和机等，都是很有实用价值的发明创造。

粉碎"四人帮"以后，我国茶业科学工作者刻苦钻研技术，研制出来多种新型制茶机具，如福建的青茶摇青机、安徽的瓜片炒制机等，都是我国首创。

（一）采茶机初步制造成功

日本采茶机的研制工作已进行五六十年了。开始用剪刀采茶，最近才创造了滚切式和往复割切式的两型采茶机。而我国在短短几年的时间里，就设计制造数种型号不同的采茶机，赶上了日本先进水平。

1975 年 8 月在无锡召开全国采茶机现场评比会，有 9 架比较成熟的采茶机进行表演测定。这 9 架采茶机是：上海市农科院农机研究所创造的 SDI 型手动滚切采茶机、JW 型往复切割式采茶机、4CX‐256 型水平旋转式采茶机；云南茶叶研究所的手动滚切采茶机；江苏芙蓉茶场的自走式采茶机、机动滚切式采茶机；湖北省采茶机科研小组的 74 型手摇采茶机；祁门茶叶研究所的徽州 I 型机动往复割切式采茶机；江西婺源农机研究所的螺旋式采茶机。

这些成果显示了我国采茶机的研制工作进展很快，为进一步创造出适合我国不同茶区、不同茶类要求的采茶机开辟了广阔的前景。

（二）制茶机具的改革

制茶机具的改革，以杀青机最为突出，现已进入连续杀青的新时期。烘干机类型颇多，各有优缺点。连续炒干机和揉捻机，正在加快研究试制。毛茶加工机具的改革进展不快。

杀青机最初为手摇单锅式，配用动力转动，称 58 型锅式杀青机。1962 年，58 型改成双锅杀青机，以后又进一步改为双锅连续或三锅连续杀青机。炉灶前后两锅或三锅连续杀青，充分利用余热，既符合杀青温度先高后低的要求，又节省燃料。社办中小型茶厂大多采用这种锅式杀青机。福建宁德郊区人民公社则用电热杀青。另外，还有一种瓶式杀青机，机型也很多，都不是连续杀青。所不同的是瓶（桶）有长有短，直径有大有小。目前使用较好的是福建茶叶科学研究所设计的筒型杀青机。

国营茶厂都采用滚筒杀青机，各省都有独创的机型。江苏句东农场经过反复试验制成 650 型滚筒杀青机；安徽宣郎广（现为十字铺）农场也对滚筒杀青机进行了研究改进；杭州中国茶叶科学研究所创造出了 KL‐260 型燃油转筒杀青机。现在，滚筒杀青机的型号很多，其构造不仅各省不同，就是同一省内各地也不同，各有优缺点，未见某机型十全十美。滚筒杀青机目前只能代替锅式杀青机，将来要被槽式杀青机所代替。

云南茶叶科学研究所创造的槽式杀青机，在当地试用多年，反映良好。浙江嵊县土产公司制成嵊长64型槽式杀青机，安徽歙县及宣城、上海军天湖农场等单位加以改进，用来代替滚筒杀青机。

此外，还有利用卷烟厂烘干机改制的焙丝式杀青机。型式与滚筒杀青机相似，惟直接连接锅炉的蒸汽管，靠蒸汽管壁的辐射热来达到杀青目的，则与滚筒杀青机不同。

烘干机机型很多，从外形到内部构造都很不同，工效也相差很大。福建安溪茶厂1970年创造电烘机后，又创造了烟道式烘干机。福建茶科所创造无烟灶焙茶。苏州茶厂和福州茶厂也先后制成电烘机。广东潮安凤凰公社创造GF-71型烘干炉。1972年，江苏竹箦煤矿附属茶叶大队创造7210型链式自动烘干机。福建周宁茶业局创造三层六面抖筛式烘干机。福建茶科所创造园式干燥机。上海市黄山茶林场安装了利用蒸汽热烘干毛茶的设备。贵州羊艾茶场设计出来了切细红茶（碎红茶）气流烘干机设备。

1956年，余杭红旗公社创造红旗型铁木结构旋转转动的锅式炒干机。1958年，浙江初制机械小组在红旗型的基础上，研究创造浙江58型斜锅炒干机和瓶式炒干机。1965年，浙江省有关科研单位和生产部门结合援外的需要，总结国内外经验，创造出CC-84型炒手作往复运动的斜式炒干机和CCT-80型转筒式炒干机。

1967年，浙江省和杭州市茶机研究小组创造浙江-67型旋转式炒干机和改良的瓶式炒干机。自嵊县剡源公社装置电炉茶锅后，各地炒制龙井茶都相继采用，福建宁德郊区公社也用电炉茶锅杀青。嵊县三界和北山两地创造出往复运动的大炒手板的珠茶炒干机。1974年，江西婺源县茶叶科学研究所装置杀青、炒坯、炒干联装的一灶多锅炒茶机，利用杀青的余热炒成毛茶。杭州市双峰公社采用日本精揉机结构试造龙井压扁机加工六级以下的龙井茶已无问题,实现了珠茶炒青的全程机械化。安徽农机研究所和军天湖农场茶厂正在试验研究槽式连续炒干机。1971 年,上海市黄山茶林场利用蒸汽热炒茶。1974 年,浙江黄岩焦坑公社改单滚筒瓶式炒干机为双滚筒瓶炒机,节省很多燃料。1977 年,安徽农学院创造瓜片炒制机。

揉捻机机型最多,几乎各省都有特造的机型。福建安溪峣阳公社茶厂用仿珠茶炒干机代替包揉机,也颇有成效。茶类不同,揉捻机机型也不同。但是,任何茶类都没有统一规格的揉捻机,以致影响茶叶品质差异很大。这是制茶机械方面急需解决的重要问题。尤其是连续揉捻这一难关,更要做出艰巨的努力,才有希望攻破。

切细红茶的转子揉切机已经试制成功,从而解决了连续揉切的问题。1975 年 6 月,在四川新胜茶场召开了转子式揉切机技术交流会,样机有:四川新胜茶场 818 型,贵州羊艾茶场 75 - 1 型,广东英德茶场 705 - 30 型,江苏芙蓉茶场 709 型等。

1971 年,上海市黄山茶林场装置钢铁结构的三层萎凋槽,利用蒸汽热萎凋。广西美峒农场装置三槽架叠萎凋设备。

1974 年,福建建阳地区南平茶叶公司会同建瓯小桥公社研制震动连续筛青杀青机,初步成功。经过 1975 年和 1976 年的连续改进,这两年制成的水仙和乌龙,质量都超过手制或滚筒杀青的产品。现在,青茶生产已经实现机械化,并正在向生产全过程的连续化、自动化迈进。

苏州茶厂、福州茶厂和南京茶厂先后装置多层窨花联装设备,既节省人工,又提高了产量。1975 年,福州茶厂初步装置了花茶窨制机械化、自动化、电气化连续生产设备,这是茶叶生产方面的重大成就。

浙江绿毛茶加工研究小组设计制造的自动恒温炒车机,能代替烘干机、锅式炒干机和车色机,大大缩短了毛茶加工过程。

浙江绿毛茶加工组合设备科研组金华小组设计的 DZS - 751

型抖筛机；云南思茅五七农场茶厂设计的 CP - 75 型飘筛机；浙江十里坪农场茶厂设计的塑料静电拣梗机；天津市茶叶加工厂设计的方袋联合包装机和茶叶拼和装箱机；浙江临安茶厂设计的烘车联装和机拣联装；广西四塘农场设计的切细红毛茶加工机具联装，都不同程度地节省了人力物力。湖南平江茶厂实现了毛茶加工筛分机械连续化。桃源茶厂设计制成自动过磅装箱机和风力碎茶机。

1973 年，湖南益阳茶厂研制成功称茶、拌茶、蒸茶四合机和自动联合作业机等，使茯砖茶压造过程从半成品到退砖基本实现了机械化。

1975 年，第一机械工业部向安徽农业机械研究所下达"绿茶连续自动化"的研究课题；1976 年，十里铺农场实现了单机联装的自动化生产。1977 年，省农机所又与皖南有关单位协作，开始研制连续揉捻机和连续炒干机。

五、茶叶贸易欣欣向荣

新中国成立后，政府采取的茶业经济政策是"以产定销，以销定产，产销结合"；茶叶贸易方针是"扩大外销，发展边销，照顾内销"，做到全盘考虑，统筹兼顾。

（一）中国茶叶畅销世界各地

我国茶叶外销市场不断扩展。在五大洲的很多国家里，都可以喝到中国茶。新中国成立初期，只有 19 个国家和地区输入中国茶，其中 13 个输入绿茶，6 个输入红茶。1957 年，则有 50 多个国家和地区进口中国茶叶。其中：

欧洲有罗马尼亚、苏联、民主德国、捷克、匈牙利、波兰、保加利亚、英国、法国、意大利、比利时、荷兰、瑞士、奥地利、丹麦、瑞典、芬兰、联邦德国。

亚洲有朝鲜、蒙古、缅甸、泰国、柬埔寨、马来西亚、新加坡、伊朗、阿富汗、叙利亚、黎巴嫩、沙特阿拉伯、约旦、锡金、菲律宾、越南以及我国港澳地区。

非洲有埃及、利比亚、突尼斯、阿尔及利亚、摩洛哥、尼日利亚、莫桑比克、马达加斯加、苏丹。

大洋洲有澳大利亚、新西兰。

美洲有加拿大、智利、乌拉圭。

1965 年，我国茶叶外销扩大到 90 多个国家和地区。

非洲增加有肯尼亚，苏丹、索马里、科摩罗、乍得、留尼汪、冈比亚、赞比亚。

亚洲增加有巴林、科威特、巴基斯坦、日本、阿曼、卡塔尔、也门、尼泊尔、伊拉克、马尔代夫、阿拉伯联合酋长国。1970 年后，虽有些变动，但出入抵消，与 1965 年相同。

欧洲增加有阿尔巴尼亚、挪威、冰岛、爱尔兰、卢森堡、西班牙。

美洲增加有墨西哥、圭亚那。

大洋洲增加有巴布亚新几内亚。

我国茶叶品质优良，在全世界享有盛誉。近年来，茶叶输出占全国总产量的三分之一左右，比 1950 所增加 7 倍多。我国著名的绿茶，如西湖龙井、黄山毛峰、碧螺春和庐山云雾等，国外人民也很喜爱饮用。今后应大力发展名茶生产，进一步扩大外销。

（二）边销茶空前发展

边销茶也迅速增长，力求满足边区人民的需要。1954 年供应总量为 54 万担，超过了历史上最高记录的 2 倍。如以 1950 年为 100，1951 年为 127，1952 年为 133，1953 年为 193，1954 年则为 200。康藏公路通车后，1955 年边销茶总量达到 267，以后年年增长，1956 年为 300，1957 年为 370。

1955 年单供应拉萨的茶叶，就有 750 多万斤。如以 1952 年为 100，1955 年则为 449，1956 年达到 692.31，比历史上销藏茶叶最高的一年还多 7.14％。其后，年年增加。现在，边销茶总量占全国总产量的五分之一左右，已达饱和程度了。

边销茶价格多次下降。如1955年12月，西藏各地全面降低了茶叶价格。深受大多数藏民欢迎的砖茶价格降低26%，从而满足了一般藏民的饮茶需要。

（三）内销茶日益增加

新中国成立后，在扩展茶叶外销的同时，也大力恢复和发展内销。如以1950年为100，1951年为125，1952年为129，1953年为170，1954年为174，1955年为182，1956年为187，1957年为204。年年增加，市场不断扩大。全国可分为产地市场、华北市场、东北市场和西北市场。产地市场一般主销当地所产的绿茶、青茶和少量花茶；华北和东北市场主销花茶；西北市场则主销各类蒸压茶。销量占总产量的二分之一左右，也是前所未有的纪录。

六、茶叶生产必须现代化

在社会主义现代化建设的伟大事业中，茶业具有它的光荣使命。我们有社会主义制度的优越性，有党中央的正确领导，茶叶生产必将进一步得到蓬勃发展。就茶叶贸易而言，今后应积极地有计划地扩大外销，换取国家急需的物资，以加速实现四个现代化；尽量供应边销，加强各族人民大团结，共同为建设繁荣富强的祖国而努力；适当供应内销，满足人民的日常生活需要，改善人民生活，激励全国人民建设社会主义的积极性。

最后，必须强调指出，茶业的发展离不开科学的进步。在栽培方面，必须深入研究茶树生物化学；在制茶方面，必须深入研究物理化学。茶业科学现代化一定要走在栽培现代化、制茶现代化的前面，茶业才能顺利向前发展。茶业领域中的许多重大课题，还有待于我们去研究，去解决，让我们共同努力吧！

再 版 后 记

陈橼先生是一代茶学宗师，他的一生著述宏富，尤其对制茶学、茶史学、茶业经济学等学科有着重要的开拓和奠基功绩。《茶业通史》一书酝酿于20世纪六七十年代，初稿完成于1977年，后经修订，定稿于1982年，由农业出版社于1984年正式出版。作为全世界首部茶业通史著作和世界茶史的扛鼎之作，一经出版，广为流行，远播海外，享有盛誉。

随着20世纪90年代以来茶文化热的广泛兴起，许多人都注意到在茶文化热还没有兴起前就已经出版的《茶业通史》。由于初版仅印4 000册，后来没有重印，市面上一册难求。中国农业出版社和陈橼先生执教的安徽农业大学茶业系，经常收到求书的信件和电话。但由于种种原因，特别是陈橼先生于1999年仙逝，《茶业通史》的再版重印之事也就搁置了下来。

2005年8月，在福建漳州天福石雕园召开的全国农林院校"十一五"规划教材和普通高等教育"十一五"国家级规划教材《茶文化学》编写会议期间，与会的安徽农业大学茶与食品科技学院茶业系丁以寿老师向到会的中国农业出版社穆祥桐编审提出《茶业通史》再版之事，得到了穆祥桐编审的积极回应。回校之后，丁以寿就《茶业通史》的再版事宜向时任茶与食品科技学院院长夏涛教授作了汇报，并拟定了修订原则，报出版社并获认可。同时，夏涛院长向原中共安徽农业大学委员会书记王镇恒教授、时任安徽农业大学副校长宛晓春教授以及部分茶业系教师通报了《茶业通史》再版修订事宜，得到一致赞同和支持。陈椽先生家人也对修订工作积极支持，并提供了陈椽先生生前对《茶业通史》的批改本。2006 年 8 月，在云南宜良召开的《茶文化学》教材统稿会议期间，丁以寿与穆祥桐编审就《茶业通史》的再版作进一步沟通。

2007 年 7 月，全国高校茶学学科教学改革会议在合肥召开，到会的穆祥桐编审向安徽农业大学校长宛晓春教授、副校长夏涛教授转达了中国农业出版社关于《茶业通史》再版的意见。后经双方协商，特别是得到国家重点培育学科——安徽农业大学茶学学科和中国农业出版社的大力支持，终于就《茶业通史》的再版达成共识，确定在 2008 年陈椽先生百年诞辰之际，由中国农业出版社再版发行《茶业通史》。

此次再版《茶业通史》，修订原则是：一、全书篇章结构不变，沿袭原书，保持原貌；二、以陈椽先生生前在原书中的亲自增删校改为基础修订；三、仅对原书的字误和排版错误等进行订正；四、更换原书质量不高的图片，适当增加书中插图和书前彩图（彩图由丁以寿同志提供）。五、提高书的印刷装帧质量。丁以寿依据陈椽先生《茶业通史》批改本，对修改的内容逐条誊抄、过录。在实际修订过程中，穆祥桐、丁以寿对陈椽先生没有发现的一些字误和排版错误以及统计错误、中国年号与公元纪年换算错误、地名错误、引文错误等进行了订正，并对原书图片进行替换，且作少量图片补充。

在第二版即将印行之际，首先感谢责任编辑穆祥桐编审，没有他的积极努力和辛勤工作，就不会有第二版的及时再版！感谢安徽农业大学校长宛晓春教授、副校长夏涛教授，他们为本书的再版，不仅提出许多具体的指导意见，而且还从资金上给予大力支持，使得第二版得以顺利出版！感谢原中共安徽农业大学委员会书记王镇恒教授，他一直为本书的再版工作不断呼吁！感谢陈椽先生的家人，他们对本书的再版倾力相助！感谢为《茶业通史》再版而给予各种形式支持的热心人！感谢多年来一直关心《茶业通史》再版的所有热心读者！

今年是陈椽先生诞辰 100 周年，谨以此书的再版，深切纪念我们永远敬爱的导师！

安徽农业大学茶与食品科技学院

2008 年 5 月

图书在版编目（CIP）数据

茶业通史/陈椽编著. —2版. —北京：中国农业出版社，
2008.7（2024.11重印）
ISBN 978-7-109-12685-5

Ⅰ.茶⋯ Ⅱ.陈⋯ Ⅲ.茶—文化史—中国 Ⅳ.TS971

中国版本图书馆 CIP 数据核字（2008）第 080871 号

中国农业出版社出版
（北京市朝阳区农展馆北路 2 号）
（邮政编码 100125）
责任编辑 孙鸣凤

三河市国英印务有限公司印刷 新华书店北京发行所发行
2008 年 9 月第 2 版 2024 年 11 月第 2 版河北第 7 次印刷

开本：850mm×1168mm 1/32 印张：17 插页：2
字数：428 千字
定价：98.00 元
（凡本版图书出现印刷、装订错误，请向出版社发行部调换）